中国石化“十四五”重点图书出版规划项目
航空油料智能建造与建筑工业化建设指南丛书

中国航空油料特色供油体系形成与发展

张知诚◎主编

中国石化出版社
·北京·

内 容 提 要

本书从全球视野描述了我国民航业的历史发展、产业链构建以及新时代战略布局，介绍了民航发展历史与趋势、交通运输方式、中国航油成长历程、航空油料、国内外供油体系特点、全国供油网络布局、国内外合作共赢、智慧航油生态圈建设、产业链成本运营、生物航空煤油研究、民航油料未来蓝图等各个方面。

本书适合从事民航、能源、交通运输、社会科研等行业人员以及高等院校师生阅读。

图书在版编目(CIP)数据

中国航空油料特色供油体系形成与发展 / 张知诚主编. — 北京 : 中国石化出版社, 2023.11

ISBN 978-7-5114-7249-6

Ⅰ. ①中… Ⅱ. ①张… Ⅲ. ①航空油料-供应-研究-中国 Ⅳ. ①V351.19

中国国家版本馆 CIP 数据核字(2023)第 236049 号

中国石化出版社出版发行

地址:北京市东城区安定门外大街 58 号

邮编:100011　电话:(010)57512500

发行部电话:(010)57512575

http://www.sinopec-press.com

E-mail:press@sinopec.com

北京富泰印刷有限责任公司印刷

全国各地新华书店经销

*

787 毫米×1092 毫米 16 开本 19.5 印张 496 千字

2024 年 3 月第 1 版　2024 年 3 月第 1 次印刷

定价:124.00 元

《中国航空油料特色供油体系形成与发展》
编　委　会

前言

PREFACE

万里航程，从油开始。中国航油作为中国民航业的重要组成部分和基础保障单位，多年来忠实履行“竭诚服务全球民航客户，保障国家航油供应安全”的企业使命，认真兑现“飞机飞到哪里，就把油加到哪里”的庄严承诺，深耕航空油料保障综合能力建设与发展，为保障航空运输安全、服务交通强国、民航强国战略实施提供了有力支撑，以实际行动彰显“航油国家队”的责任与担当。

征途漫漫，笃行不怠。中国航油始终立足两个大局、心怀“国之大者”，坚决贯彻党中央、国务院决策部署，全面落实国资委、民航局工作要求，牢固树立安全发展理念，统筹发展和安全，确保了全国机场航空油料稳定供应，高标准完成各项重大保障任务，以实际行动坚决践行“两个维护”。经过多年探索与发展，中国航油“一体化”资源保供模式逐渐成熟，民航、通航“两个市场”稳步拓展，经营管理水平逐年提升，创新绿色发展取得实质性突破，企业核心竞争力逐步增强。中国航油正向着建设具有国际竞争力的世界一流企业加速迈进。

继往开来，砥砺前行。2023 年是全面贯彻落实党的二十大精神的开局之年，也是中国航油全力推动高质量发展的关键一年。中国航油把握新发展阶段，贯彻新发展理念，组织编写了《航空油料智能建造与建筑工业化建设指南丛书》，系统梳理了企业成立 30 多年来积累的宝贵经验。**回首过去**，“金色三十年”见证了一代又一代中国航油人的艰苦奋斗，中国航油由小到大、由弱到强，油品销量从 1990 年不足 100 万吨增长到 2019 年的 6000 多万吨，自 2011 年起连续入围世界 500 强，成为世界航空油料供应服务标准制定的参与者、国内航空油料供应服务标准的制定者，谱写了中国航油改革发展 30 多年的壮丽篇章。**立足当下**，中国航油以“五有”航油铁军标立新时代攻坚克难、勇攀高峰精神新高度，直面新冠肺炎疫情为公司经营发展带来的前所未有的挑战和困难，3 年来谋划开展 4 次专项行动，夺取了疫情防控和生产经营“双胜利”，在国家和民族最需要的时候，书写了“航油国家队”的责任担当和保供主力军的绚丽诗篇。**展望未来**，中国航油完整、准确、全面地贯彻新发展理念，确立科技创新、绿色低碳等理念在企业长远发展中的突出地位，以国资央企担当作为、矢志争先的“二次创业”奋斗激情，在智慧航油生态圈建设、可持续航空燃料产业链研究和布局的道路上全速前进，擘画了中国航油新“金色三十年”的高质量发展蓝图。丛书全面展现了中国航油“金色三十年”的辉煌成就，以“科技创新引领智慧航油发展”“新建筑工业化推动航油工程”双引擎，创新打造中国特色航空油料供应体系，为实现民航行业的高质量发展贡献出宝贵的航油力量。

奋楫者先，勇进者胜。相信中国航油在新的发展阶段，定将一如既往、初心如磐，迎接新挑战、抓住新机遇，融入新阶段、发展新航油，坚持绿色发展，坚持科技创新引领，坚持不懈打造更加科学先进的中国特色航空油料供应体系，以科技赋能中国航油高质量发展，在中国式现代化建设的宏伟征程上贡献中国航油力量！

目录
CONTENTS

第1篇　砥砺腾飞的中国民航

第2篇 航油铁军为民航事业保驾护航

第4篇　展望未来共绘民航发展蓝图

第 1 篇

砥砺腾飞的中国民航

PART 1

第1章　民航发展简史

1.1　世界航空发展简史

1.1.1　世界航空发展简史

飞行是人类历史上的伟大创造，人类飞行梦想的实现得益于航空航天技术的发展。航空航天技术不仅帮助人类飞上了天空、飞进了宇宙，更延伸应用到其他领域中，成为衡量一个国家综合实力的重要方面。航空、航天一字之差，都是飞行，但一个是在大气层中飞行，一个是在宇宙真空中飞行，两者的区别很大。工程师、物理学家西奥多·冯·卡门提出“卡门线”的概念，这条线位于距离地球表面100公里的天空中。他计算后认为在距离地球表面100公里的高度以内，航空器可以飞行；超过100公里，由于空气稀薄，航空器无法飞行。因此，通俗上人们以卡门线为界，卡门线以内为“空”，以外为“天”。本书仅涉及航空内容。

人类航空飞行史大概经历了气球—飞艇—滑翔机—飞机等探索阶段。其中又可以分为轻于空气的航空器和重于空气的航空器。我国对于飞行的探索较早，孔明灯、松脂灯等是利用加热质量较轻的灯笼内部的空气，使之受热进而上升，这是应用了轻于空气航空器飞行的原理。孔明灯在古代主要用于传递信号和寄寓美好祝愿。到现代，我国还保留元宵节放天灯的习俗。我国的风筝，是利用空气的推力在空中升起，实际上是重于空气航空器飞行的原理。航空器真正的开端是西方人对于空气的科学研究。

在西方历史中，对于空气的认识经历了漫长的阶段。人们最开始偏重研究鸟类的飞行。随着近代欧洲科学革命的开始，以及17世纪定量研究的科学方法的普及，人类开始注意到空气具有膨胀性、压缩性，并发现鸟类的飞行其实是借助空气。飞行先驱们一开始是想通过制造鸟一样的翅膀，通过扑翼来实现飞行，于是出现了扑翼机。但这种航空器未能成功实现载人飞行。我国古代的孔明灯、风筝等飞行发明传入欧洲等西方国家，给航空先驱们带来了新的启示。

国外的飞行探索，最初主要在法国。18世纪，随着中国的孔明灯传入，法国人民成功制造出热气球。后来人们在热气球上加装了推进装置，便出现了能够控制飞行方向和速度的飞艇。“一战”爆发之后，飞艇多用于战争，包括投掷炸弹、运送信件、侦察敌情等，由此飞艇技术得到快速发展。但是当时飞艇中的气体主要是氢气，氢气的易燃易爆炸属性给飞艇带来了极大的安全隐患。20世纪初期，由于数次爆炸事故的发生，飞艇逐渐退出了航空器的历史舞台。

重于空气飞行器的探索同样始于我国的风筝，在飞艇盛行的时代，人们对重于空气飞行器的探索也未停止。在19世纪初期，英国科学家乔治·凯利就提出了重于空气飞行器的原理，他还设计出了滑翔机并成功飞行。随着蒸汽机和内燃机的发明，人们开始在滑翔机上安装动力装置。“一战”之后，民用飞行器得到快速发展，英国、法国、德国等都开始研究发明运输飞机，并开通了定期航线，初期主要运送邮件，后期开始有旅客和货物运输。

“二战”进一步促进了飞机的发展，出现了多种作战飞机和辅助用飞机，包括轰炸机、侦察机、拦截机以及运输机等。飞机种类越来越多，飞行速度越来越快，对发动机的要求也越来越高。20世纪初期的飞机都是活塞式发动机和螺旋桨。1944年德国研制出涡轮发动机，标志着喷气飞机时代的到来。“二战”结束后，民用航空业已经得到了一定程度的发展，喷气式飞机开始民用。20世纪60—70年代，开始出现宽体式的大型客机，飞机性能增强，航程增加，运输成本大大降低，航空运输进一步普及。

随着计算机、通信、新型材料等技术的飞速发展，民航领域日新月异。到21世纪，人类民航飞行已经发展到较为成熟的阶段。目前，民用航空飞机根据航程远近分为远程、中程、近程飞机。远程飞机航程超10000公里，可以实现洲际飞行；中程飞机航程为3000公里左右，主要用于国内干线航线运输；近程飞机航程一般小于1000公里，主要用于国内支线航线的运输。我国根据民用飞机客座数量划分为大、中、小三类，客座数200个以上的为大型飞机，100~200个的为中型飞机，100个以下的为小型飞机。

1.1.2 世界民航发展现状

1. 民航管理组织

(1) 国际民用航空组织

国际民用航空组织成立于1944年，为联合国下属专门负责管理和发展国际民航事务的机构，总部设在加拿大蒙特利尔，其前身为根据1919年《巴黎公约》成立的“空中航行国际委员会”。“二战”期间飞机技术得到了较大发展，同盟国意识到战后世界商业航空的巨大发展潜力，在“二战”早期即开始组织建立世界航空领域框架秩序。1944年，52个国家在美国芝加哥召开会议，会议签订了《国际民用航空公约》，该公约目前仍是世界民航领域最重要的国际公约，被视为民用航空领域的宪章性文件。《国际民用航空公约》主要由公约主体和附件内容组成，公约主体分为4个部分，分别为“空中航行”“国际民用航空组织”“国际航空运输”“最后条款”。1947年，《国际民用航空公约》正式生效，国际民航组织也正式成立。截至2020年，国际民航组织共有193个缔约国，负责制定国际空运标准和条例，旨在促进全世界民用航空安全、有序地发展，是各国在民航领域中开展合作的媒介(见图1.1所示)。

国际民用航空组织由大会、理事会和秘书处三个权力层级构成。大会是组织的最高权力机构，成员为全体成员国，通常每三年举行一次，主要议题为民航安全、环境保护、法律法规等内容。大会主要职能为选取理事会成员国，审批理事会报告等。理事会是常设机构，由大会选举出36个缔约国共同组建，向大会负责。缔约国共分为三类：第一类为在国际航空领域有着十分重要地位的成员国；第二类为在国际航空领域有着卓越贡献的成员国；第三类为世界各区域具有代表性的成员国。理事会下设运输、航行等八个委员会，通常每年召开三次会议，主要职责为向大会报告各成员国公约的执行情况、处理国际航空运输相关问题等。秘书处是国际民航组织的常设行政机构，下设技术合作局、航空运输局、法律局、航行局和行政局，此外还有一些地区办事处。

图 1.1　国际民航组织标志

图片来源：网络

国际民航组织的宗旨和目标如下：

- 确保全世界国际民航安全和有秩序地发展；
- 鼓励为和平用途的航空器的设计和操作技术；
- 鼓励发展国际民航应用的航路、机场和航行设施；
- 满足世界人民对安全、正常、有效和经济的航空运输的需要；
- 防止因不合理的竞争而造成经济上的浪费；
- 保证各缔约国的权利充分受到尊重，每一个缔约国均有经营国际空运企业的公平的机会；
- 避免各缔约国之间的差别待遇；
- 促进国际航行的飞行安全；
- 普遍促进国际民航在各方面的发展。

我国民航虽然起步较晚，但仍是国际民航组织的创始国之一，1944年签署《国际民用航空公约》，1946年成为会员国，2004年我国首次当选一类理事国。

（2）美国联邦航空管理局

美国联邦航空管理局是美国运输部下属的、负责美国民航管理的机构。联邦航空管理局的成立源于美国人对于航空安全重视程度的不断提高。随着美国民众商业旅行需求的增加，人们开始注意飞机运营安全性，一些机场开始提供基于视觉信号的早期空中交通管制，当时仅为在机场上挥舞旗帜指导飞行员。1926年美国通过《航空商业法》，商务部下新设航空部门承担航空监管的责任，1934年该部门更名为航空商务局。航空商务局鼓励美国航空公司建立起第一批空中交通管制中心。但此时，航空事故仍频有发生。1938年美国通过《民用航空法》，单独设立民航局，该法律赋予民航局监管各航空公司票价、调查航空事故、确定航线分配等权利。1958年，美国通过《联邦航空法》，成立独立的联邦航空局。1967年，美国进一步认识到协调运行的运输系统的重要性，专门成立了运输部，联邦航空局成为运输部下的组织机构之一，更名为联邦航空管理局。机构成立之后，所担负的职责逐渐增多，如飞机安全检查、飞机噪声标准制定、机场安全认证等。与此同时，联邦航空管理局在空中交通管制方面投入大量资本和技术力量。

美国联邦航空管理局最高权力部门为行政官办公室，下设各业务部门向办公室报告。业务部门包括空中交通组织部、安全和技术培训部、系统操作部、空中交通安全监管局、飞机认证服务部、机场安全与标准部等。美国联邦航空管理局是国际上主要的航空器适航证颁发者。

截至2021年，美国共有机场20061个，其中公共用途机场5211个，私人机场14850个，军用机场313个，此外，通用机场达19542个。根据2019年美国国内始发旅客数据，排名前五的机场分别为洛杉矶国际机场、芝加哥奥黑尔国际机场、丹佛国际机场、亚特兰大国际机场和波士顿洛根国际机场。

（3）欧洲航空安全局

类似于美国联邦航空管理局，欧洲航空安全局作为一个欧盟机构，成立于2002年，前身为欧洲联合航空局。“二战”之后，为抢占世界航空业市场，欧洲成立联合适航局，对大型飞机和发动机进行规范管理，后期业务拓展到航空产业的认证设计等领域。1990年，欧洲联合航空局成立，并制定了联合航空规则，内容包括飞机的设计制造、人员执业等标准。2002年，欧盟成立欧洲航空安全局，负责欧盟的民航安全等方面的法律法规，在欧洲内统一航空管理和适航认证等。目前，欧洲航空安全局的总部位于德国科隆。

不同于美国联邦航空管理局，欧洲航空安全局更偏向于欧盟区域民航法律法规、规范标准的统一制定，欧洲航空安全局与欧洲各国家航空管理局和航空制造商等共同合作，以促进和实现民航安全和环境保护的最高通用标准。新型飞机在欧洲量产或投入运营之前，必须先经过欧洲航空安全局的认证，该机构最主要的工作即批准和认证飞机、发动机和相关航空产品。欧盟区域的飞机首次起飞的安全评估，需要欧洲航空安全局和各国的国家航空管理局共同完成。

欧洲航空安全局下设战略与安全管理局、认证局、飞行标准局和资源与支持局等，在加拿大、美国、新加坡和中国设有常驻代表处。目前成员国包括欧盟成员国和瑞士、挪威、冰岛以及列支敦士登，共计31个成员国。

（4）中国民用航空局

1949年11月，我国成立民用航空局，由空军进行指导，实行军事化管理。1958年我国民用航空局划归交通运输部管理，1968年又重新由空军负责管理。1980年我国民用航空局开始企业化管理，由空军负责转为国务院直属机构，这一时期政府管理和企业经营工作都是由民用航空局统一负责的。1987年是我国民航业重大变革的一年，我国政府对民航业进行了以航空公司和机场分设为特征的体制机制变革，组建了六个航空公司，分别为中国国际航空公司、中国东方航空公司、中国南方航空公司、中国西南航空公司、中国西北航空公司和中国北方航空公司。两年后，中国通用航空公司成立，主营通用航空业务。同时在机场管理方面，在原民航各地区管理局的基础上，成立民航华北、华东、中南、西南、西北和东北六个地区管理局。1990年，民航油料供应业务总体分离出去单独组建了中国航空油料总公司。

2002年我国民航业体制机制进一步变革，在上一轮改革的基础上成立六大集团公司，集团公司进行企业化经营，这六大集团公司分别为中国航空集团公司、南方航空集团公司、东方航空集团公司、中国民航信息集团公司、中国航空器材进出口集团公司和中国航空油料集团公司。经过这一轮改革，我国民航业政府管理和企业经营进一步脱钩，民航彻底完成体制改革。

目前我国民用航空局内设综合司、政策法规司、财务司、国际司、飞行标准司、机场司、发展计划司、航空器适航审定司等十几个机构，下设华北、华东、西南、新疆、东北、中南、西北共七个地区管理局，直属机构包括空中交通管理局、中国民航大学、民航第二研究所、中国民航机场建设集团公司等。

2. 国际民航市场规模

（1）全球航空客运量

1914 年 2 月 16 日，世界上第一条空中航线开通，由美国洛杉矶到旧金山，也标志着商业航空发展幕布正式揭开。1919 年，法国的法尔芒航空公司开辟了从巴黎到布鲁塞尔的定期航班，成为世界上第一条国际民航客运航线。根据世界银行交通运输数据，2019 年全球民航客运量为 43.97 亿人，同比增长 3.64%。而 1970 年全球民航客运量为 3.10 亿人，1970—2019 年全球民航客运量年均复合增长率为 5.56%。可见，在疫情尚未影响全球民航之前，2019 年国际民航发展速度已经低于历史平均水平。

表 1.1 为 1970—2019 年全球民航客运量各阶段复合增长率。可以看出，1970—2009 年，每十年的年均复合增长率在逐渐下降，而 2010—2019 年，年均复合增长率上涨为 5.28%。

表 1.1　1970—2019 年全球民航客运量各阶段复合增长率

时间	1970—1979 年	1980—1989 年	1990—1999 年	2000—2009 年	2010—2019 年
复合增长率	7.64%	4.36%	4.30%	3.00%	5.28%

数据来源：万得

全球民航客运量总体呈现平稳增长，其中高收入国家民航客运量明显高于低收入国家，占据全球民航客运量的 77%以上（见图 1.2 所示）。

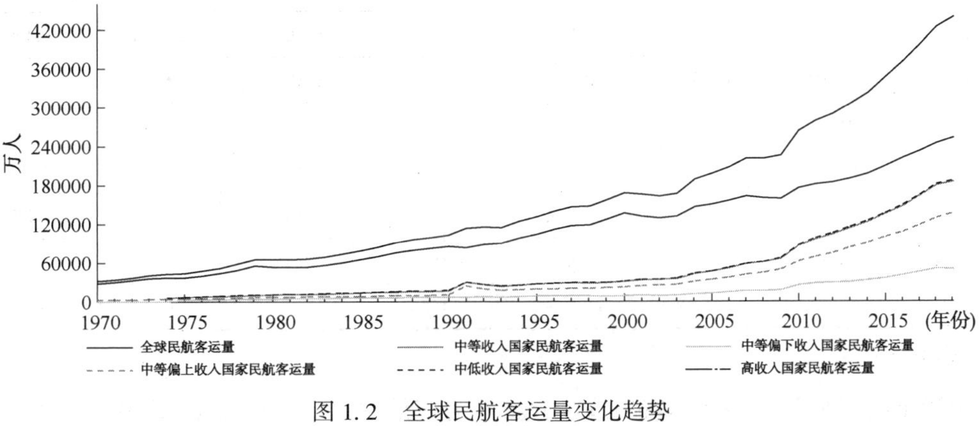

图 1.2　全球民航客运量变化趋势

（2）全球航空货运周转量

同民航客运量一样，全球航空货运周转量自 1973 年以来以较快的速度增长，由

1973 年全球全年 155.69 亿吨公里的周转量，增长到 2020 年的 1805.31 亿吨公里的周转量。从表 1.2中可以看出，1973—1997 年，年均复合增长率在 8%左右，2000 年以来增长速度有所放缓，全球航空货运周转量年均增长率仅为 2.67%。尤其是 2008 年以来，受金融危机和新冠肺炎疫情的影响，货运周转量年均增长率为 1.27%。2020 年全球航空货运周转量呈断崖式下降，同比下降 18.49%。

表 1.2　1973—2020 年全球航空货运周转量各阶段复合增长率

时间	1973—1985 年	1986—1997 年	1998—2009 年	2010—2020 年
复合增长率	7.50%	8.88%	4.55%	-0.07%

数据来源：万得

根据 IATA 的数据，2021 年全球航空货运需求比 2019 年增长 6.9%(其中，国际需求增长 7.4%)；2021 年运力比 2019 年下降 10.9%(其中国际运力下降 12.8%)。

（3）全球机场数

发达国家机场数量更多、机场设施更为充分完善。根据万得数据，2016 年美国、德国等国家每百万居民的机场数达 0.3 以上，其中英国达到 0.58，且相对于 2004 年的 0.62 个，机场数是下降的。相比之下，2016 年我国每百万居民的机场数仅为 0.05，印度为 0.02(表 1.3)。

表 1.3　美国、日本、英国等国家每百万居民的机场数(2004—2016 年)

年份	美国	日本	英国	德国	印度	俄罗斯	中国
2004	0.35	0.24	0.62	0.30	0.02	0.31	0.03
2005	0.35	0.23	0.65	0.35	0.02	0.31	0.04
2006	0.33	0.29	0.67	0.32	0.02	0.34	0.04
2007	0.34	0.26	0.64	0.34	0.02	0.29	0.03
2008	0.32	0.27	0.66	0.33	0.02	0.31	0.03
2009	0.32	0.25	0.69	0.34	0.02	0.29	0.04
2010	0.35	0.28	0.65	0.35	0.02	0.32	0.04
2011	0.35	0.27	0.65	0.41	0.02	0.34	0.04
2012	0.32	0.28	0.58	0.37	0.02	0.36	0.04
2013	0.33	0.29	0.64	0.40	0.02	0.35	0.05
2014	0.31	0.29	0.62	0.38	0.02	0.40	0.05
2015	0.33	0.30	0.58	0.37	0.02	0.43	0.06
2016	0.32	0.29	0.58	0.36	0.02	0.47	0.05

数据来源：万得

从国土面积来看，发达国家的机场分布更为密集。根据万得数据，2016 年美国每十万平方公里的机场数为 1.14 个，而英国、日本、德国等每十万平方公里的机场数在 8 个以上。相比之下，由于俄罗斯国土辽阔，每十万平方公里机场数不足 1 个，而我国仅为 0.42 个，印度则达到 0.98 个(见表 1.4 所示)。

表 1.4 美国、日本、英国等国家每十万平方公里的机场数(2004—2016 年)

年份	美国	日本	英国	德国	印度	俄罗斯	中国
2004	1.11	8.50	15.29	7.17	0.61	0.46	0.27
2005	1.11	8.23	16.12	8.32	0.67	0.49	0.27
2006	1.07	10.15	16.95	7.46	0.77	0.49	0.29
2007	1.12	9.05	16.12	8.03	0.87	0.47	0.26
2008	1.07	9.60	16.95	7.74	0.87	0.49	0.27
2009	1.06	8.78	17.77	8.03	0.91	0.53	0.25
2010	1.18	9.88	16.95	8.32	0.91	0.57	0.28
2011	1.20	9.33	16.95	9.47	0.87	0.59	0.29
2012	1.10	9.88	15.29	8.61	0.94	0.63	0.31
2013	1.14	10.15	16.95	9.17	0.94	0.69	0.31
2014	1.08	10.15	16.53	8.89	0.94	0.71	0.35
2015	1.16	10.43	15.71	8.60	0.98	0.81	0.38
2016	1.14	10.15	15.71	8.59	0.98	0.80	0.42

数据来源：万得

1.2 我国民航发展简史

1.2.1 我国民航工业简史

1. 中华人民共和国成立之前的民航工业历史

(1) 清末时期

清末时期，属于我国航空事业的起步阶段，国人在诸位先驱的努力下逐渐接受了航空思想，认识到航空领域的重要性。虽然由于当时的社会经济条件限制，航空事业没有得到较大的发展，但先驱的努力为我国的航空事业播下了希望的种子，刻下了自强不息的基因。

在中国，航空理论萌芽很早就出现了，诸如风筝、竹蜻蜓等能够飞行的物品发源于中国是世界公认的。但是，从明朝中后期开始，我国在航空方面理论与实践的发展开始落后于欧洲。欧洲由于 18 世纪的工业革命，在航空方面取得了较大的进展。19 世纪中叶，航空思想与理论传入中国。在清末时期，有两类人在中国航空思想的传播中起到了较大推动作用。一类是将飞机等带到国内展示并表演飞行的国外飞行家，如 1911—1912 年，法国、俄国、英国等国的飞行家们，纷纷到中国展示飞机飞行。另一类是留学国外的华人学子或华侨，他们因国家遭难，深感应实业救国，很多仁人志士自学航空理论并研制飞艇、飞机，希望能从航空角度壮大祖国实力。但由于清政府的不重视，很多工作半途而废。

著名的《时局图》的作者，旅澳华侨谢缵泰，还有另一个称号：中国飞艇设计第一人。他坚信科学技术是救国的必由之路，于1898年研制出“中国号”铝制蒙皮飞艇图样，但不被清政府重视。

冯如是我国第一位飞机设计师和飞行家，他年少时曾到美国学习机械技术，受到莱特兄弟发明飞机的影响，立志制造中国人自己的飞机。1909年，冯如在美国研制出飞机并试飞成功，引起轰动。1911年冯如带着自制的飞机回国，希望能够在国内建立飞机制造厂，但没能获得清政府的支持。1912年冯如在试飞时失事遇难，其遗体葬在黄花岗，被后人誉为“中国航空之父”。

此外，赴日留学生中的李宝焌和刘佐成，于1910年在政府支持下在北京南苑练兵场建立了我国最早的航空工厂，尝试研制飞机，标志着中国现代飞机制造的开端。

（2）民国时期

民国时期，我国第一家正规的飞机制造厂——海军飞机工程处，在福州马尾海军船政局内开办。由于缺乏技术和设备，该时期主要由政府和各地军阀主持建立飞机修理厂，以仿制国外飞机为主，从国外进口全部关键零件，聘请国外技术人员到国内参与飞机装配和制造，国内的航空制造业由此渐渐发展起来。

该时期也出现了一些航空培训学校，专门培训航空技术人才和飞行员，为之后我国航空事业的发展培养了大批人才。马尾海军飞机工程处是1918年北洋政府时期建立的我国第一所较为正规的飞机制造厂。制造厂员工克服建厂之初缺乏技术和设备的不利条件，采用边学边干的模式，培养了一大批飞机制造技术工人。

另一处规模较大的航空工厂为奉系军阀建立的东三省航空处。该航空处为奉系军阀打败皖系军阀后，将南苑航空学校的飞机器材搬运到东北建立起来的航空工厂，后又经过一段时间的扩充，航空处建立各种车间30余个，主要维修飞机并兼有一定的制造能力。同时航空处培训飞行员和航空技术人员，建立航空部队随空军作战。航空处曾筹备和荷兰福克公司签订股权合作协议，购买其飞机制造技术和一定数量的飞机。但由于抗日战争的爆发，日本占领东三省，该协议未能落实。

民国时期我国航空技术得到一定程度的发展，甚至在某些技术领域取得了创新。早期飞机基本上是木质结构，后来发展为金属结构。早期国产飞机还要进口国外的木材，由于十分麻烦和价格昂贵，飞机制造厂的前辈们研究各种国产替代材料。如用国内木材替代国外进口木材，木材需要涂油漆以防潮防雨，于是用桐油和生漆涂抹机身，达到防潮防渗水的目的。民国时期用于飞机制造的木材包括：云杉——飞机结构材，核桃——螺旋桨材，桦树——层板及螺旋桨材，槭树、丁木——层板材，泡桐——飞机填充及整形材。我国首创将竹子用于飞机制造，其抗张强度比同质量的铝合金还要大3倍。这都是先辈们在艰苦条件下不畏艰难、不断探索取得的成果。

2. 中华人民共和国成立之后的民航工业历史

（1）初创时期

中华人民共和国成立初期，我国航空工业领域几乎为空白，我国没有造飞机的实力，只能做飞机修理和仿制。1951 年 4 月，我国颁布《关于航空工业建设的决定》，成立重工业部航空工业管理局，确定了修理—仿制—设计的工业发展路线，开始了我国航空工业从无到有的艰辛创业。1954 年 7 月 3 日，我国生产的第一架飞机初教-5 成功首飞，标志着我国航空工业从修理到制造的成功过渡。1956 年我国试制出第一台喷气式发动机涡喷-5。1959 年，我国试制出第一架喷气式飞机歼-6 并成功首飞。与此同时，在民用机方面，我国于 1957 年试制出第一架多用途民用飞机运-5。第一个五年计划期间，在中央的重视和苏联的援助下，我国成立了一批重点企业和院校，初步建立起航空工业制造体系和人才培养体系，快速完成了从飞机修理到飞机制造的过渡阶段。

20 世纪 60—70 年代，我国航空工业进一步发展，科研体系更加完善，先后建立起材料、技术情报、飞行试验等专业研究院以及发动机设计室等。1961 年，我国航空研究院成立，并于次年制定《航空科学研究十年规划》；1965 年，我国自行设计的首架喷气式攻击机强-5 成功首飞；1969 年，我国自行设计的第一架高空高速飞机歼-8 成功首飞；1970 年运-7 成功首飞，标志着我国在航空工业短程运输机领域取得重大进展。经济体制方面，1979 年，我国航空产品从无偿对外援助改为有偿贸易，并成立中国航空技术进出口公司。20 世纪 70 年代后期，我国在东北、华北、西南、西北等地建立起飞机、发动机及机载设备的配套生产基地，成功实现了航空工业的从无到有，航空工业布局基本形成，并具备了一定的自行设计能力。但在初创时期，相对于军用飞机，我国民用飞机制造领域发展仍较缓慢。

（2）改革开放时期

改革开放以来，我国航空工业进入新的发展阶段，更加注重科研能力，提出了产品“更新一代、研制一代、预研一代”的发展方针，进一步贯彻“军民结合”的理念，我国民用飞机的研发制造取得快速发展。1980 年，我国自主设计制造的大型喷气式客机运-10 成功首飞；1983 年，我国经过十余年研制出的超音速喷气强击机完成了多项重大改造，成功通过国家鉴定；1985 年，我国成功制造出大型直升机，成为世界上少数几个能自主生产大型直升机的国家之一；1986 年，我国成功研制出第一代支线客机运-7 并投入运营，我国自此可以使用自行制造的飞机；1988 年，我国成功研制出歼轰-7 并成功试飞，在军用飞机方面进行了多项技术创新；1997 年，我国自行研制的中大型运输机运-8 开始在国内民用航空市场投放使用，当时主要用于运送邮件。我国航空工业的先辈们以自力更生、艰苦奋斗的精神，填补了我国航空工业技术领域的多项空白。

与此同时，我国航空工业开始走向世界。1985 年，我国上海航空工业公司和美国麦道公司签署合作协议；1986 年，我国航空工业第一次参加在英国举办的国际航空博览会；1990 年，我国自行研制的运-12 获得了英国 CAA 型号合格证，成为我国首个获得外国适航机构颁证的运输机型；1995 年，运-12Ⅳ获得了美国联邦航空管理局的适航证，标志着我国航空工业制造水平开始同国际接轨。

同时期，我国在民航领域进行了多项体制改革，在航空工业领域也进行了经济体制等方面的改革。1988 年，我国航空航天工业部成立；1993 年，我国航空工业领域进一步改革，成立中国航空工业总公司，实现政企分离；1999 年，为进一步发挥企业创新活力，总公司分立为中国航空工业第一、第二集团公司，正式走上企业化经营道路。

2000 年，“新舟”60 支线飞机首飞成功；2002 年，我国成功研制具有完全自主知识产权的“昆仑”涡喷发动机，成为世界上第五个能独立研制航空发动机的国家；2007 年，我国首架具有自主知识产权的支线喷气客机 ARJ21-700 总装下线。

航空工业两大集团在民用飞机、非航空产品领域等取得了长足进步，做出了重要贡献。但我国航空工业实力与发达国家还有较大差距，还不具备制造大型客机的能力。2008 年，两大集团再一次进行战略性重组整合，成立中国航空工业集团有限公司（简称中航工业集团），同时中国商用飞机有限责任公司成立，开启了我国大型客机研制的征程。

（3）党的“十八大”以来

改革开放以来，我国航空工业已经成功实现维修—仿制—自主设计—自主创新的跨越式发展。党的“十八大”以来，党中央号召建设航空强国，更加注重技术创新能力的提升，加强关键核心技术领域的研发创新，使航空工业进一步融入、服务我国重大战略中，开启航空工业领域新的征程，基本形成了现代化的航空产业体系。

① 我国航空工业产业规模大幅增长。党的“十八大”以来，我国航空工业领域体系进一步健全，航空市场规模进一步扩大。2010 年我国民航产业规模为 170 亿元，“十二五”末我国民航产业规模增长到 660 亿元，“十三五”期间民航市场规模进一步扩大。根据国外机构数据，2017 年全球航空工业的总产值约 53470 亿元，我国航空工业产值占比为 6%，约 3200 亿元。美国航空工业产值占比为 49%，其次为法国，航空工业产值占比为 8%。

从企业方面看，2012 年我国中航工业集团营业收入为 3006 亿元，利润总额为 132 亿元，全年航空转包生产交付额达 10.5 亿美元，全年签订新舟系列飞机 106 架，交付 45 架，运营航线超 250 条。经过“十二五”“十三五”期间发展，中航工业集团产业规模进一步扩大。2020 年，中航工业集团营业总收入达 4685 亿元，利润总额 215 亿元，全年交付各类民用飞机 476 架，民用飞机产业销售收入达 214.5 亿元，国际转包合作交付 14 亿美元，在《财富》世界 500 强中排名第 163 位。2020 年我国自行研制的、具有自主知识产权的中短程支线客机 ARJ21 首次入列国际主流航空公司，中国商飞全年共交付 46 架。截至 2021 年底，ARJ21 飞机机队在中国国航、东方航空、南方航空、成都航空、天骄航空、江西航空和华夏航空的航线飞行时间累计已超过 10 万小时，我国自主研发的支线飞机运营安全性得到验证。

② 大飞机等重点航空产品研制取得新突破。运-20 是我国自主研制的大型多用途运输机，2016 年正式服役，标志着我国正式拥有了自己的大飞机，成为继美国、俄罗斯和欧盟之后第四个能够自主研制大型运输机的国家。“十三五”期间，我国相继研发出运-20、歼-20 和直-20，我国主战航空装备正式跨入“20 时代”。

民用飞机方面，2015 年 11 月 C919 大型客机正式总装下线。C919 是我国首款完全按照适航标准和主流市场标准研制的单通道大型喷气式干线客机，座级 158~168 座，航程 4075~5555 公里，研制开始于 2008 年，2017 年 5 月 5 日成功首飞，2022 年 5 月 14 日，编号为 B-001J 的 C919 大飞机首飞成功。此外，CR929 远程宽体客机于 2018 年首次在国际航展上展示，CR929 是中俄联合研制的双通道民用飞机，座级 280 座，航程达

12000 公里。为联合研制 CR929 大飞机，中国商飞公司和俄罗斯联合航空制造集团公司于 2017 年联合成立合资企业——中俄国际商用飞机有限责任公司，由合资公司承担该大型飞机的研制工作。大型特种飞机方面，2018 年我国自主研制的大型灭火/水上救援水陆两栖飞机 AG600 成功水上首飞；2022 年 5 月，鲲龙 AG600 全状态新构型灭火机成功首飞，极大地满足了我国应急救援体系和国家自然灾害防治体系建设的需要(见图 1.3 所示)。

图 1.3　AG600 成功实现水上首飞

图片来源：航空工业

③ 航空产业对经济带动能力进一步增强。改革开放以来，我国航空产业从无到有，从弱到强，产业技术能力不断增强，产业布局不断完善，形成了从科学研究到工厂生产、从军用产品到民用产品、从航空产品到非航空产品一系列专业齐全、配置完善的产业链条。党的“十八大”以来，随着我国航空科技的不断进步，大力开拓民用航空产品，我国基本形成了由中型运输机、涡桨支线飞机、通用飞机、直升机、机载设备及系统、维修保障等构成的民用航空产品体系。2016 年，党中央、国务院、中央军委联合发布了《关于经济建设和国防建设融合发展的意见》。2017 年，中航工业集团下发《关于深入贯彻落实国家军民融合发展战略的决定》，以航空军工高科技产业的优势，辐射带动民品产业发展，促进军民融合发展，充分发挥航空产业对国民经济带动作用。在新发展阶段，航空产业对我国经济产业结构调整、管理机制变革和科学技术创新等方面的作用更加明显，对我国经济动力的作用逐渐从规模增长转变到质量提升，对国家战略性作用不断增强。

作为我国航空制造业的主力军，2020 年中航工业集团产业布局已遍布全国，在全国 25 个省、自治区和直辖市开展产业投资，重点围绕华北、华中、华东、东北和西北等地区布局航空产业链。“十三五”以来，中航工业集团持续推动航空技术向高端装配、人工智能、物联网等新一代信息技术、新能源等战略性新兴产业衍生，在实现航空制造到航空智造跨越的同时，更大程度上发挥航空产业辐射作用。

④ 通用航空产业得到快速发展。通用航空主要在真高 1000 米以下的低空域作业，随着 2010 年我国发布《关于深化我国低空空域管理改革的意见》，我国通用航空产业逐渐蓬勃发展。通用航空飞行作业时间快速增长，2013 年我国通用航空全行业生产作业飞行时间为 59. 1 万小时，2020 年全行业完成通用航空生产作业飞行 98. 4 万小时，相比 2013 年增长了 66. 5%，年均复合增长率达 7. 6%。通用航空机队规模快速增长，2013 年

我国通用航空企业适航在册航空器总数为1519架，2020年底为2892架，相比2013年增长了90.4%。

通用航空市场的拓展带动了我国通用航空工业发展，我国高端通用飞机研发制造能力显著增强，固定翼如活塞式、涡桨式、喷气式通用飞机、旋翼飞机、水陆两栖飞机等通用航空飞行器谱系逐渐健全。大型特种民用飞机AG600是我国航空工业重大工程，2009年开始研制，2016年完成总装下线，2017年实现陆上首飞成功，2018年实现水上首飞成功。该飞机航程远、载重量大，能够有效满足森林灭火、海上救援等多种特殊使用需求。2010年我国研发的运-12F型支线运输通用飞机实现首飞成功，并取得美国FAA适航认证。该型号飞机在2014年首次获得美国订单，成为我国首次出口发达国家的民用飞机，对我国通用飞机制造产业具有里程碑意义。民用直升机方面，我国目前已研制形成AC系列民用直升机。AC311作为轻型单发直升机，最大起飞重量为2.2吨；AC312直升机是我国研制的中型直升机，具备在复杂气象条件下飞行的能力，一次可载客2~14名；AC313直升机是世界上首款能够在高海拔空域飞行的大型直升机，最大起飞重量13吨，标志着我国具备了自主研制大型直升机的能力；AC352直升机是我国同欧洲直升机公司联合研制的中型多用途飞机，载客量在14~16名，具有成本低、航程远的优点。随着我国通用飞机制造产业的发展，带动越来越多的民营企业参与其中，通用航空制造领域整机制造和零部件制造等产业链条不断完善。

⑤ 进一步融入国际航空产业。党的“十八大”以来，我国航空产业持续开拓民用航空产品市场，积极融入世界航空产业链条。作为空客公司在欧洲之外建立的首条飞机生产线，天津空客A320系列飞机亚洲总装线自2008年启用以来，已经完成制造交付A320飞机超过500架。2016年中欧双方进一步拓展二期合作，开始总装生产改进型的A320neo系列飞机，此外双方将合作范围拓展至A330，并于2017年完成首架A330交付。2021年中航工业集团与空客公司继续扩展合作，将天津A320总装线扩展至A321，同时A330转产A350，并于2021年完成首架交付。天津空客总装线是我国航空工业国际转包业务的重大项目，通过不断拓展合作领域，逐渐升级为空客亚洲生产中心。此外，为进一步融入世界航空产业，我国自1996年开始在珠海举办中国国际航空航天博览会，目前已经成功举办12届，珠海航展已经跻身世界五大航展之一，成为我国对外展示航空成果、与世界航空产业对接的重要平台。党的“十八大”以来，我国通过航空产品转包、合作，以及飞机出口等方式与国际航空产业进一步接轨，在世界民航产业链中的重要性得到显著强化。

1.2.2 我国民航发展简史

中华人民共和国成立之前，我国民航发展缓慢。抗日战争中，航空发挥了重大作用。1949年中华人民共和国成立以后，我国接收了部分飞机、工厂、机场等，航空服务业具备了一定的运营基础。1949年11月2日，中共中央政治局决定在人民革命军事委员会下设立民航局，负责管理我国民航各方面事务，由空军指导。在成立之初，我国民航各种人才、设备等还比较匮乏，航线仅有几条，机场等基础设施也十分简陋。当时国民党败退后，带走了大部分的飞机、航空设备和飞行员。随后，中国航空公司和中央航空公司实施了“两航起义”，带回了大量的航空设备和人才，我国民航就此开始艰难起步。

改革开放以后，为大力发展经济，我国民航进行了较大力度的体制改革，原由空军指导的管理机构开始企业化改革，航空公司运营和机场管理以及几大保障业务都分离开始独立运营，自此我国民航开始进入飞速发展阶段。

党的“十八大”以来，我国逐渐建成民航大国，在新发展理念的指导下，我国开始向着民航强国的目标迈进。我国民航砥砺腾飞的发展史，凝聚了我国人民自强自立、艰苦奋斗的民族精神，走出了一条具有中国特色的民航发展道路。

1. 中华人民共和国成立之前的民航历史(1909—1949 年)

19 世纪中叶以后，航空思想引入中国，国人开始萌发制造自己的飞机、建设自己的机场的想法。1910 年，留日归国人士李宝焌、刘佐成在清政府支持下在北京南苑建立起飞机制造厂棚，并逐渐发展起飞机场、飞机维修厂等必要场所，北京南苑机场成为我国第一个飞机场。

中华人民共和国成立之前，我国缺乏民航基础的技术和经验，但在一些爱国先进人士的努力下，通过和外国合办的方式，陆续建立起一些飞机制造厂和维修厂，这些成为我国民航发展最初的基础。但由于当时中国积贫积弱，面临内忧外患，民航业务难以发展起来。

2. 中华人民共和国成立以来至党的“十八大”之前的民航历史

(1) 中华人民共和国成立之初的“两航起义”

“两航起义”中的两航，指的是“中国航空股份有限公司”(简称“中国航空公司”)和“中央航空股份有限公司”(简称“中央航空公司”)。中国航空公司原为民国时期创立的航空公司，后改组为与美国合营公司。到新中国成立前夕，中国航空公司运输周转量已经在国际民航运输协会成员国公司中排名前八，拥有飞机 60 余架。中央航空公司为与德国汉莎航空公司合营的欧亚航空公司，后来收回外方股权改组为中央航空公司，当时拥有飞机 40 余架，与中国航空公司都是当时规模较大的航空公司。

中华人民共和国成立前夕，国民党节节败退，但还在西南地区负隅顽抗。西南地区交通不便，大量枪支弹药等补给需要飞机运输，因此两航成为国民党十分重要的空中运输力量。两航本部原在上海，但国民党要求其将总部迁至香港启德机场，带走大量飞机和航空设备，后又要求迁至台湾。迁至香港后，两航的运营困难重重，又面临迁至台湾后公司的未来发展问题，萌生回归祖国的想法。中华人民共和国成立后，我党积极争取两航总经理支持，两航陆续从外地撤回各项人力物力，筹备举行“两航起义”。1949 年 11 月，“两航起义”条件成熟，中国航空公司 10 架和中央航空公司 2 架共计 12 架飞机于 9 日上午从香港启德机场秘密起飞，安全降落在北京西郊机场和天津张贵庄机场，标志着“两航起义”取得胜利。

起义成功后，两航员工立即发电宣布归附中央政府，2000 多名员工历经艰难险阻，带回大量航空器材、重要零部件以及汽油等物资。之后两航在世界各地办事处的员工纷纷宣布起义，带动了在港的中国银行、招商局等纷纷起义回归祖国，在国际上引起了广泛关注。“两航起义”不仅切断了国民党西南空中补给线，加快了全国解放，更为我国民航事业的起步带来了基础资产，成为“具有无限前途的中国人民民航事业的起点”(图1.4)。

图1.4　中国航空公司总经理刘敬宜(左)和中央航空公司总经理陈卓林(右)

图片来源：网络

(2) 改革之前的初创阶段

“两航起义”之后，我国开始着手国内航线的开航工作。1950年8月1日，我国开通了天津—北京—汉口—广州和天津—北京—汉口—重庆两条航线，史称“八一开航”，我国民航就此开始起步发展。

开航之初，我国民航体系刚刚建立，仅有国内短程航线十余条，能飞的飞机仅有30架左右，面临着航线少、物资缺、技术缺的问题。20世纪60年代，我国开通航线的国内城市仅60余个，飞机航线需要经停多站，旅客在经停站下飞机休息吃饭。国际航线方面，1950年7月1日，在苏联的支持下，我国成立了中苏民用航空股份公司，并开通了三条中苏国际航线。为了联通西藏和内地，1956年5月我国成功开通了北京—拉萨航线，“北京”号飞机经四川广汉飞越“世界屋脊”成功降落在拉萨当雄机场，打开了“空中禁区”，标志着我国民航飞行技术的进步。但当时西藏并未开通定期航班，直到1965年3月，西藏首次开通定期航班。到1978年，我国共开辟航线160余条，航空业务范围也从旅客运输、邮件运输扩展到农业、林业等通用航空范围。

(3) 改革开放以来的飞速发展时期

我国民用航空局成立之初隶属于中央军委，当时通常称为军委民用航空局。直到改革开放前夕，我国民航虽然进行过一些企业化的尝试，但由于空中管制一直由军方负责，民航基本上是政企合一的半军事化行业。随着十一届三中全会的召开，为了适应我国以经济发展为重心的发展方向，民航体制拉起了改革帷幕。我国民航体制改革主要分为三个阶段。

第一个阶段主要为1977—1980年，主要改革点为从军事化管理转到经济化管理。此前，我国民航隶属于空军，1980年邓小平提出“民航一定要走企业化道路”，同年3月，民航从军队管理转为国务院直接领导，同时内部管理制度也进行了一系列的改革。此时，我国民航依然是政企合一的运营方式，但运营数据有了很大程度的提升。

第二阶段主要为1987—1994年，主要改革点为政企分离，民航业逐步建立起现代化运营框架。首先从管理层级上，设立华北、华东、中南、西南、西北、东北六个地区管理局，在省(区、市)这一层面上管理局与机场合一实施企业化运营，形成中国民航总局—地区管理局—省(区、市)局的三级管理层级。其次从民航业务方面，将航空运输业务、航空保障业务等分离出来，成立六大航空公司和航空油料公司、航空结算中心等，开始独立经营。

第三阶段主要为2002—2008年，主要改革点为民航企业的整合重组，进一步深化市场化改革。本次改革将原航空公司重组为三家大型航空集团公司，并将航空保障业务整合为三大航空保障企业集团公司，分别为中国航空油料集团公司、中国航空器材进出口集团公司和中国航空信息集团公司。

经过三轮逐渐深入的改革，我国民航市场潜力得到进一步释放，2008年我国民航运输总周转量、旅客运输量、货邮运输量分别为376.8亿吨公里、1.9亿人次、407.6万吨，分别是1978年的126倍、82倍、64倍。

3. 党的“十八大”以来民航快速发展阶段

党的“十八大”以来，我国民航迈入跨越式发展阶段。2012年7月，我国出台《国务院关于促进民航业发展的若干意见》，指出我国民航业是经济社会发展重要的战略性产业，提出要在2020年初步建成安全、便捷、高效、绿色的现代化民航体系的发展目标。在党和国家的领导下，从空域改革、国企运营、航空服务、机场建设等各个方面推进我国民航事业的建设；在新发展阶段下，我国民航事业进一步提出从单一运输强国向多领域民航强国跨越的目标，我国民航事业各方面实力均显著提升。

（1）民航运输业务量快速增长

根据民航统计公报，2019年我国民航全行业完成运输总周转量1293.25亿吨公里，同比增长7.2%；全行业完成旅客运输量6.60亿人次，同比增长6.9%；全行业完成货邮运输量753.14万吨，同比增长2.0%，分别是2012年相关数据的2.12倍、2.07倍和1.38倍，分别实现年均复合增长率为11.3%、10.9%和4.7%。2021年受新冠肺炎疫情影响，我国民航全行业完成运输总周转量56.75亿吨公里，同比增长7.3%；全行业完成旅客运输量4.41亿人次，同比增长5.5%；全行业完成货邮运输量731.84万吨，同比增长8.2%。2021年，我国民航全行业运输飞机在册架数为4054架，通用航空在册航空器总数达到3018架，相比2012年的1941架运输飞机和1320架通用飞机，分别增长了108.9%和128.6%。航线网络方面，2021年我国共开通定期航班航线4864条，开通内地航线4585条，港澳台航线25条，国际航线279条，而2012年我国民航业共有2076条内地航线、99条港澳台航线和381条国际航线，其中内地航线增长了120.86%。从图1.5和图1.6可以看出，我国民航从2010年左右航线数量和航线里程开始呈现大幅度增长。

在世界经济下行、中美贸易战、地缘政治复杂多变的发展形势下，我国民航依然保持了稳健快速的发展态势，自党的“十八大”以来真正实现了民航大国的建设目标，并在新发展理念指引下，朝着民航强国的方向持续迈进，走上高质量发展之路。

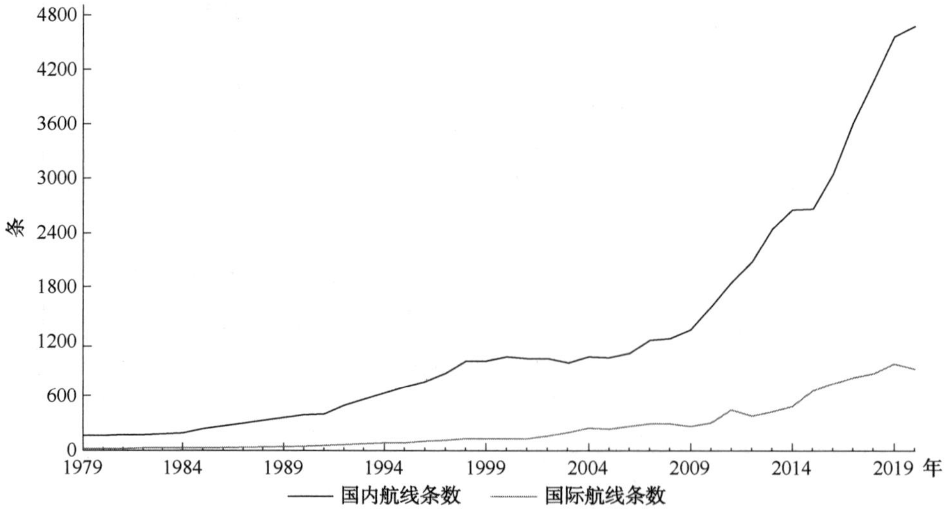

图 1.5　1979—2019 年我国国内、国际航线数量变化

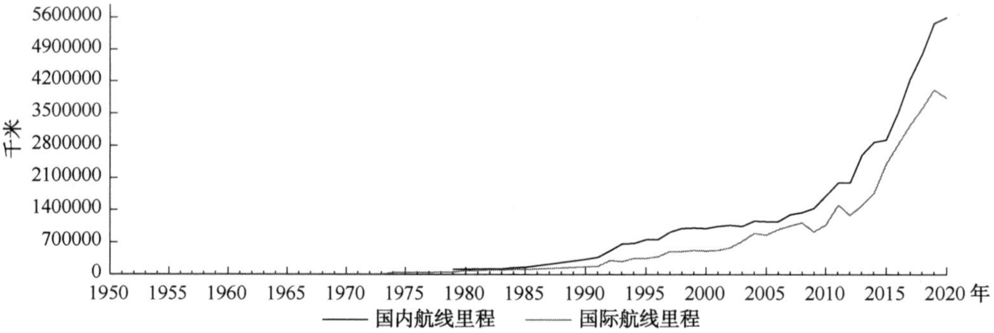

图 1.6　1950—2020 年我国国内、国际航线里程变化

（2）民航基础设施渐趋完善

2012 年我国共有 183 个颁证运输机场，共完成旅客吞吐量 6.8 亿人次，货邮吞吐量 1199.4 万吨，其中东北、东部、西部和中部地区运输机场分布占比分别为 10.9%、25.7%、49.7%和 13.7%，完成旅客吞吐量占比分别为 6.3%、57.2%、26.6%和 9.9%，完成货邮吞吐量占比分别为 3.6%、70.2%、14.6%和 4.5%。2012 年我国年旅客吞吐量 100 万人次以上的运输机场有 57 个。到 2021 年，我国共有运输机场 248 个，相比 2012 年增加了 65 个，其中东北、东部、西部、中部地区机场分布数量占比分别为 10.9%、22.6%、50.4%和 16.1%，全行业共拥有跑道 27 条，停机位 7133 个，航站楼面积 1787.9 万平方米。2021 年全年旅客吞吐量 100 万人次以上的运输机场为 96 个，相比 2012 年增加了 39 个。2021 年全国在册管理的通用机场数量达 370 个。2012 年全年完成民航业固定资产投资总额为 1464.6 亿元，2021 年全年民航固定资产投资总额为 1880.44 亿元，相比 2012 年增长了 28.4%。

从上述数据可以看出，2012—2021 年，我国运输机场平均每年增加约 7 个。从机场分布上来看，我国机场近半数分布在西部地区，其次是东部地区，到 2021 年我国机场分布仍然呈现西部>东部>中部>东北的特征。党的“十八大”以来，我国新建、迁建机场80余个，2019年我国大兴国际机场建成通航，成为我国首都的第二国际机场。此外，成都天府国际机场、湖北鄂州货运枢纽机场也都是“十八大”以来我国民航谋划、建设的重要大型机场，进一步补充了我国民航客货运输基础设施。

（3）民航安全服务能力持续提升

根据民航统计数据，2010年8月至2021年底，我国民航已经持续安全飞行136个月，运输航空百万架次重大事故率连续十年滚动值为0。2021年底，我国民航全行业共有安检员74338名，持续实现236个空防安全月。航班延误方面，2021年我国平均航班正常率为88%，航班延误情况主要为天气原因。相比2012年74.83%的航班正常率，提升了约13个百分点。2021年，我国已在29个机场实现了身份证一证通行，在66个机场应用人脸识别技术，在234家机场实现了无纸化出行。尤其是在航空油料供应方面，全国干支线机场全部实现了“智慧加油”，航空油料加注实现实时结算和电子化油单。2020年1月，我国民航局印发《中国民航四型机场建设行动纲要（2020—2035）》，提出五大方面20项重要举措，到2035年全面建成“平安、绿色、智慧、人文”的“四型机场”。在“四型机场”建设纲要指导下，我国民航大力推进数字化转型升级，积极推进大数据、云计算、人工智能等新技术在空管、安检、旅客服务等各方面的应用，全面升级我国民航的旅客体验，我国民航服务水平有了明显提升。

（4）民航战略性作用更加明显

截至2012年底，我国共有运输航空公司46家，其中国有控股公司36家，民营公司10家，全货运航空公司10家。2012年获得通用航空经营许可证的通用航空企业共计146家。到2021年，我国共有运输航空公司65家，相比2012年增加了19家，其中国有控股公司39家，民营公司26家，相比2012年民营运输企业数量增长了160%。2021年，我国共有全货运航空公司12家，获得通用航空经营许可证的传统通用航空企业共计599家，相比2012年增加了453家，增长了310%。

除了民用航空运输及通用航空企业数量增加，我国民航在支持国家重大战略、助力国家脱贫攻坚、拉动地方经济发展等多方面发挥了战略性作用。在服务国家京津冀一体化、长三角一体化、粤港澳大湾区、成渝经济圈等国家重大区域性战略方面，我国民航积极推进世界级机场群和重点枢纽机场建设，着力推进大兴、天府、鄂州、重庆、大连、厦门等新机场建设；围绕“一带一路”建设，我国民航以沿线国家为重点，积极推进航权拓展和航线布局；积极服务国家脱贫攻坚战，党的“十八大”以来在贫困地区新建了40余个机场，民航服务对贫困地区的覆盖率超过80%，相比2012年显著提升；围绕西部大开发、东北振兴、长江经济带等重点战略，与区域经济深度融合，在全国各地建成近百个临空经济区。民航作为各地经济转型升级重要抓手的战略性作用日益提升。

4. 我国民航历史上的航空公司

中华人民共和国成立之前，我国就成立过航空公司，一些航空公司在我国抗日战争中发挥过重要作用。细数这些航空公司背后的故事，可以让我们更加真切地了解我国民航的发展历程。航空公司经营历程的背后，不仅有中国人的爱国气节，更饱含着自强不息的民族气节。这些珍贵的历史应该被后代人、尤其是民航人永远铭记，在新时代下激励着新的民航人，朝着新的民航强国目标继续前进。

（1）国民政府时期第一家航空公司——沪蓉航空管理处

1928 年南京国民政府成立，1929 年 5 月国民政府成立沪蓉航空管理处，这实际上是国民政府的第一家航空公司，同年 7 月上海—南京航线成功开航，但该管理处很快被并入于 1930 年 8 月新成立的中国航空公司。虽然存在时间很短，但却是我国民航先辈们抗争帝国主义的一项实践，也是我国在民航运输行业进行探索的重要一步。

（2）中国航空公司

中国航空公司是我国民航历史上的传奇航空公司，不仅在我国民航领域有着重要地位，更在抗日战争中做出了杰出的贡献。“一战”中各国对于飞艇、飞机等的应用使人们看到制空权在战争中的重要作用，“一战”后各国都十分重视航空领域的巨大发展潜力，我国航空市场成为其他大国争抢的目标。1929 年美国寇蒂斯公司与中国政府展开谈判，双方签订《航空运输及航空邮务合同》，决定成立合资公司。但由于合同规定美方股权占比高达 60%，且成立的合资公司具有几乎垄断投资运营全国客货、邮务等的运输权力，该合资公司在国内受到多方反对，被称为民航领域的“丧权辱国条约”。合同主要内容如下：①美方向中方提供资金，成立中国航空公司，美方股份占比为 60%，中方为 40%。②中国航空公司拥有投资运营全国商务、客货和邮务运输的权力（亦即拥有航空运输垄断权）。③自合同成立之日起六个月内成立沪汉线（上海—汉口）、京平线（南京—北平）、汉粤（汉口—广州）线。

国内民航业仁人志士愤而在 1929 年 5 月成立上文所说的沪蓉航空管理处，7 月开通上海—南京航线，以示对上述合资公司合同的反抗。各地邮政工人纷纷组织罢工，我国政府同时和德国汉莎航空公司接洽合作事宜，美方迫于压力修改条约，双方约定成立新中国航空公司，并将沪蓉航空管理处合并，股权比例为中国交通部占比 55%，美方中国飞云公司占比 45%。中国航空公司成立之初，飞机较少，航线也仅有沪蓉线（上海—成都）、沪平线（上海—北平）、沪粤线（上海—广州）三大干线，但却是我国第一家运营初具规模、具有稳定航线的航空公司。在这之前，我国开通的航班每月运输旅客不过百人，每月邮件也只有 2 公斤左右。1936 年，中国航空公司开通了香港航线，实现同英美国家的航空联运，年客运量已经达到 2 万人次，邮件运输量逾百吨，旅客运量、货物运量和邮件运量分别比初创时期增加 7.3 倍、3.8 倍和 2.3 倍。

1937 年抗日战争全面爆发，中国航空公司将基地迁往西南地区的重庆，将机务基地迁往香港，航运业务量下滑超 50%。由于北平、上海、广州等城市相继沦陷，中国航空公司开辟了西南地区的航线，主要为抗战时期的物资运输服务。1941 年日军轰炸香港，1942 年又攻陷了缅甸及云南部分地区，中国航空公司损失了众多的飞机和设备，我国军队物资运输路线滇缅公路也被切断。为保障亚洲战场上作战物资，中美通过了战时“租借法案”，中国航空公司从美国租借到几十架运输飞机，开辟了印度阿萨姆邦的汀江和中国云南昆明之间的空中航线来代替原来的公路运输，这就是后来著名的“驼峰航线”。这条航线飞越喜马拉雅山脉、横断山、怒江、澜沧江、金沙江，航线全长 500 公里，海拔在 4500~5500 米，地势连绵起伏，形似驼峰，因此被称为“驼峰航线”，是世界航空史上条件最艰苦的航线。从航线开辟到抗战结束，近三年的时间里中国航空公司和美国陆军运输总队的飞行员们冒着生命危险源源不断地为我国军队运送抗战物资，总计飞行时间150万小时，运送物资80多万吨，运送数万战士及难民，培养了一批有丰富实战经验的飞行员和地勤人员，为之后我国民航的发展打下了坚实的基础。1945年抗战结束，同年11月30日，“驼峰航线”正式结束运行。解放战争结束后，中国航空公司和中央航空公司发动“两航起义”回到祖国。1952年，中国航空公司并入中国人民航空公司。

（3）中央航空公司

1926年德国汉莎航空公司成立，系德国各航空公司合并重组而成。汉莎航空堪称当时世界上实力最雄厚、规模最大的航空公司，拥有各式飞机200余架，国内外航线45条，机场65处，拥有飞行员135人、工人700名。“一战”结束后，中德双方外交关系快速缓和，为开辟东亚航线，德国谋求与中国合作。1931年2月，国民政府交通部与德国汉莎航空成立合资公司欧亚航空公司，总部位于上海，股份占比为中方三分之二，德方三分之一。

公司成立伊始，筹划开通三条国际航线。第一条是沪满线（上海—满洲里，再经苏联至欧洲），后因东北沦陷，航线被取消。第二条是沪蒙线（上海—蒙古国，再经苏联至欧洲），后因蒙古国拒绝航线经停而取消。第三条为沪新线（上海—新疆，再经苏联至欧洲），计划经由乌鲁木齐飞往苏联，联通欧洲各国。后因新疆“四一二”事变，航线无法开通。三条航线最终都破产，致使欧亚航空公司成立以来一直处于亏损状态，其背后的深层次原因是当时复杂的国际形势以及南京政府时期我国积贫积弱。但开通航线的尝试，也为西部地区民航事业的发展奠定了一定的基础。为全力维持运营，公司将重心转向国内航线，相继开通了沪满、沪新、平洛、平粤、兰宁和云南航线，同中国航空公司航线保持了分离。直到抗日战争爆发之前，公司运营都持续向好。

1935年公司共拥有飞机16架，为其历史最高数量。抗战爆发后，由于日军频繁轰炸、飞机年久失修，欧亚航空公司运营艰难。到1942年公司仅剩4架飞机，且其中3架已报废。1941年，国民政府收归德方股份，并于1943年将欧亚航空公司改组更名为中央航空公司，因抗战将总部迁到昆明。抗战结束后，中央航空公司筹措到资金从印度买入美国运输机，不断购入飞机和航材，积极参与战后空运工作，航线规模迅速扩张，成为我国第二大航空公司。内战结束之后，中央航空公司在国民党要求下将总部迁到香港，后与中国航空公司一起举行“两航起义”返回内地，以广州为总部，后于1952年并入中国人民航空公司。

（4）其他航空公司

① 中苏航空公司。抗战时期，为援助中国，中苏开通中苏航线联运，于1939年成立中苏航空公司，双方各持股50%，当时承担中苏航空公司内地联运的即欧亚航空公司。中华人民共和国成立之后，我国政府与苏联签订了新的民航协议，1950年新的中苏航空公司正式成立，原中苏航空公司停运，新合资公司双方依然各持股50%。当年中苏航空公司开通北京—赤塔航线，并在苏联境内联运欧洲地区，这是中华人民共和国成立之后的第一条国际定期航线。1954年我国买回苏方全部股份，中苏航空公司停止运营，并入中国人民航空公司。中苏航空公司的运营为我国西部地区的民航发展打下重要基础。

② 西南航空公司。1933 年西南航空公司成立，总部设在广州，开通了广州—南宁、广州—桂林、广州—河内等航线，其中广州—河内的国际航线是我国历史上第一条民用定期国际航线。不同于中国航空公司、欧亚航空公司和中苏航空公司，西南航空公司全部为国内资本，当时由广东、广西两省按 2∶1 的认股比例成立，员工皆为国人，因此其运营成本显著低于中国航空公司和欧亚航空公司。抗战爆发后，由于日军轰炸，西南航空公司损失惨重，停止运营。

③ 中国人民航空公司。1952 年，我国成立之后第一个国营民用航空公司——中国人民航空公司成立，“两航起义”归来的中国航空公司和中央航空公司均并入中国人民航空公司，总部设在天津，主要运营枢纽为天津、武汉、上海、广州和重庆。当时军委民航局通知，我国航空运输、包机以及农业、林业等方面的通用航空业务，均交由中国人民航空公司办理，这是我国第一次政企分离的改革尝试。但是，中国人民航空公司成立之初，由于我国航空业务量较小，且政企分离管理经验不足，出现了多起事故，1953 年中国人民航空公司与军委民航局合并，公司仅存在一年左右时间，但为日后我国民航改革积累了有益经验。1955 年中苏航空公司也并入中国人民航空公司，直到 1988 年民航改革六航成立之前，在我国民航政企合一的管理模式下，中国人民航空公司兼营民航管理和航空运营，是我国的载旗航空。

第2章 航空产业链分析

2.1 航空产业链定义

2.1.1 产业链定义

产业链的研究成果众多。刘贵富(2007年)在其一篇对于产业链基本内涵的研究论文中，分析了当时众多学者对产业链的定义，包括基于供应链角度的产业链定义、基于价值链角度的产业链定义、基于战略联盟角度的产业链定义、基于生态学角度的产业链定义、基于产业前后技术经济关联角度的产业链定义、基于核心竞争力角度的产业链定义、基于企业角度的产业链定义和基于分工工艺流程角度的产业链定义。基于前人的研究，作者提出自己对于产业链的定义，即“产业链是同一产业或不同产业的企业，以产品为对象，以投入产出为纽带，以价值增值为导向，以满足用户需求为目标，依据特定的逻辑联系和时空布局形成的上下关联的、动态的链式中间组织”。而所谓的中间组织，则是许多学者研究中提出的“既不是纯粹的等级制企业科层组织，也不是完全竞争的纯市场组织，而是处在两者之间的组织”。

胡志菊、罗经德(2021年)从对比的角度，对价值链、产业链和供应链进行了对比分析研究。他们提出，企业是价值链的载体，随着市场竞争的加剧，企业必须努力实现每一环节的效益最大化，分离出非核心环节，促进分工的进一步优化，推动价值链的形成。而产业链是以围绕某一产品的众多具有内在联系的相关企业为对象，以实现价值增值、满足消费需求为目标，以上下游企业资源合理分配为核心，依照特定逻辑关系和时空分布形成的网络结构形态，其实质是上下游关联企业间的供需关系。

根据作者的论述，价值链是一个以企业为载体，抽象的价值所在链条，更倾向于从价值和利润角度切入；产业链和供应链定义较为相似，但供应链更倾向于从顾客角度进行定义，对顾客进行所需产品或服务的供应；产业链更倾向于从产业角度进行定义，强调各个产业、企业之间的关联、配合。三者之间的关系如图2.1所示。

结合上述定义，本文更侧重从产业角度阐述我国民航产业，因此选用产业链作为本文主要关注链条。

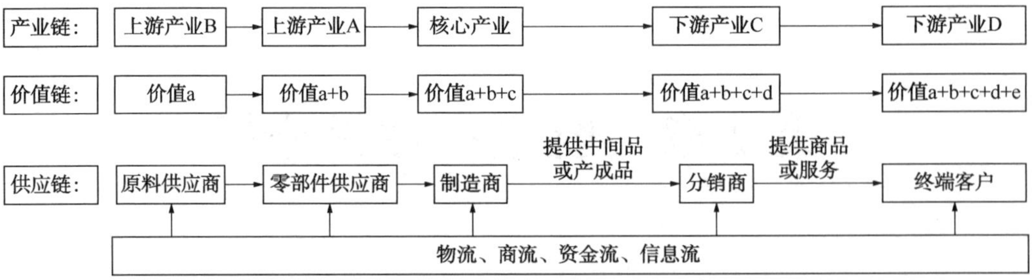

图 2.1　价值链、产业链和供应链之间的关系

图片来源：胡志菊，罗经德．价值链、产业链和供应链的概念和关系探究[J]．铁路采购与物流，2021：10.

2.1.2　航空产业链概念

航空产业按性质不同可分为军用航空和民用航空，军用航空和民用航空除了在上游制造端生产出的航空产品不同外，在下游提供的航空服务也不相同。军用航空产品主要用于军队，民用航空产品主要用于民间旅客运输、货邮运输以及农林、旅游等通用航空作业。本书主要侧重于民用航空产业。

民航产业链涉及面十分广，按照其基本构成，民航产业链主要涉及研发、制造、试飞、民航运营及商业服务等领域。

图 2.2 中民航产业链被简化分为制造链和服务链，并对所涉及的产业进行分层，主要包括核心层产业：研发、总装、机械、仪电、材料、ICT、航空运输等。紧密层产业：装备制造、租赁、金融、贸易、物流、维修、咨询等。引致层产业：展览、旅游、零售等。其中，每一产业又可继续细分，如服务链中的航空运输，又包括客运、货运、通航运输等。运营环节又可细分为机场、航服、航油、航信等产业。

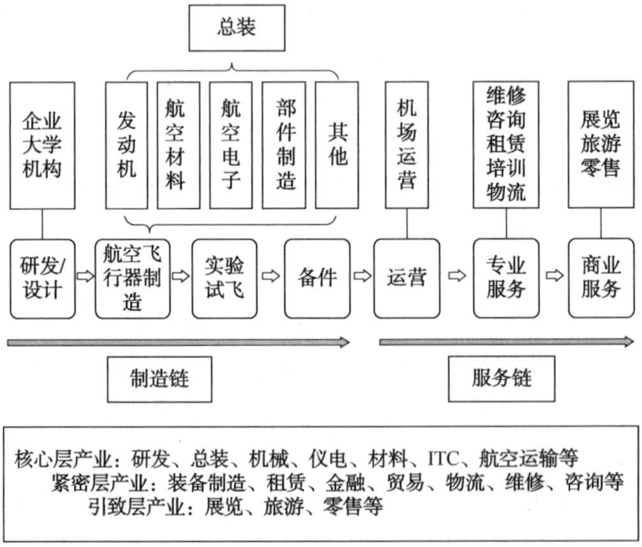

图 2.2　民航产业链

图片来源：网络

民航产业链条长，覆盖面广，第一、第二、第三产业均有涉及。前端的制造链基本为第二产业，其中的研发和信息技术属于第三产业。后端的服务链则涉及第一、第三产业，涉及农林、旅游、交通运输、贸易、金融等多个行业。由于民航产业链的复杂性，本书针对其主要链条进行阐述。尤其是前端制造产业链和后端民航服务产业链。此外，航空产业链同时带动了其他多项产业转型升级，本书不做过多探索。

2.2 航空工业产业链

2.2.1 航空工业产业链总览

1. 航空工业产业链

广义的航空工业产业链下游可以扩展到民航运输、通航作业等第三产业，狭义的航空工业产业链指航空产品的制造端。本节主要关注航空产品的制造端，对于民航运输等的下游航空产品应用产业，将在下一节做详细探索。

航空制造产业链又称航空装备产业链，上游主要为航空工业原材料制造商、航空技术研究开发等行业，航空制造原材料种类繁多，主要为金属材料和复合材料，包括镁铝合金、钛合金、碳复合材料、陶瓷基材料等；中游为航空装备制造，主要为航空部件制造，如发动机制造、机载设备和机体制造等；下游则为航空产品集成、总装及飞机测试等，最终形成各种军用航空装备和民用航空装备。从产品性质上来看，航空装备行业可以细分为军用航空装备和民用航空装备(图 2.3)。

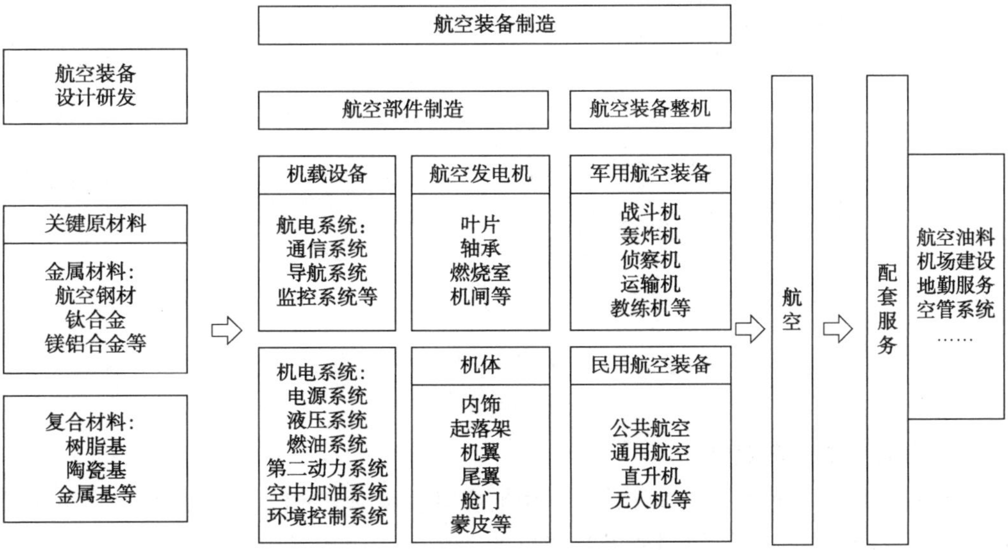

图 2.3 航空制造产业链全景图

图片来源：网络

2. 军用航空工业产业链

军用航空装备即军用飞机的研发制造业，军用飞机制造产业链上游为军用飞机研发、中游为军用飞机部件制造、下游为军用飞机维修等。上游的军用飞机研发在整个军用飞机产业链中是核心的环节，投入资金大，行业壁垒高，目前主要由中国航空工业集团公司(简称“中航工业集团”)下属科研院所承担研究项目。

中游为军用飞机部件制造，涵盖航空原材料供应、军用飞机部件制造以及整机总装等。航空原材料主要包括发动机材料、机体材料、机载系统材料等。材料商将生产出的具备特殊性能的原材料提供给航空部件加工制造商后，制造装配出军用飞机机体、发动机以及机载系统如雷达系统、火控系统等。在军用飞机总装环节将各项零部件进行集成总装，最终生产出各种战机、军用运输机、直升机等。目前我国军用飞机总装生产主要由中航工业集团旗下主机厂负责，中航工业集团下属公司经过重组整合形成分工明确、竞争力强的四大军用飞机制造上市企业。其中中航沈飞是我国军用战机的核心供应商之一；中航西飞主要聚焦于军用大飞机的研发制造，是我国主要的大型军用运输机、轰炸机制造商；中直股份是中航工业集团旗下主攻直升机制造领域的龙头企业；洪都航空则是中航工业集团旗下专注教练机生产制造的主机厂，具备全谱系教练机研制能力。

下游为军用飞机维修行业，主要包括对军用飞机机体的维修、改装，对飞机的例行检查以及对发动机和飞机零部件的维修等。图 2.4 为军用飞机部件制造产业链。

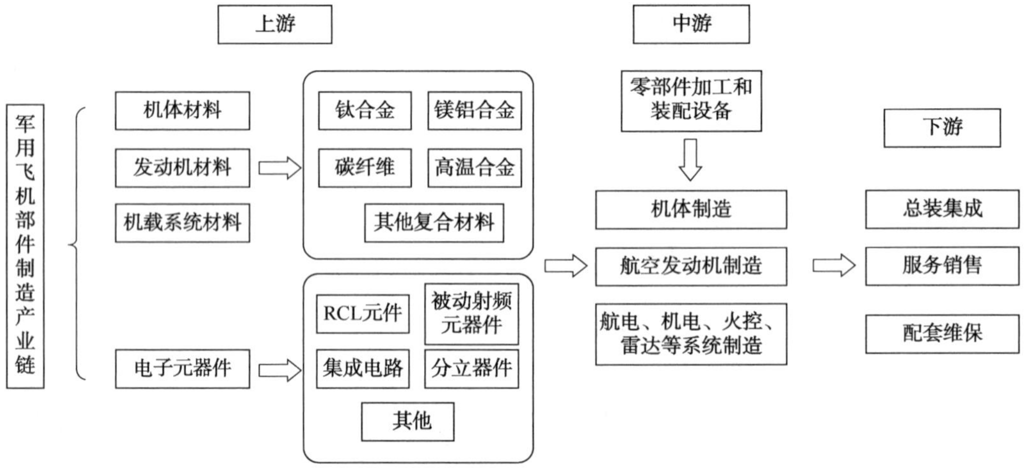

图 2.4　军用飞机部件制造产业链

图片来源：网络

3. 民用航空工业产业链

民用航空装备产业链上下游分布和军用航空装备产业链相差无几，制造环节主要包括原材料的生产、航空部件的制造以及整机的总装等。民用航空装备产业链前端的飞机制造主要包括飞机研发设计、发动机研发和关键零部件研发，是投资周期长、投资资金量大的技术密集型高端制造产业，一架飞机从设计到交付通常需要 5~10 年的周期(图 2.5)。

目前全球商用飞机制造商为美国波音公司、欧洲空客公司、巴西航空工业公司、加拿大庞巴迪公司、中国商飞以及俄罗斯联合航空制造集团，尤其是美国波音公司和欧洲空客公司，被称为商用飞机领域的“双巨头”。由于技术壁垒高，目前前端研发制造环节主要由航空制造业寡头构成全球垄断格局，尤其在干线民用客机市场上，根据《福布斯》数据，2019 年美国波音公司和欧洲空客公司在全球商用飞机市场份额分别为 43% 和 45%。

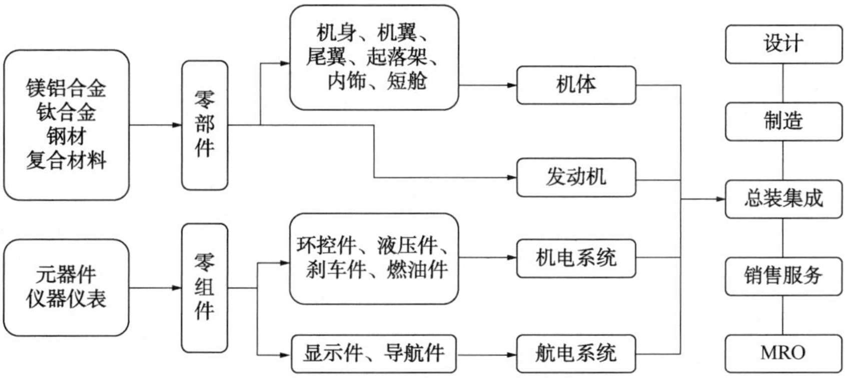

图 2.5　飞机制造产业链示意图

图片来源：网络

我国民用航空装备经过 70 多年发展，已经取得了显著成就，但在关键技术领域仍然同发达国家有着一定差距。尤其是大飞机制造业，目前我国以转包欧洲空客等公司的大飞机零部件制造及飞机总装环节的方式，逐渐融入国际航空产业链，逐步拉动国内大飞机研发产业发展。改革开放以来，我国航空装备在中部、西部、东北部以及长三角、珠三角等地区形成了完备的产业布局，陕西、四川等由于历史原因向来是我国航空装备的生产基地。此外天津、北京、江苏、广东等地也是航空企业较为密集的地区。

改革开放以来，我国民用航空市场蓬勃发展，潜力巨大。根据民航统计公报，2021 年末我国民航全行业运输飞机在册架数为 4054 架。我国自 1970 年开始研制支线客机，2002 年国务院正式批复立项 ARJ21 支线客机项目，2014 年该机型获得我国 CAAC 适航证书，2016 年正式投入运营，单价约 2.5 亿元人民币。

干线飞机中，C919 是我国自主研制的首架商用大型喷气式客机，2006 年正式立项，2015 年完成总装下线，2017 年成功首飞。C919 单价约 6 亿元人民币，相比于波音和空客的大飞机，在单价上面有较大优势。

通用航空方面，目前我国通用航空企业主要聚集在广东地区，陕西、四川等地通用航空市场也逐步发展起来。2021 年，我国在册管理的通用航空机场数量达 370 个，大部分分布在东北地区，其次为华东、中南地区，通用航空在册航空器 3018 架。2016 年，我国正式发布《关于促进通用航空业发展的指导意见》，意见中提出，到 2020 年我国通用航空经济规模超过 1 万亿元。根据行业预测，2027 年我国通用航空直接产值预计达到 2.6 万亿元。

2.2.2 航空工业相关政策梳理

我国航空工业的发展，离不开国家各项产业政策的支持和引导。我国航空工业相关主管部门为国家发展和改革委员会、工业和信息化部以及国防科技工业局等。本节主要梳理党的“十八大”以来我国航空工业的相关政策。自党的“十八大”以来，我国陆续出台了多项政策引导、扶持航空产业发展，为我国航空工业营造了良好的发展环境(表2.1)。

表2.1 我国航空工业相关政策

时间	文件名称	发布单位	相关内容
2011年12月	《工业转型升级“十二五”规划》	国务院	坚持军民结合、科技先行、质量第一和改革创新的原则，加快研制干线飞机、支线飞机、大中型直升机、大型灭火和水上救援飞机、航空发动机、核心设备和系统，深入推进大型飞机重大科技专项的实施，全面开展大型飞机及其配套的发动机、机载设备、关键材料和基础元器件研制，建立大型飞机研发标准和规范体系，实施支线飞机和通用航空产业创新发展工程，加快新支线飞机研制和改进改型，推进支线飞机产业化和精品化，研制新型支线飞机；发展中高端喷气公务机，研制一批新型作业类通用飞机、多用途通用飞机、直升机、教练机、无人机及其他特种飞行器，积极发展通用航空服务，到2015年，航空工业销售收入比2010年翻一番，国产单通道大型客机实现首飞，国产支线飞机、直升机和通用飞机市场占有率明显提高。
2012年7月	《国务院关于促进民航业发展的若干意见》	国务院	积极支持国产民用飞机制造。鼓励民航业与航空工业形成科研联动机制，加强适航审定和航空器运行评审能力建设，健全适航审定组织体系，积极为大飞机战略服务，鼓励国内支线飞机、通用飞机的研发和应用，引导飞机、发动机和机载设备等国产化，形成与我国民航业发展相适应的国产民航产品制造体系，建立健全售后服务和运行支持技术体系，积极拓展中美、中欧等双边适航范围，提高适航审定国际合作水平，大力推动航空经济发展，通过民航业科学发展促进产业结构调整升级，带动区域经济发展。鼓励各地区结合自身条件和特点，研究发展航空客货运输、通用航空、航空制造与维修、航空金融、航空旅游、航空物流和依托航空运输的高附加值产品制造业，打造航空经济产业链，选择部分地区开展航空经济示范区试点，加快形成珠三角、长三角、京津冀临空产业集聚区。
2013年1月	《促进民航业发展重点工作分工方案》	国务院	鼓励民航业与航空工业形成科研联动机制，加强适航审定和航空器运行评审能力建设，健全适航审定组织体系，积极拓展中美、中欧等双边适航范围，提高适航审定国际合作水平，(民航局、工业和信息化部、外交部)积极为大飞机战略服务，鼓励国内支线飞机、通用飞机的研发和应用，(工业和信息化部、发展改革委、财政部、科技部、商务部、民航局)引导飞机、发动机和机载设备等国产化，形成与我国民航业发展相适应的国产民航产品制造体系，建立健全售后服务和运行支持技术体系。(工业和信息化部)

续表

时间	文件名称	发布单位	相关内容
2013年5月	《民用航空工业中长期发展规划(2013—2020年)》	工业和信息化部	加快民用客机产业化进程，按照“支线飞机—单通道干线飞机—双通道大型干线飞机”的发展路线，稳步推进民用客机发展，加快ARJ21-700型涡扇支线飞机研制，加快新舟60系列涡桨支线飞机改型和推广，研制具有国际竞争力的150座级C919大型单通道干线飞机，适时发展双通道大型干线飞机，按照“轻重缓急”和“抓大放小”的思路，坚持开放发展原则，优先发展社会效益好、市场需求大和经济价值高的通用飞机和直升机，促进通用航空产业发展，加快研制生产大型灭火和水上救援飞机，加快先进中型多用途直升机研制，采用“改进+研制”的模式，推进公务机稳步发展，大力拓展通用飞机产业链，坚持军民结合、远近结合，建立和完善航空发动机自主发展工业体系，增强自主创新能力，扭转航空发动机落后的被动局面，抓住航空工业快速发展机遇，大力发展航空机载、任务、空管和地面设备及系统，加快建设飞机和发动机大部件专业化生产基地，大力发展航空材料和基础元器件。
2015年5月	《中国制造2025》	国务院	加快机械、航空、船舶、汽车、轻工、纺织、食品、电子等行业生产设备的智能化改造，提高精准制造、敏捷制造能力，加快大型飞机研制，适时启动宽体客机研制，鼓励国际合作研制重型直升机；推进干支线飞机、直升机、无人机和通用飞机产业化，突破高推重比、先进涡桨(轴)发动机及大涵道比涡扇发动机技术，建立发动机自主发展工业体系，开发先进机载设备及系统，形成自主完整的航空产业链。
2016年11月	《“十三五”国家战略性新兴产业发展规划》	国务院	加强自主创新，推进民用航空产品产业化、系列化发展，加强产业配套设施和安全运营保障能力建设，提高产品安全性、环保性、经济性和舒适性，全面构建覆盖航空发动机、飞机整机、产业配套和安全运营的航空产业体系，到2020年，民用大型客机、新型支线飞机完成取证交付，航空发动机研制实现重大突破，产业配套和示范运营体系基本建立，加快航空发动机自主发展，推进民用飞机产业化，完善产业配套体系建设，加快实施大型飞机重大专项，完成大型客机研制，启动宽体客机研发，突破核心技术，加快新型支线飞机工程研制和系列化改进改型，开展新机型国内外先锋用户示范运营和设计优化，提高飞机航线适应性和竞争力，大力开发市场需求大的民用直升机、多用途飞机、特种飞机和工业级无人机。
2020年9月	《关于扩大战略性新兴产业投资培育壮大新增长点增长极的指导意见》	国家发展和改革委员会	重点支持工业机器人、建筑、医疗等特种机器人、高端仪器仪表、轨道交通装备、高档五轴数控机床、节能异步牵引电动机、高端医疗装备和制药装备、航空航天装备、海洋工程装备及高技术船舶等高端装备生产，实施智能制造、智能建造试点示范，围绕保障大飞机、微电子制造、深海采矿等重点领域产业链供应链稳定，加快在光刻胶、高纯靶材、高温合金、高性能纤维材料、高强高导耐热材料、耐腐蚀材料、大尺寸硅片、电子封装材料等领域实现突破，实施新材料创新发展行动计划，提升稀土、钒钛、钨钼、锂、铷铯、石墨等特色资源在开采、冶炼、深加工等环节的技术水平，加快拓展石墨烯、纳米材料等在光电子、航空装备、新能源、生物医药等领域的应用。

续表

时间	文件名称	发布单位	相关内容
2021年9月	《专业技术人才知识更新工程实施方案》	人力资源社会保障部、财政部、工业和信息化部等	围绕我国经济结构优化、经济社会高质量发展和自主创新能力提升，在新一代信息技术、生物技术、新能源、新材料、高端装备、新能源汽车、绿色环保以及航空航天、海洋装备等战略性新兴产业领域，开展大规模知识更新继续教育，每年培训100万名高层次、急需紧缺和骨干专业技术人才；依托高等院校、科研院所、大型企业现有施教机构，建设一批国家级专业技术人员继续教育基地。

航空工业作为高端先进制造业，一直以来都被我国视为重点发展领域。党的“十八大”明确提出，将科技创新作为提高社会生产力和综合国力的战略支撑。“十八大”以来，我国陆续出台多项航空工业方面政策，从国际航空工业竞争形势、国内航空工业发展状况等方面，系统分析了我国航空工业发展的不足之处以及未来重点发展方向，并制定了详细的发展目标和阶段性任务。从上述政策发布脉络可以看出，在整体大目标不变的前提下，随着我国航空制造业的不断发展壮大，我国航空工业政策引导方向也有了不同的侧重点。在我国航空工业各项重点项目取得一定阶段性成就后，国家政策引导航空工业进一步产业化，更加注重军民融合，通过国有企业带动民用企业发展，充分完善航空工业供应链条；初步完善供应链之后，进一步强化产业集群效应，积极通过航空工业发展带动地区经济发展，驱动制造业转型升级；到现阶段，更加注重健全体制机制、人才培养等配套体系，从更深层次上培育、加强航空工业创新发展动力。在国家政策支持和引导下，近十年来我国航空工业综合实力显著提升。

2.3 民航业产业链

2.3.1 民航业产业链总览

民航业属于航空产业链中的航空运输服务链条，并且是航空产业链的核心层产业。民航业主管部门主要为国家发展和改革委员会、交通运输部、中国民用航空局等。各地机场的新建、改扩建需要国家发改委、地区发改委和民航局的审批，航空公司的运营航线、航班时刻申请等也需要报民航局审批。

航空运输产业链上游为飞机制造、机场、航空油料供应等，其中飞机制造属于上文中所说航空工业，此处不再赘述；机场是开展航空运输业务的平台，是航空运输业重要的基础设施；航空油料供应以及航空材料、航空食品等业务属于航空辅助性业务。航空油料是飞机的动力源，安全可靠的航空油料加注是确保航空运输安全开展的基础保障。航空运输产业链中游主要为航空公司、快递物流公司等。其中航空公司主要承担航空客运，部分航空公司以及全货运航空公司开展航空货运业务。快递公司、物流公司等原先处于航空货运产业链下游，近年来随着我国快递、物流行业的发展，部分快递、物流公司向产业链上游延伸，开始涉足航空货运业务。航空运输业的下游主要为航空旅客、航空票代、电商、生产制造商等需要航空运输服务的个人或企业。本节聚焦于航空运输业的上游和中游环节。

从运输内容来看，航空运输又可以细分为商业航空运输和通用航空运输等。本节将从以上两个方面阐述航空运输业产业链(见图 2.6 所示)。

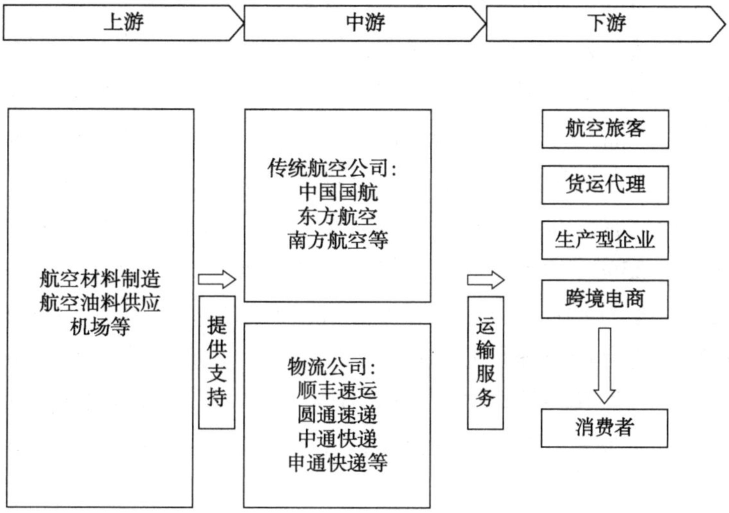

图 2.6　民航运输产业链

图片来源：网络

2.3.2　商业航空运输

商业航空运输目前属于高端服务业，与国民经济以及世界经济发展情况紧密相关，尤其受国际油价、汇率、经济繁荣度、国际政治形势等因素的影响。2019 年的新冠肺炎疫情使全球经济都受到了影响，航空业则是受疫情影响最严重的行业之一。此外，油价上涨、中美冲突以及俄乌战争等，都对国际航空业造成了重大影响。可以说，航空运输是世界经济的晴雨表，航空运输业的发达不仅仅是本行业的发达，更是世界经济供应链条的通达。尤其是航空货运，在时效性、安全性方面相比公路、铁路、海运等其他运输方式有着不可替代的效果，对全球经济的稳定发展有着不可忽视的重要作用。

1. 商业航空运输产业链上游

产业链上游涉及行业繁多，其中航空油料和航空材料的价格波动，将会极大地导致航空公司利润的波动。航空运输所需的运输工具——飞机的背后就是庞大的航空工业。航空材料供应即为飞机、航空器材采购和供应，诸如制造飞机的金属材料如各种合金，有机材料如涂料、橡胶等，无机非金属材料如陶瓷、耐火材料等以及复合材料如碳纤维等，甚至部分航空发动机、机载系统中的关键材料等，都属于航空器材。目前市场上航空材料主要分为两大类，一类是航空辅助动力装置，简称 APU(Auxiliary Power Unit)，是在飞机停在地面上时使用的小型发动机，为飞机上的灯泡、空调等供电、供气以及应急电源；另一类是涂料、灯泡之类的消耗品。随着世界民航业的发展，航空材料市场潜力巨大，根据有关研究，2020年全球航空材料销售市场总体规模约120亿美元，且后期年增长率约达到7%。我国作为民航大国，近年来航空材料市场保持稳步增长，2016—2019年我国航空材料市场总规模从9.47亿美元增长至12.07亿美元，年复合增长率达8.42%。

航空油料是飞机飞行的动力，是飞机的“血液”。目前国内外民用航空飞机的发动机大多数为涡轮喷气发动机，通过将燃料燃烧产生的大量气体喷出，产生推力推动飞机前进。由于目前主要的燃料为质地较轻的煤油，因此飞机燃料又称航空煤油，即航煤。此外，还有一种航空汽油，主要用作通用航空飞机燃料。航空煤油从炼厂生产出来后，通过公路、铁路、管道、油轮等方式运送到机场油库，经过检验合格后入库沉淀，再经罐式加油车或者管线加油车加注到飞机上。航空煤油是航空公司运营成本中较为重要的一部分。相比其他成本，航空油料价格波动对航空公司利润水平影响最大，航空油料成本在运输成本中占比在25%~40%。受新冠肺炎疫情影响，航空公司航班数量大幅下降，航空煤油的消耗量也随之下降。根据信达证券研报的数据，截至2020年8月，美国商业航班燃油平均消耗量约为61万桶/天，同比下降43%。同时，欧洲地区商业航空煤油消耗量同比下降36%，非洲其他地区同比下降31%，中东和北非同比下降30%，除中国外亚洲其他地区同比下降28%，美洲其他地区同比下降24%。同期，我国航空煤油日均消耗量同比下降40%。

机场是开展商业航空业务的平台。机场主要的功能是保证飞机起落安全、安排旅客及货物的航空运输以及地面交通连接。国外机场的管理方式主要有政府管理、私有化管理以及半政府性质的机构管理。我国机场管理方式经过改革后，由中央管理转为属地化管理，目前各地机场主要由各地区民航分局管理。根据2021年全国民用运输机场生产统计公报，截至2021年我国境内运输机场达到248个，定期航班通航运输机场248个，定期航班通航城市(或地区)244个。2021年全年我国民用运输机场完成旅客吞吐量9.07亿人次，同比增长5.9%，旅客吞吐量已经恢复至2019年的67.1%。全国民用运输机场完成货邮吞吐量1782.8万吨，同比增长10.9%，恢复至2019年的104.3%。可以看到，疫情期间航空货运增长快于客运，更快地恢复到了疫情之前的情况。2021年我国年旅客吞吐量超过1000万人次的运输机场达29个，旅客吞吐量总计占到全国全年吞吐量的70.8%。机场群依然是国内机场业务量的主力，2021年长三角机场群完成旅客吞吐量1.68亿人次，完成货邮吞吐量624.5万吨；其次是成渝机场群，全年完成旅客吞吐量0.90亿人次，完成货邮吞吐量115.2万吨；粤港澳大湾区机场群珠三角九市完成旅客吞吐量0.87亿人次，完成货邮吞吐量366.2万吨；京津冀机场群完成旅客吞吐量0.81亿人次，完成货邮吞吐量181.7万吨。华东地区机场依然是业务量占比最高的地区。

2. 商业航空运输产业链中游

(1) 航空客运

航空公司是航空业务的主要载体，是民航运输产业链的关键环节。航空公司的运营管理在世界各国都经历了一系列的改革，美国于1978年出台《航空业放松管制法》，法案规定任何美国公民或企业都可以在符合法律规定的前提下成立航空公司，航空公司可自主决定票价、机型、运力及班次。我国民航业经过一系列的改革，将航空公司独立出去开展企业化运营，自负盈亏。目前行业内公认度较高的有三种航空公司运营划分模式，分别为全服务航空公司、低成本航空公司和支线航空公司。全服务航空公司主要航线在一二线城市，重点关注追求便捷舒适的高端商务旅客，提供较为全面的飞行服务，如机上餐饮、行李托运、优先值机、保险、酒店预订等，因此票价较高。低成本航空公司主要目标客户是对价格较为敏感的航空旅客，提供的服务较少，但票价也较低，通常要比全服务航空公司票价低30%。支线航空公司则主要服务于三四线城市的航空旅客，通常要与当地政府签订运力协议以保障运营。

改革开放以前我国的航空客运处于缓慢发展阶段。从图2.7和图2.8中可以看出，1979年到1989年，总周转量增速较高，但由于基量较低，总周转量总体不高。1994年之后，我国民航国内航线和国际航线的总周转量呈现较快增长。2020年由于新冠肺炎疫情，国际航线和国内航线的总周转量均受到较大影响，呈现直线下降的态势。

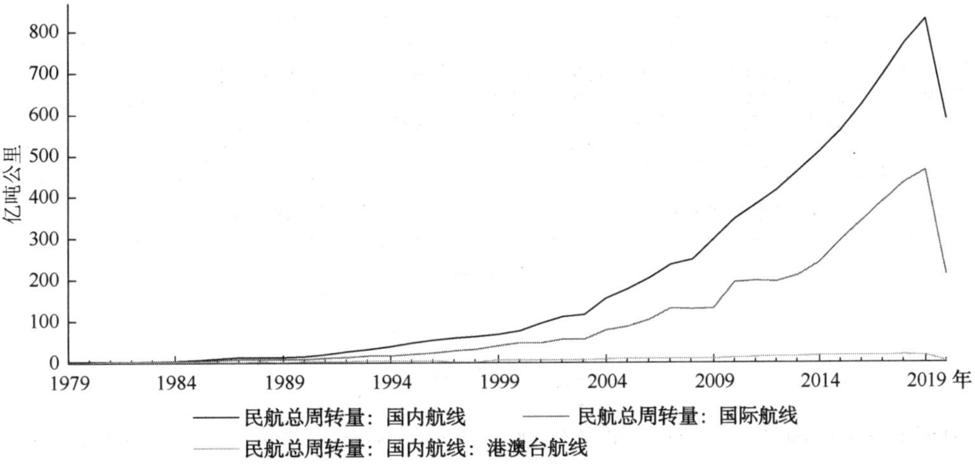

图2.7　1979—2019年我国民航总周转量趋势

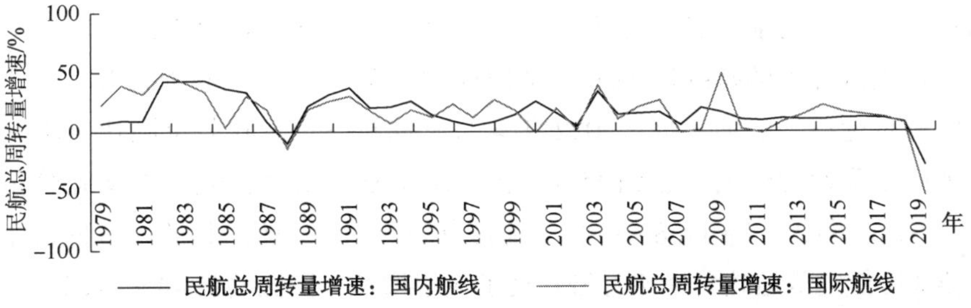

图2.8　1979—2019年我国民航总周转量增长速度趋势

数据来源：万得

根据民航行业发展统计公报，截至2021年底，我国共有运输航空公司65家，其中国有控股公司39家，民营和民营控股公司26家。65家运输航空公司中，有全货运航空公司12家，中外合资航空公司9家，上市公司8家。2021年全行业航空公司共完成飞行时间932.17万小时，其中中国航空集团完成飞行时间196.7万小时，东方航空集团完成飞行时间 180.09 万小时，南方航空集团完成飞行时间 211.0 万小时，其他航空公司完成飞行时间 344.38 万小时。全行业航空公司实现营业收入 4245.1 亿元，同比增长 13.3%，实现利润 670.9 亿元。与疫情之前的 2019 年国内航空公司的运营数据对比，2019 年底共有航空公司 62 家，其中全货运航空公司 9 家，全行业航空公司共完成飞行时间 1231.13 万小时，实现营业收入 6487.2 亿元，实现利润总额 261.1 亿元。对比可见，疫情使航空公司的飞行时间下降了约 24%，同时由于国际油价上涨等原因，航空公司大幅亏损。

（2）航空货运

航空货运也称航空物流。在航空货运产业链中，物流公司以及一些快递公司也成为产业链组成部分(如图 2.9 所示)。航空货运货值很高，据 IATA(国际航空运输协会)数据，全球航空货运量仅占货运量的 0.5%左右，但货值占比高达 36%。

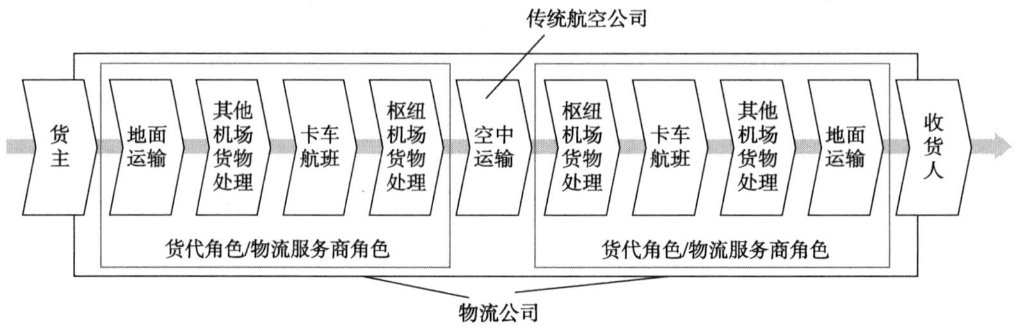

图 2.9　航空物流产业链

数据来源：头豹研究院

根据 IATA 最新数据，2021 年全球航空货运行业中亚太地区市场份额最高，达到 32.5%；其次是北美地区，为 22.9%；欧洲地区航空货运市场份额为 22.9%；中东地区为 13.4%；拉美地区为 2.2%；非洲地区为 1.9%。

在新冠肺炎疫情之前，受全球经济下滑的影响，航空货运增长速度已经出现下降趋势。目前，在地区冲突的持续影响下，全球航空货运市场需求持续萎靡。根据 IATA 发布的全球航空货运市场定期数据，2022 年 4 月全球航空货运吨公里同比下降 11.2%。其中，亚太地区下降幅度最大，达到 15.8%；其次是欧洲地区，航空货运吨公里同比下降 14.4%；中东地区同比下降 11.8%；北美地区同比下降 7.7%；非洲地区同比下降 6.3%。相反，拉美地区航空货运吨公里 4 月份实现了大幅增长，同比增长 44%(表 2.2)。

表 2.2　IATA 2022 年 4 月全球航空货运市场数据　　单位:%

地区	占比	同比				本年至今			
		CTK	ACTK	CLF (pt)[2]	CLF (level)[3]	CTK	ACTK	CLF (pt[2])	CLF (level)[3]
全球市场		-11.2	-2.0	-5.3	51.6	-3.3	4.4	-4.2	53.8
非洲	1.99	-6.3	-1.5	-2.5	49.0	3.2	7.3	-2.0	49.3

续表

地区	占比	同比				本年至今			
		CTK	ACTK	CLF (pt)[2]	CLF (level)[3]	CTK	ACTK	CLF (pt[2])	CLF (level)[3]
亚太	32.59	−15.8	−19.4	2.7	63.1	−3.0	−0.7	−1.5	61.9
欧洲	22.99	−14.4	−0.2	−9.6	57.8	−4.8	2.6	−4.9	63.2
拉美	2.29	40.9	67.8	−8.0	41.9	24.6	33.3	−3.1	43.7
中东	13.49	−11.9	6.0	−10.2	50.4	−8.4	5.8	−8.0	51.7
北美	27.29	−6.6	5.2	−5.3	41.9	−2.3	6.9	−4.1	44.0

数据来源：IATA

随着我国经济的转型升级，作为国际贸易中高价值物品、鲜活物品以及精密仪器等的最佳运输方式，航空货运逐渐成为我国现代物流中的重要组成部分。我国航空货运起步较晚，但近年来发展势头良好，航空货运在各大运输方式中增长最快。航空货运是朝阳产业，随着我国消费升级拉动需求，国内物流行业快速发展，航空货运的增速最快，年均增速达4.6%，远高于其他运输方式。2019年我国民航货邮运输量为752.6万吨，位列世界第二(图2.10~图2.12，表2.3)。

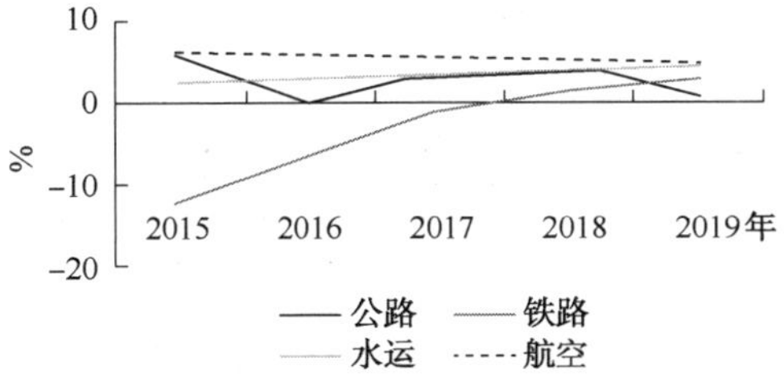

图2.10　各运输方式复合增长率

数据来源：交通运输部

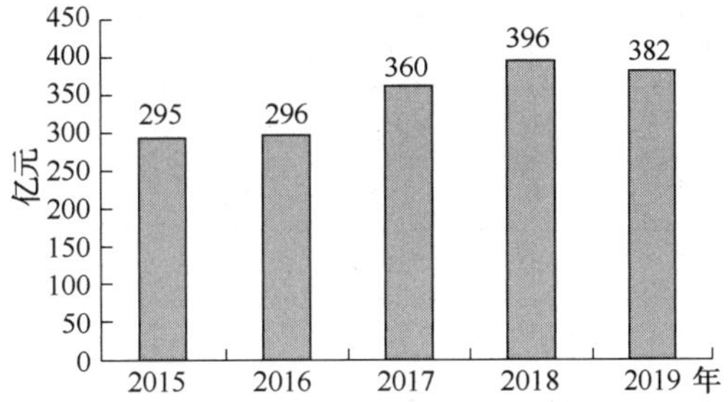

图2.11　2015—2019年我国民航航空货运收入

数据来源：网络

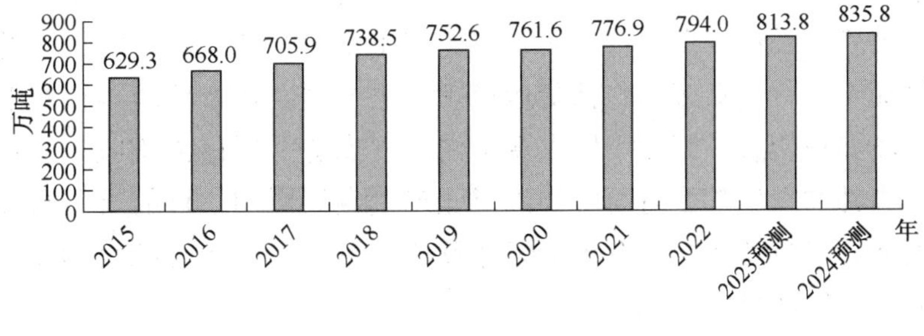

图2.12　中国民航货邮运输量

数据来源：网络

我国航空物流行业以基础物流服务商为主，市场竞争激烈，具备综合物流服务能力的企业较少。我国航空物流产业链中游参与主体为传统航空公司与物流公司。按照物流服务范围，可将行业参与主体的企业类型细分为基础物流服务商和综合物流服务商。总体来看，我国航空物流行业以基础物流服务商为主，货运单价较低，普遍盈利能力较差，导致市场竞争激烈，而具备综合物流服务能力的企业数量较少。

表 2.3 国内航空货邮吞吐量区域增速排名

地区	增速排名	货邮吞吐量(万吨)			地区	增速排名	货邮吞吐量(万吨)		
		2020 年	2019 年	增减(%)			2020 年	2019 年	增减(%)
全国合计		1607.5	1710.0	-6.0	贵州	16	11.8	12.7	-7.1
河北	1	8.9	5.6	58.9	四川	17	64.6	69.9	-7.6
江西	2	18.7	13.0	43.8	吉林	18	8.7	9.5	-8.4
河南	3	64.1	52.4	22.3	福建	19	47.7	53.8	-11.3
浙江	4	101.9	90.0	13.2	山西	20	5.9	6.7	-11.9
湖南	5	19.5	17.9	8.9	宁夏	21	5.3	6.2	-14.5
西藏	6	4.7	4.4	6.8	黑龙江	22	11.6	14.1	-17.7
江苏	7	67.1	64.2	4.5	天津	23	18.5	22.6	-18.1
重庆	8	41.3	41.3	0	辽宁	24	29.6	36.8	-19.6
安徽	9	9.3	9.3	0	广西	25	13.5	16.8	-19.6
陕西	10	39.2	39.3	-0.3	云南	26	36.9	46.3	-20.3
上海	11	402.5	405.8	-0.8	内蒙古	27	6.5	8.2	-20.7
甘肃	12	7.5	7.6	-1.3	海南	28	21.5	27.6	-22.1
广东	13	323.9	329.8	-1.8	湖北	29	19.7	25.3	-22.1
青海	14	4.6	4.7	-2.1	新疆	30	16.1	21.7	-25.8
山东	15	47.6	48.7	-2.3	北京	31	128.8	197.8	-34.9

数据来源：交通运输部

3. 商业航空运输产业链下游

商业航空运输产业链下游直接对接市场和消费者，因此宏观经济走势、居民人均收入水平、社会消费量及特殊事件都会对该行业产生重要影响。航空客运下游主要为航空旅客，航空物流下游行业众多，包括货运代理、生产型企业及跨境电商行业等。航空物流直接对接市场和消费者，因此中国宏观经济发展态势、居民人均收入、社会消费品零售总额及特殊事件的发生都会对航空物流行业产生直接影响。目前航空物流业 60%以上业务为航空速运，20%以上业务为地面综合服务，约 20%业务为综合物流解决方案，综合物流服务业务的发展潜力巨大。

目前，我国的航空物流企业经过不断的探索，已在业内达成了普遍的共识，即在专注航空运输这一主业的基础上，借助资本力量，以股权交易的方式适当向上下游延伸。更多的货航从航空承运人转变为航空物流商，从机场到机场运输服务转变为提供“门到门”的物流服务，由被动方转变为航空物流链的掌控者。

2.3.3 通用航空运输

提起通用航空，很多人脑海中会浮现出电影中直升机的样子。直升机确实是通用飞机的一种，但通用飞机还有很多种类型，这源于通用飞机的多种用途。通用航空运输是民用航空的重要组成部分。在《国际民用航空公约》中，通用航空的定义是除商业航空和航空作业运行以外的航空器运行。我国民用航空法中对于通用航空的定义则是使用民用航空器从事公共航空运输以外的民用航空活动，包括从事工业、农业、林业、渔业和建筑业的作业飞行以及医疗卫生、抢险救灾、气象探测、海洋监测、科学实验、教育训练、文化体育等方面的飞行活动。

通用航空飞机在用途方面与商业运输飞机有极大不同，具有商业运输所没有的科研测绘、气象监测、海洋监测、医疗救助、航空摄影、航空护林、森林灭火、城市观光、公务飞行、教育训练、应急救援等特殊用途。作为中国民航业的两翼之一，通用航空在经济发展、社会公共服务等方面发挥着不可替代的作用，能够有效带动相关产业的发展，助推产业结构升级。相对于商业航空运输，通用航空运输有更灵活、更多样的应用方式，相比铁路、公路等交通方式，通用航空运输具备建设成本较低的特点。基于在第一、第二、第三产业中的广泛应用，通用航空运输对于国家经济发展有着十分重要的作用。有关学者提出通用航空产业链具有链条长、投资乘数效应大、应用场景广、对区域经济发展的引领作用强等特点。

类似于商业航空产业链，通用航空产业链也是按照上游制造、中游运营和下游服务的功能进行区分，但与商业航空产业链上中下游的区别还是很大的(图 2.13)。

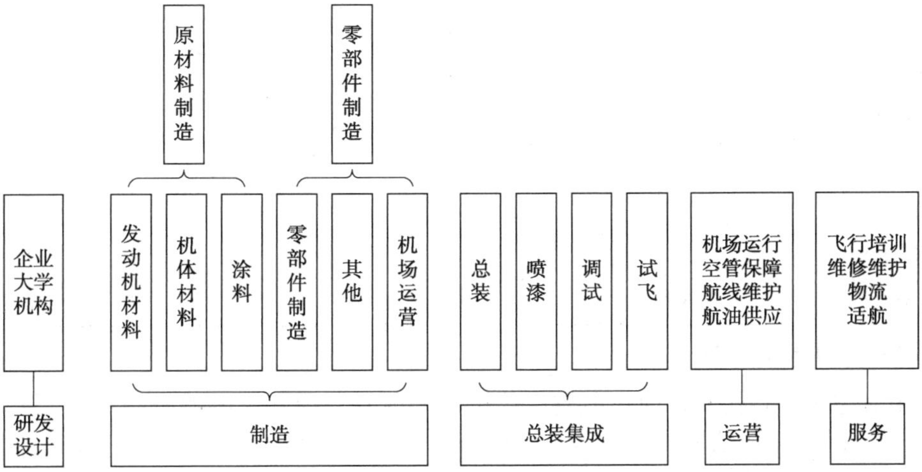

图 2.13 通用航空产业链

图片来源：网络

通用航空产业上游主要是通用航空飞机制造、航汽航材供应、通用机场运营等。通用航空工业涉及航空发动机研制、零部件制造及通用航空飞机整装制造、飞机维修养护以及通用航空机场建设等。据有关机构统计，2021 年全球通用航空工业共计交付通用飞机 3456 架，其中活塞式通用飞机 1393 架，同比增长 5.5%；喷气式公务机 710 架，同比增长 10.2%；涡桨式通用飞机 527 架，同比增长 19%；民用直升机 826 架，同比增长 25.3%。2021 年全球交付通用飞机产值共计约 253 亿美元，同比增长 9.2%。目前，美国和欧洲仍然是通用航空制造大国，北美地区是全球最大的通用航空市场，全球一半以上的通用飞机从北美地区购买。我国通用航空飞机的制造商主要为中航工业集团下的中直股份，其前身为哈飞航空工业股份有限公司，目前是我国主要的通用飞机航空装备制造企业。

2021 年是我国通用航空发展的七十周年，根据中国民航出版社发布的《中国通用航空年谱(1951—2021 年)》，我国通用航空发展历史大致可分为三个阶段：第一个阶段为 1951—1979 年，该阶段我国实行计划经济管理体制，通用航空发展较为缓慢；第二阶段为 1980—2009 年，跟随改革开放的步伐，我国通用航空领域开始了一系列的改革，逐步确立市场经济管理体制；第三阶段是 2010 年至今，2010 年我国发布《关于深化我国低空空域管理改革的意见》，提出发展通用航空事业对全面建成小康社会、加快推进社会主义现代化建设具有十分重要的战略意义，正式确立了通用航空的战略地位，我国通用航空市场进入了快速发展阶段。截至 2021 年底，我国共有传统通用航空企业数量 599 家，主要业务是通用航空作业、通用航空人员培训、通用机场建设以及通用飞机的维修养护等，其中华北地区 121 家，东北地区 49 家，华东地区 157 家，中南地区 140 家，西南地区 78 家，西北地区 33 家，新疆地区 21 家；获得通用航空经营许可证的无人机通用航空企业共计 12663 家；共有在册管理的通用机场 370 个，到 2022 年 5 月，我国通用机场新增 19 个(表 2.4)。

表 2.4　截至 2022 年 5 月我国通用机场地区分布

地区	取证机场	备案机场	起降场地	合计
华北地区	21	38	0	59
东北地区	11	96	0	107
华东地区	22	59	2	83
中南地区	12	57	6	75
西南地区	12	15	1	28
西北地区	10	10	0	20
新疆地区	1	16	0	17
合计	89	291	9	389

数据来源：中国民用航空局

通用航空企业直接对接通用航空产业链下游服务对象，下游服务范围广泛，涉及第一、第二、第三产业。第一产业中包括农林牧渔各个行业中的药物喷洒、作物播种、人工降水等。农业方面的通用航空作业是新中国成立以来通用航空的主要作业内容。第二产业中主要包括工业方面的航空探测、环境监测、遥感控制以及海上石油运输等。第三产业中主要包括开展一些飞行训练、航空娱乐活动、航空体育活动以及为科研探险活动提供服务等，包括一些气象监测、天文观测等。

根据《2020—2021 中国通用航空发展报告》，2020 年我国全行业通用航空完成生产飞行 98.39 万小时，同比下降 7.6%，其中载客类作业完成 8.96 万小时，同比下降 10%，主要包括短途运输定期载客飞行、短途运输包机及公务包机载客飞行、空中游览、石油服务等；作业类作业完成 15.06 万小时，同比下降 6.2%，主要包括农林植保、航空护林、非运输类航空器代管、航空摄影、空中巡查等；培训类作业完成 36.94 万小时，同比下降 4.5%，主要包括运动驾驶员执照、私用驾驶员执照、商用驾驶员执照等；其他类作业完成 4.22 万小时，同比下降 20.7%，主要包括救援类、实验类、培训类和个人飞行类等；非经营性作业完成 33.21 万小时，同比下降 9.1%(图 2.14、表 2.5)。

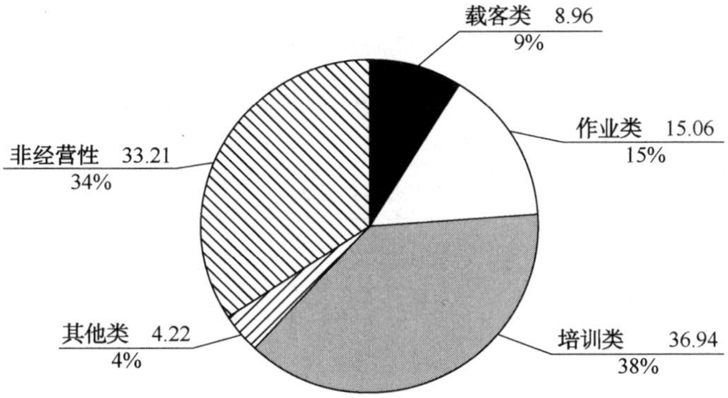

图 2.14　2020 年我国通用航空作业时间分布(万小时)

数据来源：《2020—2021 中国通用航空发展报告》

表 2.5　我国部分省份已规划建设通用航空产业园区统计

省、自治区、直辖市	城市	已规划建设通用航空产业园
北京	北京	北京通用航空产业园、北京平谷通用航空产业园、北京密云通用航空产业园、中工通用航空产业园
四川	德阳	德阳市通用航空产业园
	绵阳	绵阳科技城(北川)通用航空产业园
	自贡	川南通用航空产业园
山东	滨州	滨州大高通用航空城
	青岛	胶东通用航空产业园
河北	沧州	沧州航空产业园
	石家庄	石家庄通用航空产业园
湖南	常德	常德国际通用航空产业园
	株洲	株洲通用航空城
	郴州	郴州市通用航空产业园
内蒙古	赤峰	赤峰市通用航空产业园
	包头	包头通用航空产业园区
河南	郑州	安阳通用航空产业园
重庆	大足	大足通用航空产业园
湖北	宜昌	宜昌通用航空产业园

续表

省、自治区、直辖市	城市	已规划建设通用航空产业园
辽宁	大连	大连通用航空产业园
	抚顺	抚顺通用航空产业园
	沈阳	法库通用航空产业园
浙江	湖州	德清通用航空产业基地
安徽	滁州	凤阳航空产业园
	合肥	正阳通用航空产业园
新疆	克拉玛依	克拉玛依通用航空产业园
甘肃	兰州	兰州通用航空产业园
宁夏	银川	银川通用航空产业园
陕西	西安	蒲城通用航空产业园
	商洛	丹凤通用航空产业园

资料来源：网络

2.3.4 航空运输业政策梳理

1. 民航行业相关政策

民航运输一直是国民经济正常运行的重要一环，是供应链尤其是国际供应链的关键环节。为支持民航业快速、健康发展，我国陆续出台了多部国家层面的行业政策引导、支持我国民航业发展(表 2.6)。

表 2.6 我国民航行业相关政策

时间	文件名称	发布单位	相关内容
2005 年 7 月	《民用航空企业机场联合重组改制管理规定》	中国民用航空局	本规定所称民航企业，包括但不限于：公共航空运输、通用航空、航空油料、航空运输计算机信息、航空器维修、航空运输地面服务等企业和民用机场(包括军民合用机场的民用部分)或对其拥有经营权的法人，未经民航总局或民航地区管理局许可、审核，民航企业不得联合重组改制，已经许可并联合重组改制的民航企业应接受民航总局或民航地区管理局的监管。
2018 年 11 月	《新时代民航强国建设行动纲要》	中国民用航空局	经过几代中国民航人的接续奋斗，我国已具备从民航大国向民航强国跨越的发展基础，要着力推进民航发展质量、效率和动力变革，实现民航高质量发展，到本世纪中叶，全面建成保障有力、人民满意、竞争力强的民航强国，为全面建成社会主义现代化强国和实现中华民族伟大复兴提供重要支撑。
2019 年 11 月	《关于促进机场新技术应用的指导意见》	中国民用航空局	总体目标是到 2035 年，新技术应用顶层设计全面完成，政策保障体系和配套的规章标准体系基本健全，指南中的新技术在机场领域得到全面推广应用，机场行业综合实力显著提升，并形成广泛的国际影响力、号召力，新技术应用成为“四型机场”建设和机场高质量发展重要标志，在影响机场行业发展的关键环节取得实质性突破。

续表

时间	文件名称	发布单位	相关内容
2020年3月	《中国民航四型机场建设行动纲要（2020—2035年）》	中国民用航空局	“四型机场”是以“平安、绿色、智慧、人文”为核心，依靠科技进步、改革创新和协同共享，通过全过程、全要素、全方位优化，实现安全运行保障有力、生产管理精细智能、旅客出行便捷高效、环境生态绿色和谐，充分体现新时代高质量发展要求的机场。平安机场是安全生产基础牢固，安全保障体系完备，安全运行平稳可控的机场，绿色机场是在全生命周期内实现资源集约节约、低碳运行、环境友好的机场，智慧机场是生产要素全面物联，数据共享、协同高效、智能运行的机场，人文机场是秉持以人为本，富有文化底蕴，体现时代精神和当代民航精神，弘扬社会主义价值观的机场，四个要素相辅相成、不可分割，平安是基本要求，绿色是基本特征，智慧是基本品质，人文是基本功能。要以智慧为引领，通过智慧化手段加快推动平安、绿色、人文目标的实现，由巩固硬实力逐步转向提升软实力。

2. 民航货运相关政策

“十四五”期间，我国大力发展航空物流，陆续出台相关政策大力支持鼓励物流运输、物流仓储、物流服务等物流相关行业的发展，力求从流通网络建设、物流体系建设、物流数字化、标准化、信息化等多个维度增强我国供应链自主能力(表2.7)。

表2.7　我国民航货运相关政策梳理

时间	文件名称	发布单位	相关内容
2018年12月	《国务院办公厅关于深入开展消费扶贫助力打赢脱贫攻坚战的指导意见》	国务院	要加快流通服务网点建设，鼓励贫困地区因地制宜新建或改建一批产地仓、气调库、冷藏冷冻保鲜库等设施，以租赁、共享等方式降低参与消费扶贫企业的运营成本，鼓励供销合作社、邮政和大型电商企业、商贸流通企业、农产品批发市场等，整合产地物流设施资源，推动产地仓升级，增强仓储、分拣、包装、初加工、运输等综合服务能力，探索建立从产地到餐桌的冷链物流服务体系。深入实施快递下乡工程，完善贫困地区快递服务网络，支持快递企业与农业、供销、商贸企业加强合作。
2020年8月	《关于促进航空货运设施发展的意见》	国家发展和改革委员会	展望2035年，在全国范围内建成1~2个专业性货运枢纽机场，并结合《全国民用运输机场布局规划》修订，进一步完善国际航空货运枢纽布局，综合性枢纽机场和专业性货运枢纽机场布局相辅相成、更加成熟，培育若干具备国际竞争力的大型航空物流企业，覆盖全球的航空货运网络骨架初步形成。
2021年1月	《2021年国务院政府工作报告》	国务院	要稳定和扩大消费，多渠道增加居民收入，健全城乡流通体系，加快电商、快递进农村，扩大县乡消费，还指出继续支持促进区域协调发展的重大工程，推进“两新一重”建设，实施一批交通、能源、水利等重大工程项目，建设信息网络等新型基础设施，发展现代物流体系。

续表

时间	文件名称	发布单位	相关内容
2021年1月	《交通运输顾客关于服务构建新发展格局的指导意见》	交通运输部	要推进国际铁路枢纽场站、国际枢纽海港、国际航空枢纽、国际邮件快件处理中心建设，打造具有国际影响力的国际性综合交通枢纽集群；鼓励发展面向高附加值制造业的航空运输服务；增强国际航空货运运力，鼓励扩大全货机规模，加快国际寄递能力建设，畅通国际寄递物流供应链。培育壮大具有国际竞争力的现代物流企业。
2021年2月	《国务院关于加快建立健全绿色低碳循环发展经济体系的指导意见》	国务院	推广绿色低碳运输工具，港口和机场服务、城市物流配送、邮政快递等领域要优先使用新能源或清洁能源汽车，加快港口岸电设施建设，支持机场开展飞机辅助动力装置替代设备建设和应用，支持物流企业构建数字化运营平台，鼓励发展智慧仓储、智慧运输，推动建立标准化托盘循环共用制度。
2021年2月	《国家综合立体交通网规划纲要》	中共中央、国务院	到2035年，国家综合立体交通网实体线网总规模达到70万公里左右，其中民用运输机场400个左右，推进一批国际性枢纽港站、全国性枢纽港站建设，依托国际航空枢纽，构建四通八达、覆盖全球的空中客货运输网络。
2021年3月	《关于加快推动制造服务业高质量发展的意见》	国家发展和改革委员会等13部门	发展现代物流服务体系，促进信息资源融合共享，推动实现采购、生产、流通等上下游环节信息实时采集、互联互通，提高生产制造和物流一体化运作水平；深入开展现代物流、现代供应链等服务领域标准化建设行动。
2021年3月	《关于取消港口建设费和调整民航发展基金有关政策的公告》	财政部	公告明确，自2021年1月1日起取消港口建设费，公告还明确，自2021年4月1日起，将航空公司应缴纳民航发展基金的征收标准，在按照《财政部关于调整部分政府性基金有关政策的通知》(财税〔2019〕46号)降低50%的基础上，再降低20%。
2021年3月	《加快培育新型消费实施方案》	国家发展和改革委员会等28部门	这是在推动新型消费，发展消费物流方面，首次由国家发改委等28个部门大联手，也是落实《国务院办公厅关于以新业态新模式引领新型消费加快发展的意见》(国办发〔2020〕32号)部署要求，构架双循环新格局下的强大国内循环市场，其中，影响物流方向主要有以下八个方面：智慧供应链、商品供应链服务、农产品流通、无人配送、智能充电桩、劳动保障权益、用地用能、交易平台成本。

3. 通用航空运输相关政策

通用航空是我国的战略性新兴产业，具备调整经济结构、促进我国经济转型升级、走上高质量发展之路的重要特点。由于我国通用航空发展起步较晚，市场受制于低空政策，通用航空市场发展较慢。近年来，随着我国低空管理改革和各项促进通用航空发展政策的发布，我国通用航空市场逐渐呈现出蓬勃发展的态势，显示出较强的发展潜力。现将近年来我国通用航空领域政策梳理如下(表2.8)。

表2.8 我国通用航空相关政策

时间	文件名称	发布单位	相关内容
2003年1月	《通用航空飞行管制条例》	国务院、中央军事委员会	本条例所称通用航空，是指除军事、警务、海关缉私飞行和公共航空运输飞行以外的航空活动，包括从事工业、农业、林业、渔业、矿业、建筑业的作业飞行和医疗卫生、抢险救灾、气象探测、海洋监测、科学实验、遥感测绘、教育训练、文化体育、旅游观光等方面的飞行活动，从事通用航空飞行活动的单位、个人实施飞行前，应当向当地飞行管制部门提出飞行计划申请，按照批准权限，经批准后方可实施。
2010年11月	《关于深化我国低空空域管理改革的意见》	国务院、中央军事委员会	适时深化低空空域管理改革，有利于充分开发利用低空空域资源，促进通用航空事业、航空制造业和综合交通运输体系的发展，分类划设低空空域，各类低空空域垂直范围原则为真高1000米以下；加快推进深化低空空域管理改革试点；构建低空空域法规标准体系，组织修订《通用航空飞行管制条例》，民航局组织制定完善通用航空器准入标准、通用航空有偿服务标准、从业人员教育培训标准、飞行执照管理规章、仪表和目视飞行规则等，逐步形成具有中国特色的低空空域管理法规标准体系；建立高效便捷安全的运行管理机制，改进通用航空起降点审批办法；加强低空空域管理配套设施建设，完善通用航空服务保障体系，建立健全飞行人员培训机制。
2016年5月	《关于促进通用航空业发展的指导意见》	国务院办公厅	通用航空业是以通用航空飞行活动为核心，涵盖通用航空器研发制造、市场运营、综合保障以及延伸服务等全产业链的战略性新兴产业体系，具有产业链条长、服务领域广、带动作用强等特点，到2020年，建成500个以上通用机场，基本实现地级以上城市拥有通用机场或兼顾通用航空服务的运输机场，覆盖农产品主产区、主要林区、50%以上的5A级旅游景区，通用航空业经济规模超过1万亿元，初步形成安全、有序、协调的发展格局，培育通用航空市场，加快通用机场建设，促进产业转型升级，扩大低空空域开放。
2017年2月	《通用航空"十三五"发展规划》	中国民用航空局	到2020年，初步建成功能齐全、服务规范、类型广泛的通用航空服务体系，培育一批示范性骨干企业，实现发展规模、质量、效益全面提升，较好适应国民经济社会发展需要。确保持续安全，重大以上飞行事故万时率小于0.09，初步建成安全可靠、布局合理、功能相对完善的通用机场体系，低空空域管理改革深入推进，建成便捷可靠的通用航空飞行服务体系和维修服务支持体系。

续表

时间	文件名称	发布单位	相关内容
2018年7月	《关于通用航空分类管理的指导意见》	中国民用航空局	构建通用航空分类管理体系，建设“四个一”工程，创建一套独立完整、科学适用的通用航空标准制度体系，培养一支融合职业化与社会化需要的通用航空人才队伍，做实一组创新包容、监管适度的通用航空工作机制，搭建一个公开透明、集约共享的通用航空服务平台，到2020年，初步建成与我国通用航空发展起步阶段相适应、有别于公共运输航空的分类监管体系和安全规范、应用广泛的分类保障体系，创建通用标准制度体系，培养通用航空人才队伍，做实通用航空监管机制，搭建通用航空服务平台。
2018年9月	《关于促进通用机场有序发展的意见》	国家发展和改革委员会、中国民用航空局	明确通用机场定位，利用通用航空短途运输“小机型、小航线、短航程、组织方式灵活”等特点，在距离最近的民用运输机场直线距离100公里以上的偏远地区、地面交通不便地区布局通用机场，为人民群众提供“飞得到、坐得起、用得上”的交通出行服务，充分发挥通用航空响应速度快、机动能力强、服务范围广的优势，运用大数据等技术手段分析自然灾害等易发多发地区以及国家高速公路事故多发路段，选择附近具备条件的地方布局通用机场，提升航空应急救援能力，强化通用航空与旅游、体育等新消费融合，在世界自然文化遗产、国家级旅游度假区、4A级及以上景区、国家体育产业示范基地等布局通用机场，发展以大众消费为核心的通用航空旅游和航空体育产品，遵循通用航空发展规律，结合自身发展实际和通用机场功能定位，加强与全国民用运输机场布局规划衔接，按照安全、经济、实用、绿色的原则，突出重点、量力而行，分类分级规划布局通用机场，突出通用机场建设重点，构建区域通用航空网络。
2019年9月	《关于推进通用航空法规体系重构工作的通知》	中国民用航空局	为落实“分类管理、放管结合、以放为主”的要求，更好地鼓励和推动通用航空发展，积极支持社会资本投资通用航空产业，民航局研究制定了通用航空法规体系重构路线图，形成了通用航空业务框架和通用航空法规框架（以下简称“两个框架”），“两个框架”是开展中国民航通用航空政策法规体系重构的总体性文件，明确了未来一段时间中国通用航空整体政策走向、立法思路和制度设计需要遵循的基本原则和具体要求。

第 3 章　我国民航业发展分析

3.1　我国民航业发展现状特征

3.1.1　我国民航业近年来发展速度较快

我国民航运输业务量增速较快。“十三五”以来，随着我国经济的快速发展，民航业客运和货邮运输业务量也快速增长，除去新冠肺炎疫情影响，年均增长速度在 10%左右。2016 年我国民航旅客周转量同比增长 15%，受世界经济发展放缓和我国经济迈入转型升级阶段的影响，我国民航旅客周转量有所放缓，但仍能保持在 10%左右的年均增速，2016—2019 年我国民航旅客周转量年均复合增长率达 11. 79%。2020 年暴发的新冠肺炎疫情，使民航旅客运输受到较大影响，但 2021 年我国民航迅速克服困难，实现了旅客周转量的正增长(图 3. 1)。

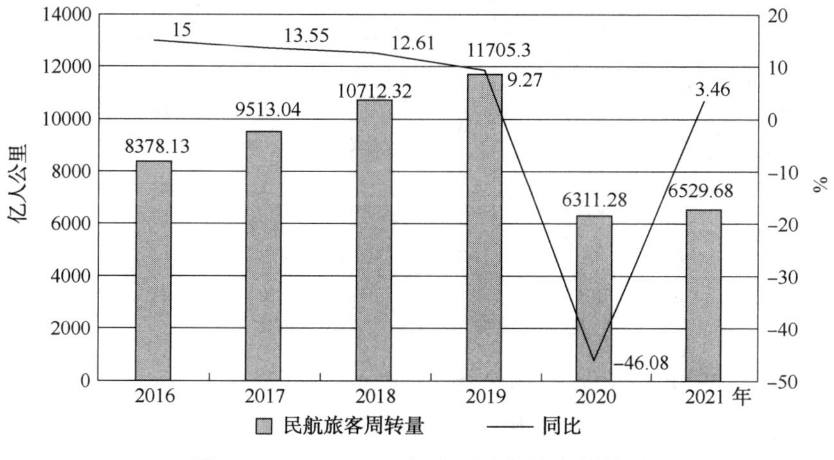

图 3. 1　2016—2021 年我国民航旅客周转量

数据来源：中国民用航空局

我国航空货运一直保持稳定增长，近年来增速有所放缓，新冠肺炎疫情之前增速保持在 6%左右。疫情发生之后，我国航空货运迅速恢复，实现逆势增长，2021 年已经超过 2019 年的货邮周转量。总体来看，2016—2021 年我国民航货邮周转量实现了年均 4. 57%的增长速度。疫情之后，我国高度重视航空货运的战略性作用，“十四五”期间我国民航货运将迎来关键发展期(图 3. 2)。

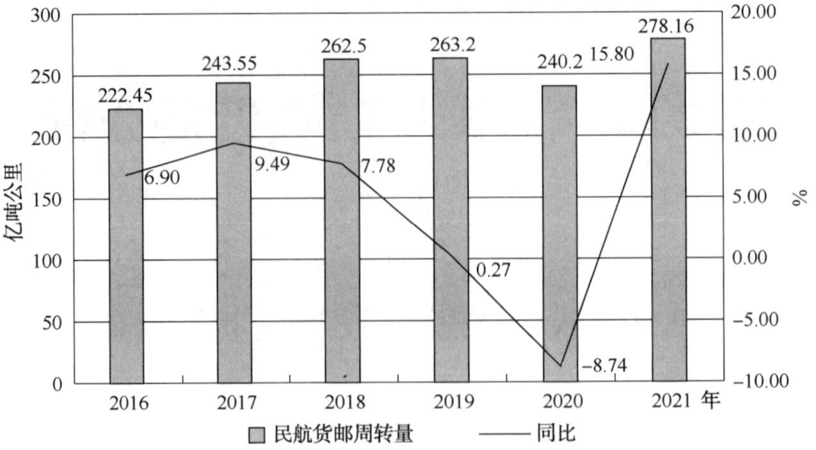

图 3. 2　2016—2021 年我国民航货邮周转量

数据来源：中国民用航空局

我国民航飞机数量稳步增长。2016 年末我国民航在册飞机架数为 2950 架，比 2015 年增加了 300 架；2021 年末我国民航拥有在册飞机 4054 架，相比 2016 年增加了 1104 架飞机，相当于每年增加飞机 220 架，年均增速约 6. 56%。2020 年美国约有商业航空运输飞机 8000 余架，相比于美国，我国运输飞机数量仍有增长空间(图 3. 3)。

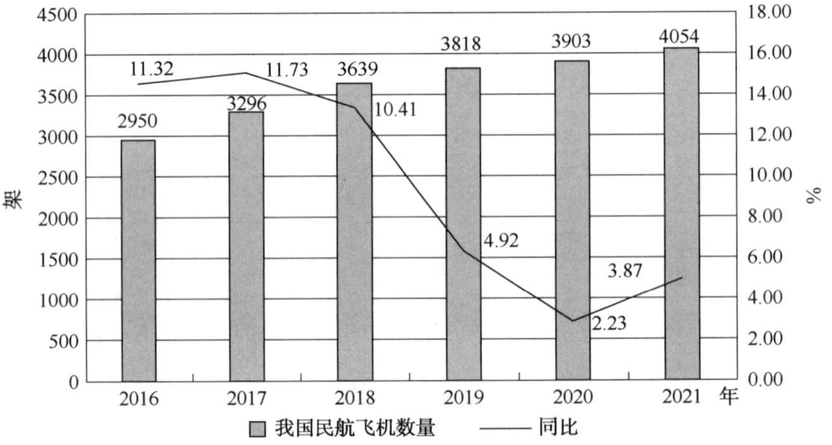

图 3. 3　2016—2021 年我国民航在册飞机数量(架)

数据来源：中国民用航空局

我国机场数量近年来快速增长。机场是民航发展最重要的基础设施之一，也是国家民航业发展水平的重要衡量指标。近年来，我国大力加强民航基础设施建设，每年投入上百亿元，且该数额以年均约 6%的增长速度每年递增，民用运输机场数量快速增长。2010 年以来，我国民用航空机场从 175 家增长到 2020 年的 241 家，10 年来增加了 66 个机场，相当于每年增加 5~6 个运输机场，年复合增长率达到 3. 25%。东北地区机场数量从 2010 年的 19 家增长到 2020 年的 27 家，年复合增长率达到 3. 58%；东部地区机场数量从 2010 年的 46 家增长到 2020 年的 54 家，年复合增长率达 1. 62%；西部地区机场数量从 2010 年的 85 家增长到 2020 年的 124 家，年复合增长率达 3.85%；中部地区机场数量从 2010 年的 25 家增长到 2020 年的 36 家，年复合增长率达 3.71%(图 3.4)。

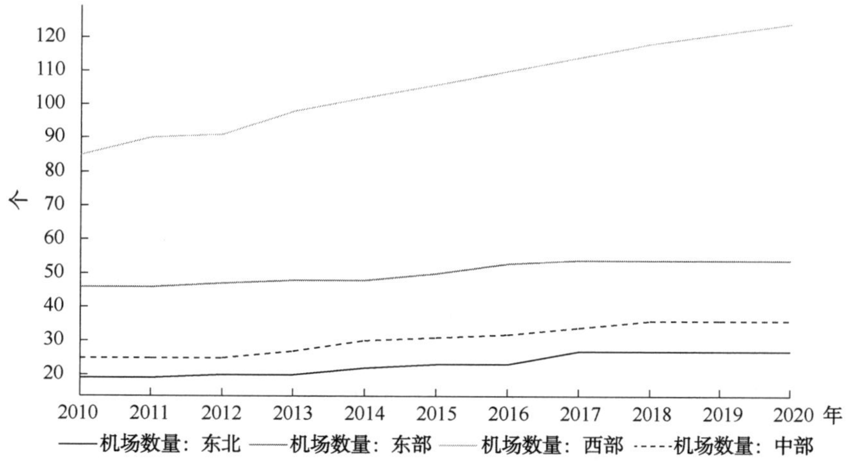

图 3.4 2010—2020 年我国机场数量分区域变化

机场数量的快速增加得益于每年我国民航业固定资产投资的大力投入。2012 年我国民航业全行业固定资产投资达 1464.6 亿元，2019 年民航业固定资产投资总额为 1819.9 亿元，年均复合增长率为 3.15%。机场建设投资方面，2009 年我国民航机场建设投资额为 427 亿元，2019 年我国民航机场建设投资额为 751.4 亿元，年均复合增长率为 5.81%。我国机场建设投资规模相对来说是较高的，主要因为我国正处于民航基础设施逐渐完善的阶段，而运输机场投入资金高、建设周期长，且随着已建成机场运输量的增长，要适时开展机场改扩建(图 3.5)。美国的机场布局已经较为完善，每年约有数亿美元的投入用于机场的改扩建和改善现状。

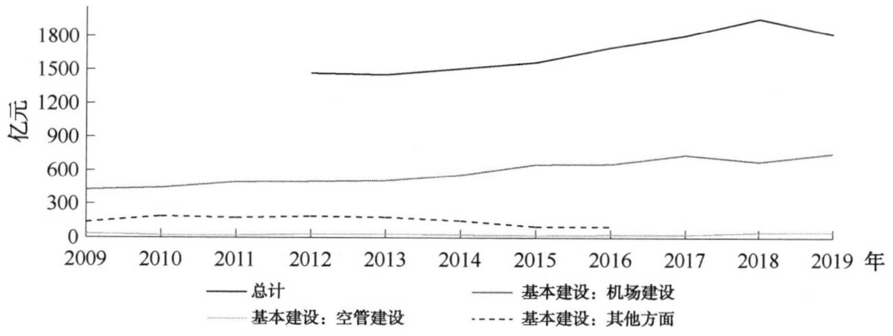

图 3.5 2009—2019 年我国民航业固定资产投资总量趋势

航线数量快速增加。2016 年我国有定期航班航线 3794 条，2020 年该数据为 5581 条，四年来我国定期航班航线增加 1787 条，年均增速约为 10.13%。2021 年受新冠肺炎疫情的影响，部分国际航班航线取消，我国民航定期航班航线下降到 4864 条。2016 年，我国民航按不重复距离计算的航线里程为 634.8 万公里，2020 年这一数据为 942.63 万公里，年均增速约为 10.39%，基本与航班航线增长速度保持一致(图 3.6)。

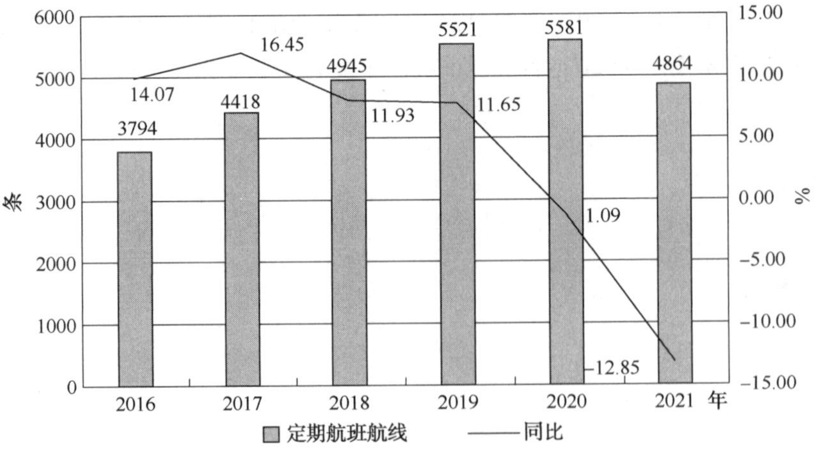

图 3.6　2016—2021 年我国民航定期航班航线数量

数据来源：中国民用航空局

3.1.2　我国低成本航空公司发展空间大

低成本航空公司主要区别于全服务航空公司。后疫情时代，低成本航空公司进一步崭露头角，成为航空业的后起之秀。我国航空业发展起步较晚，低成本航空公司市场占有率较低，存在较大的发展空间。

低成本航空公司起源于美国，自《航空工业放松管制法》出台以来，美国航空市场陆续出现一些票价相对低廉的航空公司，通过“两高两低两单”的独特运营模式，降低运营成本、提高运营效率，赢得了一定的市场空间。

1. 低成本航空的“两高两低两单”运营模式

“两高”指低成本航空公司的高客座率、高飞机日利用率。高运营效率是低成本航空公司成功的关键，借助“两单”的机队运营模式，低成本航空公司增加了有效座位数，从而提高客座率。同时提高飞机日飞行时长，提高飞机日利用率。

“两低”指低成本航空公司通过降低管理费用、销售费用，降低运营成本。低成本航空公司一般不提供餐食、免费托运服务等，精简人员、提高效率，通过成本战略逐渐占据市场(表 3.1)。

表 3.1　低成本航空公司和全服务航空公司差异比较

项目	低成本航空公司	全服务航空公司
航空公司代表	西南航空、春秋航空	美国航空、南方航空
起降机场	二三类机场居多	一类机场居多
机型结构	单一机型	多种机型
客舱布局	高密度单一舱位	低密度多级舱位
飞机日平均利用率	约 11 小时/天	约 9 小时/天
辅助服务	提供简单服务	提供全面服务
机票价格	价格低廉	价格较高

资料来源：券商研究报告

“两单”指低成本航空公司采取单一机型、单一舱位的航队布局，通过这种简化、统一的机队运营安排，航空公司能够实现统一的飞机维护、统一零部件采购等，实现飞机空间的最大化利用，大大降低运营成本。

2. 低成本航空公司的竞争优势

我国低成本航空公司的代表是春秋航空，为说明低成本航空公司的竞争实力，本节选取春秋航空和我国四大航空公司作对比，从运营效率、盈利能力、负债水平等方面阐述低成本航空公司的竞争潜力。

低成本航空公司运营效率明显高于全服务航空公司。由于低成本航空公司票价较低，能够吸引更多的乘客，航班的客座率也较高。有关研究报告指出，春秋航空通过对机舱座位的统一改良，座位数提高约 20%。根据航空公司披露数据，我国四大航空公司 2016—2019 年客座率在 80%~85%，而春秋航空公司的客座率在 90%以上(图 3.7)。低成本航空公司的飞机利用率通常也比全服务航空公司高。根据统计数据，四大航空公司的飞机日飞行小时在 8~9 小时，而春秋航空公司的飞机日飞行小时能够高达 11 小时以上(图 3.8)。

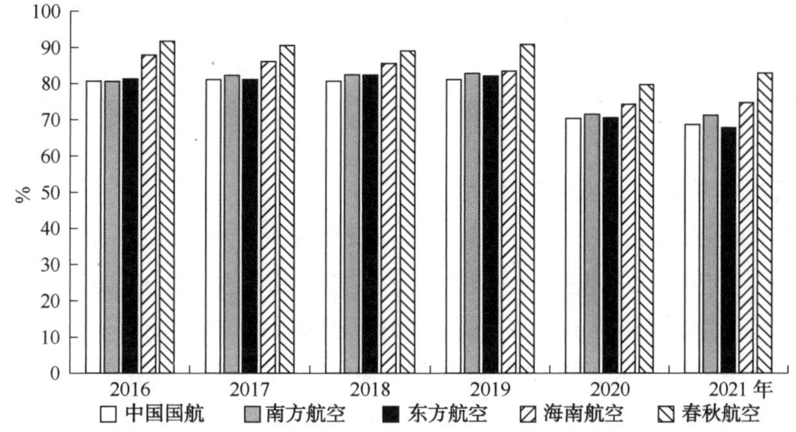

图 3.7　2016—2021 年我国四大航空公司和春秋航空客座率对比

数据来源：万得

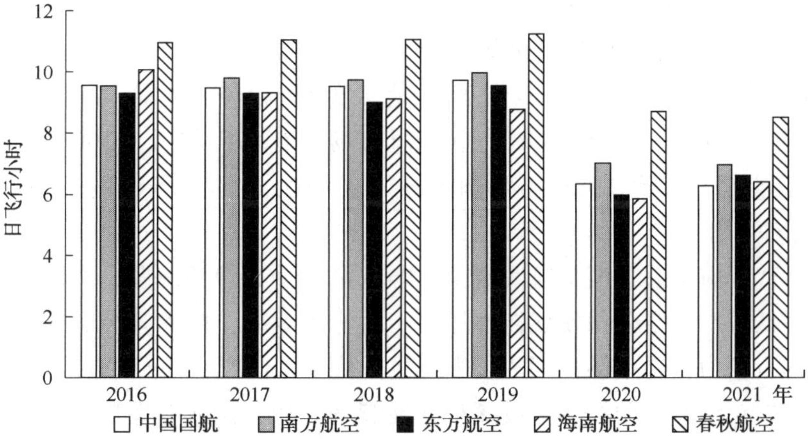

图 3.8　2016—2021 年我国四大航空公司和春秋航空飞机日平均利用率对比

数据来源：万得

低成本航空公司盈利能力明显高于全服务航空公司。在低成本和高效率的两大助力下，低成本航空公司的盈利水平有明显提升。根据航空公司年报披露数据，新冠肺炎疫情之前，我国四大航空公司的净利润率在5%~7%；新冠肺炎疫情之后，四大航空公司业务受到严重影响，中国国航2020—2021年的净利润率均低于-20%，东方航空公司亏损在20%左右，南方航空公司亏损在10%以上。而作为低成本航空公司代表的春秋航空，盈利水平表现较好。新冠肺炎疫情之前，春秋航空的净利润水平就保持在11%以上；后疫情时代，春秋航空的业务同样受到较大影响，2020年净利润率为-6.31%，但2021年成功实现正收益(表3.2)。

表3.2　2016—2021年我国三大航空公司和春秋航空净利润率对比　　单位:%

年份	2016	2017	2018	2019	2020	2021
中国国航	6.81	7.12	6	5.33	-22.76	-25.26
南方航空	5.13	5.36	2.41	2.01	-12.77	-10.83
东方航空	5.04	6.7	2.56	2.88	-21.41	-19.79
春秋航空	11.28	11.5	11.46	12.42	-6.31	0.34

数据来源：万得

3. 我国低成本航空公司发展空间大

我国低成本航空公司发展起步较晚，仍有较大发展空间。根据招商证券研究报告，2008—2020年，全球低成本航空公司的国内航线市场份额从23.6%提升到35.2%，国际航线市场份额从4.4%提升到16.6%，十几年间全球低成本航空公司不仅在竞争激烈的世界航空市场稳步发展下来，市场份额也有了显著攀升。尤其是亚太地区，低成本航空公司国内航线市场份额从13.6%提升到30%，国际航线市场份额从2.8%提升到13.3%，增长速度较快。

美国西南航空公司是低成本航空公司的代表，自1971年成立以来，到2018年西南航空公司的客运量市场占比已经增长到18.4%。据招商证券2021年的研究报告，美国低成本航空公司的市场份额已经超过三分之一。而在欧洲区域，低成本航空公司的市场占比已经达到36%，亚太地区的低成本航空公司市场份额也达到30%。相比之下，目前我国低成本航空公司市场占有率仍较低。2005年我国成立第一家低成本航空公司，到2020年我国低成本航空公司的市场占有率仅为11%，仍有较大增长空间。

后疫情时代，航空公司面临航线减少、客运量减少等棘手问题，全服务航空公司亏损严重，此时低成本航空公司发展韧性尽显，在运营效率、成本管控和盈利水平等方面表现出强劲的竞争力，在市场份额拓展方面更具优势。同时，“十四五”期间我国迎来机场建设高峰，二三线城市的机场建设逐步开展起来。随着民航业发展，未来我国民众选择航空出行的可能性更大，航空出行渗透率不断提高，低成本航空市场将呈现较大的发展潜力(表3.3)。

表 3.3　运输总周转量口径统计下的春秋航空市场占比变化 单位：亿吨公里

年份	2014	2019	2021
春秋航空运输总周转量	16.86	36.01	31.9
全国民航运输总周转量	748.12	1292.7	856.75
市场占比	2.25%	2.79%	3.72%

数据来源：券商研究报告

3.1.3　我国通用航空市场发展潜力巨大

我国通用航空行业初具规模。“十三五”以来，我国通用航空行业得到有效发展。“十三五”期间，我国通用航空行业完成飞行作业时间 458.8 万小时，年均增长率达 5.2%。“十三五”末期，我国获得经营许可证的通用航空企业、通用航空在册航空器、通用航空飞行作业时间分别达 523 家、2892 架和 98.4 万小时，相比“十二五”末期，分别实现增长 86.1%、51.9%和 26.3%。2021 年我国通用航空运营企业数量达 599 家，实现同比增长 14.5%；通用航空机场增加到 370 个，实现同比增长 9.1%；通用航空在册航空器达 3018 架，实现同比增长 4.4%；通用航空飞行作业时长达 117.8 万小时，实现同比增长 19.7%。

近年来，我国大力支持通用航空市场发展，持续完善通航市场管理体系，陆续修订、制定《通用航空经营许可证管理规定》《通用航空短途运输管理暂行办法》《民用无人驾驶航空器系统适航审定管理程序》等多部规章制度，持续深化通用航空市场管理改革，加大财政补贴，有力地促进了我国通用航空制造业、通用航空运输、通用航空旅游及无人机运输等行业发展。我国通用航空零部件制造细分领域取得显著突破，国内企业广泛参与通用航空发动机、航电系统、飞机零部件、通用航空飞机机载设备、内饰等行业环节，通用航空制造业产业链持续健全。

“十三五”以来，我国通用航空在公共应急救援中的作用逐渐显现。2018 年我国通用航空应急救援搜索作业时间仅 122.8 小时，2020 年该数据增长到 3137.8 小时。新冠肺炎疫情以来，通用航空发挥航空运输灵活、快速的运输优势，超 140 家通用航空企业投入超 1000 架通用航空器运输各类药物和抗疫物资，通用航空在我国航空应急救援体系中的作用日益凸显(表 3.4)。

表 3.4　2018—2020 年通用航空应急作业量

年份	应急救援搜索		航空医疗救护		航空护林	
	小时	架次	小时	架次	小时	架次
2018	122.8	182	1680.4	1169	17993.3	15841
2019	1169.4	1854	2364.5	3295	16150.7	18123
2020	3137.8	8404	2155.7	3537	20797	17730

数据来源：网络

我国低空空域改革取得有效进展。低空空域是国家重要战略资源，也是通用航空的主要活动空域。美国在20世纪60年代就开始放开低空空域，极大地促进了美国通用航空事业的发展。实践证明，在低空空域进行民用化管理的国家，通用航空行业均发展得较为快速、繁荣。为此，我国开始尝试放松航空管制，逐渐开始低空空域管理改革。目前，我国已经在湖南、江西、安徽、海南、四川五省开展低空空域改革拓展试点。

湖南省是我国首个全域低空飞行试点省份，截至目前，湖南省在低空空域管理改革方面取得多项突破性进展，批准实施了全国第一部低空空域划设方案，建成了全国首个可服务全省的A类飞行服务站，发布了全国第一个省级专题低空航图，制定了全国第一个低空目视飞行规则，在多个领域取得了从0到1的成绩。江西省于2022年建成上线“江西通用航空飞行协调与服务系统”，实现与东部战区空军通用航空飞行服务系统和民航华东管理局通用航空飞行服务系统并网运行，大大缩短审批时间，同时结合北斗卫星定位系统功能，能够实现通用航空飞行服务可视化监管。2022年6月安徽省通航控股集团飞行服务站首次验证试飞活动顺利完成，标志着低空空域改革取得“零的突破”。目前飞行服务站已获批安徽省内11个临时空域、10条临时航线，已与省内8家通用航空用户实现对接。海南省同样在低空空域改革领域探索出独具特色的新路子。目前海南省已经建成一套低空通用航空飞行服务保障系统，在海口、三亚等11个市县建设多套地空通信台站，建成全国唯一省域低空监视全覆盖的省份，通用航空业务从旅游拓展到医疗救援、航空体育、地理探测、航空拍摄等多个领域，极大地促进了通用航空业务的发展。

全国其他省市也在低空领域改革方面持续发力，在军民融合、报批审批、通用航空保障服务等方面结合当地实际不断探索，我国低空空域改革取得较为明显的实质性进展，持续为通用航空行业的发展营造良好的空域环境。

我国通用航空市场发展空间巨大。自1951年我国首次使用通用航空器喷洒药物以来，通用航空作业便在我国拉开序幕，到现在我国通用航空作业类型已经发展到百余种。根据服务对象，通用航空业务主要可分为四大类：生产类，主要用于农业生产、工业探测、飞行培训等；运输类，主要用于短途运输，包括私人飞行等；娱乐类，包括航空体育、空中游览等；公益类，主要指公共应急救援、医疗救援、森林救火等。

根据相关研究数据，全球通用航空业务结构中，商务、私人出行业务占比较大，约56%；其次是飞行培训，业务占比约为21%；然后是农业、工业等领域的作业飞行，业务占比约为15%；其他类通用航空业务占比为8%。相比之下，我国通用航空作业结构分布与全球通用航空作业分布差异较大。2019年我国通用航空作业中飞行培训类作业占比约35%，其次是工业作业类，占比约10%，农业作业占比约5%，运输类业务占比约2%，消费类业务占比约3%，其他类占比约45%。可以看出，我国通用航空作业更偏向于飞行培训及传统作业类型，国际通用航空市场上主流业务类的商务出行、私人出行等占比极低。

运输类、公益类和消费类被称为现代通用航空新兴业态，在我国具有广大的发展空间。首先，通用航空运输是民航干支线运输的有力补充，在内蒙古、新疆等地区是一种较为高效的出行方式。根据相关统计，2021年我国通用航空短途运输航线达108条，

2021 年全年通用航空运输乘客 5. 7 万人次。“十四五”期间，我国规划开通通用航空运输的省份超 25 个，旅客运输量达 9 万人次，实现通用航空运输旅客量翻一番。我国《“十四五”通用航空发展专项规划》中也提出，要在“十四五”末实现通用飞机私用、运动驾驶执照持有数达 8200 人，进一步开发通用航空运输类业务量。

消费娱乐类通用航空业务在世界通用航空市场占有十分重要的地位，也是极具潜力的细分市场。在双循环新发展格局下，我国国内旅游迎来发展时机，通用航空观光旅游、航空体育等新型消费娱乐项目逐渐发展。根据星越通航大数据，2021 年我国空中游览搭载人次达 37 万，娱乐跳伞人次达 9. 7 万。目前，我国多地景区已经开始打造低空旅游项目，如三亚多地推出直升机观光项目，四川成都提出打造国家级都江堰通用航空旅游示范工程。我国“十四五”通用航空规划中更提出，支持地方政府发展“通用航空+旅游”，鼓励依托观光游、主题游、体验游等形态丰富低空旅游内涵，支持脱贫地区发展通用航空特色休闲农业和精品旅游。规划提出，到“十四五”末通用航空空中游览、航空运动等参与人数达 68 万人。

公益类通用航空作业是国家公共应急管理中的重要措施。根据《2020—2021 年中国通用航空应急救援行业发展报告》，在新冠肺炎疫情中，通用航空累计使用千余架航空器执行 377 项疫情防控任务，累计飞行时间 2360 余小时，运送药品物资 90 余吨，开展空中消杀、巡查作业面积达 4. 3 万平方公里。2022 年我国《“十四五”国家应急体系规划》发布，提出要加快建设航空应急救援力量。《“十四五”应急救援力量建设规划》也提出，要加快构建大型固定翼灭火飞机、灭火直升机与无人机高低搭配、布局合理、功能互补的应急救援航空器体系。推动航空应急救援力量常态化部署，完善重型直升机、中小型直升机布局。

未来，随着我国通用航空新兴业务的不断发展壮大，通用航空业务量将持续提升，我国通用航空市场潜力将逐渐释放。

3. 1. 4 我国航空物流迎来发展机遇

疫情凸显我国航空物流短板。2020 年，我国进出口贸易总额已经达 32. 16 万亿元，成为世界第一进出口大国。我国产品出口到全球超 220 个国家和地区，但通过航空运输出口的货物量占比却远小于外航。总体来看，我国国际航空物流网络、航空物流枢纽布局、多式联运等仍处于初级阶段，在国际航空物流方面处于弱势。根据券商研报，2019 年我国民航在国际航线中完成货运量 736. 7 万吨，其中民航承运人完成货运量 241. 9 万吨，外航承运人完成货运量 494. 8 万吨，超 67%的货运量由外航完成。截至 2019 年底，我国共有客货机 3818 架，其中客机 3645 架，货机 173 架，全货机占比仅 4. 5%。由于全货机较少，客机腹舱成为我国航空货运的主要运输方式，客机腹舱运货量占总航空货运量的 70%。尤其是在国内航线中，超 80%航空货运量由客机腹舱完成；在国际航线中，客机腹舱运货量则不到 50%。

相比国际上领先的航空货运承运人，我国航空货运企业在运力、货邮运输量、航线时刻等方面均处于劣势。2019 年我国最大的航空货运公司顺丰航空仅有 59 架全货机，而美国联邦快递则拥有639架全货机，包括237架宽体全货机，119架窄体全货机以及283架支线全货机。

新冠肺炎疫情暴发之后，全球民航客运受到重大冲击，外航客运航班以及我国客运航班大量减少，客机腹舱运力随之减少，仅依靠全货机运输。然而我国全货机数量较少，运力十分紧张，同时疫情之下抗疫物资也十分需要快速、灵活的航空运输，航空货运短板凸显。

对比中外航空货运相关数据，我国航空货运枢纽尚不完善，航空货运航线布局稀疏，全球航空货运业务主要由外航包揽，我国航空货运业务量和收入占比产生“倒挂”现象，进一步降低了国内航空承运人发展航空货运业务的意愿，导致我国航空货运仍处于初级阶段。

我国航空货运迎来巨大需求。根据国际航空运输协会的数据，2021年全球航空货物运输需求相比2019年增长6.9%，相比2020年增长18.9%，而在航空货运方面我国仍存在明显短板。面对短板，我国快速出台多个政策大力支持航空货运发展。随着我国逐步迈入高质量发展的新阶段，消费行业呈现出升级特征。“双循环”新发展格局下，我国政府提出快递业“两进一出”政策，推动快递业“进村”“进场”和“出海”，实现快递业与制造业深度融合，搭建与国际贸易相匹配的跨境电商物流，快递行业、跨境电商、冷链生鲜等行业蓬勃发展，为航空货运带来巨大需求，进一步凸显了航空物流在全球供应链中的重要地位。

2021年我国快递业务量首次突破1000亿件大关，同比增长29.9%，包裹数量占全球总量的一半以上，连续8年排在世界第一。2012—2022年，我国快递业务量从57亿件持续增长到1083亿件，年均复合增长率达到34%。根据相关调研数据，我国超过70%的消费者将快速和方便作为快递物流选择的首要考虑因素，而航空物流在灵活、快速运输货物方面具有较大优势，我国快递物流行业的发展为航空货运发展带来巨大需求。目前我国“国家队”三大航空公司中国国航、东方航空和南方航空的航空货运板块已全部完成混合所有制改革，引入了菜鸟网络、普洛斯和德邦等资本，我国快递物流行业巨头顺丰、圆通、京东等更是纷纷布局航空货运业务，竞相“掘金”我国航空货运市场。

顺丰航空是我国最大的航空货运公司，2022年7月顺丰航空第73架全货机正式投运，在我国民航全货机中数量占比超36%。根据顺丰财报数据，2021年顺丰业务中供应链及国际板块不含税营业收入392亿元，同比增长199.8%，其中顺丰航空国内货量占全国航空货邮运输量的35.5%。为完善布局货运航空网络，顺丰航空携手政府联合打造的鄂州花湖机场已于2022年7月正式投运，成为亚洲第一个、全球第四个专业的货运机场。鄂州货运机场的投运，将极大改善我国货运航空、航班、航线的运营情况，预计2025年鄂州花湖机场货邮吞吐量将达到245万吨。

圆通速递早在2009年就开始布局航空货运业务，2015年圆通航空正式开航运营。根据圆通速递年报数据，截至2021年，圆通航空机队共有飞机10架，航线范围覆盖亚洲主要区域，航空业务营业收入达15.4亿元，同比增长37%。圆通航空业务规模持续扩张，到2022年底，圆通航空机队规模达到20架。在机场方面，2020年圆通与嘉兴市政府签约，在嘉兴机场投资建设全球航空物流枢纽，引入国际货运航班，项目名称为“东方天地港”，目前该项目已获国家层面可行性研究报告批复。预计到2050年，圆通航空物流枢纽货邮吞吐量将达到240万吨。

与此同时，京东也与江苏省南通市签订战略合作框架协议，双方于2019年投资200亿元在南通兴东机场建设京东物流全球航空货运枢纽。2020年10月，京东集团再次与芜湖市政府签署全面战略合作协议，将在建设全球航空货运枢纽等方面深入合作。

混改完成之后，“三大航”航空货运板块借助北京、上海、广州这三个国际航空枢纽货运需求以及全球航空货运网络优势，在跨境航空货运方面将具有更大的竞争优势。在国内经济大循环和国际经济双循环的新格局下，借助快递行业、跨境电商等行业带来的巨大需求，我国国有航空货运企业和民营航空货运企业将逐渐形成良性竞争格局，持续壮大我国航空货运领域国际竞争力。

3.1.5 我国民航各地区发展不均衡

我国运输机场大部分分布在西部地区[1]。根据民航行业发展统计公报，2016年我国运输机场共计218个，按地区分布为东部地区占比24%、中部地区占比15%、西部地区占比50%、东北地区占比11%。2021年我国运输机场共计248个，按地区分布为东部地区23%、中部地区16%、西部地区50%、东北地区11%，总体保持西部>东部>中部>东北。2016年到2021年，我国运输机场共计增加30个，其中东部地区增加了3个，中部地区增加了8个，西部地区增加了15个，东北地区增加了4个，也就是说，一半的新建机场都在西部地区。

从机场分类来看，我国主要有综合性国际枢纽机场和区域性国内枢纽机场以及一些专业性机场，如在建的鄂州货运枢纽机场。我国主要的大型综合性枢纽机场多分布在东部地区，如北京首都国际机场、上海浦东国际机场、广州白云国际机场。

根据国际综合机场体系分类，2020年我国共有运输机场241个，其中中小机场约200个，占比达到83%，主要分布在我国西部地区，尤其是新疆、西藏、云南、四川等地。我国中小机场对于构建全国民航运输网络有着重要作用，同时也承担了大部分通用机场的作用，但中小机场长期面临着航线航班较少、经营亏损的困局(表3.5)。

我国民航运输业务量大部分分布在东部地区。2016年我国东部地区民航旅客吞吐量占全国全年旅客吞吐量的54.23%，该比例在2021年为48.79%，整体呈现逐年下降的趋势，但可以看出我国民航旅客运输业务大部分集中在东部地区。2021年西部地区民航旅客吞吐量占比为32.71%，中部地区占比为12.44%，东北地区占比为6.06%。从表3.2中的民航旅客吞吐量数据中可以看出，我国东部和西部地区民航旅客业务量占到全国的80%左右(表3.6)。

---

[1] 东部地区是指北京、上海、山东、江苏、天津、浙江、海南、河北、福建和广东10省市；中部地区是指江西、湖北、湖南、河南、安徽和山西6省；西部地区是指宁夏、陕西、云南、内蒙古、广西、甘肃、贵州、西藏、新疆、重庆、青海和四川12省(自治区、市)；东北地区是指黑龙江、辽宁和吉林3省。

表 3.5　2016—2021 年我国民航运输机场各地区分布数量

地区	2016 年	2017 年	2018 年	2019 年	2020 年	2021 年
东部	53	54	54	54	54	56
中部	32	34	36	36	36	40
西部	110	114	118	121	124	125
东北	23	27	27	27	27	27
总计	218	229	235	238	241	248

数据来源：中国民用航空局

表 3.6　2016—2021 年我国民航旅客吞吐量按地区分布　　单位：亿人次

地区	2016 年	2017 年	2018 年	2019 年	2020 年	2021 年
东部	5.51	6.14	6.73	7.1	4.27	4.43
中部	1.02	1.22	1.4	1.56	1.01	1.13
西部	3.01	3.4	3.72	4.03	2.79	2.97
东北	0.62	0.72	0.79	0.84	0.49	0.55
总计	10.16	11.48	12.64	13.53	8.56	9.08

数据来源：中国民用航空局

航空货运方面，我国航空货运业务量业主要集中在东部地区，2016—2021 年东部地区民航货邮吞吐量占比均达到 70%以上，其次是中部地区，货邮吞吐量占比达到 15%以上，东部和中部货邮吞吐量占比达到全国货邮吞吐量的 85%以上。其中，中部地区货邮吞吐量增速最快，2016—2021 年复合增长率达到 10.74%，即使是在新冠肺炎疫情影响较为严重的 2020 年，中部地区的民航货邮吞吐量仍然达到了 10%的增速，同期东部地区民航货邮吞吐量为负增长，下降了 6.2%。2021 年中部地区民航货邮吞吐量增长速度达到了 15.9%(表 3.7)。

表 3.7　2016—2021 年我国民航货邮吞吐量按地区分布　　单位：万吨

地区	2016 年	2017 年	2018 年	2019 年	2020 年	2021 年
东部	1121.37	1215.89	1245.75	1245.92	1168.41	1298.8
中部	95.45	102.61	113.42	124.7	137.18	158.95
西部	230.49	244.49	259.78	279.04	251.96	272.72
东北	53.1	54.74	55.07	60.36	49.94	52.32
总计	1500.41	1617.73	1674.02	1710.02	1607.49	1782.79

数据来源：中国民用航空局

可以看出，虽然我国运输机场大部分分布在西部地区，但民航运输业务主要集中在东部地区。民航业发展受当地经济影响较大，我国东部地区经济较为发达，主要的综合性枢纽机场大多分布在东部地区，吸收了全国大部分民航业务。而西部地区主要是一些中小机场，机场数量多但业务量较少，尤其是在航班航线方面有劣势，使得我国民航呈现出地域发展不均衡的特点。

3.1.6 我国民航国际竞争力有待提升

我国民航国际运输周转量占比较低。改革开放以来，我国民航国际航线数量逐渐增加，到2019年国际航线已经达到953条，占我国民航航线总量的17%。近年来，由于新冠肺炎疫情的影响，我国航班有所调整。定期航线航班少直接导致了我国民航国际运输周转量较低。2016年我国民航全行业完成国际航线的旅客周转量2160.38亿人公里，仅占总体旅客运输周转量的25.79%(表3.8)。

表3.8 2016—2021年我国民航国内外航线运输周转量 单位：亿人公里

旅客周转量	2016年	2017年	2018年	2019年	2020年	2021年
国内航线	6217.75	7036.53	7889.7	8520.22	5868.87	6439.12
国际航线	2160.38	2476.51	2822.61	3185.08	442.41	90.56
总计	8378.13	9513.04	10712.31	11705.3	6311.28	6529.68
国际占比	25.79%	26.03%	26.35%	27.21%	7.01%	1.39%

数据来源：中国民用航空局

国际性枢纽机场数量较少。根据美国联邦航空局数据，2021年美国共有公共运输机场约5200个，而同期我国颁证运输机场仅248个。当然，这种机场数量的巨大差异是由于当地的地理因素，美国、俄罗斯等国家属于地广人稀的情况，建设机场布局空中交通网络相对于陆地交通网络更为合适。机场数量仅是一方面，更重要的是我国联通国外城市的机场较少，尤其是国际航空枢纽机场较少，国际航线多聚集在北京首都国际机场、上海浦东国际机场和广州白云国际机场等大型机场，国际航班航线的高度集中也会导致这些枢纽机场航班时刻紧张。根据网络数据整理，2018年北京首都国际机场开通国际航线128条，上海浦东国际机场开通国际航线111条，广州白云国际机场开通国际航线85条，三大国际枢纽机场共开通国际航线324条，占全民航国际航线总量的38%；国际航线开通数量前五大机场的国际航线占到全民航国际航线数量的52%。

我国航空企业国际竞争力不足。为较为全面地衡量我国航空公司国际竞争力，本节选取美国四大航空公司和我国四大航空公司及廉价航空公司春秋航空作对比。为排除新冠肺炎疫情的影响，选取2019年各航空公司经营数据。部分名词解释如下：

(1) 我国航空公司运输量水平低于国际大型航空公司。旅客运输量是衡量航空公司业务规模及综合竞争力的重要数据，目前全球各大航空公司的主营业务基本为航空旅客运输。2019年是新冠肺炎疫情发生之前全球航空业发展的鼎盛之年，这一年的航空业务数据较好地展示了各国航空业的发展水平。美国航空公司、美国联合航空公司和达美航空公司是美国三大航空公司，也是全球范围内规模较大的三家航空公司。相比上述三家航空公司，美国西南航空公司成立时间稍晚，通过低成本战略，西南航空逐渐赢得部分航空市场，成为美国主要的航空公司之一，更被称为廉价航空的鼻祖。根据万得数据，2019年美国航空公司、美国联合航空公司、达美航空公司和西南航空公司全年旅客运输人次分别为2.15亿人次、1.62亿人次、2.04亿人次和1.63亿人次。相比之下，我国国航、南航、东航和海南航空的旅客运输量较低一些，尤其是美国航空公司，旅客运输量将近中国国航的2倍(表3.9)。

表3.9　2019年中美航空公司旅客运输量

航空公司	2019年旅客运输人次(亿人次)	航空公司	2019年旅客运输人次(亿人次)
中国国航	1.15	美国航空	2.15
南方航空	1.52	美国联合航空	1.62
东方航空	1.30	达美航空	2.04
海南航空	0.82	西南航空	1.63
春秋航空	0.22		

数据来源：万得

(2) 我国航空公司机队规模小于国际大型航空公司。机队规模是衡量航空公司综合竞争力的一大指标。截至2021年，我国共有65家航空公司，其中大部分规模较小，机队规模只有几架或十几架。我国头部航空公司机队规模较大，三大央企航空公司均达到几百架，其中机队规模最大的南方航空，也是亚洲机队规模最大的航空公司。作为我国的廉价航空公司的代表，春秋航空机队规模相对三大央企航空公司较小，2019年的机队规模也达到近百架。但我国头部航空公司的机队规模相对于国际大型航空公司还较小，2019年美国航空公司的机队规模达1547架，是中国国航飞机数量的2倍还要多；2019年美国廉价航空公司西南航空的飞机数量达747架，比我国国航的飞机数量还要多，是春秋航空飞机数量的8倍(表3.10)。

美国的航空公司具有如此大的机队规模，与其行业的长期并购整合有较大关系，美国三大航空公司均经历了多轮的兼并重组，才形成今天所见到的规模。

表3.10　2019年中美航空公司机队规模

航空公司	2019年机队规模(架)	航空公司	2019年机队规模(架)
中国国航	699	美国航空	1547
南方航空	862	美国联合航空	1358
东方航空	734	达美航空	1340
海南航空	361	西南航空	747
春秋航空	93		

数据来源：万得

(3) 我国航空公司盈利能力弱于国际大型航空公司

航空公司是资金密集型行业，购买飞机、雇佣飞行员以及飞机的维护、油料成本等，会产生高额的运营成本。因此，航空公司能否挣钱，决定了其能否在行业中真正发展下去。根据几大航空公司2019年报披露的数据，美国几大航空公司在盈利能力方面相比我国航空公司要强一些。2019年美国航空、美国联合航空、达美航空和西南航空旅客运输收入分别为2898亿元、2734亿元、2916亿元和1433亿元，客座率分别为84.62%、83.99%、86.31%和83.52%。而同年中国国航、南方航空、东方航空、海南航空的旅客运输收入分别为1245亿元、1385亿元、1103亿元和643亿元，客座率分别为81.02%、82.81%、82.06%和83.38%。通过数据比较可以看出，在旅客运输收入方面，美国大型航空公司要远高于我国大型航空公司。客座率代表了航空公司的运营效率，在客座率方面，美国几大航空公司总体要稍高于我国航空公司，但相差不大。

根据所选几家航空公司2019年度披露的经营数据，国际大型航空公司的营业利润率均显著高于我国四大航空公司，其中达美航空2019年的营业利润率达到17.85%，居美国四大航空公司之首。同年中国国航的营业利润率为我国四大航空公司之首，但仅达到6.74%。在净利润率数据上，达美航空依然表现较好，2019年净利润率达到10.14%，与西南航空基本持平；反观我国四大航空公司，净利润率均较低。在资产负债情况方面，我国四大航空公司的资产负债率平均在70%左右，同期美国四大航空公司平均资产负债率约为79%。在主营业务率方面，除中国国航之外，南方航空、东方航空和海南航空的比率均在70%~80%，而同期美国四大航空公司的主营业务率均在90%以上。新冠肺炎疫情发生以来，我国四大航空公司均把重心转移到主营业务之上，主营业务占比显著提高(表3.11)。

表3.11 2019年中美航空公司经营数据

航空公司	营业利润率(%)	净利润率(%)	资产负债率(%)	主营业务率(%)
中国国航	6.74	5.33	65.55	100.81
南方航空	2.07	2.01	74.87	78.67
东方航空	2.87	2.88	75.12	80.52
海南航空	1.14	1.04	68.40	77.45
春秋航空	15.61	12.42	48.78	96.11
美国航空	8.08	3.68	100.20	93.67
美联航	10.51	6.96	78.08	94.32
达美航空	17.85	10.14	76.20	91.54
西南航空	13.18	10.26	62.03	93.40

数据来源：万得、各航空公司公布的财务报表

航空公司的运营成本是影响其利润率水平的一大要素，根据四大航空公司的成本数据，我国航空公司的运营成本主要由航空燃油、折旧与租赁、员工薪酬和飞机维修等构成，其中燃油成本在各航空公司营业成本中比重居首位，占总营业成本的比率在30%左右，其次是折旧与租赁费、员工薪酬费，各自占比在15%~18%。对比美国四大航空公司的成本数据，员工薪酬是其成本大头，占比在30%~40%，其次是航空燃油成本，占比在22%左右。

业务规模也是影响航空公司盈利能力的重要方面，美国航空公司经过长期的发展，在航线布局、机队规模等方面取得了一定的规模效应，同时积累了丰富的运营管理经验，通过比较两国航空公司披露的期间费用比率，可以看出美国航空公司在期间费用方面管理能力较强，期间费用比率显著低于我国航空公司。

3.2 我国民航在交通运输业中的作用

民航业作为我国经济社会发展中重要的战略产业，在现代综合交通体系中非常重要。民航运输凭借其便利性、快速性和灵活性，在我国现代综合交通运输体系中具有不可替代的重要作用；与此同时，我国民航运输客运量及货运量在综合交通运输体系中的占比却比较低。民航的发展与国家经济息息相关，近年来随着我国经济的飞速发展，民航业也保持高速增长，航线网络日趋完善，民航服务质量稳步提升，民航在国家综合交通运输中的比重逐渐升高。同时，我国通用航空运输事业迈入发展新阶段，民航运输和通用航空运输实现“两翼齐飞”、互相补充，使得民航在我国综合交通运输体系中的作用更加明显，开创了我国交通运输事业新局面。

3.2.1 “十三五”期间我国交通运输业发展情况

交通运输是国民经济中具有基础性、先导性、战略性的产业。“十四五”现代综合交通运输体系发展规划中指出，交通运输业是重要的服务性行业和现代化经济体系的重要组成部分，是构建新发展格局的重要支撑和服务人民美好生活、促进共同富裕的坚实保障。“十三五”期间，我国交通运输体系建设取得了历史性成就，多项指标超额完成，完成固定资产投资约 16 万亿元，高铁运营里程、高速公路里程、城市轨道里程等高居世界第一，多项重大工程顺利完工投用。连接北京和新疆的京新高速公路、穿越秦岭的西成高铁、北京大兴国际机场、港珠澳大桥等重大交通运输工程在“十三五”期间陆续投运，为我国经济社会发展、拉动区域经济和改善人民生活等提供了重要支撑。“十三五”期间，我国交通运输业主要取得了以下成就。

一是综合交通运输体系基本建成。根据交通运输部数据，截至“十三五”末，我国铁路运营里程共计 14.6 万公里，铁路路网密度达 152.3 公里/万平方公里，其中高铁营业里程 3.8 万公里，对百万人口以上城市覆盖率超 95%。全国公路总里程达 519.8 万公里，公路密度达 54.15 公里/百平方公里，其中高速公路里程 16.1 万公里，对 20 万人口以上城市覆盖率超 98%。全国内河航道通航里程 12.77 万公里，其中长江水系 6.5 万公里，珠江水系 1.7 万公里。全国港口生产用码头泊位达 2.2 万个，万吨级以上港口泊位 2592 个。城市轨道交通运营里程 6600 公里，管道里程 13.4 万公里。民航方面，定期航班通航机场 240 个，定期航班通航城市 237 个，对地级市覆盖率超 92%。我国综合交通运输网络总里程超 600 万公里，成功建成全球最大的高铁网、公路网，“6 轴 7 廊 8 通道”的国家综合立体交通网主骨架基本建成(表 3.12)。

二是交通运输服务质量持续提升。在综合交通运输能力提升的同时，我国交通行业服务质量也实现了全面跃升。“十三五”以来，我国高铁快速发展，其国际领先的技术、安全便捷的出行体验、绿色环保的运营模式使中国高铁成为独具特色的“中国名片”。同时，随着我国大数据、人工智能等的科技进步，铁路行业也逐步迈入智能化服务时代，陆续推出电子客票、人脸识别、移动支付等智能化、无纸化服务，极大提高了服务效率和服务质量。收费公路制度改革深入推进，ETC 服务品质持续提升，大大提高了公路运行效率。民航方面，安全水平持续保持世界前列，民航航班正常率由“十二五”末的 67%提升到 2020 年的 88.52%。截至 2020 年底，全国 233 个机场和主要航空公司均实现“无纸化”出行，自助值机、机上 Wi-Fi、行李跟踪托运等智能化服务深入普及，人们出行体验感大幅提升。

表 3.12　2020 年底我国四种运输方式数据汇总

运输方式	基础设施（万公里）	旅客发送量（亿人）	旅客周转量（亿人公里）	货物发送量（亿吨）	货物周转量（亿吨公里）
铁路	14.60	22.03	8266.19	45.52	30514.46
公路	519.81	68.94	4641.01	342.64	60171.85
水路	12.77	1.50	32.99	76.16	105834.44
民航	942.63	4.18	6311.25	0.07	240.18

注：1. 2020 年铁路基础设施数据为铁路运营里程；公路基础设施数据为公路总里程，包括国道里程、省道里程和农村公路里程等；水路基础设施数据为内河航道通航里程；民航基础设施数据为按不重复距离计算的航线里程。

2. 2020 年民航货物发送量为货邮运输量，为 676.6 万吨。

3. 2020 年公路旅客发送量为营业性客运量，货物发送量为营业性货运量。

4. 2020 年水路货运量包括内河货运量 38.15 亿吨、货物周转量 15937.54 亿吨公里；海洋货运量 38.01 亿吨、货物周转量 89896.90 亿吨公里。

数据来源：交通运输部

三是科技创新水平显著提升。“十三五”期间，我国交通运输领域技术水平蓬勃发展。公路方面，港珠澳大桥于 2018 年正式开通运营，目前是世界上最长跨海大桥，标志着我国在多项跨海桥隧技术上的领先地位；水运方面，我国长江航道疏浚工程持续推进，“十三五”以来，我国深水航道工程技术持续提升，跻身世界前列，疏浚工程成本逐步下降，为我国长江流域带来巨大经济效益；高铁方面，我国“复兴号”列车投运；民航方面，我国自行研制的大飞机 C919 成功首飞。此外，新能源、智能化等新型交通装备进一步普及，自动驾驶、高精度地图、车路协同等技术快速发展，我国逐步迈入智能交通时代。

1. 公路运输

公路运输作为我国最为广泛的交通方式，在交通领域起到十分重要的作用，已经成为我国经济发展重要的基础产业。公路运输在我国有着悠久的历史。秦汉时期，秦始皇实行“书同文、车同轨”，要求全国车辆统一轨距，对于当时陆路运输发展起到了极大的促进作用。新中国成立以来，尤其是改革开放以来，公路运输进入快速发展阶段。2021 年底，我国已经拥有公路总里程 528 万公里，包括高速公路总里程 16.9 万公里和农村公路 447 万公里，形成了覆盖广泛、互联成网、质量优良、运行良好的公路网络。公路运输在中短途方面具有灵活、机动的特点，2021 年我国公路运输全年营业性客运量完成占比为 61.3%，营业性货运量完成占比为 75.0%，是我国客货运输的主要运输方式。同期，我国公路固定资产投资达5995亿元，占全国交通固定资产投资总额的71.8%。

2. 铁路运输

铁路运输是我国远距离、大批量客货运输的重要方式，是我国交通运输系统的中坚力量，被誉为国家经济的大动脉。2021年底，我国全国铁路营业里程达15万公里，其中高速铁路营业里程达4万公里，占比为27%，全国铁路路网密度达到156.7公里/万平方公里。2021年我国铁路完成旅客发送量26.12亿人，同比增长18.5%；完成货物总发送量47.74亿吨，同比增长4.9%。相比其他运输方式，铁路运输较大的特点是受天气、季节等因素的影响较小，能够保持长期、规律的持续运输。此外，铁路运输在运输量较大、运输较远的条件下，能够达到较低的运输成本，同时可以实现较快的运输速度和较高的安全性，这使得铁路运输在中长线运输中具有较大优势。2021年我国铁路完成营业性客运量占比为31.5%，完成营业性货运量占比9.2%。可以看出，铁路货物运输在我国总体货运中的版图仍较小。2018年，国务院印发《推进运输结构调整三年行动计划(2018—2020年)》，指出要显著提高铁路、水路在大宗货物运输中的比重。

新冠肺炎疫情以来，我国公路、民航等运输方式受到较大影响，而铁路受到的影响则较小，从这一方面来看，大力发展铁路货物运输在应对突发事件方面具有重要意义。

3. 水路运输

水路运输是我国最为古老的运输方式之一。我国七大水系流域面积超400万平方公里，上万条河流分布在960多万平方公里的国土上，河流总长度超43万公里，为我国水路运输提供了良好的条件。水路运输尤其是海运具有运载量大、成本较低的特点，较适合大宗、低值货物的中长距离运输。但水运的缺点也很明显，主要为灵活性差、受自然条件影响大等。目前水运的主要运输货物包括水泥、钢材、木材、原油、煤炭及农副产品等。新中国成立以来，我国水运取得了瞩目的发展成就。1949年我国内河航道仅7.4万公里，其中等级航道2.4万公里，港口生产用码头泊位161个，沿海轮船30余艘。到2021年，我国已经拥有内河航道12.76万公里，其中等级航道6.72万公里，港口生产用码头共2.09万个，万吨级以上泊位2659个，拥有水上运输船舶12.59万艘。

2021年我国水运完成营业性客运量占比为2.0%，完成营业性货运量占比为15.8%。近年来，我国水运货运量比例持续提升，水运在货运中的重要性持续提升。《“十四五”现代综合交通运输体系发展规划》提出，要优化畅通水运设施网络，建设京津冀、长三角和粤港澳大湾区世界级港口群，推进水运设施网络建设重点工程。相信未来，水运将在我国货运交通体系中发挥更大的作用。

3.2.2 我国各种交通运输方式数据比较

1. 运输量比较

新中国成立之初，主要的客运交通方式为铁路运输，占总客运量比例达70%以上，1950年达到77%的最高占比水平。而公路客运量和水运客运量占比为百分之十几，民航客运占比不到1%。随着我国工业建设的发展，公路客运量逐年上升，铁路客运量可能受到公路客运的影响，占比逐年下滑，1965年我国公路客运量首次超过铁路客运量。同时，水运客运量占比逐年下滑，由1949年的11.41%下降到2020年的1.55%。而公路客运量占比于2013年开始呈现下降趋势，同时铁路客运量占比上升。可以看出，公路客运量与铁路客运量呈现较为明显的反向发展趋势。

虽然民航客运量在总体客运中占比不高，但自新中国成立以来始终呈现不断上涨的趋势，1949年民航客运量占比仅为0.20%，2020年我国民航客运量占比已经达到4.32%，尤其是2013年以来，民航客运增速明显提高，呈现直线上升趋势（图3.9、图3.10）。

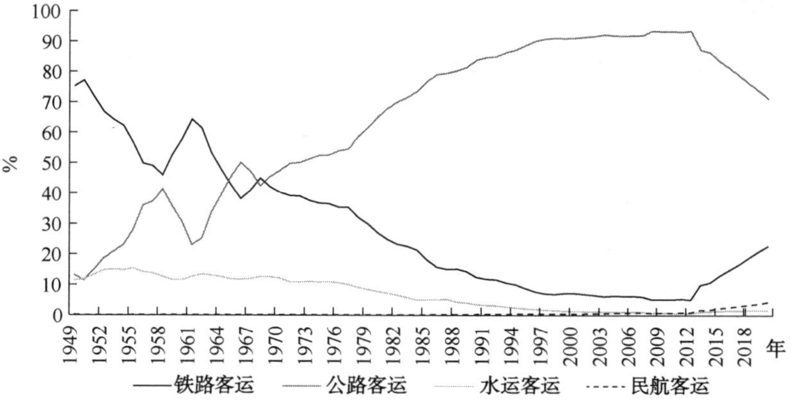

图3.9　1949—2018年我国四种交通方式客运量占比变化

数据来源：万得

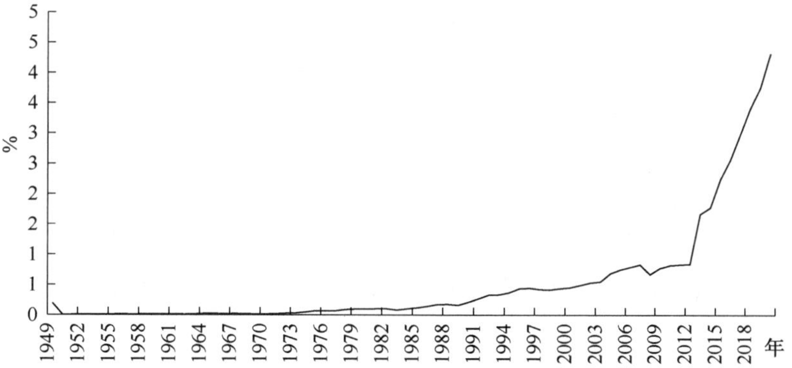

图3.10　1949—2018年我国民航客运量占比发展趋势

数据来源：万得

近年来我国高铁发展较快，已经位居世界前列。高铁的快速发展是否会对我国民航产生较大影响呢？2008年是我国高铁蓬勃发展的一年，当年我国第一条高铁——时速350公里的京津城际铁路正式投运，此后我国进入高铁大规模建设时期。王姣娥等在其文章中提出，高铁对于民航的影响主要集中在中短途客运市场，中短途客运市场平均运输距离在500~600公里，这属于高铁的优势运输距离；对于长距离、跨区域的客运，民航基本不受高铁影响；同时，民航与高铁在一些区域上也存在一定的合作互补关系。

总体来看，我国民航客运呈现蓬勃增长的态势，但相比铁路、公路运输方式，民航客运量占比仍较低。高铁对于民航的替代效应主要存在于中短途运输领域，对于长距离，尤其是跨国、跨区域的旅客运输，民航仍有不可替代的优势。随着我国经济转型、消费升级等转变，可以预见，未来民航仍有较大发展空间。

2. 营业收入比较

交通运输行业属于投入高、回收资金慢的重资产行业，2011—2020 年，我国铁路、公路、水运及民航行业的成本费用占主营业务收入的比率都非常高，基本都达到 90%以上。期间费用占主营业务收入的比率平均为百分之十几，根据万得数据，2011 年我国铁路运输业全行业的期间费用占主营业务收入的比率为 15.20%，公路运输为 15.70%，水运行业为 10.80%，而民航全行业平均值最低，为 8.60%(表 3.13)。

表 3.13　2011—2020 年我国各种运输方式经营情况数据(成本占主营业务收入比例)

单位:%

年份	铁路运输业	公路运输业	水上运输业	航空运输业
2011	100	94	100	97
2012	100	94	105	98
2013	100	94	110	98
2014	100	94	103	99
2015	100	94	102	99
2016	99	94	102	99
2017	99	93	100	98
2018	99	92	99	98
2019	96	91	99	98
2020	100	95	99	102

数据来源：万得

根据我国四类运输方式全行业平均净资产收益率走势，我国民航行业全行业 2000—2020 年平均净资产收益率达到 2.46%，同期铁路运输业全行业平均净资产收益率最低，为 0.38%。水上运输业全行业平均净资产收益率较高，达到 3.06%，但波动较大(图 3.11)。

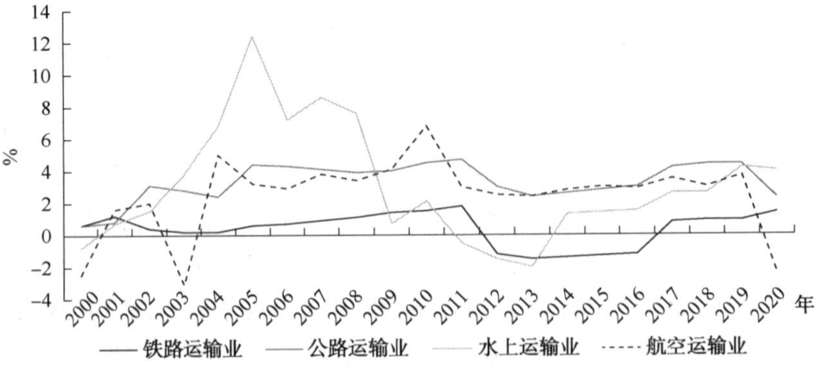

图 3.11　2000—2020 年我国四种运输方式全行业平均净资产收益率

数据来源：万得

经济增加值用来衡量企业税后经营利润减去债务成本和股权成本之后的所得，是一种评价企业经营者有效使用资本和为股东创造价值的能力。与传统的利润指标不同的是，经济增加值考虑了股东资本的机会成本，是真正衡量“经济”利润的指标，是企业最终经营目标的经营业绩考核工具。根据万得2011—2020年的数据，我国民航行业的全行业的平均经济增加值率相较其他三种运输方式长期处于较高水平，2011年至2020年全行业经济增加值率平均达到-0.67%，不考虑2020年新冠肺炎疫情对民航行业的巨大冲击，2011—2019年我国民航全行业平均经济增加值率为0.04%，是四种主要运输方式中唯一为正经济增加值率的运输行业(图3.12)。

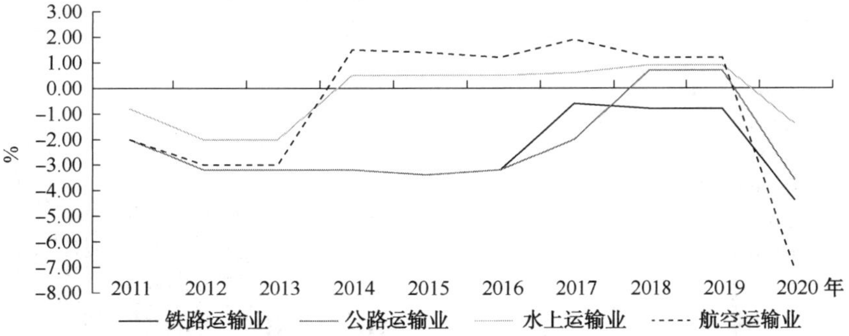

图3.12　2011—2020年我国四种运输行业全行业平均经济增加值率

数据来源：万得

综上，可以看出交通运输业属于重成本行业，公路、铁路、水路以及民航成本费用占营业收入比例均超90%，而民航业在经济增加值方面表现较为突出。从行业方面来看，我国民航营业收入和营业利润逐年增长。根据2019年的统计数据，民航业营业收入共计10624.9亿元，其中航空公司占比为61%，保障企业占比为28%，机场占比为11%；2019年民航业利润总额为541.3亿元，其中航空公司占比为48%，保障企业占比为22%，机场占比为30%。相对而言，新冠肺炎疫情对于民航以及公路运输影响较大，2020年以来，由于疫情的影响，我国民航业一直处于亏损状态。未来，随着疫情影响逐渐减少，民航业将持续恢复，2021年我国民航业收入水平已经基本恢复至疫情前水平。

3. 货运能力比较

航空物流是国家重要的战略性资源，由于航空运输便捷快速、空间跨度大、不受地面因素的影响且运输安全准确，航空货运在高附加值货物如精密仪器、贵重物品，快速运输需求领域如鲜活货物等贸易领域有着不可替代的运输地位，同时在应急抢险、救灾保障方面也有着重要作用。我国民航货运起步较晚，但发展速度较快。

图3.13和图3.14是新中国成立以来民航货物运输量占比、民航货物运输周转量占比的增长趋势，1949年由于历史原因我国民航货运量占比是较高的。此后由于民航发展建设所需资金投入大、技术要求高、经济发展限制等，我国民航货运在较长的一段时间里保持着较低的增长速度，民航货运量在我国货运量中长期不足0.004%，民航货物周转量占比长期不足0.02%。1988年以来，得益于改革开放等因素，我国经济开始腾飞，民航行业也开始迈入较快的增长阶段，民航货物运输量占比也逐年攀升，最高达到2007年的0.018%。

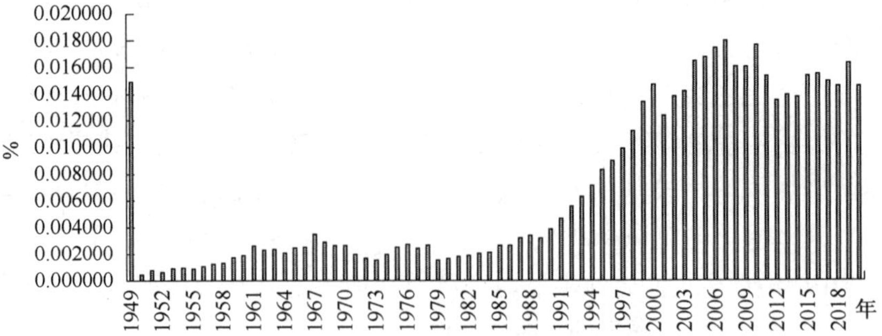

图 3.13　1949—2018 年我国民航货物运输量占比

数据来源：万得

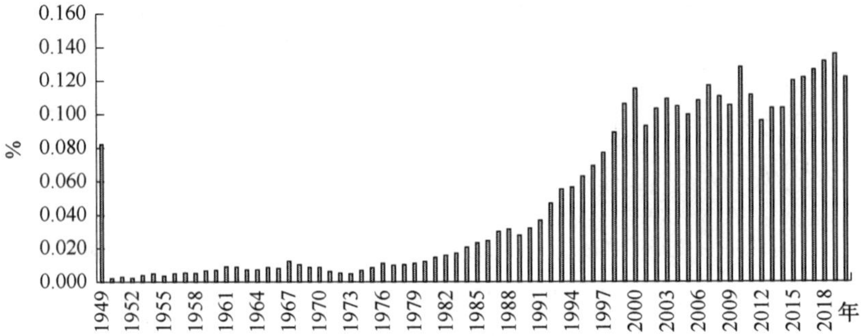

图 3.14　1949—2018 年我国民航货物运输周转量占比

数据来源：万得

新中国成立以来，我国铁路货运量占比从 1950 年的 46%下降到 2020 年的 9.8%，公路货运量占比从 1949 年的 49.5%增长到 2020 年的 73.8%，水运货运量占比较为平稳，1949 年的水运货运量占比为 15.8%，2020 年该数据为 16.4%。

从上面数据可以发现，我国目前仍是以铁路、公路货运为主，民航货运占比量非常小，但在高附加值货运领域、快速运输货运领域等有着其他运输方式难以替代的重要的作用，未来随着我国航空货运网络布局和基础设施的不断完善，航空货运的市场空间将进一步被挖掘。

3.2.3　民航在我国交通运输中的角色和作用

1. 民航运输的特点

民航运输相较其他运输方式，具有以下几种特点：

一是运输速度快。直到目前，航空货运依然是最为快捷的货物运输方式。民用飞机的速度一般为 900 公里/小时，波音 747 的巡航速度可达到 1120 公里/小时。相较而言，地面上的普通客运铁路运输速度大约在 160 公里/小时，而货运铁路正常运行速度约为 100 公里/小时，部分地区受地形影响，时速仅能达到 70 公里/小时左右。2020 年我国成功研制出货运高铁动车组，但其时速也仅能达到 350 公里/小时。水运方面，常规货轮的时速在 30 公里左右。公路运输方面，我国高速公路交通管理办法规定，货运汽车时速不高于 90 公里/小时。从速度上看，航空货运时速是最快的。从路程上看，民航货运的运输路程短，不受地面条件的限制，尤其在地形复杂区域，飞机可跨越地形的阻碍，相比地面运输大大缩短运输路程。

二是成本较高。由于飞机制造成本较高，波音 747 系列飞机造价约为 3 亿美元，波音 737 系列造价较小，也大约在 8000 万美元。空客 A380 造价约为 2. 5 亿美元，相对低廉的空客 A320 造价约为 5000 万美元。对于国内飞机，中国商飞 C919 大飞机约为 5000 万美元。相较而言，普通列车、货车等运输工具造价就低很多。高铁造价也很高，修建高铁路线和飞机场同样都是几十亿元甚至上百亿元的投入。但不同于铁路运输的规模，飞机运输的规模较小。根据相关数据，京沪高铁每天开行 550 列车，日运力达 50 万人次，世界最大客机空客 A380 乘坐人员约 550 人，相当于客机日飞行约 1000 架次。高峰时期，列车可以增加车厢，但飞机内部却不能扩容。

三是安全、准确性高。与其他运输方式相比，航空运输的安全性较高。“十三五”期间，我国航空安全创造最好记录，运输航空百万小时重大事故率和亿客公里死亡人数均为 0，未发生重大航空地面事故。截至 2020 年，我国已经连续 18 年实现了空防安全。

2. 民航运输是我国交通运输体系中的“生力军”

上文中，我们从民航业在交通运输业中的客运占比、营业收入、货运情况以及民航运输的特点等方面对比分析了民航业在交通运输行业中所拥有的角色和作用。综合来看，民航在交通运输中扮演着“生力军”的角色。我国民航发展起步较晚，但民航在交通行业中十分重要，是我国构建综合立体交通运输网必不可少的部分。更重要的是，交通运输作为我国经济发展的基础性、先导性和战略性产业，其战略意义很大一部分是通过民航业体现出来的。

民航业在交通运输中是必不可少的有机组成部分。前面提到，战争时期的“驼峰航线”架起了抗战物资的空中补给走廊。在当时地面交通方式被完全切断的情况下，只能通过空中飞行经印度、缅甸，飞越高山、冰川和原始森林，为我国的抗日战争源源不断运送补给。3 年运行时间里，“驼峰航线”共完成了 80 多万吨物资的运送任务。1956 年，中国民航在当雄机场试飞，成功飞跃“空中禁区”。1965 年，北京—成都—拉萨航线通航，正式架起了西藏高寒地区与内地的“空中桥梁”。如今，处在“世界屋脊”的西藏民航航线已开通达 140 条，西藏人民与内地同胞从此不再遥远。不仅仅在西藏，在我国偏远、地形偏复杂、交通困难的“老少边穷”地区，也逐渐建立起四通八达的“空中通道”，满足当地人民的航空运输需求。这得益于民航运输在中长距离运输、国际运输方面的快速、便捷优势，尤其在地形复杂、地面交通不便的地区，民航是最为合适的出行方式，是其他运输方式所不能取代的，是交通体系中不可替代的有机组成部分。

民航运输在我国交通运输体系中比重逐渐上升。尽管目前我国民航在综合交通运输体系中的占比仍较低，尤其是货运方面，但民航作为空中运输方式有其独特的自身优势。近年来，我国民航运输的速度、效益、质量等方面稳步提升，在综合交通运输体系中的比重逐年增加。2016—2021 年，我国民航客运快速发展，旅客运输量占比从 2. 57% 上升到 5. 31%，越来越多的消费者选择民航出行方式。货运方面，2021 年民航货运量占比达到 0. 014%，相比新中国成立之初已经有了较大的增长。新中国成立之初，我国民航旅客周转量在综合交通体系中的占比仅为1.19%，到2021年，我国民航旅客周转量在综合交通中的占比已经达到33%(图3.15、图3.16)。

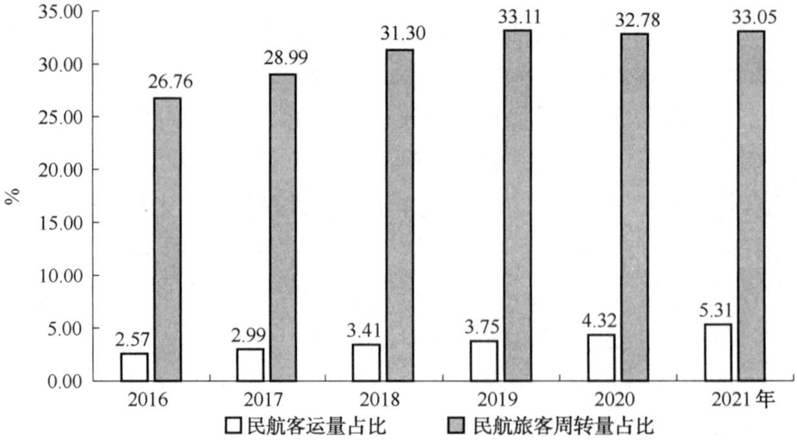

图3.15　2016—2021年我国民航旅客客运量及周转量占比数据

数据来源：万得

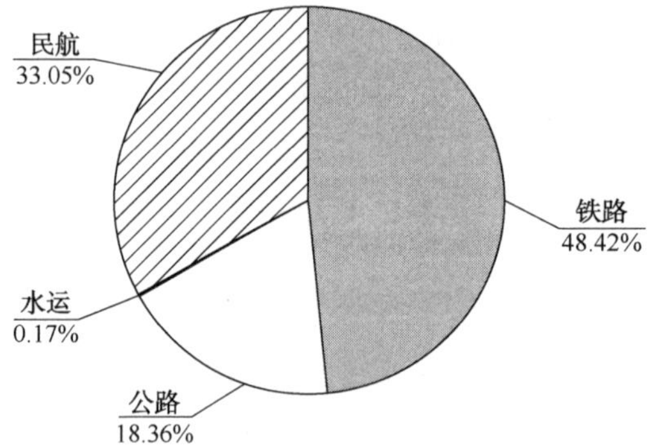

图3.16　2021年我国综合交通体系中各交通方式旅客周转量占比

数据来源：万得

民航运输在我国交通运输体系中的战略性作用日益明显。近年来，随着我国民航的快速发展，民航运输比重逐年升高，在经济发展、安全应急、对外开放等方面的战略性作用也日益明显。

一是民航对我国经济的带动和转型升级驱动的战略作用日益凸显。

首先，航空经济是我国国民经济中的重要组成部分。近年来随着民航业的崛起，我国航空经济迅猛发展，各地临空产业园相继建成，对当地的经济产生较大的拉动作用，尤其对于地方经济的转型升级起到了较大的驱动作用。

其次，民航是我国经济的基础性、先导性产业。俗话说，“要想富，先修路”。对于我国部分交通不便地区的经济发展，民航的通航起到至关重要的带动作用。民航快捷、灵活的客运以及对于一些高价值商品的货运服务，为当地经济发展与国内经济，甚至是世界经济架起一条连通的桥梁。民航枢纽机场通过其对周边区域的辐射航线，为周边区域的人流、物流提供高效服务，能够有效引导周边产业聚集。民航枢纽机场、支线机场与所在区域其他交通方式有效衔接，能够为周边企业提供便利的物流服务，进而使企业具备市场竞争力。学者于剑指出，民航运输在区域发展中的驱动机制主要有吸引外资、优化产业升级、带动区域旅游产业、拉动区域就业和支撑区域对外开放五个方面。民航的首要任务便是对区域内的经济发展提供运输服务，广泛、发达的民航线路能够有效吸引外部投资，加深对外开放力度。便利的交通能够使区域充分引进新兴产业，有效实现当地的产业升级和经济转型。民航运输能够有效缩短人们旅行在途时间，扩大区域旅游业的覆盖面，拉动当地旅游业发展。当地产业及旅游业的繁荣，将增加当地就业机会，吸引更多人才，持续产生正向驱动作用。

再次，民航业有效落实服务国家区域发展战略。2018 年民航局发布《新时代民航强国建设行动纲要》，提出要建设世界级机场群。着力推动京津冀、长三角、粤港澳大湾区、成渝等世界级机场群建设。"十三五"以来，我国民航紧密围绕京津冀协同发展、长三角一体化发展、长江经济带、粤港澳大湾区建设、成渝城市群等国家重大区域发展战略，加快世界级机场群建设，驱动区域经济发展和产业升级，为区域经济更好地带动全国经济发展和融入世界经济提供了有效通道。

最后，民航业使我国经济更好融入全球供应链。当前，新一轮的科技革命和产业转型深入推进，由此延伸出的智能制造、人工智能、电子信息制造等新经济、新产业、新业态成为世界各国新的竞争高地。科技进步引起需求升级、消费升级，不仅新兴高端制造业需要灵活、快速的航空物流来维持其全球供应链的稳定，消费者也开始依赖及时、准确的航空物流服务。我国与欧洲之间的航空物流中，近 80%的运输物品为高端电子产品、冷链生鲜等高附加值产品。尤其是芯片产业，其供应链服务基本全为航空物流提供。根据 IATA 数据，全球航空货运量仅占全球货运量的 0.5%左右，但货值占比高达 36%。航空物流已经成为世界各国在战略性新兴产业中的有力竞争手段，俨然成为全球产业重构的"基础设施"。

新冠肺炎疫情严重暴露出我国航空物流这一国际供应链短板，十九届五中全会通过的《关于制定国民经济和社会发展第十四个五年规划和 2035 年远景目标的建议》指出，要提升产业链供应链现代化水平。加强国际产业安全合作，形成具有更强创新力、更高附加值、更安全可靠的产业链供应链。补齐我国航空物流供应链短板，是我国实现产业转型升级、融入全球供应链体系必不可少的重大环节。

二是民航在国家应急救援体系中发挥的作用日益凸显。

战争时期，制空权很大程度上决定着战役的成败。在和平时期，民航也成为国家空中力量的重要组成部分。在新冠肺炎疫情防控工作中，通过民航货运的方式向疫区快速、及时运送抗疫物资，极大地助力了防疫工作。根据中国民航局网站信息，疫情期间民航全行业共执行飞往湖北地区的 1033 个航班，运送防控物资 193 万件、1.4 万吨，执行运送医疗队任务 593 架次，运送医护人员 7.35 万人。同时，我国民航向 47 个国家和地区提供抗疫物资运送援助，2020 年累计运送防疫物资逾 1700 吨。此外，民航在地震、山火、洪水等抢险救灾事件中，在保障人民安全、减少国家损失、运送救灾物资等方面都做出了积极的贡献，已经成为我国社会公共服务以及应急救援中不可或缺的重要角色。

3.3 重大特殊事件对我国民航的影响

3.3.1 “非典”疫情对我国民航的影响

1.“非典”疫情

2002年一场突如其来的疫情成为整个社会关注的重点。2002年12月，广东河源市一名在深圳务工人员出现高烧不退病症，并出现多名医护人员感染。2003年3月起，病例开始在北京、香港等地频发，美国、澳大利亚和越南等地也相继出现。不同于肺炎链球菌感染引起的典型性肺炎，该病是由一种冠状病毒引起的呼吸道传染病，主要临床表现为肺炎，医学上称之为“严重急性呼吸综合征”(Severe Acute Respiratory Syndrome, SARS)，因此被称为非典型性肺炎，简称“非典”。2003年4月，北京“非典”疫情日益严重，小汤山“非典”定点医院紧急建成。同年6月，小汤山医院最后十几名“非典”病人出院。7月，全球“非典”病例人数停止增长，标志着“非典”疫情最终结束。根据世界卫生组织的数据，截至2003年8月，中国大陆累计出现“非典”确诊病例5327例，中国香港确诊1755例，中国台湾确诊671例，加拿大确诊250例，新加坡确诊206例，美国确诊75例，越南确诊63例，菲律宾确诊14例。

总体来看，“非典”疫情从2002年底到2003年夏季，从潜伏期到暴发期，最终进入稳定期，经历了约半年的时间终于被成功扑灭。“非典”疫情是我国历史上影响范围最大的公共卫生事件之一，对于当时我国的交通、旅游、餐饮等服务行业带来极大不利影响，对我国造成了高达140亿元的经济损失。

2.“非典”对民航旅客运输量的影响

“非典”出现之前，我国民航的发展速度持续向好。1990—2005年，我国民航客运量呈持续上升趋势(见图3.17)，年均复合增长率达到11.35%。即使2001年发生了骇人听闻的“9·11”事件，我国民航整体增长趋势并未受到较大影响。

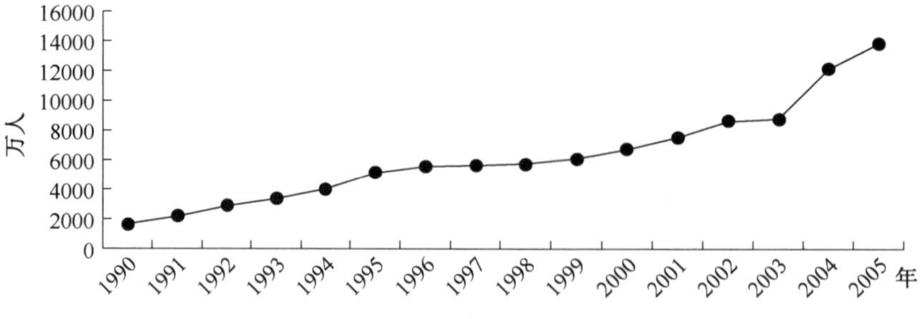

图3.17　1990—2005年我国民航客运量年度数据

数据来源：万得

从表3.14可以看出，1990年到2002年，我国民航客运量年均复合增长率达到14.69%，尤其是1990—1995年，我国民航旅客运输呈现高速增长态势，客运量年均复合增长率达到25%以上，旅客周转量年均复合增长率达到24.21%，同期我国国民生产总值年均增长率为26.58%，民航旅客运输增长速度基本与国民生产总值增长速度持平。

表 3.14 1990—2006 年我国民航客运数据

年份	民航客运量（万人）	同比	民航客运量：国内航线（万人）	同比	民航客运量：国际航线（万人）	同比
1990	1660		1346		114	
1991	2178	31.20%	1797	33.51%	153	34.21%
1992	2886	32.51%	2394	33.22%	202	32.03%
1993	3383	17.22%	2805	17.17%	234	15.84%
1994	4039	19.39%	3446	22.85%	288	23.08%
1995	5117	26.69%	4419	28.24%	368	27.78%
1996	5555	8.56%	4782	8.21%	440	19.57%
1997	5630	1.35%	5112	6.90%	505	14.77%
1998	5755	2.22%	5205	1.82%	526	4.16%
1999	6094	5.89%	5463	4.96%	631	19.96%
2000	6722	10.31%	6031	10.40%	690	9.42%
2001	7524	11.93%	6832	13.28%	693	0.37%
2002	8594	14.22%	7756	13.52%	838	20.92%
2003	8759	1.92%	8078	4.15%	682	-18.62%
2004	12123	38.41%	11046	36.74%	1077	57.92%
2005	13827	14.06%	12602	14.09%	1225	13.74%
2006	15968	15.48%	14553	15.48%	1415	15.51%

数据来源：万得

1996年，全球民航业发生多次重大航空事故，结合1997年亚洲金融危机影响，世界民航发展受到极大的负面影响，我国民航客运量增长速度也随之下滑，由1995年的26.69%增长率下降到1996年的8.56%，并在随后的几年中保持低速增长。

2000年我国民航旅客运输增长速度逐渐攀升，在“非典”疫情之前，客运量年均复合增长率恢复到12.14%，旅客周转率年均复合增长率恢复到13.96%，超过同期我国国民生产总值10.36%的年均复合增长率。2003年，“非典”疫情持续发酵，各地纷纷采取措施，大量旅客行程取消，民航客运量同比增长率由14.22%下降为1.92%，旅客周转量同比增长率为-0.43%，基本为零增长。其中国内航线客运量同比增速由13.52%下降至4.96%，国际航线的同比增速由20.92%下降至-18.62%。可见“非典”疫情对国际航线客运量的影响要明显高于对国内航线的客运量影响。

2003年7月份，“非典”疫情逐渐结束，我国民航客运量呈现爆发增长，2004年民航客运量同比增速达到38.41%，其中国内航线客运量同比增长36.74%，国际航线客运量同比增长57.92%；旅客周转率同比增速达到41.10%，其中国内航线同比增长36.39%，国际航线同比增长60.30%。旅客运输基本恢复至“非典”疫情前增长态势。

3. “非典”对民航货物运输量的影响

我国民航货运虽起步较晚，但增速较快。1990—2005 年我国民航货邮运输量年均复合增长率为 15. 14%，民航货邮周转量年均复合增长率达到 16. 31%。“非典”疫情之前，1990—2002 年民航货邮运输量年均复合增长率达到 15. 20%；“非典”疫情之后的 2002—2005 年，民航货邮运输量年均复合增长率为 14. 92%。2003 年，我国民航货邮运输量同比增长率由去年的 18. 19%下降到 8. 36%，其中国内航线货邮运输量同比增长率由 17. 82%下降至 5. 08%，国际航线的货邮运输量同比增长率不降反增，由 2002 年的 19. 53%上升至 20. 90%。民航货邮周转量同比增速由 2002 年的 17. 91%下降至 12. 32%，其中国内航线货邮周转量同比增速由 18. 56%下降至 4. 60%，国际航线的货邮周转量同比增速提高，由 2022 年的 18. 62%上升至 24. 72%。可以看到，“非典”疫情中国际航线的航空货运并未萎缩，反而是受到了一定的正向影响。

从数据上可以看出，“非典”疫情对于民航货运的影响要小于对于民航客运的影响，尤其是对于国际航线的航空货运，同比增速是增加的。相比 2001 年，民航货运受到金融危机影响，民航货邮运输量增长为-13. 07%，民航货邮周转量同比增长为-13. 03%。可见，由于“非典”疫情对经济的影响是暂时性的，民航货邮运输受到的影响也随之减弱（图 3. 18、表 3. 15）。

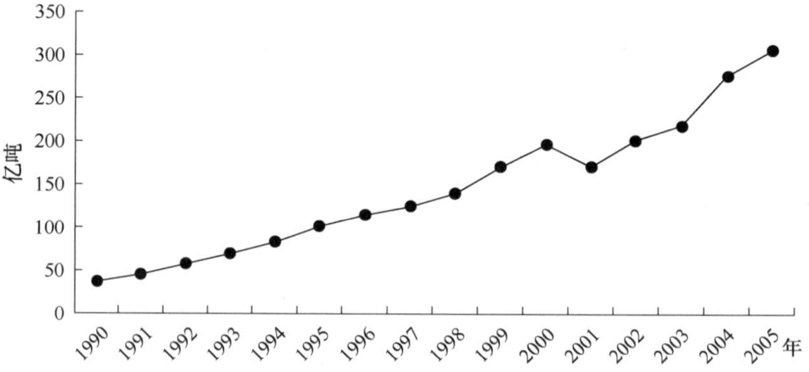

图 3. 18　1990—2005 年我国民航货邮运输量数据

数据来源：万得

表 3. 15　1990—2006 年我国民航货运数据

年份	民航货邮运输量(亿吨)	同比	民航货邮周转量(亿吨公里)	同比
1990	37. 00		8. 18	
1991	45. 20	22. 16%	10. 10	23. 47%
1992	57. 50	27. 21%	13. 42	32. 87%
1993	69. 40	20. 70%	16. 61	23. 77%
1994	82. 90	19. 45%	18. 58	11. 86%
1995	101. 10	21. 95%	22. 30	20. 02%
1996	115. 00	13. 75%	24. 93	11. 79%
1997	124. 70	8. 43%	29. 10	16. 73%

续表

年份	民航货邮运输量(亿吨)	同比	民航货邮周转量(亿吨公里)	同比
1998	140.10	12.35%	33.45	14.95%
1999	170.40	21.63%	42.34	26.58%
2000	196.70	15.43%	50.27	18.73%
2001	171.00	-13.07%	43.72	-13.03%
2002	202.10	18.19%	51.55	17.91%
2003	219.00	8.36%	57.90	12.32%
2004	276.70	26.35%	71.80	24.01%
2005	306.70	10.84%	78.90	9.89%
2006	349.43	13.93%	94.28	19.49%

数据来源：万得

4.“非典”对民航企业的影响

1990—2006年我国民航相关企业运输收入呈现快速增长态势(图3.19)，年均复合增长率达到20.97%，其中国内航线运输收入年均复合增长率达到23.09%，国际及地区航线运输收入年均复合增长率达到17.72%，通用航空收入年均复合增长率为10.32%，机场服务收入年均复合增长率为26.25%，民航企业其他业务收入年均复合增长率为56.48%，具体如表3.16所示。

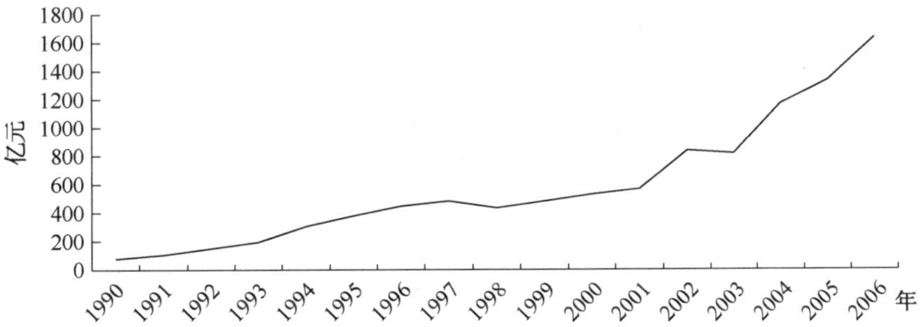

图3.19 1990—2006年我国民航企业运输收入

数据来源：万得

表3.16 1990—2006年我国民航企业收入情况 单位：亿元

年份	民航企业业务收入：运输收入		民航企业业务收入：运输收入：国内航线		民航企业业务收入：运输收入：国际及地区航线		民航企业业务收入：通用航空收入		民航企业业务收入：机场服务收入		民航企业业务收入：其他	
	收入	同比	收入	同比	收入	同比	收入	同比	收入	同比	收入	同比
1990	78		41		37		1		5		1	
1991	107	37.30%	55	35.52%	51	39.28%	1	-6.79%	9	71.80%	1	71.33%
1992	150	40.96%	84	52.33%	66	28.74%	1	9.43%	16	65.65%	2	47.29%
1993	195	29.86%	110	30.71%	85	28.77%	1	19.60%	20	25.09%	15	884.10%

续表

年份	民航企业业务收入：运输收入		民航企业业务收入：运输收入：国内航线		民航企业业务收入：运输收入：国际及地区航线		民航企业业务收入：通用航空收入		民航企业业务收入：机场服务收入		民航企业业务收入：其他	
	收入	同比	收入	同比	收入	同比	收入	同比	收入	同比	收入	同比
1994	306	56.72%	170	54.35%	136	59.78%	1	38.74%	21	8.73%	22	44.73%
1995	380	24.31%	223	31.39%	157	15.46%	2	30.94%	28	34.06%	19	-12.49%
1996	448	17.76%	278	24.72%	164	4.25%	2	-0.05%	33	15.54%	23	19.62%
1997	482	7.61%	293	5.30%	189	15.26%	2	-5.88%	37	12.91%	32	39.75%
1998	434	-9.93%	275	-6.24%	156	-17.52%	1	-44.21%	42	13.22%	32	-1.91%
1999	481	10.76%	293	6.58%	184	18.30%	1	18.37%	44	5.57%	105	230.98%
2000	528	9.89%	320	9.30%	205	11.08%	1	1.58%	53	18.58%	129	23.02%
2001	567	7.30%	357	11.62%	206	0.68%	1	22.48%	69	30.35%	241	87.49%
2002	837	47.67%	568	59.02%	265	28.55%	1	6.05%	193	180.84%	119	-50.85%
2003	815	-2.59%	575	1.13%	241	-9.11%	1	-41.56%	124	-35.54%	332	179.37%
2004	1168	43.31%	800	39.28%	368	52.93%	2	94.14%	163	31.58%	357	7.68%
2005	1334	14.18%	915	14.33%	419	13.87%	2	14.54%	209	27.88%	540	51.18%
2006	1633	22.47%	1132	23.73%	502	19.72%	4	103.83%	229	9.41%	793	46.84%

数据来源：万得

“非典”疫情之前，1990—1995年我国民航企业运输收入呈现高速增长趋势，年均复合增长率达到30.31%。1996—1999年，增长趋势明显下降，年均复合增长率降至6.03%，具体原因可能与1997年亚洲金融危机有关。2000—2002年，即“非典”疫情之前，民航企业运输收入逐渐向好，尤其是2002年呈现爆发式增长，当年民航企业运输收入同比增长达到47.67%，尤其是机场服务收入同比增长达到180.84%，几乎翻了两番。

“非典”疫情当年，民航企业受到重创，运输收入大幅下降，运输总收入同比增长为-2.59%，国内航线运输收入同比增长为1.13%，国际及地区航线运输收入同比下降9.11%，通用航空收入同比下降41.56%，机场服务收入同比下降35.54%。

受益于“非典”疫情的短暂停留期，2004年民航企业运输收入恢复增长，当年同比增长43.31%，通用航空收入和机场服务收入同样呈现爆发式反弹。2004—2006年，民航企业运输收入年均复合增长率为26.08%，基本恢复至疫情前水平。

航空公司方面，2003年四大航空公司全年共亏损约18亿元，其中海南航空亏损最多，为-14.79亿元，而在2002年，海南航空净利润还在2亿左右。东方航空公司亏损7亿元，2002年其净利润为1.92亿元。南方航空公司当年净利润同比下降64.16%，中国国航净利润同比下降86.65%（表3.17）。

表 3.17 我国四大航司 2000—2006 年净利润 单位：亿元

年份	中国国航	南方航空	东方航空	海南航空
2000		6.26	0.82	1.67
2001		5.81	1.58	1.29
2002	10.49	6.78	1.92	2.07
2003	1.4	2.43	-7.06	-14.79
2004	28.42	3.05	6.9	0.72
2005	19.16	-17.69	0.96	-2.19
2006	39.54	2.25	-31.22	1.83

数据来源：万得

相比支线航空公司，四大航空公司在干线机场的业务量较多，而“非典”疫情主要集中在北京、广州等地，对于干线机场的影响要大于对支线机场的影响，因此主要干线的航空公司业务受到更大影响。

以南方航空公司为例，“非典”疫情对其运营数据呈现 V 字形影响效果。由图 3.20 可见，2003 年 5 月份是“非典”疫情影响最严重的月份，当月南方航空公司收入客公里环比下降 73.48%，客运量环比下降 73.65%，达到当年运营数据谷底。当月南方航空公司客座率仅为 36.4%，环比下降 26.91%，载运率仅为 47.00%，环比下降 9.79%。

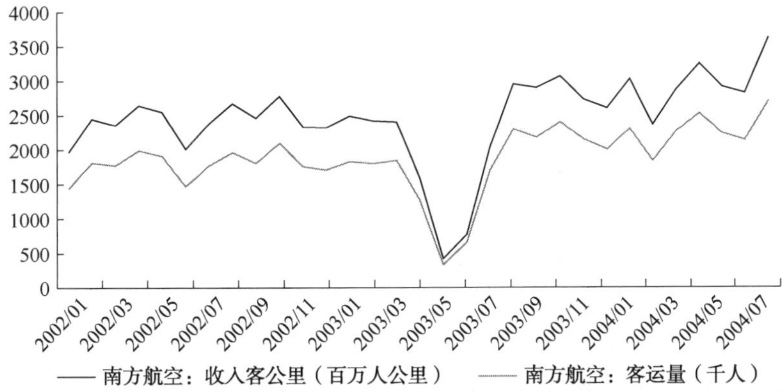

图 3.20 南方航空公司“非典”疫情前后客运收入指标数据

数据来源：万得

货运方面，2003 年 5 月份南方航空公司货邮运输量环比下降 50.63%，收入吨公里环比下降 57.49%。

疫情对于航空公司的影响，主要在于业务量萎缩，2003 年 4 月 15 日，我国全面部署民航系统“非典”疫情防控工作，不同于此次新冠肺炎疫情防控政策，当时对于确诊旅客实施劝阻措施，并于 4 月 29 日要求航空公司给予全额退票政策。尽管如此，航空公司业务量也受到巨大影响，客运量萎缩约三分之二。没有了业务收入，航空公司的成本却不见减少，飞机成本的折旧以及航空工作人员的固定工资，导致当年航空公司营业利润大幅下滑。

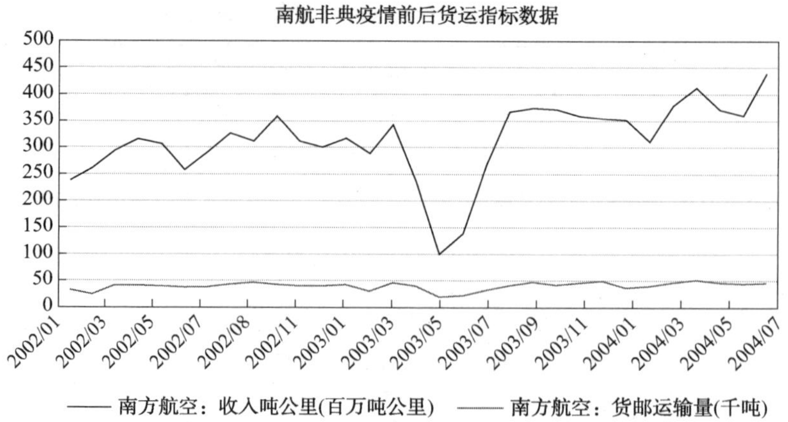

图 3.21　南方航空公司“非典”疫情前后货运数据

数据来源：万得

3.3.2　油价波动对我国民航的影响

2022 年民航企业巨亏的另一项原因是国际油价的暴涨。航空公司运营中成本有多个方面，其中航空煤油成本占到总成本的 20%～30%。可以说，油价波动不仅仅对民航业影响重大，对全球各行各业都将产生深远影响。

油价的暴涨或者暴跌都会对民航行业产生巨大影响。一方面，原油价格上涨，使得民航运营成本上升，会导致航空公司的巨额亏损。另一方面，原油价格的上涨可能会引起世界范围内的通货膨胀甚至是经济危机，经济一旦萎靡不振，民航行业的发展就必会受到影响。原油价格的暴跌，虽说降低了民航运营成本，但是暴跌之后也会对世界经济产生巨大震荡。民航行业与整体经济发展息息相关，也必然会受到影响。

1. 历史上的石油危机

石油危机，指的是因石油价格变动对世界各国经济产生影响，进而导致经济危机。石油价格的巨大波动通常会对世界经济产生重大影响。“二战”后至今，世界历史总体上发生过三次较大的石油危机。

1973—1974 年第一次石油危机。本次石油危机之前，石油价格在石油寡头的垄断下长期维持低价，1973 年石油价格约为 3 美元/桶。1973 年 10 月，第四次中东战争爆发，中东产油国借此削减产量、禁止出口，导致石油价格大幅攀升，达到 13 美元/桶。由于欧美等国家过于依赖中东进口石油，石油价格的暴涨导致许多国家出现经济负增长，引起了世界范围内的经济危机。

1979—1980 年第二次石油危机。1978 年伊朗发生伊斯兰革命事件，导致国内原油生产停滞，石油输出停止长达 60 天，石油价格从 13 美元/桶攀升到 34 美元/桶；1980 年，两伊战争爆发，石油生产再次受到影响，两大产油国的原油生产几乎全部停止，石油价格再次攀升。本次石油危机再次导致西方国家经济衰退，两次石油危机迫使西方发达国家等开始拓展石油来源，建立战略石油储备，发展新型能源。

1990—1991 年第三次石油危机。1990 年伊拉克发动海湾战争，其原油供应被中断，导致石油价格在短期内迅速攀升至40美元/桶。但不同于前两次石油危机，国际能源机构在这次油价急升之后启动供应计划，向市场投放大量储备原油，使得油价快速回落至10美元左右。石油价格的剧烈波动给当时世界经济体系造成较大冲击。

2. 石油价格暴涨对民航的影响

石油价格的上涨，会大幅增加民航运营的成本。航空油料成本约占到民航成本的25%，运营成本的大幅上升，会导致机票价格的上升，票价迫使消费者寻求其他可替代的出行方式，对民航出行需求产生一定的抑制作用。从这个角度看，油价上涨既增加了民航的成本，又抑制了民航出行的需求，对于民航业是双重打击。2022年初，国际油价持续上涨，布伦特原油期货均价达到104.94美元/桶，相对于2021年同期上涨61%。油价的上涨促使民航业成本暴增，根据中国民航局数据，2022年上半年三大航空公司燃油成本超过300亿元，导致亏损总额超过2021年全年。

3. 石油价格暴跌对民航的影响

一方面，石油价格的下降，将直接降低民航运营的成本，尤其是对航空公司而言。但另一方面，油价的巨幅下跌常常伴随着世界经济的不景气甚至衰退，这将导致民航出行需求的下降。从这一角度来看，油价的下降一方面降低了燃油成本，提高了航空公司利润率；另一方面，民航整体的市场需求也将受到影响。2020年，原油市场价格出现巨幅下跌，美国WTI原油价格出现负值，跌幅超过300%。同期，我国民航局同步下调航空煤油采购成本，2020年5月我国国内航空煤油采购成本同比下降近70%。航空燃油价格下降极大地助力了我国民航业的复苏，“三大航”在2020年第二、第三季度的营业收入整体呈上升趋势。

4. 民航业如何应对油价波动

油价波动已经成为常态，各国航空业也不再坐以待毙，而是纷纷摸索对抗油价波动尤其是油价大幅上涨的策略。

对冲航空燃油成本。通过金融工具对航空燃油成本进行对冲，在航空公司中是一种常见手法。根据外航披露数据，法国航空——荷兰皇家航空集团公司在2022年一季度对燃料成本进行了有效对冲，其燃油成本的支付均价约为90美元/桶，而2022年一季度航空燃油的价格约在170美元/桶。在我国，中国国航自2001年开始开展航空燃油套期保值项目，但该衍生工具在对冲航空油料成本上升的同时，也会有亏损的风险。2021年东方航空通过航空油料套期保值业务，降低燃油成本约5.8亿元。但在2008年，东方航空航空油料套期保值业务给公司也造成巨额损失。因此，航空油料套期保值业务应该审慎开展。

多种方式降低飞机油耗。降低飞机油耗一直以来都是各国民航业努力的方向。一是改善空中交通管理，优化飞机航线网络和空中飞行距离，从而降低燃油消耗；二是升级改造机队，引进新型节能飞机，加强飞机发动机维护等；三是为飞机“减重”，优化飞机上装载用水、机场内饰等，降低飞机空中载重；四是采用最新“油改电”及“APU替代”、可持续燃料等方式。通过新技术的应用，不仅能够降低航空公司燃油成本，更能促进节能减碳，实现绿色发展。

航空公司削减运力。航空公司削减运力通常会对公司的市场份额造成负面影响。但越来越多的航空公司通过灵活调整运力来积极应对油价上涨的压力。当然，通常情况下，伴随着油价暴涨，全球经济形势将面临危机，民航出行需求会明显下降。在这种情况下，合理地削减部分运力，能够帮助航空公司更好度过低谷期(图 3. 22)。

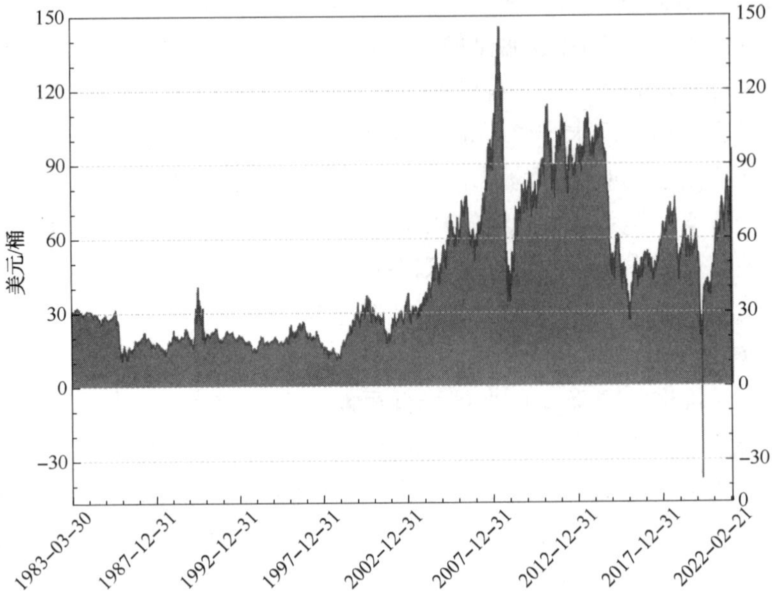

图 3. 22　1983—2022 年 WTI 原油期货结算价走势图

数据来源：万得

3. 3. 3　国际环境的影响

国际环境对各行各业均有一定程度的影响。航空运输作为重要的运输方式，在国际旅客运输、货物运输方面具有独特优势，也因此更易受到国际环境。具体来看，大国博弈、地缘政治等会影响到国际航线、客货运需求、国际油价以及产业链条的稳定等方面，如中美贸易争端；在短期以及长期内部都对我国民航业产生一定程度的影响。

中美贸易争端，又称为中美贸易摩擦，指中美两国之间贸易方面发生的摩擦事件。自我国与美国建立起贸易关系，两国之间的汇率问题、贸易不平衡等问题一直未能有效解决，贸易摩擦不断发生。2018 年以来，中美之间贸易争端进一步升级。

早在 2017 年，美国就开始酝酿对我国的贸易战。2017 年 8 月 18 日，美国正式对中国发起“301 调查”，在涉及技术转让、知识产权和创新领域对中国进行贸易调查，随后对中国多项出口产品进行反倾销调查。2018 年 3 月，美国宣布对中国进口钢铁和铝产品征收反倾销税和关税。随后，美国发布对中国加征关税清单，涉及的中国出口商品总额达 500 亿美元，主要涉及行业为航空航天、信息和通信技术、机械及医药行业等。

1. 对民航业务量的影响

根据民航行业发展统计公报的数据，2008—2018 年是我国民航客运发展的黄金十年，年复合增长率达到 14. 03%，从 2008 年的 2882. 8 亿人公里增长到 2018 年的 10711. 6 亿人公里，每年的同比增长速度均超过 10%。十年间，我国民航货邮周转量也在曲折中发展，年均复合增长率达 8. 18%，从 2008 年的 119. 6 亿吨公里增长到 2018 年的 262. 5 亿吨公里，其中 2013—2015 年每年同比增长速度超 10%，2016—2018 年的年同比增速度在 6%~9%。2018—2019 年，我国民航运输周转增速开始放缓。2018 年我国民航总周转量、民航旅客周转量、民航货邮周转量同比增速分别为 11. 4%、12. 6%、7. 78%。2019 年我民航总周转量、旅客周转量、货邮周转量同比增速分别为 7. 19%、9. 28%、0. 27%，其中民航总周转量增速下降 4. 2 个百分点，民航旅客周转量同比增速下降 3. 3 个百分点，民航货邮周转量同比增速下降 7. 5 个百分点。

2018—2019 年我国民航增速放缓，一个重要原因是逆全球化的贸易保护主义即中美贸易战加大了宏观经济下行压力，使得我国民航发展的外部环境进一步复杂化(图 3. 23，图 3. 24)。

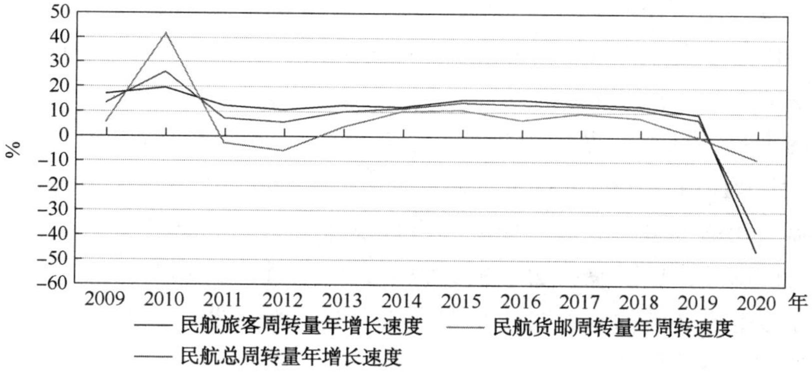

图 3. 23　2009—2020 年我国民航周转量年增长速度

数据来源：万得

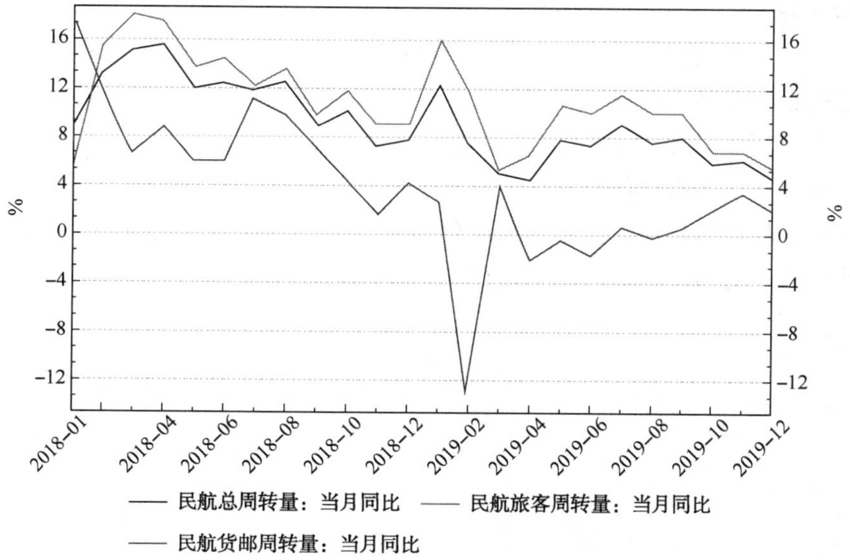

图 3. 24　2018—2019 年我国民航周转数据当月同比

数据来源：万得

2018 年 3 月 22 日，美国时任总统特朗普签署备忘录，将对从中国进口的近 600 亿美元的商品加征关税，这也标志着中美贸易战的正式开始。自2018年4月开始，我国民航周转量数据当月同比增长速度开始明显下降，下降趋势一直延续到2018年底。2018年12月1日，中美两国领导人在阿根廷二十国集团领导人峰会期间达成重要共识，停止互相加征关税，随即2019年1月我国民航运输周转量数据当月同比也出现明显回升。

一方面中美贸易争端影响两国贸易，进而影响到民航货邮运输量；另一方面，美国对中国限制入境等措施，影响到两国人民往来，使得民航客运量也受到一定影响。更为重要的是，中美贸易争端对各行各业都产生了直接或者间接的影响，对双方的国民经济发展造成极为不利的影响。

2. 对飞机引入成本的影响

由于我国民航工业起步较晚，飞机制造能力尚不能满足国内需求，民航飞机较为依赖进口。2018年中美贸易冲突开始以来，为应对美国对中国一系列的加征关税行为，中国也开始对美国部分进口产品加征关税。2018年4月，为应对美国对原产于中国的进口商品加征关税的措施，我国商务部发布公告，依据《中华人民共和国对外贸易法》，将对原产于美国的大豆、汽车、化工品、飞机等进口商品对等财务加征关税措施，税率为25%。其中，涉及民航产业的商品为空载重量超过15000公斤不超过45000公斤的飞机及其他航空器。2018年8月，我国商务部再次发布公告，对原产于美国的5207个税目约600亿美元的商品，加征5%~25%的关税。其中，对美加征5%关税商品清单中包括空载重量小于或等于2吨的直升机、小型飞机及其他航空器、中型飞机及其他航空器、其他未列明的航空器零件等。

飞机成本本就是航空公司运营中的成本大头，这些针对航空器的加征关税措施，将进一步增加我国民航运营成本。

3. 长期影响

从短期来看，中美贸易争端不仅影响我国民航客货运输，增加我国飞机引入成本，两国贸易争端也引起两国汇率波动、油价波动等对我国民航业发展的不利影响。总体来看，中美贸易争端短期中对我国航空工业和民航运输均产生了不利影响。但从长期来看，中美贸易冲突对我国民航行业来说更是一次机遇。此次贸易冲突暴露出我国民航业发展中的短板，使得我国民航业在挑战中创新发展，自力更生深耕航空工业科技研发水平，进一步融入世界航空市场，在挑战中寻求稳定发展。

第4章　我国民航强国建设政策

4.1　民航强国战略背景分析

2010年，我国正式提出建设民航强国的战略构想。在2010年的全国民航工作会上，时任中国民用航空局局长李家祥做题为《中国民航人要为建设民航强国而努力奋斗》的讲话。2010年2月11日，中国民用航空局正式向全国民航印发《建设民航强国的战略构想》，从建设民航强国的必要性与紧迫性、可能性与现实性、国际参照和国际借鉴、战略目标与战略方案、战略任务与战略步骤以及实现路径等方面详细论述我国民航强国的战略构想，基本明晰了我国民航发展建设的方向，是我国开始民航强国战略的历史性标志。

民航强国战略的提出并非一蹴而就。早在2003年，为贯彻落实党的“十六大”精神，我国民航局就在全国民航工作会议上提出了“民航强国”的概念。时任民航局局长杨元元在大会报告中提出要在21世纪前20年实现民航强国的主要目标。2007年10月15日至21日，中国共产党第十七次全国代表大会在京召开。为深入学习贯彻党的十七大精神，11月29日至30日，民航局党委召开学习研讨会，对“十六大”以来我国民航的发展成就和差距进行了深入总结和分析，并起草《民航总局党委关于贯彻党的十七大精神，进一步推进民航强国建设的指导意见》，此时民航强国的战略目标和路径尚未十分明晰。到2010年，民航局正式下发《建设民航强国的战略构想》，形成我国民航未来建设目标的初步蓝图。

此后，我国持续深化民航强国的特征和方法路径的探索，并于2018年下发《新时代民航强国建设行动纲要》，重点抓住我国民航强国建设应该具有的八个基本特征。从2003年到2018年，我国民航行业在党的领导下，经历了长期的探索和实践，才最终明确了民航强国建设的实施路径，在此基础上仍在不断深入描绘。

随着党的“十九大”召开，我国民航对于民航强国建设内涵的理解更进一步，提出民航强国战略的本质是高质量发展，并于2019年编制印发《中国民航高质量发展指标框架体系(试行)》，引导《新时代民航强国建设行动纲要》各项举措落细落实落地，推动民航强国八个基本特征不断融合，实现整体跨越。

4.2 从战略构想到行动纲要

4.2.1 《建设民航强国的战略构想》

1. 战略构想的出台背景

2005—2007 年，我国民航全行业发展速度较快，运输总周转量、旅客运输量和货邮运输量同比增长速度均达到 10%以上。到 2008 年，国际金融危机爆发，我国民航业面临前所未有的挑战，航空货运需求大幅下降，尤其是国际航空和货运需求降幅巨大。全行业全年实现了 376.8 亿吨公里的运输总周转量，同比增长 3.2%；1.9 亿人次的旅客运输量，同比增长 3.6%；407.6 万吨的货邮运输量，同比增长 1.4%，增长速度下滑超 80%。

2009 年我国民航业实现了快速的复苏，运营数据相较 2008 年有了极大的改善，全年我国民航全行业运输总周转量、旅客运输量、货邮运输量分别为 427.1 亿吨公里、2.3 亿人、445.5 万吨，相比 2008 年增长 13.4%、19.7%和 9.3%，增长速度已经接近国际金融危机之前的水平。

即使面临金融危机重创，我国民航依然取得了耀眼的发展成绩，逐渐发展成为民航大国。在国际民航组织缔约国中，我国民航运输总周转量排名已经从 1978 年第 37 位跃升至 2005 年的第 2 位。同时，我国的民航安全管理同样成绩斐然，截至 2009 年连续安全飞行 61 个月，1999—2008 年世界民航运输飞行每百万飞行小时的重大事故率平均水平为 0.29，我国民航为 0.21。在国内交通领域，1978 年我国民航旅客周转量在综合交通运输体系中的比重仅为 1.6%，到 2008 年的该比例提升至 12.3%，民航在交通领域中的地位进一步凸显。截至 2009 年，我国境内民航颁证机场共计 166 个，2009—2010 年我国机场建设投资总规模达 3000 多亿元，基础设施建设也为从民航大国向民航强国建设迈进奠定了一定的物质基础(表 4.1)。

表 4.1　2005—2010 年我国民航行业运输数据

年份	运输总周转量		旅客运输量		货邮运输量	
	总量(亿吨公里)	同比	总量(亿人次)	同比	总量(万吨)	同比
2005	261.0	13.1%	1.4	14.1%	307.0	10.8%
2006	306.0	17.0%	1.6	15.5%	349.0	13.9%
2007	365.3	19.5%	1.9	17.8%	401.9	15.0%
2008	376.8	3.2%	1.9	3.6%	407.6	1.4%
2009	427.1	13.4%	2.3	19.7%	445.5	9.3%
2010	538.5	26.1%	2.7	16.1%	563.0	26.4%

数据来源：万得

2. 民航强国战略构想的主要内容

2010 年发布的民航强国战略构想中，对于民航行业的定位：我国国民经济的重要组成部分，是国家基础性、先导性产业。战略构想的起因，源于我国民航自改革开放以来取得了举世瞩目的伟大成就。2008 年金融危机后我国民航恢复迅速，未来随着我国经济社会发展，民用航空将有广阔的发展前景。基于此，我国民航局提出民航强国的战略构想，并从建设民航强国的必要性与紧迫性、可能性与现实性等方面论述战略构想依据。

构想提出，建设民航强国是提升我国经济实力和国际竞争力的迫切需要，是建设创新型国家的迫切需求，是促进区域协调发展和建设和谐社会的迫切需求，是推动经济发展方式转变和经济结构调整的迫切需求，更是维护国家安全的迫切需求。

构想提出，我国建设民航强国的可能性是存在的，我国现代化建设的过程，正是民航业发展壮大的重要战略机遇期。改革开放以来，我国民航大国的基础已经筑牢，民航发展来到了新的起点。同时，我国民航发展也面临重大挑战，国际上民航业竞争激烈，我国民航行业也一直面临着科技创新能力弱、民航企业核心竞争力不足、基础设施规模不足及民航人才不足等现实问题。

战略构想提出民航强国的具体概念为：民航业综合实力位居世界前列的国家，表现为民航业在国家经济社会发展中发挥战略作用，具有很强的国际竞争力、影响力和创新能力。其应具有的五个主要标志，分别为运输规模大、安全水平高、服务质量优、创新能力强以及影响范围广。

构想为民航强国制定的战略目标十分简洁明了：到 2023 年，建成一个现代化体系，实现一个历史性转变，引领世界民航发展。即“到 2030 年，全面建成安全、高效、绿色的现代化民用航空体系，实现民航大国到民航强国的历史性转变，成为引领世界民航发展的国家”。具体目标为：

（1）运输规模世界第一，运输质量居世界前列——旅客运输量约 15 亿人次，同时对飞行安全水平制定了目标。

（2）航空公司竞争力强，国际市场份额进入世界前两位——拥有一个以上全球知名品牌和具有创新服务模式能力的航空公司，同时对航空公司的国际市场份额制定了具体目标。

（3）机场体系服务能力水平提升，建设 3 个以上国际航空枢纽，10 个以上全国性和区域性航空枢纽公司，对机场服务范围制定了具体目标。

（4）空中交通管理系统服务水平提升——对空管系统的发展制定了详细的战略目标。

（5）通用航空蓬勃发展——发展环境显著改善，通用机场和通勤机场布局合理、规模适宜，运行保障体系合理完善，以私用、自用为代表的非经营性通用航空活动与发达国家相当。推动通用飞机制造、维修、中介服务、金融、租赁等通用航空产业链条协调发展，建立功能齐全、服务规范、作业范围广阔的通用航空服务体系，满足经济社会发展的需要。

（6）支撑保障体系实现自主创新、集成创新和消化吸收再创新的合理统一，健全民航领域技术、标准，提升技术创新水平。

（7）法规监管体系较为完备，行业管理水平进一步提升。

构想分“两步走”，第一步是 2010—2020 年，进一步夯实基础；第二步是 2020—

2030 年，全面提升，全面建成民航强国。

围绕三大战略方案，构想提出六大战略任务，分别为：

（1）运输航空战略任务：在民用运输航空领域，培育出世界一流的国际航空公司；完善航线网络，进一步支持支线航空和低成本航空发展。完善支线航空市场准入制度和相关法律法规标准；着力发展货运航空，至少 1 家货运航空公司综合实力进入世界前 5 名，建立物流标准，促进物流信息化建设；着力提高服务质量和经济效益，创新航空服务产品，打造特色品牌，建立并完善公共信息平台的服务功能；着力提升安全水平，百万飞行小时事故率保持在世界领先水平；着力推进节能减排，推广节油经验和节油新技术。

（2）通用航空战略任务：加强通用航空方面的政策扶持，助力兴办通用航空企业；增强基础保障，加快通用航空机场和油料存储等基础设施和运行保障体系建设；提高运营效率，扩大通航服务领域，充分发挥通航在农林牧渔勘探等方面的作用，充分发挥通航在应急救援、抢险救灾、医疗救护等社会性公益飞行方面的功能优势；保障通航安全，完善通航作业标准体系，加大培训力度。

（3）机场发展战略任务：大力培训具有国际竞争力的航空客货运枢纽，不断提升北京、上海、广州等机场在亚太地区的中枢地位和竞争力，配合国家战略布局，逐步建成若干地区性国际门户机场；大力发展内陆区域性机场和干线机场，建设一批内陆区域性大型枢纽机场，根据实际需求在大城市建立第二机场；提高机场设施设备技术含量等。

（4）空管发展战略任务：加强空管系统建设，对全国民航航路航线能够进行统一规划，建成民航气象中心等。

（5）保障系统战略任务：建设我国适航审定保障程序，与国际并轨；打造具有较强核心技术能力的航空器维修保障系统；加大民航领域科研力度，培育 5 个以上国家级重点实验室；培育具有国际竞争力的信息服务保障系统，细化民航信息化建设规划，全面推进航空运输企业信息化等。

（6）政府服务战略任务：充分发挥政府对于民航发展的引导、监管等作用；积极融入国际民航领域，逐步发挥出我国民航对于周边领域的引领和主导的作用等。

4.2.2 《新时代民航强国建设行动纲要》

1. 行动纲要的出台背景

2008 年金融危机以来，世界经济长期处于缓慢复苏中，世界经济整体增长疲软，增速放缓，国内经济下行压力增大。2008—2012 年，世界经济仍在金融危机影响范围内，我国民航在 2010 年实现快速复苏，但之后依然受到世界经济低迷的影响，增速明显放缓。

2013 年以来，在世界经济复苏困难、国内经济下行压力增大的环境下，我国民航业保持了平稳、较快的增长。2013—2017 年，我国民航运输总周转量年均增速均达到 10% 以上，旅客运输量也保持 10%左右增速。货邮运输量受到国际货运量减少的负面影响，增速较 2006—2010 年明显下降，维持在 2%~6%。

2010 年民航强国战略构想提出，要用 10 年时间迈进民航强国初级阶段。截至 2017

年，我国民航全行业全年完成运输总周转量1083.1亿吨公里，同比增长12.6%，相当于2010年运输周转量538.5亿吨公里的两倍；完成旅客运输量5.5亿人次，同比增长13.0%，相当于2010年旅客运输量2.68亿人次的2倍；完成货邮周转量705.9万吨，同比增长5.6%，相当于2010年货邮周转量563.0万吨的1.25倍。全国共有颁证运输机场229个，相比2010年的175个颁证运输机场，增加了54个，其中千万级机场达32个，相比2010年千万级机场16个，增加了一倍。民航全行业运输飞机在册架数达3296架，相当于2010年1597架在册飞机数的2倍。共有定期航班航线4418条，相比2010年的1880条航班航线，翻了一番。全国有运输航空公司58家，其中全货运航空公司8家，相比2010年的43家运输航空公司，增加了15家。

通用航空方面，2017年全行业完成通用航空生产飞行83.75万小时，同比增长9.5%，相比2010年的13.98万小时，飞行时间增加了5倍；获得通用航空经营许可证的通用航空企业365家，相当于2010年111家通用航空企业数的3倍之多；通用航空在册航空器总数2297架，2010年通用航空企业适航在册架数1010架，相当于翻了一番。

2017年，民航全行业累计实现营业收入7460.6亿元，同比增长15.3%，相比2010年的4115亿元增长了81%；利润总额652.3亿元，相比于2010年的351亿元增长了86%。2017年全行业运输收入水平为4.57元/吨公里，相比于2010年的5.3元/吨公里，下降了约14%。

2010—2017年民航行业基本建设和技术改造共投入5918.3亿元，民航行业基础设施建设进一步完善，民航强国建设第一阶段的基础强化工作收到了较好成效。2017年党的十九大提出“交通强国”概念，加强水利、铁路、公路、水运、航空等基础设施网络建设。适值改革开放四十周年，为进一步贯彻落实十九大、十九届二中、三中精神，民航局根据民航强国战略构想，在民航强国“八大特征”的基础上，以高质量发展为目标，系统强化顶层设计，形成民航强国建设框架体系，于2018年正式发布《新时代民航强国建设行动纲要》(表4.2)。

表4.2　2011—2019年我国民航行业运输数据

年份	运输总周转量		旅客运输量		货邮运输量	
	总量(亿吨公里)	同比	总量(亿人次)	同比	总量(万吨)	同比
2011	577.4	7.2%	2.9	9.5%	557.5	-1.0%
2012	610.3	5.7%	3.2	8.9%	545.0	-2.2%
2013	671.7	10.1%	3.5	10.8%	561.0	3.0%
2014	748.1	11.4%	3.9	10.7%	594.1	5.9%
2015	851.7	13.8%	4.4	9.4%	629.3	3.9%
2016	962.5	13.0%	4.9	11.9%	668.0	6.2%
2017	1083.1	12.6%	5.5	13.0%	705.9	5.6%
2018	1206.5	11.4%	6.1	10.9%	738.5	4.6%
2019	1293.3	7.2	6.6	7.9%	753.1	2.0%

数据来源：万得

2. 行动纲要的主要内容

行动纲要中对于民航的产业定位：民航是战略性产业，在国家开启全面建设社会主义现代化强国的新征程中发挥着基础性、先导性作用。行动纲要进一步明确了我国民航强国建设的具体目标，将战略期限由2030年提到20世纪中叶，全面建成民航强国，对于我国全面建成社会主义国家起到重要的支撑作用。行动纲要提出民航强国的八个基本特征，并形成“三步走”的计划：第一步是2018—2020年，进一步“补短板、强弱项”，夯实发展基础。第二步是2021—2035年，要致力于建成多领域的民航强国，并对民航旅客周转量、机场密度、国际竞争力、世界机场群建设、航空安全水平等规划了具体目标。第三步是2036年到21世纪中叶，该阶段要建成全方位的民航强国，各方面能力达到全球领先水平。

针对民航强国的八个基本特征，行动纲要给出八项主要任务和举措，具体如下：

（1）拓展国际化、大众化的航空市场空间。以“一带一路”为重点，积极开辟国际航线，打造“空中丝绸之路”；推进航空服务大众化，大力发展支线航空；着力拓展现代综合交通运输服务空间，打造空地联运服务产品；全面提升航空服务质量，更加重视和开拓航空物流等。

（2）打造国际竞争力较强的大型网络型航空公司。鼓励航空公司通过重组、混改等方式，开展全球并购和战略合作，打造世界级超级承运人；打造全球性的航空物流企业，推进建设专业化物流枢纽，支持低成本航空公司发展，实现大中小航空公司的高效协同、良性竞争。

（3）建设布局功能合理的国际航空枢纽及国内机场网络。加快建设世界级机场群，进一步提升北京、上海、广州等国际枢纽机场的竞争力，建设完善国家综合机场体系，推动军民融合发展。

（4）构建安全高效的空中交通管理体系。深化空管体制改革，增强空域资源保障，建设国际一流的民航运行管理中心等。

（5）健全先进、可靠、经济的安保和技术保障服务体系。强化航空安全管理，创新监管模式、加大新技术应用，深化国际合作，加大信息化技术应用，建成大数据信息服务平台，推进清洁能源的研发和使用等。

（6）构筑功能完善的通用航空体系。建成一批综合或专业通航示范区，打造一批专业化的通航运营服务企业；强化基础保障体系，完善通航领域航油、航材供应体系；构筑全体系产业链，提升通用飞机研发制造能力，培育通用航空领域龙头企业等。

（7）增强制定国际民航规则标准的主导权和话语权。积极融入国际事务当中，支持国际性行业组织高效管理运行，设立民航技术合作交流项目；打造跨企业、跨行业、跨区域的合作链条，支持我国民航技术、产品“走出去”，积极参与全球民航治理，构建世界民航发展的命运共同体。

（8）培育引领国际民航业发展的创新能力。实施科技创新引领战略，在智慧空管、适航审定、航空工业等方面加大科研创新力度，培养国际水平人才队伍，实施“人才强业”战略；全面提升治理能力，深化民航体制机制改革，完善民航法律法规规章体系，提升行业监管能力。

4.2.3 民航强国战略构想和行动纲要对比分析

从构想到行动纲要，我国经历了 8 年左右的时间。8 年中，世界经济发展态势发生了巨大变化，我国综合国力也进一步加强，经济发展也进入转型升级的关键期。经过 8 年的发展，我国民航大国的地位进一步夯实，建设民航强国的基础进一步夯实。在 8 年的持续探索中，我国民航工作者不断完善对民航强国概念的理解，民航强国建设的蓝图和战略路径也在不断明晰。

1. 两者出台时的国情有差别

相比 2010 年，2018 年我国综合实力进一步增强，经济发展迈入转型升级的关键阶段。民航发展基础进一步夯实，体制机制、基础设施等进一步完善。

2010 年世界经济正处于金融危机之后的缓慢复苏阶段，当时，欧美等发达国家经济前景依然不够明朗，世界多极化发展显著加快，全球化趋势明显。在改革开放的引领下，我国经济发展迅速，尤其是在金融危机之后，经济快速恢复。根据国家统计局发布的经济增长数据，2010 年我国 GDP 增速为 10.3%，增速较高，GDP 总量在全球排名第二。民航方面，在国际民航组织缔约国中，我国民航运输总周转量排名已经从 1978 年第 37 位跃升至 2005 年的第 2 位，并连续五年稳居世界第二。经过改革开放以来的快速发展，已奠定民航大国的地位。

2018 年世界经济增速出现下行趋势，金融市场持续动荡，尤其是中美贸易战的开始，导致世界经济出现逆全球化现象。面对日益复杂严峻的国际形势，我国经济发展迈入新旧动能转换期，面临着转型升级的机遇和挑战。2018 年我国国内生产总值超 90 万亿元，增速在世界前五大经济体中排名第一。我国成为世界经济增长的最大贡献者。民航方面，在改革开放四十周年之际，我国民航在发展理念、体制变革及基础设施建设等方面，均取得了骄人成绩。2018 年民航运输总周转量在全国综合交通体系中的比重达到了 31%，全国共有颁证运输机场 229 个，千万级机场达 32 个，百万至千万级机场达 52 个，相对于 2010 年，我国民航强国的建设基础进一步夯实。

2. 两者对于民航业的定位有差别

2010 年我国出台的《建设民航强国的战略构想》中对民航业的地位是——我国国民经济的重要组成部分，是国家基础性、先导性产业。2018 年我国出台的《新时代民航强国建设行动纲要》中对我国民航业的定位进一步提升至战略性产业。可见，从构想到纲要，我国对于民航业的重视程度提高了。

可以看到，从战略构想到行动纲要，民航行业在国民经济中的定位提升了，由原来的重要组成部分上升为战略性产业。随着我国进入新发展阶段，经济发展由高速增长转变为高质量发展，民航行业由于在经济中的特殊作用，逐渐体现出其战略性产业的特质。民航行业定位的改变，不仅仅体现出我国对于民航强国概念的深入认识，更体现出战略构想出台以来，我国民航强国建设的成就——民航业已经在我国经济社会发展中发挥了战略性作用。

3. 两者对于民航强国特征和具体举措有差别

战略构想认为民航强国的具体表现为航空公司强、机场强、空管强、技术支撑和运行保障系统强、政府对民航发展的引导和管理能力强，以及以上五个方面的协同能力强。行动纲要中的八个基本特征主要继承了构想中对于民航强国的概念描述，同时对于构想中的“五个强”给出了较为具体的描述。其中“具有国际竞争力较强的大型网络型航空公司”对应构想中的“航空公司强”；“具有布局功能合理的国际航空枢纽及国内机场网络”对应构想中“机场强”；“具有安全高效的空中交通管理体系”对应构想中“空管强”；“具有先进、可靠、经济的安全安保和技术保障服务体系”对应“技术支撑和运行保障系统强”。

此外，行动纲要中将“具有国际化、大众化的航空市场空间；具有功能完善的通用航空体系；具有制定国际民航规则标准的主导权和话语权；具有引领国际民航业发展的创新能力”纳入民航强国的基本特征中，是对民航强国概念的深化理解，进一步凸显出通用航空发展重要性，并将我国创新发展理念融入民航强国的建设中。

第 2 篇

航油铁军为民航事业保驾护航

PART 2

第1章　航空油料内涵

万里航程，从油开始。民航业是我国经济社会发展的重要战略产业与基础产业，是综合交通运输体系主要组成部分，而支撑民航业最基本的装备载体则是民用航空器。为民用航空器注入安全可靠的航空油料血液是行高致远、发挥其运输载体的先决要素，可以说航空油料安全供应是确保民航飞行空中生命线畅通最基础的保障环节。同时，航空油料行业既横跨民航、能源和物流三大行业，也属于国家国防战备产业，具有专业性强、政治性强、保障难度大、品质要求高等特点，因此航空油料行业安全、稳定和高质量发展直接关系到党和国家工作大局，关系到人民生命财产安全，关系到民航强国建设，其在促进国家经济社会发展和国防安全方面具有积极重大的意义。

然而，正因为航空油料行业具有较强的专业性，加之应用范围局限于民用航空器等其他飞行器，导致不为公众所熟知。为揭开航空油料供应的神秘面纱，打破对航空油料认知的局限，需从航空油料的内涵、运行模式、供应格局出发，深入了解航空油料的历史，以及国内最大的航空油料供应商——中国航油的发展历程，探究中国航油发展的过去、现状与未来。

1.1　航空油料定义

航空油料是一种专门适用于航空飞行器发动机的燃料品种。目前，全球航空公司在用的航空油料主要有航空汽油与航空煤油两种类型。两种航空油料除了物理、化学上的特质不同，最大的区别是适用的航空飞行器发动机不同。航空汽油主要应用于活塞式航空飞行器发动机，航空煤油主要应用于涡轮喷气式航空飞行器发动机。国内外现行民用运输飞机多为涡轮喷气式发动机，活塞式航空飞行器发动机多为从事农业、林业、渔业、抢险救灾等通用小型飞机。

归根结底，航空油料体系发展同航空飞行器动力装置的研发革新息息相关，回溯历史上不同时期，每次航空油料革新都得益于航空产业及工业技术的发展，发动机燃烧效能及整体性能的提升都对航空油料的性能提出了更高的要求。飞行器的动力源从依靠人力或者其他自然力的发动机发展到了发动机—燃料体系，分别有蒸汽机——煤炭，内燃机——柴油、汽油，喷气式发动机——航空煤油，超音速发动机——液氢燃料，新能源发动机——生物燃料。

1.1.1 无发动机飞行器时期

千百年来，人类对广袤无垠、浩瀚无边的天空及太空都充满着各种各样的幻想，在我国广为流传的神话故事“嫦娥奔月”就是渴望飞天的写照，其他国家也有不少类似的神话传说。随着文明社会的发展，我国在战国时期有了风筝，三国时期出现了孔明灯，晋代发明了竹蜻蜓，到了宋代更是出现了利用火药上天的火箭。这些发明都寄托着我国古人上天的强烈愿望，但令人惋惜的是，这些发明的技术层面并未达到科学的高度，无法定义为真正意义上的载体飞行器。

时间来到文艺复兴时期的欧洲，在这里，人类开始观察鸟类、蝙蝠、昆虫的飞行，通过研究鸟类羽毛结构，起飞、降落、转弯、滑翔等特征，归纳总结出一套空气流体动力飞行理论，最具代表性的鼻祖人物就是达·芬奇，他通过图文并茂的方式记载这些研究理论，并创意设计出了早期降落伞、直升机以及扑翼机。19 世纪初，英国乔治凯利爵士研发了世界上最早的航空飞行器——滑翔机，之后几年里，他不断改进，制作了更大的滑翔机。到 1852 年，他制作了翼展 43 平方米，重达 68 千克的大型滑翔机，虽然飞行 10 米后坠毁，但也帮助凯利得出要想飞得更远，必须依靠发动机提供动力的结论，这也为后人航空飞行器发展开辟了新的道路。在此期间，另一德国工程师和滑翔飞行家奥托李林塔尔一生热衷于滑翔机研究，其在 19 世纪末，利用滑翔机从柏林附近的悬崖上起飞，成功滑翔了 350 米，创造出惊人的重于空气航空器飞行记录。

虽然受制于当时科学技术发展与工业水平，各类发明及载人航空器所依靠的动力源局限在自然界的风力，通过奔跑、下坠等方式提供空气动能，无法持续产生稳定可靠的动力，但各项研究理论为空气动力学发展奠定了坚实基础。

1.1.2 蒸汽机飞行器时期

18 世纪至 19 世纪，随着英国人瓦特改良了蒸汽机，欧美大陆掀起了一场技术革命，实现了从手工劳动转向动力机器生产转变的科技飞越。这方面的巨大进步使西方各国的采煤、纺织、钢铁、化学、电力等方面领先全世界。

西方科学家从那时便开始研究蒸汽机在交通运输业的应用。1842 年英国的汉森申请了世界上第一个关于飞机设计的专利，他的设计方案上的动力装置即蒸汽机，他将该方案命名为“空中蒸汽车”，但并未真正制造。法国的吉法尔于 1851 年在长达 40 米的气球上安装了蒸汽机，由蒸汽机带动螺旋桨推进，造就了世界上最早的飞艇。值得一提的是美国科学家兰利，他长期从事重于空气的航空飞行器研究，在实现动力飞行的研究成果方面一直处于领先地位，他于 1887 年发明的装有螺旋桨的串列式双翼机试飞成功，飞行距离 1280 米，这架飞机的动力源采用的是他自行组装的轻型蒸汽机。1890 年，来自法国的阿代尔制造了一架命名为“风神”的扑翼机，该机装载有两台蒸汽发动机，实验最好数据是飞离地面 20 厘米，飞行 50 米。上述例子虽不能称为真正的航空器飞行成功，却昭示了仿生飞行的潜质。

工业革命与科学进步使欧美大陆不少人想要制造出飞机，从无动力滑翔机到搭载蒸汽机动力的航空器，无论是理论研究成果体系还是航空器结构性能改进都得到了翻天覆地的进步。但是，受制于那个年代只有蒸汽机，其过于笨重的缺点在航空器上被进一步放大，其次，煤炭燃料燃烧不充分产生的一氧化碳也极易引发危害试验者生命安全的事故。

1.1.3 内燃机飞行器时期

瓦特改良的蒸汽机利用了气缸外的热量使水分蒸发形成水蒸气后进入气缸推动活塞做机械运动，热能转换效率很低，而且蒸汽机必须具有锅炉，导致其体积庞大、笨重，机动性低下。因此，在蒸汽机得到广泛应用的100年内，众多科学家努力改进蒸汽机使用过程中的缺点，研究将外在庞大的锅炉同气缸相结合，同时省去热能传递的介质即蒸汽，让燃烧膨胀现象直接在机器产生，引发出高压气体推动活塞机械做功，以实现从外燃向内燃的变革，这就是蒸汽机向内燃机转变的时代背景。

1801年，法国化学家飞利浦·勒本提出以煤炭干馏获取的煤气、氢气作为燃料的内燃机工作循环原理，将煤气、氢气、空气混合后在气缸内点燃引发气体膨胀推动活塞运动。在内燃机发展史上具有突破性的里程碑事件是法国发明家艾蒂安·勒努瓦于1858年发明了二冲程内燃机，这台内燃机改装自双作用式蒸汽机，利用滑阀将照明煤气和空气的混合物导入装有活塞的汽缸，借由感应线圈所产生的电火花引爆，促使活塞机械移动。这款内燃机热效率能达到3%~4%，约为蒸汽机热效率的3倍。同年，勒努瓦发明的二冲程内燃机已经被批量生产，并被首次应用于载客马车等方面。

1862年，法国电器工程师莱诺对二冲程内燃机进行创新改进，使之衍变为二冲程卧式内燃机。同年，在前人热力学研究的基础上，法国科学家德罗夏持续深入研究，最终创生出四冲程内燃机的工作原理。1962年，德国工程师尼古拉斯·奥托深入实践，设想如果采用四部冲程的方式将混合燃料先压缩后再点火，则产生的热效能将比二冲程内燃机高得多。依照此设想，其制造了第一台四冲程内燃机样机，但是因点火困难而无法投用。1876年，奥托成功改进了点火装置，进而顺利制造出能够投用的四冲程内燃机，燃料依然为煤气，燃料压缩比为2.66，热效率达14%左右，功率3.2千瓦，热效能转换与功率在当年都是最高的，这台内燃机成了后来世界上四冲程内燃机的样机。

内燃机的不断改进，使工业发展与石油开采进入了黄金时代，同时得益于化学工业的进步，人们从石油中提炼出汽油、柴油等液态燃料，这种液态燃料比煤气更易于运输与携带，很快便引起了机械科学家的注意。

1876年，德国工程师戈特利布·戴姆勒成功研制以汽油作为燃料的立式内燃机，该内燃机具有重量轻、体积小、转速高等特点，热转换效能在15%左右，比其他煤气内燃机的转速高出4倍。1892年，德国工程师鲁道夫·狄塞尔在一场面粉厂粉尘爆炸事故中受到启发，他大胆地提出通过气缸中高强度压缩空气后产生的高温，将燃点低于此温度的燃料引燃的设想。经过6年研发，他创造了世界第一台压缩点火式内燃机，使用的燃料是柴油，这项成就进一步开拓了内燃机类型。之后，狄塞尔不断尝试获得更高的热效率，最终达到了26%。后人为致敬他的非凡成就，将压缩点火式柴油内燃机命名为狄塞尔引擎。汽油内燃机及柴油内燃机特别适合应用在交通运输业工具、农业机械等设备上，其发展与各种机械载体的革新互相促进。直至今天，主流汽油内燃机的热转换效能已经提高了30%左右，少数采用增压技术的能达到40%~50%，主流柴油机的热转换效能已提高至35%~45%。

20世纪初，人类历史上最伟大、最具影响力的发明之一——飞机诞生于莱特兄弟之手，这种真正意义的长距离载客飞行器彻底改变了人类的交通运输、社会经济以及日常生活，同样它的出现对世界近代军事史的发展有不可动摇的作用。出生于普通家庭的莱特兄弟仅上过几年学，开办自行车修理店期间，他们深受欧美飞行器科学家的牺牲精神鼓舞，决心研制飞机。他们潜心学习前人研究飞行的历史和各项试验数据报告，利用修理自行车积攒的资金尝试制造飞机。

1900年，兄弟二人首次完成载人滑行飞行，为了改进滑行数据和机翼构造，他们建造了风速每秒12米的风洞，通过上百次改进机翼构造以及上千次滑翔数据积累，莱特兄弟已彻底掌握了飞行理论与飞行控制技巧，之后兄弟二人又不断试验改进飞机动力系统与控制系统，使轻便的汽油内燃机与飞机适配，并在飞机上安装了螺旋桨。1903年12月17日，在北卡罗来纳州的荒凉海滩上，一架帆布为翼，木制机身，装载汽油内燃机及两个螺旋桨的“飞行者1号”进行了4次飞行，最后一次飞行持续了59秒，飞行距离260米。莱特兄弟继续改进，于1904年开展了“飞行者2号”试飞，航程最远达4.4千米。之后的一年里，莱特兄弟对飞机操控系统进一步升级，制造出了“飞行者3号”，经过多次试飞，最好记录为38.6千米。自“飞行者3号”之后，莱特兄弟更新制造的飞机已经具备实用价值，成功开辟了人类征服天空之路。1908年，莱特兄弟同美国国防部签订合同，载客试飞成功135千米。在此基础上，1918年美国政府开辟了从纽约飞往芝加哥的民用运输航线。20世纪30年代，以汽油内燃机为动力的螺旋桨客机在美国投入使用。

1.1.4 涡轮发动机时期

自莱特兄弟发明了真正的载客飞行器，飞机的创新升级就从未停止，不得不说近100年来航空工业的高速发展很大程度上受军事战争推动。“二战”时期，大量以内燃机为动力的螺旋桨飞机安装上了各式各样的机枪火炮，发挥了夺取制空权、空对地闪击战的绝对优势。汽油内燃机螺旋桨飞机的各项技术水平在“二战”期间达到了顶峰。然而，面对残酷的战争，各国都依托军事装备能够大大领先其他竞争对手，特别是螺旋桨飞机的速度仅处于500~700公里每小时，如何飞得更快成为各国都在努力破解的难题。

“二战”期间，有科学家、军事家把研究方向集中到飞机发动机改良上，因为飞机的飞行速度的三次方同发动机功率成正比，要想突破音速，则发动机功率相较于内燃机发动机功率要爆量增长。1930年，时任英国空军少校的惠特儿提出了涡轮喷气式发动机的设计，并获得了喷气式发动机设计专利。当年他在空军院校学习期间便意识到活塞做功内燃机进气、加压、燃烧和排气的四冲程，做功过程需要上下不断运动，无法在飞机上提供持续无时差的动力。经过不断思考，他设计出了涡轮喷气式发动机雏形，这种发动机同样也有进气、加压、燃烧和排气的四冲程，不同于内燃机的是，涡轮喷气式发动机是以喷出的高温高速燃气作为飞机持续且强大的推力。首先空气由进气口进入压气机，经过压气机压缩的空气处于高温状态，进入燃烧室同燃料混合并点燃燃料，高温膨胀的气体向后经尾喷管快速喷出提供飞机推力，同时推动涡轮旋转运动，涡轮旋转运动通过转子传递到发动机前方的空气压缩机旋转运动吸气，如此往复，使空气流体持续不间断地在整个涡轮发动机运动，使得四冲程过程是一个持续的过程。

“二战”加速了音速飞机研究，1939 年德国研发出世界上第一台涡轮喷气式飞机，并完成首飞，同时其他各国也加快了涡轮喷气式发动机的研制，20 世纪 40 年代后，以美国为首的军事大国纷纷使用了亚音速、超音速涡轮喷气式战机。

由于涡轮喷气式发动机将所有高温燃烧气体统统释放，产生的瞬时推力极大，且对燃料的消耗也巨大，军用战机追求速度，故有其重大应用价值，如果用在民用运输上，则商业价值极低，为此，科研人员进一步研究，研发出了涡轮风扇发动机。涡轮喷气式发动机与涡轮风扇发动机的区别在于，后期仅喷出较少的燃烧气体，大部分的高温膨胀气体用于推动涡轮转动，带动发动机前端设置的大型风扇转动，由风扇转动产生一定推力。因此虽然发动机功率与飞机飞行速度降低了，但是油耗大大减少。目前民航客机几乎全都使用的是涡轮风扇发动机。

内燃机时期使用的汽油燃料已无法满足涡轮发动机的做功机理，只有使用稳定性高，热值高，抗低温性好的航空煤油作为燃料才能持续满足涡轮发动机在极高空持续运转。随着涡轮发动机飞机的普遍应用，航空煤油的应用范围也逐步扩大，同发动机一起推动了航空工业的健康持续发展。

1.2　航空油料类型

民用运输行业的小型客机重达十几吨，超级客机如空客 A380 自重达 245 吨，载重后最高可接近 600 吨，而通用运输行业的小型直升机重量亦有上吨重。俗话说巧妇难为无米之炊，这些空中巨无霸能够在天上飞行得益于其出色的动力设备以及可称为飞机血液的航空油料。

随着工业革命时期石油在全球被逐渐大规模开采以及漫长的科学技术准备，以石油为原料的石油化学工业在 20 世纪 20 年代自美国开始兴起，该工业体系自第二次世界大战后，快速传播到欧洲、日本及世界各国，我国自 20 世纪 70 年代已基本形成完整的石油和化学工业基础体系。石油化工行业的崛起，使很多以煤炭为原料的化学产品转移为以石油和天然气为原料。航空运输业的迅猛发展与航空油料的需求与日俱增，使航空油料在石油化工产品中的比重显著增长，为化工行业带来了福音。航空油料中航空煤油炼化占比最大，航空汽油次之，两种航空油料均应用于目前全球航空公司，因两种油特质不同，故应用的飞机范围也不同。

1.2.1 航空汽油

航空汽油简称航汽，应用的主要设备是航空活塞式发动机，也就是汽油内燃机，这种航空发动机的工作原理同生活中的汽车大致相同，通过带动飞机螺旋桨来产生推力，功率自然会比汽车发动机大。而使用这类发动机的飞机目前集中在通用航空业，如森林灭火、地质抢险、气象勘探等场景，有直升机、气象机、消防专用飞机、通信机等，这类飞机的飞行高度一般都比较低。随着我国不断促进通用航空新兴产业发展，通用航空市场潜力巨大，未来势必同民用运输航空业“两翼齐飞”，因此航空汽油的市场需求将随着通航事业的发展而逐渐攀升。

1. 航空汽油的炼制方法

石油的主要成分是烃类，严格意义上是烃类混合物，通常也被称为原油。烃是碳氢元素组成的可燃性液体或者气体，例如甲烷(即天然气)，就是最简单烃，而石油是由多种烃的混合物组成的液体，色泽为深褐色，具有很高的黏稠度。在介绍如何炼制航空汽油前，首先应了解石油的第一次加工，即如何变成汽油。石油中的混合物的沸点存在差异，利用石油中所含成分沸点高低进行分离，并根据各个不同的产物特性加以合理利用。

19 世纪 50 年代，人们就已经应用蒸馏的方法处理石油，但早期就只是为了获得照明煤油，剩下的液体则不再利用。如今，人们已经能够通过蒸馏物理处理石油，汽油、煤油、轻重柴油及各种润滑油馏分等，可以说蒸馏物理处理至今依然是石油第一次加工的最重要方法。直到 20 世纪初，随着石油工业与化学的深入结合，另一种提炼加工石油的方法孕育而生，通过化学反应改变石油中烃类的分子大小和化学结构，这种加工方法被称为石油热裂化，利用高温条件下的不稳定性，较大的分子分解为较小的分子，提炼出热裂化汽油、热裂化柴油等。

伴随着交通运输业和发动机技术的蓬勃发展，蒸馏油及热裂化油的辛烷值和品质度逐渐无法满足发动机需求，导致第三种石油加工方法——催化裂化工艺诞生，并成为石油加工舞台耀眼的明星，这种工艺要求在非常压甚至高压高热条件下，通过添加硅酸铝等催化剂，使烃分子催化裂化，同时改变其分子结构，大大减少不饱和烃，增加异构烷烃和芳香烃，催化裂化的汽油产率最高，辛烷值高，异构烷烃和芳香烃含量高，品度值高，可以用作高辛烷值汽油的基本组分。

航空汽油通常由基础油、高辛烷值组分、异戊烷和添加剂调合而成。基础油一般使用催化裂化产生的汽油，具有较高的抗爆性和安定性。高辛烷值组分的作用是提高抗爆性，异戊烷的作用是调整汽油的蒸汽压和汽化性能。我国生产航空汽油的组分来源主要是催化裂化以及催化重整所生产的馏程为 40~180℃的汽油馏分，在不加铅的情况下辛烷值必须高于 70，而且馏分组分、安定性及腐蚀性等方面必须达到航空汽油质量标准。在此等品质的催化汽油上，再与高辛烷值组分(通常为工业异丙苯、工业异辛烷、乙苯等)、抗爆剂(四乙基铅等)调制而成，在生产调制过程中还会添加如抗氧剂、抗静电剂、防水剂、金属减活剂、防腐剂、生物灭杀剂、杂色剂、追踪剂等一系列添加剂。

2. 航空汽油的特点

现代螺旋桨通用飞机燃烧的航空汽油，其成分同20世纪50~60年代所用的航空汽油成分基本无差别，都需要添加四乙基铅来增加辛烷值。其主要成分含有催化裂化汽油的精制组分，并添加适量的异丙苯、烷基化汽油、工业异辛烷、异戊烷和四乙基铅，以及十万分之几的抗氧剂，有时还加入少量腐蚀抑制剂及少量油溶性染料。为了便于飞行员或者加油员分辨不同类型的航空汽油，用红色、绿色、蓝色三种颜色加以区分。

航空汽油具有蒸发性能好、易燃、性质稳定、结晶点低和不腐蚀发动机零件的特点。航空汽油是石油的直馏产品和二次加工产品与各种添加剂混合而成的。衡量航空汽油性能差异的主要指标是辛烷值和品度值。航空汽油的辛烷值是指与这种汽油的抗爆性相当的标准燃料中所含异辛烷的百分数。这种标准燃料由异辛烷和正庚烷混合液组成。它表示航空汽油的抗爆性能，即在发动机中正常燃烧(无爆震)的能力。对辛烷值的要求依发动机的特点而异，主要取决于压缩比，压缩比越大，辛烷值应当越高。为提高辛烷值，可往汽油中加入含有抗爆剂(如四乙基铅)的乙基液。品度值指的是以富油混合气工作时发出的最大功率(超过这一功率便出现爆震)与工业异辛烷所发出的最大功率之比，用百分数表示。

简单来说，抗爆性是航空汽油最为重要的性能指标，通常由辛烷值/品度值的数值加以表示。航空汽油的辛烷值/品度值的数值越高，则说明该汽油的抗爆性能越好。由于不同类型的活塞式汽油内燃机设计使用的场景不同，其压缩比也存在区别，在选用航空汽油时，应选择辛烷值/品度值合适的航空汽油，否则极易损坏汽油内燃机，降低发动机使用寿命，增加维护成本。高压缩比的发动机应选择辛烷值/品度值高的航空汽油，否则发动机会产生爆震。低压缩比的发动机通常情况下应选择辛烷值/品度值低的航空汽油，虽然加入辛烷值/品度值高的航空汽油很难出现爆震的情况，但是很难燃烧充分，既浪费了动力、增加了有害气体排放，也更容易产生积碳，对环境及发动机的寿命都有负面影响。

3. 航空汽油的种类

在目前的国内外市场上，常用的航空汽油可以分为如下几种：

Avgas 80/87，每加仑最大含铅量为0.5克(非人工添加)，只用于压缩比非常低的发动机，汽油外观为红色。该型航空汽油的马达法辛烷值为80MON，品度值不小于87。

Avgas 100/130，是一种高辛烷值的航空汽油，每加仑最大含铅量为4.24克(人工添加了四乙基铅)，汽油外观为绿色。由于其含铅量较高，价格较贵，目前使用量较少。我国中石油兰州炼油厂主要生产此种航空汽油。

Avgas 100LL，每加仑最大含铅量为2.12克(人工添加了四乙基铅)，是现今最常用的航空汽油。100LL航空汽油的马达法辛烷值为98.6MON，品度值不小于130。该种航空汽油是国际上最为流行的航空汽油，汽油外观为蓝色。主要生产商为美国的壳牌公司和法国的道达尔公司等。

此外，在我国还存在两种常用标号的航空汽油：

95号(95/130，即汽油—空气贫混合物在巡航条件下的马达法辛烷值为95MON，汽油—空气富混合物在起飞时的品度值为130)，含有较高的四乙基铅。主要用于有增压器的大型活塞式航空发动机。在我国主要用于运五型飞机使用的活塞五型发动机或波兰产 ASz-62IR-16 发动机。我国生产的 95 号航空汽油外观为黄色。

75 号，该无铅汽油整体呈现水白色，马达法辛烷值为 75MON，其在无增压器的小型活塞式航空发动机上应用最多。在我国主要用于初教六型飞机，主要在军队训练初级飞行人员时使用。但是，初教六型飞机没有获得民航标准适航证件，仅可以以单机适航证(Ⅲ类特许飞行证)的形式在民航从事娱乐运动类飞行，在民航领域没有得到广泛使用。

我国首次提炼出 95 号航空汽油的是被誉为“共和国长子”的胡菽兰，她是新中国航空汽油的研发者，胡菽兰于 1959 年在兰州炼油厂研制出 95 号航空汽油。历经 50 余年，第一批 100LL 航空汽油于 2014 年 7 月在中国石油兰州石化公司孕育而生，产量共计 762 万吨，这一历史性时刻象征着我国诞生了应用于通用航空的国际标准航空汽油。

为建设美丽中国，减少环境污染，现阶段我国的航空汽油研发重心是无铅化，但是无铅化航空汽油的应用需要阶段性过程。据数据统计，全球近一半的通用航空发动机所使用的航空汽油仍然含有四乙基铅。为符合适航要求的抗爆性能，避免因发动机发生爆震现象而影响空中安全，我国民航局已积极推动航空工业领域改进或重新设计新的发动机，提高使用无铅化航空汽油的发动机比例。

国外当前无铅化航空汽油的主要牌号有 UL91，UL94，UL102。

UL91 无铅航空汽油对应的是美国材料实验协会 ASTM D7547 标准，主要由瑞典 Hjemlco 公司生产，属于比较成熟的商业化航空汽油产品，主要供应欧洲市场。

UL94 无铅航空汽油对应的是美国材料实验协会 ASTM D7592 标准。UL102 无铅航空汽油对应两种美国材料实验协会 ASTM 配方标准，分别是 Swift 公司生产配方标准 ASTM D7719 及 Shell 公司生产配方标准 ASTM D7960。

国内当前超低铅化及无铅化航空汽油主要牌号有：

UL91，按照美国材料实验协会 ASTM D7547 标准研发和生产。目前有燕山石化、兰州石化、广汉天舟的 UL91 产品通过民航局适航审定认证。

VLL100，超低铅 100 号航空汽油按照美国材料实验协会 ASTM D910-17 标准研发，将铅含量进一步降低，同时满足抗爆性能、低铅含量、抗氧化性、优良的低温流动特性等指标要求，更好地保护飞机发动机。目前有兰州石化、广汉天舟的 VLL100 产品通过民航局适航审定认证。

1.2.2 航空煤油

随着航空工业和民航运输事业的蓬勃发展，以美国波音公司和欧洲空中客车公司为首的世界飞机制造商逐渐将重心转为生产民用客机，因此，全球各大航空公司民航大型客机的动力源从活塞式发动机演变为涡轮发动机，通过将高温高压燃料向后喷出推动飞机高速前行。由于发动机性能的改进，以及现代喷气式飞机航行高度高、速度快的特点，航空汽油在气压小、空气稀薄的平流层会处于低压状态，油箱及油路中的航空汽油将立刻沸腾，持续产生大量的汽油蒸汽，造成油路堵塞，引发气塞。如果使用柴油，在高空中无法抗冻，黏度过大，很容易堵塞涡轮发动机里特别细小的燃烧喷嘴。因此，继续使用航空汽油已无法保障人民生命财产安全，也无法满足喷气式飞机的使用需求。石油化工行业经过不断测试，最终选择了畅销一个世纪的照明煤油作为基础燃料，通过二次加工后生产出适合喷气式飞机的航空煤油，简称航煤。

1. 航空煤油的炼制方法

航空煤油的组分由基础煤油及必要的添加剂调和而成。基础煤油的获取途径通常有石油蒸馏的煤油馏分和石油蒸馏的重质煤油馏分加氢裂化两种，一般产量不高，仅占石油产品的10%~20%。添加剂的作用是提高基础煤油的各项关键性能指标，以达到优质航空煤油的标准。

主要的添加剂有以下几种类型：

① 抗爆剂，如四乙基铅，以提高航空煤油的闪点。

② 抗氧剂，采用直馏非加氢提炼工艺煤油馏分具有较好的安定性，极少添加抗氧剂。采用直馏加氢工艺的煤油馏分含有少量过氧化物，需添芳香胺等抗氧化剂以延缓氧化，减少胶质量。

③ 防冰剂，通常使用醇类及醇醚类化合物防止航空煤油中少量溶解水在低温环境下结晶，同时还能抑制微生物生长。

④ 抗静电剂，通过添加 Stadis425 等抗静电剂，提高航空煤油电导率，有效防止纯净的航空煤油在运输、储存过程中同其他物质摩擦产生静电而引发爆炸。

⑤ 抗磨剂，目前加氢工艺航空煤油中主流采用 T305 抗磨剂，抗磨剂能够吸附至涡轮发动机各机械元器件表面，在不影响其他性能指标和安定性的前提下，减缓油品与金属的摩擦，发挥润滑作用。

2. 航空煤油的特点

涡轮发动机的热转换过程需要在高空高速状态下持续不断实现，对航空煤油的品质有很高的要求，以确保整机安全。航空煤油为无色透明油状液体，含有杂质时呈淡黄色，易挥发，无明显异味，溶于醇等多数有机剂。航空煤油密度是 0.78 克/立方厘米，同航空汽油基本相当。航空煤油的理化性质主要表现为：闪点 38 摄氏度，自燃温度超过 425 摄氏度，凝固点-47 摄氏度（JET A 航空煤油的凝固点为-40 摄氏度），露天燃烧温度范围是 260~315 摄氏度，最大燃烧温度为 980 摄氏度。

作为航空粕料要求有较好的燃烧性、良好的蒸发性、良好的安定性，良好的流动性、无腐蚀性、良好的洁净性、较小的起电性、适当的润滑性。

（1）航空煤油的燃烧性：要求航空煤油的热值高、密度大、烟点高，在燃烧时容易启动、燃烧稳定和燃烧完全，燃烧过程积碳少，且能够确保为飞机提供充足的推力，完成整个航程飞行。

（2）航空煤油的蒸发性：航空煤油的蒸发性主要受加工过程中馏程和蒸汽压影响。燃料蒸发性过大会发生极其危险的气塞事故。蒸发性过小，馏分偏重，燃料无法快速与空气混合形成可燃混合气，则发动机不易启动，且燃烧不充分，燃料无效损耗。

（3）航空煤油的安定性：航空煤油组分中含有极其少量的不安定烃类，如烯烃、非烃等，会导致存储过程中的航空煤油的酸度、胶质发生变化，严重的会使油品外观呈现淡黄色。安定性反应为油品抗氧化性，油品在储存过程中保持较好的抗氧化性则油品发生变质的风险将有效降低。

（4）航空煤油的流动性：主要指在高空低温环境下的抗冻性和黏性，需要其具有冰点低、低温黏度小的特点，确保在低温条件下油液不结晶，保持油泵及过滤器畅通。

（5）航空煤油的腐蚀性：要求航空煤油对涡轮发动机燃料系统及储运设备的无腐蚀性，必须确保油品里的硫含量尤其是硫醇性硫含量低。

（6）航空煤油的洁净性：涡轮发动机复杂精密的燃烧控制系统需要洁净度极高的航空煤油，任何细微的颗粒物都易引发发动系统故障。因此航空煤油除了应不含胶质、水、机械杂质（固体颗粒）、水溶性酸和碱，还需对表面活性物质进行有效控制。

（7）航空煤油的起电性：涡轮发动机的耗油量大，飞机油箱大，为保证加油效率，往往使用高速加油。在泵送航空煤油时，油面容易因为摩擦而积累大量静电，有一定放电风险，如周围有可燃混合气体，容易发生爆炸。需要在航空煤油加工时添加抗静电剂，如 Stadis 450，Antis JF3 等抗静电剂，提高燃料的电导率。

（8）航空煤油的润滑性：航空煤油在涡轮发动机中除了作为动力源，还需要充当发动机燃料系统各个元器机件的润滑剂，因此需要具备适当的润滑性，否则发动机燃料系统容易损坏，出现机械故障，减少使用寿命。

3. 航空煤油的种类

我国自 20 世纪 50 年代开始研发生产航空煤油，虽然较美苏起步晚，但是依靠一代代人的努力，我国军民通用主流航空煤油各项性能指标已经达到国际喷气燃料标准。从 1950 年至今，已累积出现了 6 个牌号的航空煤油，它们共同构成了我国较为完整的喷气燃料体系。我国的航空煤油根据沸点范围不同分为三类：①宽馏分型（沸点为 60~280 摄氏度）；②煤油型（沸点为 150~280 摄氏度），高闪点航空煤油的初沸点可提高到 165~175 摄氏度；③重馏分型（沸点为 195~315 摄氏度）。具体牌号为：

1 号喷气燃料（RP-1）与 2 号喷气燃料（RP-2）为煤油型燃料，馏程范围在 135~240 摄氏度，1 号喷气燃料的结晶点为-60 摄氏度，2 号喷气燃料的结晶点为-50 摄氏度，两者可应用于军民飞机。RP-1 的生产成本太高且产量极少，仅适用于冬季严寒地区，性价比低，故国内已基本不生产。RP-2 闪点为 28 摄氏度，无法满足国际油料标准要求，现已完全停产。

3 号喷气燃料（RP-3）为煤油型燃料，馏程范围在 140~240 摄氏度，结晶点不高于-46 摄氏度，闪点大于 38 摄氏度，应用于全球民用飞机。该燃料，是我国于 20 世纪 70 年代，为适应国际通航和出口而研制的，并于 80 年代开始大规模生产投用。

4 号喷气燃料（RP-4）为宽馏分型燃料，馏程范围在 60-280 摄氏度，结晶点不高于-40 摄氏度，一般作为应急备用储备。

5 号喷气燃料（RP-5）为重煤油型燃料，馏程范围在 150-280 摄氏度，结晶点不高于-46 摄氏度，闪点大于 60 摄氏度，主要作为海军舰载军机燃料。

6 号喷气燃料（RP-6）为重煤油型燃料，结晶点不高于 47 摄氏度，主要作为军用飞机燃料。

航空煤油在国际上如美国所使用的牌号有以下类型：

JET A 为航空煤油型燃料，结晶点不高于-40 摄氏度。

JET A-1 为航空煤油型燃料(即我国 3 号喷气燃料)，是在 JET A 的基础上发展而来的，结晶点不高于-47 摄氏度。

JET B 是典型的宽馏分型燃料，将航空煤油和汽油按照 7∶3 的比例进行混合以获得更低的结晶点，结晶点不高于-60 摄氏度。然而，由于其闪点低且处理危险性大，因此在民用飞机上禁止使用。

还有一种航空煤油编号，即美国军方的 JP(Jet Propulsion)系列。常见的牌号有 JP-4，JP-5 和 JP-8。其中 JP-4 的成分与 JET B 基本一样；JP-5 是一种低结晶点，高闪点的舰载机专用航空煤油；JP-8 是 JET A-1 的军用版本。

另外，JP-6 和 JP-7 都是为高超音速发动机特制的高闪点航空煤油。其中 JP-6 用于 XB-70 军机的 YJ93 发动机；JP-7 用于“黑鸟”SR-71 的 J58 涡喷冲压发动机。

1.3 航空油料发展趋势

由于航空油料具有危化品污染的特性，因此以低铅和无铅化航空汽油以及航空生物燃料为代表的新型能源是当前民航运输业研发的主流方向。航空汽油方面，目前已经研制出了无铅化产品，并且具备了规模化的生产和使用。航空煤油方面，目前出现了以棕榈油、菜籽油、蓖麻油、废食用油为原料的航空油料，并研制出了多种制备方法，部分工业发达国家已建设出了万吨级别的商业示范装置。21 世纪起，已有多次采用传统航空油料与生物燃料混合后加注，执行商业飞行的成功案例。但目前，受政策、标准、成本和技术的限制，航空生物燃料还未大规模地生产和使用。

1.3.1 含铅航空油料

根据我国目前已公布的法规、标准，危险化学品分为爆炸品、压缩气体和易燃气体、易燃液体、易燃固体、自燃物品和遇湿易燃物品、氧化剂和有机过氧化物、毒害品和感染性物品、放射性物质、腐蚀品。因此航空油料属于危险化学品，同时航空煤油与航空汽油均属于第三类，即易燃液体。

航空油料的主要成分是以石油为提炼原料的烷烃化合物，并且在二次加工过程中添加了诸多化学添加剂，因此航空油料的燃烧必然对自然环境造成破坏。根据欧盟的一项研究预测，未来 20 年内，由于全球空中交通的持续增加，飞机的氮氧化合物排放量将增加 43%。飞机飞行带来的污染主要是航空油料的烷烃化合物经过燃烧后产生的尾气，例如生成二氧化碳、一氧化碳、未燃烧充分的烃和水含硫等颗粒物杂质，这类尾气含有间接温室气体，可导致颗粒物(PM)等有害健康的空气污染物的形成，而且会发生化学反应产生臭氧，造成化学污染，水含硫等氮氧化物还会诱发酸雨，对土壤、农作物、海洋等地表环境造成破坏。

航空公司旗下大部分高压缩活塞式发动机飞机以及所有喷气式飞机都需要高辛烷值

的航空油料燃烧来产生驱动推力。这种发动机结构下的需求使得航空汽油供应商在向航空公司交付产品前，对航空油料进行二次加工并添加四乙基铅等添加剂来增加辛烷值，这样就可以防止发动机产生爆震或爆炸。因此航空油料在燃烧过程中除了挥发有害尾气，还会游离出四乙基铅。四乙基铅呈油状液样，强烈的毒性隐藏在类似于果味芳香的外表下，一旦通过口、鼻、表皮组织进入人体后将长期留存于人体内。四乙基铅的含铅量约为64%，极易挥发，一旦通过飞机尾气排放出来，铅在空气中则呈微粒状态，随风扩散，极易附着在人类可能接触到的物质表面，也极易被人类吸入体内。由于发达程度不同，城市危废气体中的铅含量远高于农村，有研究表明城镇居民每天从空气中吸入体内的危废气体远超于乡村居民。

铅一旦留存于人体，则主要游离在各脏器组织，其中浓度最高的器官为肝脏与肾脏。脏器内的铅转移到骨骼内仅需短短的几周时间，并且以不溶性磷酸铅形式沉积下来，届时骨骼内将沉积摄入体内铅含量的90%~95%，脏器中的铅含量则明显较少，仅存有5%~10%。如果孕妇体内摄入了铅，会对胎儿产生更大危害，可引起腹中胎儿铅中毒和胎儿先天性发育畸形。此外，儿童铅中毒则对早期大脑发育有严重影响，即便是小剂量的铅，对儿童的神经系统及心血管系统的损害都是不可逆转。

由此可见，含铅航空油料的尾气不仅威胁了地球生物多样性，还严重破坏了自然生态环境。因此，全世界倡导使用无铅燃料必将成为绿色环保和人类可持续发展的重要举措。

1.3.2 国外无铅化航空汽油

美国现有通用机场多达2万座，在世界各国中排名首位，究其原因，主要是其发展通用航空时间早，早在20世纪90年代，美国政府就公布了“小飞机运输系统”计划和“空中高速公路”计划，鼓励加大基础设施投入和民间资本介入，快速推动了通用航空发展进程。如此之多的通用航空机场中，近75%是由民间资本投资。随着通用航空的快速发展，相应的短程航线越发密集，地面服务保障体系越发齐全，低空管制逐步放开，造就了完备的通用航空产业链，促进了航空汽油消费。

20世纪80年代中期，美国环保局就已经开始注意到，车用汽油及航空汽油中的铅会对人体及环境造成危害。基于此事实，美国环保局于1996年颁布了关于禁止公路交通工具使用含铅汽油燃料的禁止令，禁止在全美销售含有重金属的燃料，但是由于航空汽油没有足够的替代品，航空汽油成为例外，含铅问题并未受到制约。当前，每生产1000吨高标号的航空汽油，需要4~5吨四乙基铅。按照美国每年超过17万架通用航空飞机的规模，每年将燃烧超过1.75亿加仑的100LL低铅燃料，通航飞机尾气铅排放量约为700吨，占全美铅污染总量的40%，约为金属行业1倍之多，是制造业排放量的3倍，通航飞机尾气排放成为全美较低水平铅排放的最大贡献者，因此通航业严重的铅污染引发越来越多环保组织及居民的关注与不满。

2010年，美国环保局建议对使用含铅航空汽油的活塞发动机生产商制定规则，但出于各方面因素，最终并未采取任何行动。同年，美国联邦航空管理局同意暂停使用

100LL标号的低铅航空汽油，事实上，这项措施在执行过程中确实存在障碍。具体原因是相较于陆地交通所使用的汽油，燃料制造商或者化工企业的航空汽油的销售收入仅为汽油的十分之一，航空汽油市场规模有限，不存在任何市场驱动的理由来转向新型航空汽油的研发，大型燃料公司通过改变业务来解决含铅航空汽油的动力不足。再者，由于航空汽油应用场景的特殊性，无铅航空汽油相较于应用成熟的有铅航空汽油面临适航飞行方面更加严苛的挑战，需要经过较长时间研制和安全性验证才能审批使用。

2012年，美国联邦航空局无铅航空过渡规则制定委员会发现，美国环保组织在关于含铅航空汽油的请愿书和潜在诉讼中要求美国环境保护机构考虑采取监管措施，加以消除或减少飞机上的铅排放。这一要求进一步加速了无铅航空汽油研发。

除了环保，无铅航空汽油燃料对发动机也有其独特的优势，由于不含铅金属，其燃料在发动机内燃烧过程中能够大幅度减少积碳产生，有效降低火花塞污垢，同时对油路系统的铅腐蚀、维护频繁度以及毒性更低。

美国联邦航空局要求，在2018年前实现大部分通航飞机使用无铅航空汽油来替代高标号的100LL航空汽油。因此，在研发无铅化航空汽油的过程中，势必对燃料供应商以及发动机制造商提出更高、更苛刻的要求，需要这些单位与组织共同参与其中。100LL航空汽油替换工作促使美国在2014年形成活塞航空油料倡议合作组织（PAFI）。该组织的宗旨是“评估候选无铅替代燃料，确定这些无铅燃料在技术上能够满足现有通航飞机需求，同时要兼顾这些无铅燃料的生产、分配、成本、供应以及对环境和健康的影响”。美国联邦航空局认为，PAFI是快速批准新型航空汽油燃料最可行的途径。除了PAFI，其他公司也在不断寻找替代燃料，例如斯威夫特燃料公司，菲利普斯66公司以及加米公司。

PAFI研究了17种无铅航空汽油方案，最终仅有2种方案可行，其中一个来自壳牌公司。壳牌公司历经十年研发的无铅航空汽油，最终和两家航空发动机制造商共同通过了初步测试。据壳牌公司称，这款无铅航空汽油的辛烷值高于100，并且其性能符合相关指标要求。

斯威夫特燃料公司在研发UL100航空汽油前就已经生产和销售了自身花费6年研发的UL94航空汽油，按照指定的销售计划，UL94航空汽油可以为美国三分之二的通航飞机供应能源。在美国联邦航空局提出100标号替代燃料后，斯威夫特燃料公司开始着手研发马达法辛烷值超过100的航空汽油，技术上是以自有的UL94型航空汽油技术为基础的。经过10年不懈努力，在测试了大约12种燃料配方后成功研发出UL102航空汽油。在位于新泽西州大西洋市技术中心的FAA航空油料和发动机测试设施完成了对UL102汽油配方的各种发动机性能测试，通过了美国联邦航空局及发动机制造商认证，符合ASTM的国际规格，唯一不足在于每生产一加仑该款航空燃油将比普通航空汽油贵15美元。

无铅化航空汽油在技术研发上的重点是开发新型的无公害抗爆添加剂，这种添加剂必须确保使航空汽油的辛烷值达到或者突破100。菲利普斯66公司曾尝试在航空汽油中混合一种锰基添加剂，这种添加剂不仅具有提高辛烷值、爆震保护、阀座衰退和燃烧改善等功效，而且不会威胁生态环境与人体健康，因为锰是人体必不可少的元素，人类日常生活环境的土壤、食物、水源中都含有丰富的锰元素。

1.3.3 我国无铅化航空汽油

改革开放40多年来，我国经济社会快速发展，综合国力显著提高，城乡居民收入快速增长，生活水平不断提高，居民及生产业对通用航空的需求逐步放大，其在交通运输、旅游、种植等方面产生的社会价值得到广泛认可。国家近10年来在政策及产业扶持上持续推动通用航空产业发展。2010年，国务院、中央军委印发的《关于深化我国低空空域管理改革的意见》指出，要进一步深化和完善低空管理体系和空域资源规划，促进我国通用航空的发展。同时，“十二五”期间，国家对于通用航空行业发展的重点落于通用航空器的研发上。2016年国务院常务会议提出《国务院办公厅关于促进通用航空发展的指导意见》，旨在扩大空域开放，促进通用航空发展。我国通用航空运营环境在“十三五”期间得到逐步优化，基础设施建设与产业步入发展快车道。至此，通用航空发展已上升至重要国家发展战略，成为我国战略性新兴产业之一，对经济社会发展和满足人民美好交通运输需求起到极大作用。

航空汽油作为我国通用航空的主要燃料之一，在通航领域快速发展阶段占有重要的地位，其需求量逐渐增长。据统计，2013年我国通用航空飞机共消耗航空汽油约4万吨，其中包含进口燃料，而当年全国石油产量超过了2.1亿吨，航空汽油产量占比不足万分之一，直观定义为化工消费品中需求优先的小众产品。到2017年我国航空汽油消费量约达5万吨，2021年我国通用航空飞行器数量达到4000多架，航空汽油消费量远超10万吨。当前，我国通用航空使用的航空汽油主要为国产75号、95号以及100号，占总量的90%以上。

20世纪70年代末，兰州石化成功研制出第一批低标号的75号无铅航空汽油。之后，兰州石化开展了高标号的95号、100号含铅航空汽油研制，并作为航空汽油市场主体长期存在。资料显示，2015年，兰州石化可以生产高标号的航空汽油2万余吨，2020年其生产能力扩展为60万吨。相较于国际上较为通用的100LL，含铅量仅为一半。

我国高标号航空汽油含铅量的安全性和环保性受到行业管理部门的高度关注和诟病。

由于高标号航空汽油的含铅量大，我国监管部门更加注重对高标号含铅航空汽油使用安全和环境危害方面的审查。2016年，“关于推动无铅航空汽油应用促进通用航空产业发展和环境保护的建议”在两会上被首次提出，“建议”认为，我国通用航空正处于快速发展阶段，但受高铅量、低品质航空汽油影响，不仅降低了航空器发动机的使用寿命，还会引发生态环境破坏。“建议”受到了民航局高度重视并加快予以研究。自2014年以来，民航局在确保航空器适航性的前提下积极推动低铅化、无铅化航空汽油发展，有效推动我国自研自产满足飞行器安全的合格油品。2014年2月26日，随着《91号无铅航空汽油》这一重要标准启动编写，我国各大航空汽油制造国有企业以及民营企业纷纷参与其中。

2015年3月20日，燃料生产企业东营华亚国联航空燃料有限公司（以下简称“华亚国联”）研制出了国内首款100LL航空汽油产品，并获得民航局适航批准。该公司成为中国首家进入民用航空油料生产领域并获颁民航局适航批准书的民营企业。华亚国联自主研发的低铅100LL航空汽油符合该领域权威机构美国材料与试验协会ASTM 910D的全部指标要求，而且得到了世界上主要通航发动机制造商的书面认可，当年产量已能达到3万吨。100LL航空汽油的成功研发彻底掀开了我国此类航空汽油产品的新篇章。

2015年5月22日，民营企业广汉市天舟航空发动机燃料科技有限公司（以下简称“广汉天舟”）也成功产出低铅100LL航空汽油，并获得了中国民航局航空器适航审定司适航批准书。作为第二家进入低铅航空汽油市场的企业，广汉天舟独立完成了100LL航空汽油关键技术和产业化项目，成功研制开发的100LL航空汽油配方符合美国材料与试验协会ASTM 910D标准。其依靠先进的制造工艺，采用烷基化汽油（或异构化汽油）蒸溜切割获得理想馏分作为基础汽油，提高了基油的抗爆性，解决并掌握了配方、工艺、质量检测等一系列生产方面的关键技术，在国内率先实现了年产4万吨100LL航空汽油的产业化目标。

2015年6月，UL91号航空汽油诞生于中国石油北京燕山石化公司（以下简称中国石油燕山石化），并顺利取得了中国民航局航空器适航审定司适航批准书。中国石油燕山石化自2011年开展高标号无铅航空汽油研究工作，并与民航局建立了试验合作机制。其自研自产的UL91号无铅汽油在国内通过了多项测试，在国外也通过了美国实验室测试。经过多次发动机运转验证后，该产品具备满足发动机使用的各项关键指标。为进一步适应我国通用航空市场需求，中国石油燕山石化于2016年投资建设了万吨级航空汽油生产装置，仅2年时间，UL91号无铅航空汽油就销售了1500多吨。高速发展的通航市场为中国石油燕山石化无铅航空汽油产业带来了可观的新利润增长点，并且无铅化的市场需求还促进了生态环境保护，各方面市场应用前景都十分广阔。

100LL和UL91航空汽油的自研自产填补了我国无法生产符合环保要求及适航标准的航空汽油的空白，彻底打破了国外油企对我国低铅和无铅航空汽油市场的垄断，实现了通用航空汽油的低铅化与无铅化自给自足。

令人振奋的是广汉天舟于2019年9月一次性获得中国民用航空航油航化适航审定中心颁发的三种航空汽油产品适航批准书，分别是UL91、95号、100VLL三种无铅、低铅、超低铅航空汽油。这一重大突破标志着我国最新航空汽油产品已经能够与国际先进水平同步前行。同时意味着一旦投入市场，将为我国通航燃料市场带来革命性、划时代的重大影响。

100VLL航空汽油按照美国材料与试验协会ASTM D910-17标准研发，将铅含量进一步降低，同时满足抗爆性能、低铅含量、抗氧化性、优良的低温流动特性等指标要求，更好地保护飞机发动机。美国在20世纪70年代末研发出100LL低铅航空汽油，经过近40年时间于2011年初才推出100VLL超低铅航空汽油。而我国广汉天舟公司自2015年自主研发出100LL航空汽油以后，仅用短短4年时间便研发出100VLL超低铅航空汽油。我国油品燃料制造商用4年时间便走完了西方发达国家40年才走完的路程，充分证明我国完全有能力在高端通航研发领域做得更好，走得更远。

UL91号航空汽油是广汉天舟在自研的100LL航空汽油基础上，按照美国材料与试验协会ASTM D910-17标准研发的产品，实现了无铅化。

95号航空汽油是广汉天舟按GB 1787—2018标准研制的产品，但其四乙基铅和芳烃的含量指标远好于标准要求，铅含量小于0.48g/L，芳烃含量小于20%。与传统95号产品相比，使用该产品产生的积碳积铅会大幅减少。

2021年4月，兰州石化UL91无铅航空汽油、100VLL超低铅航空汽油2个新产品通过了民航局适航审定现场评审，100LL低铅航空汽油通过了现场复证审核。

随着我国无铅化航空汽油的重大突破，2016年4月26日，《91号无铅航空汽油》(MH/T 6112—2016)行业标准正式发布，并于2016年7月1日开始实施。行业标准技术内容科学、先进，结束了国内没有无铅化航空汽油标准的历史，大大推动了国内航空汽油生产企业向无铅化产品转型升级，提高了油品质量，还可以打破航空汽油供应的通用航空发展瓶颈，进一步促进我国通用航空健康持续发展。

同期，民航局也意识到现有国内通航飞机发动机适应无铅化航空汽油的比例仍然较低，导致环保型航空汽油无法大面积快速推广，推广过程需要遵循循序渐进、逐步替代的原则。下一步，民航局将积极推动无铅汽油发动机的市场比例，促进发动机制造商加快研发和转型，确保发动机同航空汽油协同发展。监管方面，民航局针对航空汽油生产单位和航空汽油使用单位分别加强了监管，确保低铅化、无铅化航空汽油油品质量安全和使用安全。政策方面，国家将进一步推行绿色清洁航空油料优惠政策，如采取税收减免、财政补贴等措施，鼓励绿色清洁航空油料加速推广使用，提高清洁燃料企业在国内外市场的竞争力。各航空汽油生产企业也将秉持大国工匠精神，不断追寻时代步伐，追求卓越，研发高马达法辛烷值的无铅航空汽油，早日跻身世界航空汽油科研领域顶尖行列。

1.3.4 航空生物燃料

在全球聚焦气候变化带来影响的背景下，航空业温室气体排放受到多方制约。随着推动绿色发展，促进人与自然和谐共生理念不断深入，航空生物燃料作为一种新兴可持续燃料受到越来越多的关注与研究，与传统航空煤油燃料相比，航空生物燃料有着可持续、低碳排放等环保特性，受到国内外密切关注。自20世纪70年代以来，欧美许多国家和地区纷纷加速对航空替代燃料的使用进程，尤其是巴西、美国、欧盟等积极探索航空生物燃料技术，我国也在进行航空生物燃料的开发及应用。

1. 航空生物燃料主要提炼方式

目前，航空生物燃料的原料根据其成分属性大致可分为三类：

一是动植物油脂，主要有地沟油、棕榈油、麻风树油、废弃动物脂肪以及微藻油等，其化学组成与航空煤油最为相近，且具有高能量密度的特性，加工制造工艺技术已比较成熟，缺点是原料购置成本较高。

二是糖和淀粉类，主要有蔗糖、玉米淀粉、木薯淀粉以及制糖工业的废液等，这种依靠生物发酵工艺所生产的航空生物燃料与航空煤油的混合占比最多仅有10%，且整体制造成本高昂。

三是木质纤维，主要有秸秆、玉米芯、废弃木料、造纸废弃液等。这些原料有产量大的优点，缺点是技术上仍存在较大挑战，而且生产工艺设备投资费用极高。

2. 国外生物燃料发展趋势

航空生物燃料可直接应用于航空涡轮喷气式发动机，其需要同航空煤油混合后燃烧，按现行航空业的标准，混合比例最高为50%。当前，欧盟实施的“清洁天空计划”将全球2000余家航空公司纳入欧盟排放交易体系。所有在欧洲运营的航空公司必须监测、报告和核实其碳排放量。2016年10月，国际民航组织(ICAO)通过“国际航空碳抵消和减少计划”，要求航空公司消除碳排放增长。

欧美国家自2008年起逐步开展航空生物燃料研发，2011年步入商业验证飞行阶段。2011年10月，英国汤普森航空公司由伯明翰飞往兰萨罗特岛的飞机上使用的燃料中有一半是航空煤油，另一半则是经传统地沟油加工炼制而成的“氢酯和脂肪酸”，此举成为民航业使用航空生物油料的标志性事件。

2012年2月24日，彭博新能源财经研究显示，随着全球航空公司购入航空生物燃料的比例逐步提升，倘若航空生物燃料的研发及产出效能能够不断提高，则部分以非食用植物油为原料的生物航空燃料的生产成本很可能在2018年接近传统航空油品。2012年3月7日，智利航空公司实现了第一次航空生物燃料商业验证试飞，一架空客A320由首都圣地亚哥顺利飞至康塞普西翁。空中客车、波音公司以及巴西航空工业公司联合合作航空生物燃料的时间起始于2012年3月22日，三家公司共同签署了一项协议，以推动航空生物燃料的应用。2013年6月22日，法国石油巨头道达尔集团等欧洲4家航空相关企业表示要联手尝试在燃料供应商、飞机制造商和航空运营商等各方之间建立产业链，推动航空生物燃料的发展。2013年7月15日，据《日本经济新闻》报道，日本IHI公司将着手研发以藻类为原料的航空生物燃料，其成本仅为其他生物燃料的十分之一。巴西戈尔航空公司于2014年在一架航班上使用了以蔗糖为原料的航空生物燃料。2015年1月20日，由波音公司与巴西航空工业公司共同建立的可持续航空生物燃料联合研究中心在巴西建成，进一步促进了巴西航空生物燃料的发展。2020年，阿提哈德航空与波音公司合作开展环保项目，在该公司一架全新787-10飞机上测试了航空生物燃料。2021年11月，新加坡民航局、新加坡航空公司及淡马锡携手，在樟宜机场试行航空生物燃油，该试点计划自2022年开始，为期一年。

据不完全数据统计，自2011年以来，全球众多民航运输航空公司与飞机制造公司使用航空生物燃料进行了超过2000余次试飞，大部分使用的燃料是混合比例小于50%的航空煤油。2021年，一架空中客车H225直升机完成了直升机飞行史上首次使用100%航空生物燃料的试飞，该机搭载的两台Makila2发动机中的一台使用了生物燃料，此次试飞标志着评估非混合可持续航空油料对直升机系统影响的飞行测试活动的启动。

3. 我国生物燃料发展趋势

我国作为未来全球民航业的关键环节，飞机燃料动力的清洁和低碳化选择是重中之重，发展具有绿色低碳特征的航空生物燃料将会引领未来航空业转型升级，此举将有利于我国灵活应对全球民航业低碳发展计划的新挑战，有利于我国提高国际竞争力、抢占主导地位，对落实碳达峰和碳中和具有重要战略意义。

我国于2009年开始航空生物燃料研制工作，主要承担公司为中国石化与中国石油。

2009 年 8 月 26 日，波音公司开始寻求与我国的合作，推广其航空生物燃料研究成果。2010 年 5 月 27 日，国家能源局、中国石油、波音公司以及航空公司代表共同签署了合作谅解备忘录，旨在评估我国航空生物燃料产业发展。2011 年 8 月 28 日，中国航空波音 747-400 客机开展了我国首次航空生物燃油试飞。2011 年 9 月，中国石化镇海炼化组建了亚洲第一套航空生物燃料工艺制备装置，3 个月后，该装置已具备生产符合试飞标准混合生物燃料的能力。

2011 年 6 月 24 日，中国航油与中国石油在北京举办了“中国首次试飞航空生物燃料交接仪式”，中国石油生产的验证飞行用的 15 吨航空生物燃料顺利交接到中国航油。由中国航油负责 2011 年 11 月 28 日验证飞行工作中生物燃料混兑合成、质量检验和加油等工作。期间，中国航油高度重视，周密部署，加强了人员培训，为航空生物燃料建设了专门用于存储及运输的设施设备，新购了罐式加油车，传统航空煤油与航空生物燃料按照 1 : 1 比例掺配，其燃料特性和各项指标符合 GB 6537 标准和 ASTM D7566-11 标准。2013 年 4 月，中国石化自研自产的航空生物航空煤油获得了民航局适航审定，具备了在民用运输飞机上商用的能力，这一事件标志着我国成为世界为数不多的拥有生物航空煤油自主研发生产技术的国家，使我国正式具备了航空生物燃料产业化商业化能力。2014 年 8 月 14 日，中国商飞与波音公司联合宣布“地沟油上天”项目取得突破，进入中期测试阶段。同年 10 月份，双方在杭州成立“中美航空生物燃料示范项目”。2015 年 6 月 4 日，中国航油与民航局、中美商会和波音公司联合举办的中美航空生物燃料及新型燃料研讨会在成都召开，来自生物燃料领域生产、物流、航空公司、飞机和发动机制造公司、科研机构及行业协会等单位的近 70 人参会并就航空生物燃料的研发、应用、技术发展、审批流程及在中国的发展等进行了交流和研讨。2015 年 3 月 21 日，海航 HU7604 波音 747 飞机使用航空生物燃料完成我国首次载客飞行。2015 年 10 月，中国航油参加了在杭州举办的中国商飞国产航空生物燃料项目协调会，为国产 ARJ21 飞机在上海验证飞行提供加注服务。

4. 推广生物燃料面临的挑战

具备环保特性的航空生物燃料能否商业化应用更多取决于其安全性和经济性。我国民航局对航空生物燃料实行的是全面监督和管理标准，要求燃料的生产过程和质量品质同航空器材及发动机制造标准一样严格，以此确保民用运输飞机和乘客生命财产安全，下一步，符合各关键标准的航空生物燃料将有计划地在商业客机上进行试飞，以不断丰富数据并验证燃料的可靠性。

另一个挑战是当前全球航空生物燃油几乎全由油脂原料制取，其进入大规模推广的最为掣肘问题是经济性较差，生产成本过高，民用运输产业链以及消费者难以承受高出普通航空煤油 2 至 3 倍成本的油脂型生物燃料。为此，各大燃料研发团队均在探索如何降低生产成本，例如国家 863 计划“生物质水相催化合成生物航空燃油”课题中，中科院广州能源研究所取得了重大突破，其研制的航空生物燃料以秸秆、木薯等为原料，经国家相关检测机构测试，其油品质量及性能满足标准，具备开展验证飞行的可行性。未来，研发人员可通过优化工艺进一步降低生产成本。

2019 年，中国航油与中科院广州能源所合作承担了国家重点研发计划项目“纤维素类生物质催化制备航空生物燃料技术研究与示范”，旨在突破纤维素类生物质制备生物航空油料关键技术，实现经济可行的千吨级工程化示范应用并形成航空油料生物燃料储运加注全链条质量管控标准，为我国航空碳减排提供能源解决方案。该项目技术路线及成本均处于国际领先水平，生物航空油料产品以期实现每吨生命周期内减排 2. 5~2. 9 吨二氧化碳，较石化航空油料碳排放降低 79%~92%。该项目作为航空油料领域“5+2”重点课题之一，已列入民航“十四五”科技发展规划。

据空客公司预测，2030 年生物燃料将占据喷气燃料市场的 30%，航空生物燃料的市场价值在 2030 年时将达到 570 亿美元。我国作为全球航空煤油最大消费国之一，2021 年航空煤油消费量达 2700 万吨，且呈逐年递增趋势，这意味着我国可替代市场潜力巨大。有数据显示，我国每年消耗食用油超过 3000 万吨，每年秸秆年产量约 6 亿吨，林业生产和木材加工废弃物约 3 亿吨，航空生物燃料制备原料资源丰富，能够满足未来我国民航运输业对生物燃料的需求。

5. 探索新能源替代方案

2020 年以来，全球风能和太阳能光伏、氢能源等可再生能源持续快速发展，能源向绿色低碳化转型已成为时代发展趋势，可持续能源在全球受到越来越广泛的关注，各国合作与竞争愈加紧密。除了航空生物燃料，许多航空业制造龙头公司已逐步开始研究新能源在飞机动力方面的应用。2021 年 12 月 7 日，空中客车公司对外宣称将研究民航客机的燃油换成氢能源。现在空中客车集团的研究团队已经初步设计出三种商用客机的发动机，实现将氢能源转化成电能驱动发动机正常运行的设想。一旦研制成功，将引爆民航运输无燃油飞行的全新变革，使污染降低为零。但使用氢能源是一项极具挑战和阻碍的项目，氢气极其不稳定，易燃易爆，危险系数极高，存储困难，且制造成本昂贵。因此，航空运输业的新能源转型是一条必要、可行但漫长的探索之路。

第 2 章　国内外航空油料供应格局比较

根据万得数据库资料显示，近十年全球范围内航空煤油消耗情况见表 2.1，全球范围内几大重点航空煤油消费国家集中在美国、中国、英国，美国仍然是航空大国，其航空煤油消费量远远超过其他各国，中国仅次于美国位居第二。近十年来，国外喷气燃料消费量排名前十的国家燃油消费呈逐年下降的趋势，这一趋势符合民航业成熟期的发展特点，也是得益于技术革新带来的燃料效率提升。因经济、政治、文化、社会、市场等不同，国内外航空油料供应格局不同。航空煤油行业产业链包括上游原材料的开采、加工，中游的储存、运输，以及下游终端的销售、加注等多个环节，本章将对国内外航空油料上、中、下游及油品管控进行介绍并对比分析。

表 2.1　近十年全球喷气燃料消费量　　　单位：千桶/天

年份	美国	中国	英国	俄罗斯	日本	德国	法国	新加坡	澳大利亚	印度
2019	1432	843	240	242	202	184	142	117	121	110
2018	1425	791	250	262	195	177	160	126	124	118
2017	1398	725	242	269	198	187	154	139	130	115
2016	1434	643	243	257	219	190	154	146	139	118
2015	1470	573	242	242	220	184	153	147	139	123
2014	1548	507	245	213	222	184	159	150	142	132
2013	1614	457	244	206	226	198	154	159	151	147
2012	1682	408	263	213	233	215	158	169	158	161
2011	1707	376	265	224	233	221	164	173	163	179
2010	1743	350	267	235	223	221	171	183	162	178

2.1　国外航空油料主要供给模式

2.1.1　美国模式

美国的航空油料供给模式可简单概括为寡头把持。美国是航空大国，且炼厂工业发达，政府政策对航空油料市场干预少，市场竞争者数量众多，形成了航空油料供给市场寡头垄断的局面。航空油料从炼厂至机场的储运设施设备由独立的运营商经营，航空公司拥有机场内加注设施设备的股份，航空油料的经营呈现完全的市场化，航空油料供应市场对所有油料供应商完全开放，供应商以航空油料出厂价作为报价，平等参与市场竞争。美国绝大多数机场的航空油料供给由埃克森美孚、德士古、雪佛龙等大型石油公司联合主流航空公司如美国联合航空公司、美国航空公司等所垄断，上述公司分工明确，按照“谁投资、谁运营、谁受益”的原则，建立了从油田到炼厂再到油库、加油站直至机坪的航空油料供应全链条经营模式，形成了寡头垄断利益集团。石油公司负责前端输油管线的投资建设，航空公司负责机坪管网的建设。少数机场由多方共同经营，其供油设施由石油公司、分销商、加注公司和航空公司共同投资建设，并一起从事机场供油经营业务。而绝大部分机场的供油业务由寡头集团所控制，寡头集团利用其对航空油料资源的控制力和遍布全国的输油管线网络，把航空公司纳入利益团体，牢牢掌控了客户资源等优势，控制了美国90%以上的机场供油业务。

1. 上游采、炼模式

美国拥有世界上最复杂的炼油体系，建立了最庞大的炼油工业。美国早期炼厂以生产航空用油料、航空煤油为主，最早的炼厂建于1862年。19世纪美国汽车工业高速发展，1905年汽车年产量超2万辆，成为世界汽车产业中心，汽车需求量的大幅增加带动了汽油的消耗，至1911年，车用汽油的需求量首次超过了航空煤油。美国炼油工业经历了三个阶段，第一个阶段为20世纪80年代初的产能过剩和压缩阶段，由于70年代全球范围油价大幅震荡，使得油品需求量大幅减少，在高油价和炼油能力过剩的双重压力下，大量炼厂因经营困难和亏损而选择关闭停产。第二个阶段是大调整阶段，始于1985年，并于1995年结束，在经历前期的炼油产能压缩以后，1985年其炼油能力不断提升。在这一阶段，炼油产能也渐渐恢复，但无法通过业务的运营与发展获得丰厚利润的炼油公司依然不在少数，这些在炼油业务方面无法取得满意结果的公司渐渐对其炼油、营销资产进行处理，一些规模较大的公司选择出售无法获得利润或者缺乏战略意义的资产。第三个阶段是1996年到现今的合并、兼并和合资阶段，由于企业自身堪忧的经济状况以及日益严厉的环境法规要求，美国炼油商和经销商正在面临着异常困难的生产和经营局面，在炼油和销售方面的投资回报低、利润差，美国石油工业掀起了一股重组热潮，主要采用购买等形式进行重组。

美国大型炼厂呈集中分布，小型炼厂呈零散分布，即整体呈现“大集中、小分散”的特点。美国的炼厂密集地分布于西部、南部地区，其中南部炼油能力占全国总炼油能力的半数以上。根据炼厂的分布模式，美国成品油由炼厂众多、炼油能力发达的南部，运往人口稠密、工业发达的东北部、大西洋沿岸和五大湖区，即所谓的“南油北运”。美国炼油工业的格局基本稳定、分布变化不大，总体炼油能力呈缓慢稳定增长的趋势，由于石油工业之前经历的兼并、合资、重组浪潮，炼厂的总体数量呈现小幅下降的趋势，炼厂平均生产能力有所增长。

2020年，美国原油供应量达1128万桶/天，石油和其他液体的产量为1861万桶/天，炼油厂净产量超1700万桶/天，占全球炼厂日均产能的17.5%，其中航空汽油供应量为10千桶/天，航空煤油供应量为1018千桶/天。美国炼厂原油加工能力为1898万桶/天，占世界原油加工总能力的16%，其中，航空煤油(喷气燃料)加工能力为1643千桶/天。美国炼厂数量由1982年的301座，减少到135座，其中正在运营的131座，闲置炼厂4座，分布在31个州，炼厂平均规模为14万桶/天。美国国防区域石油管理局（PADD）公开资料显示，美国被划分为5个炼油区域，PADD Ⅰ区为美国东北部区域，共有8座炼厂，该区域缺少较大规模的油田及管网系统，主要通过水路进口产自欧洲等地区的原油，以布伦特原油计价，该区域炼油总加工能力为122万桶/天，其中航空煤油产量为74千桶/天，在总加工能力中占比6%。Ⅱ区是美国内陆区域，为中西部地区，累计建设有26座炼厂，主要由管道接收"世界管网中心""美国原油集散地"库欣的原油，并进口加拿大原油，以WTI原油计价，该区域炼油总加工能力为420万桶/天，其中航空煤油产量为328千桶/天，占总加工能力的7.8%。Ⅲ区分布于墨西哥湾区域，以WTI原油的加工为核心，累计建设有58座炼厂。在美国建设大量焦化装置的形势下，美国对重质原油有了更大需求。近期，美国主要使用WTI、墨西哥玛雅原油计价，当地总加工能力998万桶/天，居5区之首，其中航空煤油产量为944千桶/天，占总加工能力的9%。Ⅳ区为山地区域，共有16座炼厂，该区与Ⅱ区一样位于美国内陆，同样由管道接收库欣的原油，并进口加拿大原油，以WTI原油计价，该区域总加工能力为70万桶/天，其中航空煤油产量为48千桶/天，占总加工能力的0.7%。Ⅴ区为美国西部区域（含阿拉斯加州和夏威夷州），共有27座炼厂，由于落基山脉纵向隔断，使得该区成为相对独立的区域，该区有油田，往往会参照阿拉斯加北坡原油进行计价，并将自产原油、进口阿拉斯加北坡原油作为核心的加工原油，总加工能力为287万桶/天，其中航空煤油产量为249千桶/天，占总加工能力的9%。

2. 中游转、运模式

美国成品油运输基础设施完备，油气管网发达，成品油管道里程共计约15.3万公里，管道运输在美国成品油配送体系中占据重要地位，70%以上油气通过管道方式运输，具有管道输送比例高、管网布局密集、运输油品种类多样等特点，航空煤油运输方式多以管线方式进行运送。美国成品油管道属于公共设施，由国家统一指导运价，严禁炼厂和下游销售商直接控制和垄断管道经营，成品油管道运输行业处于一定的竞争环境下，能在一定程度上保障油品运输的及时性、顺畅性和高效性。在地理条件方面，管道交汇、运输畅通的地区占据着领先地位，这些地区渐渐成为原油、成品油物流中心。例如，纽约已成为重要的成品油枢纽，库欣等地区是重要的原油枢纽，芝加哥等地区是重要的原油以及成品油枢纽。

美国成品油仓储处于完全开放竞争的市场化经营环境。在市场早期形成阶段，主要是一体化石油公司和私营公共仓储企业之间的激烈竞争，这也直接导致了美国油库数量的显著增长，激烈的市场竞争，也使得成品油仓储费用得到极大降低。在市场稳定期，由于供应链管理技术的提升，以及管道"混合输送技术"的迅猛发展，市场对油库的需求大幅下降，油库数量也相应减少。由于航空燃油多以管道输送，一般直接由炼厂配送至机场油库，不需要经历中间的转输、转运和仓储，因此美国航空燃油的仓储单元一般为炼厂和机场油库两级。

3. 下游注、销模式

美国成品油市场格局形成于20世纪20年代，当时的成品油市场竞争十分激烈，市场主体进入和退出都异常活跃。为在充分竞争的市场环境中占据一席之地，市场主体创新能力强劲，金融创新、技术创新和营销创新齐头并进。在市场早期形成阶段，汽油销售的规格和牌号相对单一，美国各地区之间可相互调配汽油。在日益严格的环保要求下，为应对《清洁空气法案》，各州及地方政府对汽油的含铅量、蒸发排放或辛烷值等级提出了明确要求，从而产生了多种规格和牌号的汽油种类。

在成品油批发方面，美国成品油采用灵活、多样化的形式进行批发，炼化公司通过对批发价进行控制，对营销市场带来了一定影响。批发价格一般有“内部转让价”“油罐车价格”（DTW 价格）和“机架批发价格”“协议价格”四种，并分别对应四种经营模式和客户群体。其中，“内部转让价”对外严格保密，一般仅限于炼厂自有自营的加油站内部使用。“油罐车价格”高于“内部转让价”，用于石油公司自有他营或授权经营的加油站。“机架批发价格”一般针对中间商，也即“中间商分销价格”，中间商从石油公司炼厂或油库购买成品油，并分销给其他加油站。“协议价格”适用于军事部门等的大客户，一般通过双方协商、事先签署协议，以“协议价格”交易油品。美国成品油销售行业成熟，行业利润微薄，炼化企业对销售市场的控制力和影响力也在减弱。

在纸货市场交易方面，纽约商品交易所（NYMEX）是主要的电子交易平台。在现货市场交易方面，全美有七个主要现货交易市场，分别是西北太平洋、旧金山、洛杉矶、芝加哥、纽约港、墨西哥湾等。在批发市场方面，特点是交易量较小，价格跟随现货市场变动，交易价格透明，美国 DTN 能源和 OPIS 是关注批发市场以及少量现货市场的公开机构，较多地用于美国批发环节的基准价。在零售市场方面，美国零售市场价格跟随批发市场价格变动，一般反应时间是 2~3 天。美国各大零售商均自主定价，结合地理位置、油品品牌、客户群体等因素，优惠幅度跟当期营销策略有关。

美国航空油料销售市场属于市场环境下的专业化经营，航空油料市场开放程度高，但入行门槛高，航空油料销售主体仍为集团公司（寡头）所控制。大型石油公司和主流航空公司早已利用其巨大的资金和资源优势投建了输油管网，通过广泛布局输油管线网络将油田、炼厂、机场管网、储油库和加油站等连为一体。其中，炼厂到机场油库的经营权由石油公司掌控，机场油库和机场加注设施设备由航空公司控制。大型机场一般由一家大型公司控制，个别机场由多家公司共同经营。航空公司虽有财力购买炼厂资源进入成品油销售市场，但无法主导航空煤油价格体系，航空油料支出与劳动力成本是航空公司的两大主要成本。航空公司面临价格剧烈波动的航空煤油市场，承受着价格波动带来的经营上的不确定性，从而加大经营风险。目前国际上还不具备以航空煤油为标的、流动性充足的场内期货市场，航空公司使用以原油等为基础的衍生工具来冲抵航空油料价格风险。

在航空油料定价方面，美国航空油料价格为市场定价机制，由油料公司参照市场供应与需求关系等因素与航空公司商定。美国航空油料价格透明，官方机构定期追踪并公布航空煤油价格指数和价格，公布的信息为报告日期各炼油厂出厂航空煤油的全球平均价格。各机场也会公布当地机场的实时航空煤油价格。

美国在航空油料供应、运输、储运、加注等环节采取多种设施和手段保障航空油料品质，如管线加油车、罐式加油车等配置了通过 API/IP 1581 技术认证的航空油料过滤器，防止水分和灰尘掺杂进入航空油料。储存航空油料的油罐采用倒锥形罐底设计有利于航空炼油储罐排污。美国 MACOM Technologies 公司的 Tech Alert TM20 型在线油液传感器、Metal SCAN 嵌入式油液传感器、美国 Cambridge Viscosity 公司的在线黏度传感器、美国海军研究所和洛马公司研制的 LNF(Laser Net Fines)磨粒监测仪器等设施设备能实现在线不停机对磨粒进行监测，保障油品质量。

4. 航空油料相关标准

美国材料与实验协会(ADTM)主要制定材料、石油产品和润滑剂等领域的实验方法和程序标准。美国机械工程师协会(ASME)等机构制定了标准体系。联合检查集团 JIG 已发布有关机场油库收油和操作的一系列标准及手册。美国亚美能源公司建立了“世界最佳航油运营商”的评选标准，每年通过全球航空公司投票评选出当年最受欢迎的航空煤油销售商。

5. 通航市场分析

美国是通用航空发展排名第一的国家。截至 2020 年，美国通用飞机总保有量约 22 万架，总飞行时间约 2500 万小时，通航机场数量超 2 万座。通用航空应用领域包含公务以及私人飞行等多个领域。其中，私人飞行是主要的通航发展领域，在全球范围内，美国私人飞机持有量居首位，超 15 万架，占世界半数以上，需求者多为中产阶级，私人飞行小时数超 800 万小时。公务飞行主要为商务需要活动所使用，也是满足航空运输个性化需求的体现，美国公务飞行机群超 3 万架，公务飞行小时数超 400 万小时，美国自主拥有公务机的 Top500 公司占比超 2/3。在不久的将来，飞行培训市场具有良好的发展空间。在美国，有 2 万架以上的飞机被用于教学飞行领域，飞行培训小时超 600 万小时，其繁荣程度是通航领域的晴雨表。空中应用包含医疗救护等多个领域，其中占据主导地位的是农业作业等领域。美国通航对社会发展的促进作用体现在美国农业与通航的关系方面，美国使用飞机种植代替传统水稻种植，极大提升了劳动效率和粮食产量，如不使用农业航空服务，美国农业产量可能降低一半。美国通用航空在医疗服务领域的应用也十分普遍，政府为其直属消防以及治安警察配置了空中医疗支援飞机。另外，民间设置的空中医疗支援服务点在 200 个以上。当前，美国基于医院建立的直升机医疗救护点在 200 个以上，直升飞机总数为 300 架以上。

美国通用机场建设历史可追溯至“二战”时期，期间美国本土建设了大量机场，战后划归为地方政府所有，委托由企业、非营利组织或个人经营，这类经营模式基本成了现代美国通用机场体系的雏形。美国通用机场经营模式可按照产权是否完全移交分为两种，第一种是仅委托经营而不移交产权的模式，这种模式下，机场产权仍归属于当地州政府，政府组织机场管理委员会作为机场管理机构，与机场经营方，通常为非营利组织或主管单位，签订租赁协议等模式授权其对机场的经营行为，这种经营模式多应用在业务量较大的公务机场和城市通用机场。第二种是产权移交模式，在经营期内，政府将机场经营权和产权一并委托并移交给机场经营单位，这种经营模式多应用在提供社区服务的小型通用机场，此类机场特点是业务规模较小，位置偏远、交通便利性差，该类机场主要服务周边的社区居民而非服务城市居民。

美国通航运营模式主要有 FBO(固定运营基地)、MRO(维修站)、FSS(飞行服务站)三类，其作用相当于公路交通的服务站、加油站、停车场、维修站及整个交通导航系统，供油服务主要由机场运营单位自行选择性提供。其中，FBO 旨在为公务机等不含民航航班的小飞机提供加油等多样化的服务，截至 2020 年，美国共有约 3000 家 FBO 企业。MRO 旨在使通用飞机获取专业化的维修服务，当前，美国地区通过批准的维修站有上万家。FSS 的服务范围极为广泛、业务数量极多，包括为客户提供气象预报、飞行计划、飞行支援等多样化的飞行服务。当前，美国设置的 FSS 站点数量在 180 个左右，设置的 AFSS(自动飞行服务站)站点数量在 58 个左右。

2.1.2 欧盟模式

欧洲航空油料供应模式可概括为专业化公司联盟，实行一体化经营模式。政府对航空油料供应市场干预多，市场为少数大的专业石油公司所垄断，竞争者少。政府对市场准入制定了较高的标准，航空油料供应商必须对机场的基础设施、股份等方面进行投资，方可介入航空煤油供应领域，少数有实力的石油公司对航空煤油从出厂到加注各个环节的储运设施都具有控制权，石油公司的报价为加注环节的终端销售价格，这些石油公司基本垄断了航空煤油的终端经营，其他供应商很难介入其中。此种模式延长了石油公司的价值链，对石油公司十分有利。从最前端输油管线的建设到最末端加油设施设备的投资均有多个专业化公司共同参与，每个公司负责自己专业化程度最高的部分。如多个石油公司共同投资建设共用的储油设备，建立“联合油库”，这些联合油库仅提供专业的储运服务，收取建设使用费，不参与航空油料销售。机场负责机坪管网的敷设，同样仅收取使用费。专业的加注公司负责面向航空公司提供加注服务，不考虑机坪管网和油品采购问题。专业化公司联盟通过精细化的分工，节省了大量主营业务以外的成本，这种“抢先优势”一旦建立，机场供油体系形成，其他公司便难以以更低成本进入。

1. 上游采、炼模式

西欧是世界三大主要炼油地区之一，2020 年西欧炼油厂日均产能超 1300 万桶/天，约占全球的 13%。欧洲最大的炼油厂在荷兰鹿特丹，日均产能为 138 万桶/天。德国、意大利、英国、法国、西班牙和荷兰分列西欧炼油产业前六位，且六国各自的炼油能力均超 100 万桶/天。其中，意大利有“欧洲炼油厂”之称，炼厂日均产能为 190 万桶/天。

欧洲最早的产油国是罗马尼亚，其早在 1646 年就有了油苗的相关记载和描述，由于早期没有正规的加工提炼技术，石油主要用于润滑和当作灯油，直至 1857 年，罗马尼亚才正式有了石油的产量记录，据记载，当年的石油产量为 275 吨。罗美 Romano-Americana 标准石油公司于 1903 年建立以后，在普洛耶什蒂 Ploesti 创建了这一时期规模最大的炼油厂，这也是该公司在其他国家建立的当时规模最大的炼油厂。欧洲炼厂高速发展阶段是在“二战”以后，历经 30 年成为世界三大炼油地区之一，发展过程中经历了石油需求疲软、炼厂产能过剩、炼油结构调整、炼厂倒闭的困境，目前也正在经历环保政策、石油市场需求疲软、同行竞争等压力。环保压力主要来源于欧盟日益严格的环保政策和欧盟地区的碳税机制。石油市场需求疲软，一方面是环保政策对汽油车的抑制，欧洲多地将禁用或停产汽油车，另一方面由于欧洲汽车市场已趋饱和，油气需求增量有限。加速崛起的亚洲炼化工业也对欧洲炼油商产生了一定冲击。近十年来，西欧石油市场需求萎缩，炼化成本居高不下，炼油利润持续走低，炼厂设施设备装置老旧，已有不少炼厂选择关停或转型，有转型提炼生产生物燃料的，有转型成为成品油仓储单元的，也有直接闲置或关闭停产的。据统计，因传统炼厂停产或转型，欧洲炼油能力将减少约200万桶/天。传统炼油企业向生产生物燃料或可再生燃料转型是炼化行业的发展趋势，包括生产生物质航空煤油或可再生航空煤油。意大利埃尼石油公司的格拉炼油厂已开始生产可再生燃料，公司将其业务拆分为可再生能源和油气板块，成立了专门的可再生能源部门。芬兰能源公司Neste已布局进入生物燃料赛道，并将在新加坡投资14亿欧元生产可再生航空油料。法国道达尔公司旗下炼油厂已生产生物质燃料，并宣布将投资超5亿欧元将其法国格兰普伊特炼油厂改造为生物燃料工厂，预计投产后每年将生产17万吨航空生物燃料和12万吨可再生柴油。壳牌公司宣布将通过收购、新建等多种方式在加拿大、巴西、美国、欧洲等多地增建生物燃料产能，将在园区建立一座生物燃料设施，该设施的年产量高达82万吨。

2. 中游转、运模式

法国是最早建立石油储备制度的国家，1923年起，应政府要求，石油产品经营单位必须常态化保持足够量的石油储备，其中也包括对航空油料进行常态化储备。石油储备有官方储备和非官方储备两种形式，其中，官方储备由国家出资建设储油罐或储存中心，国家对储运油品具有绝对调控权和控制权。非官方储备由石油产品经营单位自行建设储油库和储油罐，利用企业自有的油罐代行国家石油战略储备职能，非官方储备方式是企业履行国家义务的体现，必须予以落实和执行，期间产生的仓储费用由企业自行承担。20世纪70年代初期，芬兰开始建立国家储备制度，其中包括对航空油料进行常态化储备。至90年代，芬兰国家储备制度基本完善并建立了国家能源储备中心，颁布了包含航空油料的能源法规和管理目标，其中，航空油料的战略储备量达4月以上。芬兰同样采取官方储备和非官方储备两种方式，不同的是，芬兰政府明确了政府和企业各自承担50%的储备职责。

西欧地区成品油管道与英、法等国连接，主要集中于北约成员国，与机场等进行广泛连接，表现出横跨多个国家、区域分布的特点。成品油管道系统管理呈现出产权多国所有、跨国运量大、监管因地制宜、多种模式并存的特点。20世纪50年代以后，广泛建设商用成品油管道在西欧国家兴起，70年代末，西欧国家已建设的成品油管道数量在90条以上，这些成品油管道覆盖并连通了炼厂和主要经济区域，基本形成了西欧成品油管道网络体系。北大西洋公约组织（NATO）管道系统是其中最重要的一条成品油管道系统，该管道系统由冰岛管道系统等8个国家管道系统、北欧管道系统等2个跨国管线系统共同构成，全面覆盖了北大西洋公约组织（NATO）内的成品油供应链，包括炼油厂、中转接卸油库、石油仓储库、泵站、空军基地、运输机场等多个节点。其中，2个跨国管线系统由管道机构统一管理，其他管道系统由各国国家机构独立管理。西欧成品油管道发展相对成熟，管道运营以日常维护和管理为主。由于西欧国家众多，各国基础条件和背景环境不同，成品油管道没有统一的运营模式。

3. 下游注、销模式

欧洲成品油市场成熟，自20世纪20年代，英国成品油市场就处于全球领先地位，英国国内建立了以 BP 公司、标准石油公司(Standard Oil)、壳牌(Shell)等大型石油公司为代表的炼油商层级，和以汽车贸易联盟(MTA)、汽车代理商联盟(MAA)等行业联盟为代表的成品油零售商两大层级。成熟的市场往往伴随着激烈的市场竞争，欧洲成品油市场的竞争已经不再是单纯的产品价格战，而是体现在为满足客户延伸需求，提供更高效、便捷、人性化的"增值服务"上，由此带来了非油业务的蓬勃发展。非油业务指石油公司成品油以外的业务，多指加油站的非油品业务，包括便利店、餐饮、洗车、维修等多种服务。

欧洲航空油料销售市场开放，但是入行门槛高，主要由少数大型石油公司垄断。道达尔是欧洲第一的成品油销售企业，其在巴黎戴高乐机场所垄断的市场份额达 70%。西班牙 CLH 公司是西班牙境内成品油的主要运输公司，也是西班牙最大的集输油管道、油品仓储、运输和销售于一体的综合油品销售公司，CLH 公司基本垄断了西班牙航空油料销售市场。

欧洲国家对航空油料质量要求严格，并采用了先进的技术对油品质量进行把控。ARGO 公司生产的 OPCOM 采用遮光技术对污染度进行在线监测，保障油品质量。德国 FAUDI Aviation 公司建造了民用过滤分离器试验台，生产了 FW 系列过滤分离器和 P60 型系列滤芯，并通过了 API/IP 1581 第六版的认证，可有效滤除水分、纤维和悬浮物，确保航空油料的高品质。

此外，欧盟高度重视航空业碳排放问题，在"Fitfor55"计划中，欧盟委员会启动了 ReFuelEU 航空计划(ReFuel EU Aviation Initiative)，要求供应商在欧盟机场机载航空油料中不断提升可持续航空燃油使用比例，力争在 2025 年将该比例提升到 2%以上，及至 2050 年提升到 63%以上；同时，要求供应商在 2030 年至 2050 年提供 e-燃料(e-fuel)，力争 2030 年添加比例达到 0.7%，2050 年达到 28%。

4. 航空油料相关标准

英国石油公司、雪佛龙公司、埃尼集团、艾克森美孚国际公司、科威特石油公司、壳牌挪威国家石油公司、道达尔公司共同发布了《联合运营航空油料的要求》，明确规定了供应联合运营燃料系统的燃料质量要求。供油企业自主建设全流程的技术细项标准体系。壳牌构建了一套内部标准系统，该系统主要由以下三个部分构成：其一，基于公司核心业务以及外部标准制定的 339 项《设计和工程实践规范》(DEP)；其二，基于对运行维护等经验总结而制定的 500 项标准程序；其三，200 项电子需求表格，明确各项需求的内部标准系统。英国、法国、德国、意大利等国的相关单位共同建立了欧洲管道研究组(EPRG)，出台了《航空供油设施的设计、施工、运行、维护及测试》(EI 1540)。

5. 通航市场分析

欧洲是通用航空大国，欧洲的通用航空制造业处于世界领先地位，但由于其机载等配套设施设备相对较弱，欧洲通用航空制造业的总体规模略逊于美国。欧洲通航运营模式同样为 FBO、MRO、FSS 三类，供油服务主要由机场运营单位自行选择提供。

欧洲共有机场 4270 个，其中铺砌跑道机场 2401 个，非铺砌跑道机场 1732 个，直升机机场 137 个。机场数量最多的 3 个国家依次为德国、法国和英国，分别拥有 543、474、471 个机场。在欧洲各国，法国、德国、意大利、瑞士、捷克、英国、俄罗斯等国的通用航空制造业相对较发达，有很多优秀的通用飞机制造企业，产品闻名于世。英国是世界航空工业强国，通用航空制造业历史辉煌，通用航空制造企业约10家，通用飞机总保有量约2万架。法国是全球为数不多拥有完整航空工业体系的国家，其通用航空制造业非常发达。德国是世界老牌航空强国，建立了较为完整的航空工业体系，达到国际领先水平，其通用航空制造业也得到了较好发展。

2.1.3 亚太区域模式

亚洲机场供油模式较为多元化，主要有三类。第一类是加油设施和加油业务同属一家国有背景大公司，油源由多个石油公司提供。第二类是加油设施和加油业务分开管理，加油设施多由一家公司投资，产权可多元化，由几家公司投资成为股东。加油业务提供商由两家或以上公司组成。第三类是较少数的开放型供油模式，供油设施和加注设备可以由任何一家供油商使用，只需支付使用费即可。亚洲大部分机场是由政府或有实力的公司把控，这些公司或财团投资建设的管网设施、油库油罐、地井设施等不允许其他航空油料供应商使用，凭借发达的供油网络布局和雄厚的资金实力，机场也多与其开展合作，授予其独家经营权。

1. 上游采、炼模式

亚太地区拥有全球第一大炼油能力，2020年原油加工能力超3500万桶/天，占全球炼油能力的35%。全球炼油能力由欧美逐渐向亚太转移，亚太炼化工业蓬勃发展的态势仍将继续，亚太炼油商还将进一步推行扩建计划，从而对多元化的原油进行加工。印度西岸古吉拉特邦的贾姆纳加尔联合炼油厂是目前世界上最大的炼油厂，由印度信实实业公司所有，该炼厂始建于1999年，当时的设计能力为66万桶/天，现在每天的炼油总产能超120万桶/天，印度信实实业公司计划通过生产航空油料和石化产品，逐步取代柴油和汽油等公路用燃料的销售，以实现其2035年的“净零”目标。世界排名前10的炼厂有三座在韩国，韩国蔚山炼油厂由韩国SK Energy集团公司所有，该炼厂始建于1964年，初期产能为3.5万桶/天，经过几次产能扩张，2020年炼油产能达到85万桶/天，居世界第三位。韩国丽水炼油厂由GS加德士(GS Caltex)集团运营，该炼厂始建于1969年，初期产能为6万桶/天，经过几次产能扩张，目前炼油产能达78万桶/天。韩国昂山炼油厂由S-oil所有，该炼厂始建于1980年，初期产能为9万桶/天，经几次产能扩张，2020年炼油产能为66万桶/天。新加坡拥有世界上第八大炼厂，该厂由两个厂组成，一个位于新加坡主岛的裕廊，其炼油产能为30万桶/天，另一个位于裕廊岛的Pulau Ayer Chawan，其炼油能力为29万桶/天，由埃克森美孚公司所拥有。此外，位于马六甲海峡入口的新加坡，凭借其特殊的地理位置优势，成了亚洲最重要的航运中心，也成了世界最大船用燃料油调和贸易中心。新加坡交易所的高硫燃料油期货合约已成为燃料油市场的重要合约，亚洲市场的燃料油计价也是以新加坡普氏市场作为基价。

2. 中游转、运模式

亚太地区成品油管道里程为5.46万公里，全球区域排名第二，成品油运输呈现以管网为主、多种运输方式为辅的格局。

日本非常重视石油储备，将石油储备列为国家战略储备，并由官方颁布了《石油储备法》，规定了国家政府与民间单位共同作为储备主体承担战略储备职能，国家、企业各司其职，其中国家、民间单位储量分别达到全国消费 90 天、60 天的水平。通产省负责对国家石油储备进行统一管理，并要求所有原油等相关公司都按照《石油储备法》执行，反之将受到严厉制裁。

由于产业发展和细分，新加坡的化工生产型企业自身很少直接从事化学品物流业务，普遍对业务进行外包，采用外包的方式将业务委托给第三方物流提供商(3PL)运营管理。第三方物流服务提供商包括水路、陆路、管道运营商、码头及仓储设施运营商、化学品仓库单位、化工储罐单位等。新加坡原油和液体储运可由业主自建油罐存油，或与专业第三方仓储单位合作，由第三方代存油品，业主缴纳油罐使用费和仓储费。业主自有储罐以中间罐区、成品油罐区为主。新加坡炼化公司主要利用孚宝(Vopak)、欧德油储(Oiltanking)和 Tankstore 等专业第三方仓储公司。

3. 下游注、销模式

日本成品油市场呈现多元化经营和自由竞争格局，日本批发市场形成了以日本三菱(COSMO 集团)、日本能源(昭和 SHELL 集团)、Exxon Mobil-通用 KICUNAS 集团与出光兴产、九洲石油、太阳石油等日本民族石油企业集团四大集团为主体的流通组织格局，日本政府无须采用行政的方式对市场价格进行管控，国内不同环节的成品油价格均由市场自由竞争形成，各石油公司根据市场供求关系自行定价。

韩国成品油市场全面开放，销售市场竞争日趋激烈。SK、LG、现代、双龙、仁川五大石油公司对该国国内成品油零售市场进行了掌控。韩国在原油价格等方面推行联动制，油价与国际市场接轨。韩国主要基于原油成本、分销成本、炼油所得利润以及韩国国内征收的税收进行成品油定价。

印度石油和天然气部(MOPNG)掌控着国内石油行业全部的产业链，包括勘探、开发、炼化、集输和销售。其下属机构印度碳氢化合物总局负责石油行业上游勘探开发和煤层气项目的监管。另一个下属机构——石油与天然气监管委员会负责下游板块的监管，包括成品油的销售与分销。印度石油天然气公司和印度石油有限公司，这两个国有石油公司掌握着印度绝大多数的石油开采和石油炼制活动。印度石油天然气公司是印度最大的石油生产商，根据该公司 2014 年的年度报告，其产量是印度国内总产量的 69%。尽管私有石油公司在上游板块并不占据主导地位，但是他们在印度石油行业的重要性日益凸显。韦丹塔资源公司(Vedanta Resources)旗下的凯恩能源印度分公司(Cairn India)是印度最大的私有石油生产商，是 Rajasthan 和 Gujarat 地区以及 Krishna-Godavari 盆地油田的最大股东。而私有的 Reliance Industries(RIL)公司和 Essar 石油公司已经成了印度主要的炼油厂商。

4. 通航市场分析

不同国家的通航机场运营模式基本相似，同样为 FBO、MRO、FSS 三类，供油服务主要由机场运营单位自行选择性提供。

截至 2020 年，亚太地区民用直升机总数为 4385 架，同比增长 0.27%，自 2015 年来新增 614 架，2019 年亚太地区民用直升机增量达到顶峰。亚太地区共有 3566 座机场(不包含没有跑道的其他类型机场)，共计 72 家固定基地运营商(FBO)、261 家维修站(MRO)。澳大利亚是亚太地区通用航空基础设施最发达的国家。

2.2 国内航空油料供应模式

中国境内现有 200 余个民用机场，其中 90%以上机场的航空油料供应和经营由中国航油或其合资公司提供，其余机场的供油基础设施通常由当地政府、机场拥有，自行负责包括航空油料供应在内的经营运作。

2.2.1 上游采、炼模式

中国炼油能力仅次于美国，稳居世界第二，对全球的影响力在持续提升，2020 年中国炼厂加工能力达到 1617 万桶/天。2020 年，中国已建、在建和规划中的炼油项目超 200 个，原油加工能力约 15 亿吨，其中，已建成炼厂 169 个，原油加工能力 9 亿吨。2020 年中国航空煤油炼制能力为 4049 万吨，占成品油炼制份额的 12%。中国炼油工业形成了“三桶油”(中石油、中石化、中海油)加地方炼厂的总体格局。

中国炼油工业发展历史可大致分为三个阶段：1978—1997 年，是炼化工业迅猛发展时期，炼化市场持续推进改革开放，开始向市场经济体制转型；1998—2012 年，是炼化工业高速发展时期，期间各大炼厂纷纷战略重组、改制上市、扩大开放，不断深入推进市场化改革；2013 年至今，是炼化行业全面进行对外开放、发展强大、提升发展质量的新时期。1949 年，新中国成立初期，每年的炼油能力仅为 17 万吨，此后花了 34 年，中国炼油能力突破亿吨大关。再用 34 年至 2017 年，中国炼油能力达到了 8 亿吨/年，到现在 2020 年炼油能力超 8.9 亿吨/年，从最早跨上亿吨/年台阶需 34 年，到现在不到 3 年时间炼油能力提高 1 亿吨，中国炼油能力高速发展、持续扩张的速度和力度令世界震惊。近期，中国新投入生产、建设的炼油项目具有基地化、大型化的鲜明特点，这些项目的炼油规模都达到千万吨级以上，并使用前沿技术进行建设与设计，生产运营和过程管理都达到了世界先进水平。国内炼油产能增长，带动了我国航空煤油产能的提升。2019 年，中国每年能生产 6927 万吨航空煤油，同比上涨 3.3%。2020 年在新冠肺炎疫情的冲击下，航空煤油产量有所回落。

“十三五”期间，中国炼化行业成绩斐然，不仅新建了四座千万吨级的炼厂、扩建了两座千万吨级的炼厂，还将四座炼厂升级为千万吨级，国内千万吨级炼厂由 25 座增加至 2020 年的 28 座，炼厂平均生产规模也由 511 万吨/年提高到 600 万吨/年。“十三五”期间新建炼厂分别是云南石化、恒力石化、浙江石化以及中科炼化，改扩建炼厂分别是惠州炼化和泉州炼化，升级炼厂分别是华北石化、弘润石化、洛阳石化和大庆石化。在过去的五年里，中国炼厂发展开始由量变转为质变，中国新建炼厂的数量较之以往有所下降，炼化企业多以对现有炼厂进行改扩建、扩产能、调结构为主，并有众多低效能炼厂企业被关停淘汰，由此可见，未来中国炼化行业入行门槛将进一步提高，行业整体发展将以整合重组和提质增效为主。此外，新兴的大型民营炼化企业开始以大炼化方式步入行业舞台，成品油市场竞争将进一步加剧，零售市场向多元化格局发展，炼化产品清洁化、“减油增气”将逐步成为行业的未来发展趋势。

从经营主体看，中国石油、中国石化两大集团仍然是我国炼化市场最主要的经营主体，民营企业、中国海油等公司也竞相加入炼化行业，一边是传统民营企业主动淘汰大量落后产能，以获取原油进口权和进口原油使用权，另一边是“化工为主、炼油为辅”的先进精炼一体化炼厂的迅速崛起，炼油市场的多元化市场竞争格局正在加速形成。从区域情况看，新增的炼化产能向主要消费地集中，这将改变传统成品油“西油东进、北油南下”的流动格局，大区内逐渐实现自给自足，跨区域成品油的流动逐渐减少。从地区布局看，2020 年华东、东北、华南三大炼油区域的集中度进一步提升，其他区域的炼油能力也在缓慢增强。

我国航空煤油产量主要集中在东部沿海地区，产量排名前三的省份分别是广东省、辽宁省和江苏省，航空煤油产量分别为 837 万吨、766 万吨、498 万吨，分别占全国航空煤油总产量的 16%、15%、9%。我国航空煤油产量区域集中度较高，航空煤油产量排名前十的省份年产量占全国的 80%以上。我国的航空煤油资源仍以中国石油、中国石化为主，产量比例在 1∶3 左右，其中中国石油的航空煤油资源主要集中在东北和西北地区，中国石化的航空煤油资源主要集中在华东、华南、华北和华中地区(图 2. 1~图 2. 4)。

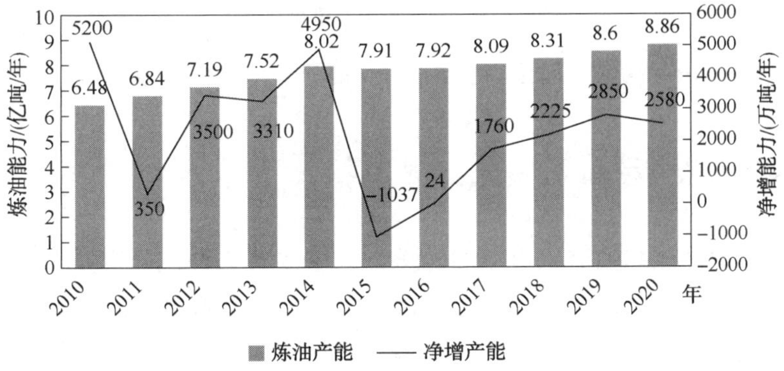

图 2. 1　2010—2020 年我国炼油能力及增量

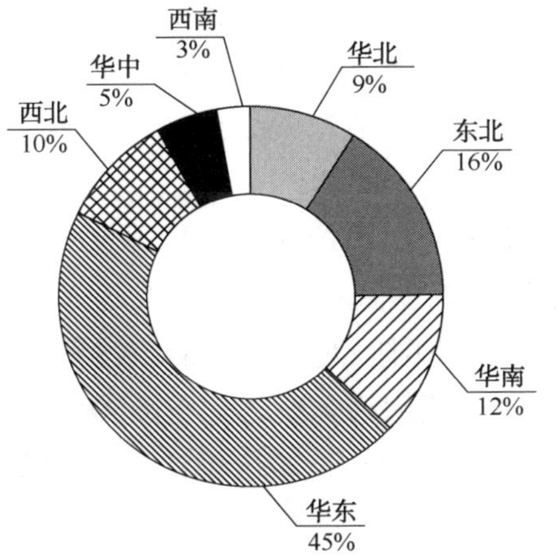

图 2. 2　2020 年我国分区域炼油能力构成情况

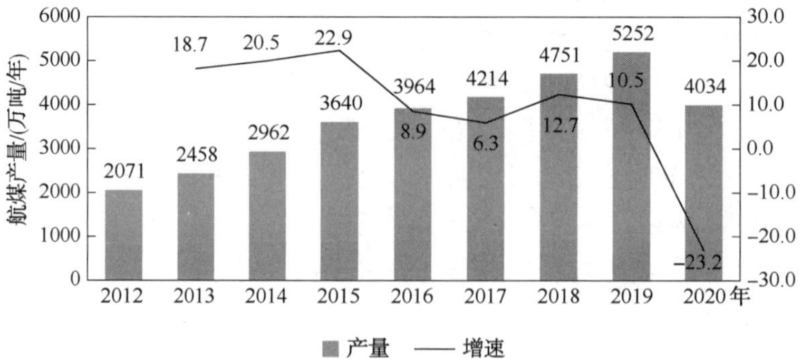

图 2.3　2012—2020 年中国航空煤油产量及增速

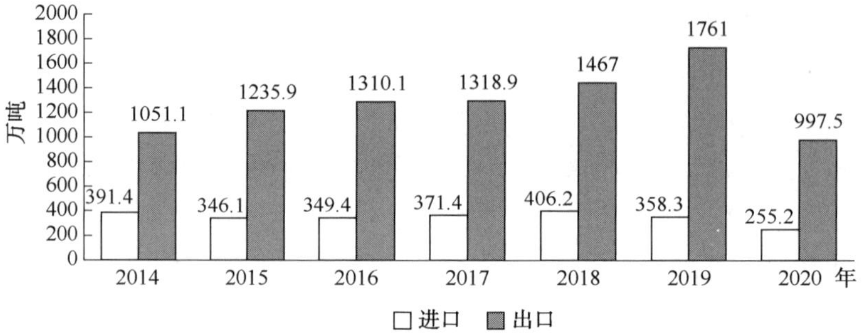

图 2.4　2014—2020 年中国航空煤油进出口数量

2.2.2　中游转、运模式

目前，我国国内成品油流入市场的配送方式主要有 4 种，分别是公路、铁路、管输和水路，其中，公路运费最高，铁路和管输次之，水路运费最低。成品油的物流配送一般分为两个阶段，通常也被称作一次物流和二次物流。一次物流是指将成品油从生产单元通过铁路、水运、专用管线等，运送至指定油库或中转油库中，具有距离长、批量大的特点。二次物流是将成品油从销售油库或中转油库运送到加油站、机场油库或终端用户手中，多采用公路、专用管线的配送方式，特点是批量较小且距离较短。也有部分距离生产单位较近的，直接通过公路、管输配送至周边加油站、机场油库等终端市场，而不需要采用二次物流配送。

从运输的安全性和经济性来看，管线输送是最理想的运输方式。我国油气长输管线超 16 万公里(国内、外管线总和)，其中，原油管线超 3 万公里，成品油管线超 3 万公里，天然气管道超 10 万公里。我国原油和成品油运输管网已实现“西油东送”“北油南下”“海油上岸”，基本形成了管线网络系统，但与欧美的管线发展历史和管输配送比例频次相比仍有一定差距，陆路运输存在过于依赖铁路的现象，此外，海上自控运力少也是不容忽视的问题。

民航运输机场的航空油料配送方式与成品油配送方式大体相似，因其特殊性而又有一定差异。航空煤油同样分为一次物流和二次物流，一次物流通过铁路、水运、航空煤油专用管道配送至接卸油库或中转油库，再由航空煤油专用管道、公路配送至机场油库。由于我国航空煤油与汽油、柴油相比，总体消耗量少、占成品油比例低，且航空煤油管线专管专用，一般不与汽柴油混输，早期较之于成品油管线，炼厂、供油企业、物流企业投资建设航空煤油专用管线的意愿较低，导致目前我国航空煤油专用管线尚不完善，近年来虽有快速发展，但管输配送在整体配送量中占比仍然较低，低于50%。随着绿色低碳发展理念深入，新能源汽车增多，汽柴油需求逐渐趋于饱和且未来有下降趋势，炼厂、物流单位等投资建设航空煤油专用管线或将已有成品油管线改造为航空煤油专用管线的意愿增强，未来航空煤油管线建设增加，管线配送比例也将提升。航空汽油需求量少、客户分散，多通过公路从炼厂点对点进行配送。

民航运输机场配送方式还与机场区域位置有关。枢纽机场多有铁路网络覆盖，且线路密集，采用铁路配送经济可行。小型机场周围铁路网络稀疏，特别是部分山区、高海拔地区的小型机场，铁路难以通达，因此多采用公路配送。沿海、港口城市机场，多采用水路加管输的配送方式。距离炼厂近或者周围炼厂资源丰富的机场，多采用管线配送方式。

2.2.3 下游注、销模式

随着我国政策、经济体制的改革，成品油营销模式经过多个阶段的转变。1949—1984年为计划经济管理模式，在成品油市场改革之前，成品油销售主要由中国石油与中国石化两家石油生产企业控制。2004年，国内成品油销售市场开放，2006年，成品油批发市场开放，我国成品油市场逐步形成了“两大多小”的竞争格局。统计数据显示，截至2020年，我国加油站数量超10万座，其中，中国石化、中国石油所拥有的加油站分别为2.9万座、2.1万座，合计约5万座，占全国加油站数量的50%，行业龙头优势明显。我国成品油质量由国家统一规定，油品种类相对较少。

我国成品油定价体系在经历了多次改革后，于2009年对成品油定价机制进行了披露，该机制实现了与国际油价的接轨。该定价调整机制是国家发展改革委以22个工作日为周期，对新加坡、纽约和鹿特丹三个地区的国际油价进行评估，在以上三个地区的成品油加权平均价格变化幅度达到4%以上时，即对我国成品油的油价进行调整，并进行信息披露。2013年《关于进一步完善成品油价格形成机制的通知(发改价格〔2013〕624号)》颁布，将成品油的价格计算、调整周期由原来的22个工作日缩短至10个工作日，并取消了上下4%的变幅限制。

我国是全球第二大航空煤油消耗国。航空煤油是我国重要战略资源，航空油料供应是特殊且专业性极强的工作，我国对航空油料市场持谨慎开放的态度。航空油料供应企业除需满足危化品经营企业条件外，还需满足民航适航审定要求。目前我国航空油料供应形成了以中国航油公司供油为主、其他地方或航企自行供油为辅的格局。

在航空煤油定价方面，过去，主要由国家发展改革委发布航空油料的价格并进行指导。2015年3月以后，我国不再发布航空油料进口到岸完税价格，而是由中国石油、中国石化、中国海油和中国航油按现行原则办法自行计算、确认，这也标志着作为成品油重要品种之一的航空煤油价格实现市场化。我国航空油料定价市场化进程中，始终离不开国家和行业对航空煤油价格的监管。国家发展改革委统筹对航空煤油市场进行宏观调控和监管，民航局不定期发布关于航空煤油价差基准的指导通知，这也使得我国航空煤油价格逐渐透明化，定价机制不断与国际接轨，有效维护了市场稳定、保障了航空煤油经营者和消费者的合法权益。内地航空公司内地航班航空油料售价分为出厂价、进销差价两个部分，其中，政府部门对航空煤油与汽油的出厂价格进行定价，并由政府针对进销差价推行指导价，由航空煤油供应公司在指定的浮动范围内确定。我国内陆和港澳地区以及国际航班航空油料售价、外国及港澳地区航空油料售价均实施市场调节机制，由航空公司与所有供油公司依照业界规定的基本定价原则由双方采用磋商的方式进行定价。

我国对航空油料的质量提出了较为严格的要求。在进口航空煤油品质方面，应符合我国相关国家技术规范的强制性要求，在出口航空煤油品质要求方面，应符合输入国家或者地区的相关要求。目前，国内外民用航空煤油参照的主流标准是国标《3 号喷气燃料》(GB 6537—2018)、英国航空油料委员会标准 DEF STAN 91-91、美国材料与试验协会标准 ASTM D1655 和国际 8 家石油公司认可的联营系统燃油质量规范标准 AFQRJOS 四个标准。其中，我国 2018 年版《3 号喷气燃料》(GB 6537) 标准是在 2006 年版基础上制定的，旨在提高航空油料质量，并实现与美国材料与试验协会标准 ASTM-D1655 等国际先进标准接轨，该标准于 2018 年 7 月颁布，于 2019 年 2 月正式实施。

2.2.4 通航市场供油模式

我国通用航空产业从无到有、从小到大，为民航事业的高质量、兴盛发展起到了良好的奠基作用，也为我国经济、社会的发展做出了巨大贡献。2020 年，我国累计有 523 家持有通用航空经营许可证的通航企业，较 2019 年上涨 9.4%；通用航空在册航空器数量为 2892 架，较 2019 年上涨 14.4%；我国累计有 339 个通用航空机场，较 2019 年增加 93 个；我国通用航空累计进行 98.4 万小时作业飞行，在新冠肺炎疫情的冲击下，较 2019 年降低 7.6%。其中，载客类、作业类、培训类、其他类作业飞行时间分别为 8.96 万小时、15.06 万小时、36.94 万小时、4.22 万小时，非经营性作业飞行时间完成 33.21 万小时。2020 年全行业无人机注册用户约 55.8 万个，全行业注册无人机 51.7 万架。我国现有 27 个飞行服务站、固定运营基地 14 家、具备 CCAR-145 部资质的企业 493 家，联合应急部在 36 个通用机场建设应急救援基地。

我国通用机场的建设运营模式分为国有外包类建设和完全私有化建设两类。第一类是国有外包类建设运营模式，在兼顾开展通用航空运输业务的小型运输机场中较为常见，特别是在通用航空运输业务量大于定期航班运输量的机场，由机场集团下属的航空服务单位负责经营该机场的通用航空业务。第二类是完全私有化建设运营模式，随着中国通用航空事业的爆发式增长，运输机场对通航企业运营的限制和制约效应越发凸显。首先，由于通航飞机自身“低、慢、小”的特点，加之通航业务对运输机场航班时刻和机位资源的挤占，一般情况下，一些运输较为繁忙的机场不愿开展通用航空业务，也拒绝接受飞行申请。其次，较低廉的通航保障收费标准进一步降低了运输机场开展通用航空业务的积极性。为了使该问题得到有力解决，部分通用航空企业开始选择自行建设专门的通用航空机场，与运输机场区分开，通过自有机场保障自有通航运营，并形成竞争优势。

目前，中国石油和中国石化的大部分炼厂均能生产航空煤油，并经由国家授权的航空油料供应单位负责在全国范围内的机场配置所需要的航空煤油。较之民用航空运输活动，通用航空企业对航空煤油的需求量较少。

我国航空汽油的需求量远小于其他成品油，我国航空汽油已完全实现了自给自足，终结了从美国、韩国等国家进口航空汽油的历史。目前生产航空汽油的企业有中国石油兰州石化公司、中国石化燕山石化公司、东营华亚国联航空油料有限公司、广汉市天舟航空发动机燃料科技有限公司等，我国航空汽油的年产能已远远超出现有需求。

在通用航空油料供应标准和规范制定方面，中国航油率先行动，在广泛参考国外相关标准和典型案例的基础上，充分总结论证国内通用航空机场供油工程建设和运营模式，编制了《通用航空供油工程建设规范》(MH/T 5030)，该规范作为行业规范于2014年正式发布实施，首次为通用航空机场的供油工程建设提供了规范依据。此后，民航局于2018年、2020年陆续颁布了《民航局适航司关于改进通用航空适航审定政策实施细则》(民航适发〔2018〕7号)、《通用航空油料质量控制和航空器加油技术规范》(民航适发〔2020〕2号)等标准，在通用航空油料的油源、运输、储存、加注设备以及监管等方面建立了统一的国家规范和标准化程序。

目前我国通航机场供油主体主要有三类，第一类是由机场直接负责通航供油保障，机场自行建设加注设施设备并配置加油人员，负责为通航客户提供加注服务。第二类是由通航客户等飞行单位自主提供保障，部分飞行单位在机场建设自己的储存、加注设备设施，部分飞行单位则是购置移动加油设备，如罐式加油车(兼做运油车)、撬装式加油装置(撬装加油设备)，而机场仅负责提供场地。第三类是由第三方供油单位负责，如中国航油，从油源、加油设备设施直至作业人员均由第三方供油企业拥有和负责，而机场仅提供场地。

鉴于通用机场的特点存在一定差异，供应公司的航空油料供应模式也被划分为三种类型。对于在民用机场执飞的通航客户，若民用机场供油设施在设计初期已考虑通航客户需求，供油单位不再单独新建通航供油设施，共用民用机场供油设施完成通航保障，由供油保障单位提供全流程加注服务；若未考虑通航需求，则对已有供油设施进行改扩建以满足新增需求。对于通航机场的通航客户，由供油保障单位在通航机场建设通航专用供油服务设施，并按通航标准提供全流程供油服务。对于不具备建设固定供油设施的机场和客户，由于航汽需求量小，一般采用自提油销售模式，由通航客户购油后自行完成运输和加注工作，供油单位提供销售服务和确保油品安全质量。

通用航空的油料定价主要分为三种形式。由航空油料企业提供通航油料加注服务的，航空煤油销售价格一般由航空煤油综合采购成本、所在机场进销差价、运输费等构成；由买方自提油的，航空煤油销售价格不再含运输费用，航空煤油的运输成本和风险均由买方自行承担；其他交易类型，如抗震救灾类通航业务，由买卖双方协商确定航空煤油价格。通用航空的航空煤油进销差价仍遵循民航局发布的进销差价指导性文件。运输费的收取遵照《关于航油配置费、发运费收费标准的批复》执行。

2.2.5 航空油料相关标准

我国已基本构建起了一套涵盖油品质量计量、专业工程建设、工艺流程管理、设施设备管理等多领域的航空油料标准体系和管理规章体系。

我国民用航空煤油使用《3号喷气燃料》(GB 6537)标准，该标准较之国外标准更加严格，我国航空油料符合《航空活塞式发动机燃料》(GB 1787)国家标准，以及行业部门发布的《航空汽油》(CTSO-2C705)技术标准规定。除国家标准外，我国对航空油料的产、储、运、销等全过程均有严格的管理规范和监督办法。在航空油料生产方面，按国产航空(舰艇)油料鉴定委员会(以下简称航鉴委)规定，中国炼油企业首次用于生产航空油料的新原油品种生产出合格的航空油料后，需要经过航鉴委批准备案，才能进入市场；炼油企业使用新原油品种生产出合格的航空油料后也必须备案才能流入市场；航鉴委规定，国内航空煤油生产使用的添加剂必须为经航鉴委认证的国内厂家产品。在储、运、销方面，国家层面建立了《喷气燃料过滤分离器通用技术规范》(GB 21358)、《高闪点喷气燃料规范》(GJB 560)等国家标准规范，行业发布了《民用运输机场供油工程设计规范》(MH 5008)、《民航航空油料设备完好技术规范》(MH/T 6002)、《通用航空供油工程建设规范》(MH/T 5030)等30余项行业标准规范，航空油料供应企业建立了符合安全生产要求的更加严格的经营管理体系。国家、行业、企业三个层面协同互补，共同构筑起了全面、完备、科学的国内航空煤油标准体系(表2.2)。

表2.2 执行规范不完全统计表

类别	名称	代号
国家规范	《3号喷气燃料》	GB 6537
	《航空活塞式发动机燃料》	GB 1787
	《喷气燃料过滤分离器通用技术规范》	GB 21358
	《高闪点喷气燃料规范》	GJB 560
	《石油库设计规范》	GB 50074
	《油气管道运行规范》	GB/T 35068
	《油码头安全技术基本要求》	GB 16994
行业规范	《民用航空油料计量管理》	MH/T 6004
	《民用航空油料设备完好技术规范》	MH/T 6002
	《航空油料质量管理》	MH/T 6020
	《民用航空油料检测单位适航管理规范》	MH/T 6036
	《民用运输机场供油工程设计规范》	MH 5008
	《小型民用运输机场供油工程设计规范》	MH 5029
	《通用航空供油工程建设规范》	MH/T 5030

续表

类别	名称	代号
行业规范	《民用航空燃料设施设备浸润冲洗质量控制》	MH/T 6076
	《小型机场民用航空燃料质量控制和操作程序》	MH/T 6044
	《民用航空器加油规范》	MH/T 6005
企业标准	《通用航空供油工程建设规范》	Q/ZGHY 001
	《通用航空燃料质量控制和飞机加油技术规范》	Q/ZGHY 002
	《民用机场供油自动化系统网络安全等级保护定级规范》	Q/ZGHY 003
	《民用机场供油自动化系统网络安全防护技术规范》	Q/ZGHY 004
	《民用机场供油自动化系统密码应用规范》	Q/ZGHY 005
	《民用机场供油自动化系统网络安全风险评估规范》	Q/ZGHY 006
	《民用机场供油自动化系统网络安全检查规范》	Q/ZGHY 007
	《民用机场供油自动化系统基本业务数据规范》	Q/ZGHY 008

2.3 国内外航空油料供应模式对比

2.3.1 国内外航空油料供应模式对比分析

国内外航空油料定价体系差异。国外成品油市场从起步到实现市场化改革经历了漫长的时间，但国外石油工业起步早、发展快，且汽车工业发展迅速，居民机动车保有量巨大，因此国外成品油市场化成熟。目前，国外航空油料定价为市场化定价机制，燃料销售价格由市场供需关系直接决定，具体价格由买卖双方自行协商确定。与国外相比，我国石油工业基础薄弱，工业化起步相对较晚，目前成品油市场仍在深化改革过程中，近年来我国成品油市场化改革取得了显著成效，成品油市场化正在日益成熟。国内航空油料定价是在国家、行业等多方监管下的市场化定价机制，这种模式既能保障燃料价格与国际接轨，又能体现我国宏观经济调控作用。随着我国成品油市场化改革的不断深入和完善，我国航空油料市场和定价体系也将不断完善和健全。

国内外航空油料供应市场竞争主体不同。国外航空油料供应市场化成熟，供应企业竞争者来自全球各地，多为大型跨国石油公司、大型寡头集团之间的竞争。国内航空油料供应市场竞争对象主要来自国内，多为专业航空油料经营公司与地方炼厂、机场集团、航空公司、地方企业等的竞争。随着我国不断加大吸引外资力度，进一步放开外资市场，未来大型跨国石油公司进入我国航空油料供应市场的意愿和可能性增大，届时将形成国内供油专营企业、国内其他经营主体和外资企业多元竞争的市场格局。尽管国内外竞争主体不同，但由于航空油料产品的特殊性和经营管理难度，天然形成了行业壁垒，国内外航空油料供应主体均会面临入行门槛高、管理难度大、专业化要求高的挑战，市场竞争集中在具备危化品经营资质、具备资源基础条件、具备航空油料专业管理技术和手段的企业之间。

国内外航空油料供应模式本质相同。纵观国内外航空油料供应模式可以发现，在经济发展初期，会因资源不充分、市场未能发展成熟而受到限制，航空油料普遍采用独家经营的方式供应，部分国家视航空油料供应为主权商品，如在法国、英国、芬兰、日本、中国等国家，都由庞大的国资企业进行着强有力的控制，航空油料市场本质上处于垄断状态。在经济发展进入成熟阶段，随着资源的增加，市场规模得到充分扩张，运行机制也更加规范和完善，表面上形成开放竞争的市场环境，实际上市场壁垒不易突破，早已形成了实质性的垄断格局。在世界范围内，全球航空油料供应公司背后基本都有 10 家寡头公司的身影，分别为埃克森-美孚、壳牌、英国石油、雪佛龙、道达尔、PDVSA、德士古、加德士、科威特石油以及 Tosco。事实上，从经济学角度来看，市场完全自由竞争的结果依然是垄断，小企业承担风险能力差，兼并重组形成大集团，才能更好地应对风险、提高效率，大多成熟行业发展到最后，都会形成寡头垄断的格局，航空油料的发展也符合此规律。

国内航空油料供应模式符合我国国情和特色。相较于国外供油模式的形式多样化，国内主要由中国航油进行供油。民航对安全生产要求极高，中国航油作为“国家队”始终坚守安全生产底线，把安全当作生命线，安全生产管理规范、体系健全、设备可靠、人员专业，符合我国对安全生产的要求。在我国当前民航高速发展但存在东部和西部、干线与支线机场、运输机场和通用机场发展不均衡的情况下，由中国航油提供统一的供油保障，发挥全国一盘棋的协同效应，能够充分发挥央企高质量稳定的供油保障、对支线和通用机场的支撑等巨大经济和社会效益的“国家队”优势，是符合我国民航发展的最佳资源配置方式。

国外仍占据航空油料的政策主导权和标准话语权。国外航空油料标准的制定较早，例如，美国率先于 1944 年出台了 AN-F-32 标准(JP-1)，并分别于 1945 年、1947 年、1951 年出台了 AN-F-34(JP-2)、AN-F-58(JP-3)、MIL-F-5624A(JP-4)标准，研究并开发了 JP-5、JP-6、JP-7、JP-8 等喷气燃料，其中 JP-8 是主要的军用燃料，如 JP-8+100 等新型燃料均是基于 JP-8 研制而成。在第二次世界大战后，英国出台了首个临时喷气燃料标准 RDE/F/KER，于 1948 年率先使用高闪点煤油标准 RDE/FKR203，20 世纪 90 年代初，英国率先对喷气燃料规格进行标准化，统一为国防标准(Defence Standand)，主要有 Avtag/FS Ⅱ (DERD2454)、Avcat (DERD2498)、Avtur/FS Ⅱ (DERD2453)等。苏联于 1949 年研究并开发了直馏喷气燃料 T-1，之后研发了 T-2、T-3、T-4、TC-1、PT、T-5、T-6、T-8 等燃料。我国从 20 世纪 50 年代开始生产喷气燃料，其规格指标沿用了苏联的标准。20 世纪 90 年代，我国颁布了第一部喷气燃料标准《3 号喷气燃料》(GB 6537)。近年来我国积极参与和影响国际航空油料领域技术标准制定及修订，重视加强国际先进技术标准的引进、消化、吸收和应用，目前 ASTM 国际标准组织制定的 ASTM D1655、英国国防部标准 DEF STAN91-91 系列以及 8 家石油公司认可的联营系统燃油质量规范标准 AFQRJOS 仍然在国际上具备先进性、通用性和权威性。

2.3.2 通航市场及供应模式对比分析

当前，通用航空发展排名第一的是美国，截至2020年底，我国累计有2892架通航飞机，飞行作业的总时长106.5万小时。而美国2020年累计拥有22万架通航飞机，飞行作业总时长在2500万小时左右。我国的飞机总量仅是美国飞机总量的1.31%，我国的飞行作业时长仅为美国的4.26%。当前我国通航水平大约等同于美国1927年的水平。

通用航空机场的数量。在2017年《通用航空“十三五”发展规划》实施落地前，我国境内登记的通用航空机场仅为76座。《通用航空“十三五”发展规划》落地后，加之《通用机场分类管理办法》(民航发〔2017〕46号)的发布，2017年至2018年，我国通用航空机场的颁证数量有过一段小爆发期，2018年新增加126座通用航空机场，仅当年的增量就是历史总和的近2倍。但截至2020年，我国通用航空机场总数仅313座，而美国的通航机场数量超2万座。

通航的运营保障设施，即围绕通航飞机的停靠、保养、维修以及气象服务、飞行计划服务等的保障设施，包括FBO、MRO、FSS这三类基础设施体系。其作用相当于公路交通的服务站、加油站、停车场、维修站及整个交通导航系统。但论及每一类，均与美国差距巨大。差距原因一是国内民用航空工业发展比较薄弱，加之我国高铁发达，在需求导向下，通用航空的发展受到一定程度的限制；二是低空空域不够开放，通用航空运营环境亟待改善。我国实行空管、空防合一的空域管理体系，空军控制着80%的空域，军方掌握着制空权。另外，航线的审批和管控也较为严格。

通用航空是地方扩大对内对外开放的快速通道，是促进经济发展和改善民生的有效载体。通用航空产业具有技术含量高的特点，是我国新兴战略产业之一，属于朝阳产业，应用前景广阔，发展潜力巨大，民航局发布的《“十四五”通用航空发展专项规划》将推动我国通用航空产业加速发展。对我国通用市场的需求端进行分析，该市场具有需求量较大、应用场景多样化的特点，除了传统的应用领域，该产业渐渐向城市管理等多元化领域扩张。对我国通用市场的供给端进行分析，我国不断开放低空领域市场，行业层面相继颁布支持性政策，以中航工业集团为首的龙头公司在通航飞机总装和零部件生产供应方面不断提供发展动力，这些因素对我国通用航空事业的迅猛发展起到了良好的促进作用。

通航航空油料供应业务的区别。欧美通航产业成熟，形成了较为完善的产业链。通用航空机场的供油模式一般有固定式加油和移动式加油两种。固定加油模式指在特点地点建设移动加油站或集成装置，由专业的油料服务人员提供加注服务，或由机组人员自行通过机器完成自助加油任务，此种模式下，航空器需先行移动到固定加油设施附近，该模式仅适用于采用重力加油的小型航空器。另一种模式是移动式加油，即将可移动的加油设施设备移动至航空器停放点对其加油，这种模式适用于重力以及压力加油模式。其他国家的小型通用机场普遍采用固定的方式进行加油。我国通航供油业务在“十三五”时期迎来了长足发展，但仍与欧美成熟的产业链体系存在一定差距。

第 3 章　航空油料供应企业定位

3.1　航空油料供应企业现状

3.1.1　国内航空油料供应企业现状

1. 行业基本概况

(1) 行业定义

航空燃油是一些专为飞行器而设置的燃油总称，其热值高、燃烧性能好、低温流动性好，能满足寒冷低温和高空飞行时对油品流动性的要求。一般情况下，可以将航空燃油划分为航空煤油和航空汽油两种类型，航空煤油在航空燃气涡轮发动机和冲压发动机上使用，主要应用于民航客、货运飞机，使用范围广、需求量大；航空汽油应用于往复式发动机的飞机，主要是通航小型飞机如活塞式发动机的直升机、军用教练机、飞行学院培训用飞机，以及用于搜救和农用、气象等低空低速飞机，需求量较小。

航空燃油行业是指从事国民经济中航空燃油相关性质的生产或其他经济社会的经营单位或者个体的组织结构体系，航空燃油行业是为终端客户提供航空燃油服务的行业，服务对象包括但不限于航空公司、通航企业、飞行院校，提供服务包括但不限于航空燃油质量检测、销售、加注、代储，其产业链包括上游原材料的开采、加工，中游运输、销售，以及下游航空消费等环节。上游原材料以原油为主，通过常减压蒸馏、加氢裂化生产航空煤油，通过催化裂化或催化重整、添加添加剂生产航空汽油。中游以管道、船运、公路对成品航空油料进行分输、转运。下游以民用、军用航空领域为主，民航运输业为下游核心应用市场，在航空油料消费总量中占比超过九成。我国航空汽油年均消耗 5 万吨左右，与年均消耗上千万吨的航空煤油相比，仍是需求有限的小众化产品，目前航空汽油消耗大区主要集中在北美洲、澳大利亚、巴西与南非，美国是航空汽油最大的消耗国。

全球行业分类标准(GICS)中没有对航空燃油行业进行独立分类，按照 GICS 相关描述，航空油料供应企业既可归类为能源板块，石油、天然气与消费用燃料行业中的石油与天然气的炼制和营销子行业(从事石油、天然气和/或炼制产品的炼制和营销的公司)，又可归类为工业板块，运输类交通基础设施行业中的机场服务子行业(机场经营商以及提供相关服务的公司)。我国出台的《国民经济行业分类》(GB/T 4754)中对经济活动的分类以及代码做出了明文规定，依照我国经济行业的类型划分方法，航空燃油行业一级

(门类)分类为批发和零售业，二级(大类)分类为批发业，三级(中类)分类为矿产品、建材及化工产品批发，四级(小类)分类为石油及制品批发。

(2) 行业概况

历史回顾：我国航空油料供应早期基本依赖进口。1949—1980 年中国的航空油料供应处于军事化管理阶段。1980—1989 年，中国航空油料的供应脱离军队管理体制，由民航总局所属油料部门组织供应，供应体制属于政企合一，以政代企。1990 年经国务院批准，成立了中国航空油料公司，中国航空油料公司成为名副其实的航空油料供应"国家队"，此后，国内航空油料供应主要由中国航空油料公司保障，并实行自主经营，独立核算，自负盈亏，实现政企分离。1997 年，中国航油与 BP 环球投资有限公司和富地航空油料有限公司共同组建成立了蓝天公司，负责华南地区航空煤油的采购、储存、运输、销售和加注业务。此次成立合资公司是中国航油首次与外资合作，对吸收国外先进企业经营管理经验、提升国内航空油料供应企业能力提供有利条件。2002 年，国务院印发《民航体制改革方案》，提出将原公司改组为中国航空油料集团公司(简称"中国航油")，吸收我国石油石化公司参股，实现多方主体的共同分享利益、共同承担风险；在航空煤油进出口业务领域为中国航油赋予相应的经营权。2005 年，中国石油、中国石化入股中国航油，三家公司共同组建了中国航空油料有限责任公司，上游石油石化企业的加入进一步整合优化了航空油料资源格局。2005 年，中国民航局出台《国内投资民用航空业规定(试行)》，经修订后的《国内投资民用航空业规定》于 2018 年 1 月 19 日正式推行。随着市场的放开以及《国内投资民用航空业规定》的推行，其他市场主体如地方政府、机场集团开始参与航空油料供应业务。

行业特点：军用航空燃油由部队自行保障，近年来，随着国家军民融合战略的深入实施，航空领域也在积极探索实践军民融合模式，未来将统筹兼顾建立实现军方、民航航空油料整体供应体系。民用航空燃油行业已形成并快速发展，具有周期性、成长性的特点。民用航空燃油市场格局已基本形成，由"国家队"中国航油以及地方政府、机场单位等多元主体共同对全国民用机场进行供油保障。航空油料行业具有一定的周期性，行业状态与经济周期存在密切联系，会因国家经济以及民航发展、国际原油价格而受到一定影响，其行业发展速度与 GDP 水平正相关。航空燃油产业是朝阳产业，航空行业的快速发展带动燃煤行业发展，燃油需求近五年平均增速超两位数，行业技术成熟先进，对国民经济发展影响较大，正处于成长期，未来发展前景乐观。航空煤油消费对全球性事件敏感度更高，受冲击最严重，历史上影响航空煤油消费最大的两个事件是"非典"和金融危机，影响航空煤油消费 6 个月至 1 年。战争、国际争端也会对全国民航业带来负面影响。其他如生物航空煤油或可持续燃料也会对传统航空煤油的需求产生影响。

市场规模：全球航空煤油市场规模超千亿美元，我国航空煤油行业市场规模整体呈现增长态势，由 2015 年的 1 千亿元增长到了 2019 年的 2 千亿元，4 年间航空油料市场规模翻了一番，2020 年受疫情影响规模有所下降。根据民航"十四五"发展规划显示，2025 年我国运输周转量达 1750 亿吨公里，机场数量达 770 个，通航机场 500 个，随着航空市场的持续发展，航空燃油市场需求不断增加，市场规模持续扩大。根据波音公司最新预测，到2040年中国航空公司将增加8700架飞机，中国民航机队规模将增长4.4%，客流量增长5.4%。

行业竞争结构分析：按照波特模型，一个行业的竞争力可以被划分为五种类型，分别为潜在竞争者、替代产品的威胁、购买商讨价还价的能力及现有竞争者之间的竞争。作为购买商的航空公司，航空油料成本一直占比较大，航空公司进入航空油料市场意愿强烈，最直接的好处是降低航空公司运营成本。作为原材料供应商的炼厂，由于直接掌握资源渠道，进驻航空油料市场的意愿强烈，且具有竞争议价能力。其他潜在进入者如机场集团、地方企业等，在行业蓬勃发展时期和利润高点时，有意愿进驻航空油料市场。由于航空煤油、航空汽油品种的单一性，短期内暂不存在替代产品或服务的威胁。随着生物航煤、可替代航空煤油、其他航空油料技术工艺的发展成熟以及市场经济效益显现，未来存在航空油料替代产品的威胁。

（3）供需端分析

我国航空煤油表观需求量呈现逐年上涨趋势，增长最快的时期年均增速接近20%。2016年国内航空煤油的表观需求量突破3000万吨，2019年达到历史高点3849万吨，其中，中国航油的航空煤油需求量就占90%以上，其他领域对航空煤油的需求量约占8%左右。2020年受国际、国内突发疫情影响，客运量和货运量的大幅下降导致航空煤油需求量下降，降幅达14%。未来，随着民航运输业的回暖和发展，我国航空煤油需求量将呈现持续上涨趋势(图3.1)。

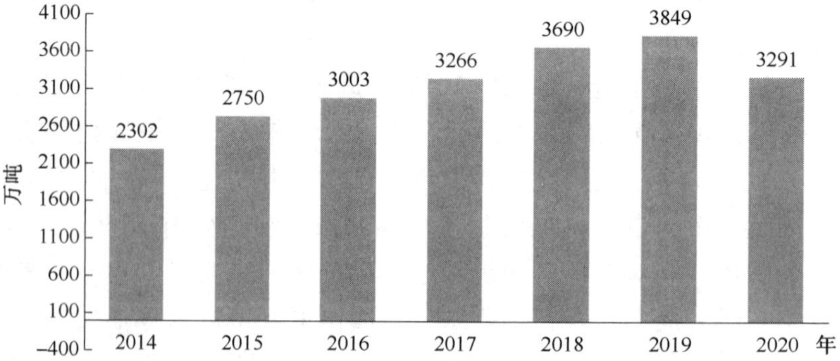

图3.1　2014—2020年中国航空煤油表观需求量

我国航空煤油产量不断增加，呈现持续上升的趋势，2019年突破5000万吨，达5252万吨，年均增幅超10%，且产量增速较净出口量增速大。2020年受新冠肺炎疫情影响，国内民用航空运输业对航空煤油的需求大幅下降，出口量也大幅下降，导致2020年航空煤油市场出现较严重的供大于求局面，随着国内民航市场和航空煤油需求回暖，将逐渐恢复市场稳态。我国航空燃油生产企业主要是中国石油、中国石化、中国海油和中化集团四家，随着恒力石化、浙江石化等民营大炼化项目相继投产，民营企业航空煤油产能比例逐渐扩大。

我国航空煤油市场整体呈现供应数量大于需求量的状态，各炼化企业竞相对国际市场布局，航空煤油出口数量持续上涨，进口数量持续下降。2020年受疫情影响，航空煤油需求量下降，我国航空煤油出口量也随之下降(图3.2)。

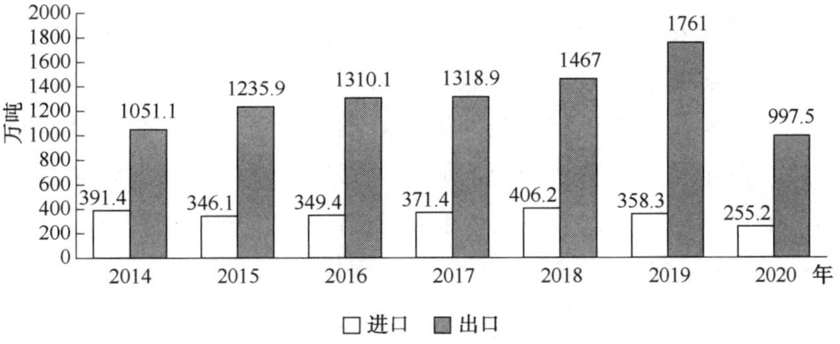

图 3. 2　2014—2020 年中国航空煤油进出口数量

2. 行业监管管理体制

航空燃油属于成品油，由于成品油涉及国家能源安全，与国家经济命脉紧密相关，是我国相关政府部门的关注重点、重点管理控制对象，成品油炼化、运输、仓储、批发、零售环节都需要经过各级主管部门的审批和监管，行业内主管部门包括国家发展改革委、商务部、应急管理部、质监总局、市场监督管理局等。产业与定价政策、行业发展规划等由国家发展改革委监管，贸易经营、成品油市场由商务部监管，危化品经营安全生产由应急管理部管，油品质量安全由质监总局监管，经营者、消费者合法权益受到市场监督管理局保护。我国对成品油等危险化学品经营实行许可制度，从事成品油运输、仓储、批发和零售业务，需获取《危险化学品经营许可证》《道路运输经营许可证》《成品油仓储经营批准证书》和《成品油零售经营批准证书》。从事成品油批发等业务，需按照《石油价格管理办法》和相关政策要求，适时调整成品油价格(表 3. 1)。

表 3. 1　主管部门职能职责表

主管部门	职能职责
国家发展和改革委员会	拟订并组织实施产业政策与价格政策，拟定石油、天然气、煤炭、电力等能源发展规划，组织制定和调整石油、天然气等少数由国家管理的重要商品价格和重要收费标准，公布成品油的中准指导价格，按照《政府核准的投资项目目录》核准大型石油、天然气、炼油和化工项目。
商务部	负责原油、成品油国营贸易和非国营贸易的进口经营管理工作，制定并审核每年的原油、成品油非国营贸易进口允许量申领条件、分配原则等事项，起草原油、成品油市场管理的法律法规，依法对原油、成品油市场进行监督管理，规范经营行为，维护市场秩序，负责制定本辖区内加油站和仓储行业发展规划，组织协调本辖区内成品油经营活动的监督管理，依法依规审核批准并发放相关的经营资质证书。
应急管理部	综合管理全国安全生产工作，制定发布安全生产规章规程，研究拟订安全生产标准并组织实施，承担石油等危险化学品生产运输企业安全准入管理责任，依法组织并指导监督实施安全生产准入制度。
市场监督管理局	承担监督管理流通领域商品质量的责任，组织开展有关服务领域消费维权工作，按分工查处假冒伪劣等违法行为，指导消费者咨询、申述、举报受理、处理和网络体系建设等工作，保护经营者、消费者合法权益。

航空燃油企业服务对象是航空公司，作业地点在机场范围内，作为航空器的燃料来源，供应单位的经营和安全生产受到民用航空管理机构监管。我国民用航空管理分为三级管理模式，对民用航空事务进行行业监管：第一层级为最高管理机构，由中国民用航空局进行管理，该机构旨在履行制定全国机场规划、制定机场安全标准、对航空业务收费标准进行监管、制定相应的法律规定等职责。第二层级为对管辖权限范围内的民用航空事务进行监管的民用航空地区管理局。我国在第一层级管理机构下设 7 个第二层级管理机构(民用航空地区管理局)，即华北地区管理局、东北地区管理局、华东地区管理局、中南地区管理局、西南地区管理局、西北地区管理局以及新疆管理局，由第二层级管理机构对管辖区域内的航空煤油公司的安全运行、市场准入标准实施情况进行督查。第三层级管理机构为民用航空安全监督管理局，第二层级管理机构通过其派出的第三层级管理机构对管辖区域内的民用航空市场和机场安全进行监管，包括对管辖区域内的企业、事业单位的法律规定、民航规章等进行督查，对管辖区域内的民用机场安全运行进行监管。

我国主要由国务院出台中国民航行政法规，法规主要包括《中华人民共和国飞行基本规则》《中华人民共和国民用航空器适航管理条例》《中华人民共和国民用航空安全保卫条例》《中华人民共和国搜寻援救民用航空器规定》《民用机场管理条例》等。除上述行业法律、法规外，中国民航还必须遵守《中华人民共和国安全生产法》《生产安全事故报告和调查处理条例》等法律、法规。

根据《运输机场运行安全管理规定》，凡在国境内从事民用航空油料储存与运输、检测并为民用航空器提供加注油服务的组织或机构，除需取得成品油经营相关证照外，还应该按照《民用航空油料适航管理规定》要求取得民用航空油料供应企业适航批准书。民航管理机构还对航空油料从业人员、设备管控、油品质量控制、安全生产等提出了监管要求。在从业人员方面，单位的主要负责人和安全生产管理人员应当具备相应的航空油料供应安全知识和管理能力，航空油料供应特有工种从业人员应当取得相应的职业技能鉴定资格证书，并持续有效。在设备管控方面，航空油料供应特种设备应由专业生产单位生产、经具有资质的检测/检验机构检测/检验合格并取得安全使用证或者安全检验合格标志，方可投入使用。单位应对航空油料供应设施、设备进行经常性维护、保养，并定期检测，符合《民用航空油料设备完好标准》的要求，保证正常运转。在油品质量控制方面，单位应建立油料质量监控体系，制定在接收、中转、储存、发出、加注、检验及掺配等各个环节的质量管理程序、质量要求，并符合《民用航空油料适航管理规定》等规定和标准。在安全生产方面，涵盖了操作规程、职业病防护、应急事故处理等方面。

综上所述，航空燃油企业的经营条件是取得当地危险化学品经营许可证、成品油经营许可证、民用机场航空燃油供应安全运营许可证、航空油料检测单位批准函。在安全生产和运行管理方面需根据《中华人民共和国安全生产法》《民用机场运行安全管理规定》以及各地方应急管理部的安全生产要求，安排安全生产及经营活动。

3. 行业相关政策分析

成品油批发、零售涉及主要法律法规见表 3.2。

表 3.2 成品油批发、零售涉及主要法律法规

时间	名称	部门	法律法规
2011 年	《商务部关于“十二五”期间石油流通行业发展的指导意见》	商务部	培育多元化的石油市场投资与经营主体，鼓励中小企业做大做强，吸引多种经济成分共同参与市场竞争。进一步完善原油和成品油经营资格审批制度，以合理布局、满足消费为原则，公平石油流通行业市场准入，完善企业退出机制，形成以大型国有石油企业为主体，多种所有制主体共同参与竞争的市场格局。各地商务主管部门要科学编制发布本地区成品油流通行业“十二五”发展规划，依法实施成品油油库和加油站建设审批，严格市场准入，合理布局油库和加油站，避免重复投资、重复建设。
2013 年	《国家发展改革委关于进一步完善成品油价格形成机制的通知》	国家发展和改革委员会	将成品油计价和调价周期由现行 22 个工作日缩短至 10 个工作日，并取消上下 4%的幅度限制；中石油、中石化、中海油公司要继续发挥石油企业内部上下游利益调节机制，组织好成品油生产和调运，保持合理库存，加强综合协调和应急调度，保障成品油市场稳定供应。
2013 年	《国家发展改革委关于油品质量升级价格政策有关意见的通知》	国家发展和改革委员会	按照合理补偿成本、优质优价和污染者付费原则，根据油品质量升级成本调查审核结果，在企业适当消化部分升级成本的基础上，确定车用汽油、柴油(标准品，下同)质量标准升级至第四阶段的加价标准分别为每吨 290 元和 370 元；从第四阶段升级至第五阶段的加价标准分别为每吨 170 元和 160 元。普通柴油价格参照同标准车用柴油价格执行。按照国务院确定的油品质量升级时间表，第四阶段车用汽油标准过渡期至 2013 年底，第四阶段车用柴油标准过渡期至 2014 年底；第五阶段车用汽油和柴油标准过渡期均至 2017 年底。
2014 年	《国务院办公厅关于印发能源发展战略行动计划(2014—2020 年)的通知》	国务院办公厅	推进能源价格改革。推进石油、天然气、电力等领域价格改革，有序放开竞争性环节价格。
2015 年	《商务部关于原油加工企业申请非国营贸易进口资格有关工作的通知》	商务部	拓宽原油进口渠道，形成参与主体多元、公平透明、竞争有序、富有活力的经营体制，符合条件的原油加工企业可以申请原油进口资格。
2015 年	《国家发展改革委关于进口原油使用管理有关问题的通知》	国家发展和改革委员会	坚持优化结构，严格淘汰落后产能，促进炼油产业结构升级；在本通知发布之日前建成投产、尚未使用进口原油的原油加工企业，经确认符合条件并履行相应义务的前提下，可使用进口原油。
2015 年	《关于推进价格机制改革的若干意见》	中共中央、国务院	推进水、石油、天然气、电力、交通运输等领域价格改革，放开竞争性环节价格，充分发挥市场决定价格作用。择机放开成品油价格，建立主要由市场决定能源价格的机制。

续表

时间	名称	部门	法律法规
2016年	《国家发展改革委关于进一步完善成品油价格形成机制有关问题的通知》	国家发展和改革委员会	设定成品油价格调控下限。下限水平定为每桶40美元，即当国内成品油价格挂靠的国际市场原油价格低于每桶40美元时，国内成品油价格不再下调。并简化成品油调价操作方式，国家发展和改革委员会不再印发成品油价格调整文件，改为以信息稿形式发布调价信息。
2016年	《能源发展“十三五”规划》	国家发展和改革委员会、国家能源局	积极建设储能示范工程，合理规划建设供电、加油、加气与储能(电)站一体化设施。2017年起全面使用国五标准车用汽柴油，抓紧制定发布国六标准车用汽柴油标准，力争2019年全面实施。加快石油储备体系建设，全面建成国家石油储备二期工程，启动后续项目前期工作，鼓励商业储备，合理提高石油储备规模。放开电力、油气等领域竞争性环节价格，严格监管和规范电力、油气输配环节的政府定价。
2016年	《石油发展“十三五”规划》	国家发展和改革委员会	协调推进国家石油储备基地收储工作。积极利用符合规定的企业库容代储国家储备原油。鼓励社会资本参与商业仓储设施投资运营。深化下游竞争性环节改革。坚持放宽限制与加强监管并重，完善石油进口管理体制，调整成品油出口管理方式，发挥价格机制对优化能源结构、节约能源资源和促进环境保护的引导作用，完善成品油价格形成机制。
2016年	《关于第二批清理规范192项国务院部门行政审批中介服务事项的决定》	国务院	不再要求申请人提供中介机构出具的石油成品油供应方年经营量、进口量证明；审批部门通过审查申请人提交的海关、税务等证明文件获取相关信息。
2017年	《关于深化石油天然气体制改革的若干意见》	中共中央、国务院	明确了深化石油天然气体制改革的指导思想、基本原则、总体思路和主要任务。部署八个方面的重点改革任务：(1)完善并有序放开油气勘查开采体制，提升资源接续保障能力；(2)完善油气进出口管理体制，提升国际国内资源利用能力和市场风险防范能力；(3)改革油气管网运营机制，提升集约输送和公平服务能力；(4)深化下游竞争性环节改革，提升优质油气产品生产供应能力；(5)改革油气产品定价机制，有效释放竞争性环节市场活力；(6)深化国有油气企业改革，充分释放骨干油气企业活力；(7)完善油气储备体系，提升油气战略安全保障供应能力；(8)建立健全油气安全环保体系，提升全产业链安全清洁运营能力。
2017年	《关于在自由贸易试验区暂时调整有关行政法规、国务院文件和经国务院批准的部门规章规定的决定》	国务院	暂时停止实施加油站建设、经营的相关内容，允许外商以独资形式从事加油站建设、经营，由国务院商务主管部门制定相关管理办法。

续表

时间	名称	部门	法律法规
2018年	《关于在全国推开“证照分离”改革的通知》	国务院	简化审批流程，包括石油成品油批发经营资格审批(初审)和石油成品油零售经营资格审批。
2019年	《关于加快发展流通促进商业消费的意见》	国务院	在石油成品油批发仓储环节，取消对运营者的资质审批工作，由市级人民政府履行对成品油零售经营的权限。在事中以及事后环节，加大以成品油流通的监督管理力度，进一步将安全保障方案落到实处。
2019年	《关于印发6个新设自由贸易试验区总体方案的通知》	国务院	在全球范围内促进能源储存与分配贸易的发展，放开对商储租赁国企商业油罐的管制，放开对成品油以及保税燃料油交割和仓储的管制，准予自贸试验区内公司在多样化的税号下进行保税油品混兑调；在沿边地区创建资源储存与分配基地，为成品油与天然气储备库的建立工作提供有力支持。
2019年	《关于营造更好发展环境支持民营企业改革发展的意见》	国务院	为民企进入油气勘探、营销等领域提供有力支持，完成原油等基础设施的建设工作。为具备相应资质的公司参加原油、成品油的对外贸易提供有力支持。
2020年	《关于支持中国(浙江)自由贸易试验区油气全产业链开放发展若干措施的批复》	国务院	支持浙江FTZ适度开展业务、出口成品油，准予浙江FTZ具备一定资质的炼化一体化公司优先试点发展成品油非国营贸易出口业务，结合实际情况依照不同年度对出口数量进行合理安排；为浙江FTZ建立成品油内贸分销网络提供有力支持，在成品油流通领域的事中、事后环节对监督管理方式进行探索和改善；为浙江FTZ建设用于船舶用途的低硫燃料油生产基地提供有力支撑，采用多样化的方式通过多样化的渠道供应低硫保税油；针对浙江FTZ大宗商品现货交易市场，制定科学的管理方案，将“期现合作”作为核心对原油等商品进行大批量交易。
2019年	《国务院关于取消和下放一批行政许可事项的决定》	国务院	石油成品油批发、仓储经营资格审批，位列国务院决定取消的行政许可事项目录中；成品油零售经营资格审批，位列国务院决定下放审批层级的行政许可事项目录中。
2020年	《关于促进石油成品油流通高质量发展的意见》	商务部	各级主管部门应联合有关部门，按照国家相关法律法规、标准规范和本意见要求，快速颁布与当地石油成品油流通相关的管理方案，对成品油零售市场的准入要求与程序、公司运营标准、监管方案等内容做出明文规定。

时间	名称	部门	法律法规
2020 年	《石油成品油流通行业管理工作指引》	商务部	取消批发仓储经营资格审批，将零售经营资格审批下放至设区的市一级，明确零售经营资格申请条件，申请主体应符合企业登记注册要求，按规定取得《危险化学品经营许可证》；引导个体加油站通过特许加盟、托管经营、租赁经营、合资合作等方式与主渠道企业合作，特许企业应严格遵守《商业特许经营管理条例》及管理办法，指导被特许企业依法经营，相关责任义务列入备案合同，颁发给租赁经营和特许经营企业的零售证书，其有效期不应超过合同终止日。
2021 年	《关于推进海南自由贸易港自由化便利化若干措施的通知》	商务部	在保税港区通过“一线”率先开展原油和成品油的对外贸易试点工作，放开对公司资质、数量的管制，针对通过“二线”进行的原油和成品油对外贸易，依照进口规定进行管理。
2021 年	《关于“十四五”时期深化价格机制改革行动方案的通知》	发展和改革委员会	结合各国能源市场变化、我国机制的改革进程，对成品油定价机制进行深入研究，使该机制得到进一步改善。
2021 年	《关于印发〈深化“证照分离”改革进一步激发市场主体发展活力工作实施方案〉的通知》	商务部	在石油成品油批发经营环节，取消对批发商的运营资质、批发运营资质等的审批工作；下放成品油的零售运营资质审批权限由省级主管部门向市级指定部门转移。取消法律文件规定，不再要求公司提交成品油供应渠道。

成品油市场化定价、调价相关政策见表 3.3。

表 3.3　成品油市场化定价、调价相关政策

实施时间	名称	部门	定价、调价内容
2008 年	《国务院关于实施成品油价格和税费改革的通知》	国务院	国内成品油出厂价格以国际市场原油价格为基础，加国内平均加工成本、税金和适当利润确定。当国际市场原油一段时间内平均价格变化超过一定水平时，相应调整国内成品油价格。
2009 年	《国家发展改革委关于印发〈石油价格管理办法(试行)〉的通知》	国家发展和改革委员会	当国际市场原油连续 22 个工作日移动平均价格变化超过 4%时，可相应调整国内成品油价格。

续表

实施时间	名称	部门	定价、调价内容
2013年	《国家发展改革委关于进一步完善成品油价格形成机制的通知》	国家发展和改革委员会	将成品油计价和调价周期由22个工作日缩短至10个工作日，并取消上下4%的幅度限制。
2016年	《国家发展改革委关于进一步完善成品油价格形成机制有关问题的通知》	国家发展和改革委员会	设定成品油价格调控下限。下限水平定为每桶40美元，即当国内成品油价格挂靠的国际市场原油价格低于每桶40美元时，国内成品油价格不再下调。

4. 民航行业涉及法律法规及相关政策

民航行业涉及法律法规及相关政策见表3.4。

表3.4 民航行业涉及法律法规及相关政策

实施时间	名称	部门	法律法规及相关政策
1980年	《国务院、中央军委关于民航管理体制若干问题的决定》	国务院、中央军委	民航总局从1980年3月15日起不再由空军代管。中国民航总局是国家管理民航事业的行政机构，统一管理全国民航的机构、人员和业务，逐步实现企业化的管理。
1985年	《关于军民合用机场使用管理的若干暂行规定》	国务院、中央军委	机场的使用管理，原则上由机场产权单位负责，可根据双方需要和实际情况，划分区域，分区管理。场区建设，由产权单位统一规划，军民航专用设施应尽量分开修建，自成体系，自行管理。军民双方应签订机场合用协议，明确合用项目、设施和规模等，实行经济核算，合理收费。
2009年	《民用机场管理条例》	中国民用航空局	在民用机场内从事航空燃油供应业务的企业，应当具备下列条件：(1)取得成品油经营许可和危险化学品经营许可；(2)有符合国家有关标准、与经营业务规模相适应的航空燃油供应设施、设备；(3)有健全的航空燃油供应安全管理制度、油品检测和监控体系；(4)有满足业务经营需要的专业技术和管理人员。航空燃油供应企业供应的航空燃油应当符合航空燃油适航标准。民用机场航空燃油供应设施应当公平地提供给航空燃油供应企业使用。
2012年	《国务院关于促进民航业发展的若干意见》	国务院	加强民航业主管部门对民航企业的行业管理力度，完善国有大型航空运输企业考核体系，引导企业更加注重航空运输的社会效益。完善民航机场和空管收费政策。加快航油、航材、航信等服务保障领域的市场开放，鼓励和引导外资、民营资本投资民航业。

续表

实施时间	名称	部门	法律法规及相关政策
2013 年	《促进民航业发展重点工作分工方案》	国务院	按照建设综合交通运输体系的原则，确保机场与其他交通运输方式的有效衔接。大型机场应规划建设一体化综合交通枢纽。注重机场配套设施规划与建设，配套完善旅客服务、航空货运集散、油料供应等基础设施。（国家发展和改革委员会、中国民用航空局、交通运输部、铁道部、住房城乡建设部、国土资源部、邮政局） 实行航路航线截弯取直，提高临时航线使用效率，优化地面运行组织，减少无效飞行和等待时间。（民航局、空管委办公室、国家发展和改革委员会） 加快航油、航材、航信等服务保障领域的市场开放，鼓励和引导外资、民营资本投资民航业。（民航局、商务部、国家发展和改革委员会） 实行燃油附加与航油价格的联动机制（国家发展改革委）。
2021 年	《中华人民共和国民用航空法》	人民代表大会	中华人民共和国民用航空法由第八届全国人民代表大会常务委员会第十六次会议 1995 年 10 月 30 日经审议通过，自 1996 年 3 月 1 日实施。当前版本于 2021 年 4 月 29 日第十三届全国人民代表大会常务委员会第二十八次会议修改。

5. 上下游产业政策影响分析

航空燃油上游炼化技术工艺成熟，但原材料原油的价格波动直接影响供油企业采购成本，关联度较高。此外，航空燃油供给端受上游生产能力、产量等因素的影响，整体供油格局受产业链上游影响大。需求端受下游航空公司需求影响大，民航发展规划、行业发展情况直接影响航空燃油需求，影响整体供油格局，关联度较高，对行业影响较大。

（1）国家油气行业相关政策影响

2019 年中共中央、国务院印发《关于营造更好发展环境支持民营企业改革发展的意见》，涉及放开市场准入、公平统一监管、减轻税费负担、健全金融服务、平等保护法治环境、鼓励引导改革创新、亲清政商关系等内容，旨在进一步激发民营企业活力和创造力。《关于营造更好发展环境支持民营企业改革发展的意见》提出，支持民营企业进入油气勘探开发、炼化和销售领域，建设原油、天然气、成品油储运和管道输送等基础设施。支持符合条件的企业参与原油进口、成品油出口。

在上游炼化方面，近年来，地方炼化行业加工能力不断提升，新的民营炼化企业如恒力石化、浙江石化等异军突起，外资也因为市场放开，加大了在国内炼化新建企业的投资力度，国内炼化行业竞争日趋激烈。我国原油一次加工能力、石油加工品的产量产能不断提高，各大炼厂生产航空燃油的积极性也在不断提高，航空燃油年产量逐年提高，已出现供大于求的局面，国内富裕的燃油将寻求出口或其他消耗途径。4 月 16 日，浙江石化收到中国民用航空局颁发的航空煤油技术标准规定项目批准书(CTSOA)。这标志着浙江石化获得航煤生产、销售资质，这是继恒力石化之后(恒力石化于2019年10月22日获得首张民企航空油料市场“准入证”)，又一家进入民航燃料市场的民企。自以恒力石化等为代表的民营大炼化项目竞相投产以后，国内航空煤油供应格局也将发生变化。

在中游方面，国家石油天然气管网集团有限公司于2019年12月9日在北京挂牌成立，意味着我国已正式建立“X+1+X”油气市场化体系，即在上游环节由多元主体、通过多样化的渠道供应油气资源，在中游环节通过“一张网”提升集输效率，在下游环节建立良性竞争体系。我国油气管网公司的建立将为市场体系的规范化发展起到良好的促进作用，使我国的供应主体变得更加多样化，有利于加快油气管网投资建设，促进互联互通，最终提高基础设施运行效率，降低终端用户使用成本。鉴于航空燃油的特殊性，航空燃油管道输送一般采用航空煤油专用管道，不与其他汽柴油进行混输，航空油料管道专用性较强，暂未纳入国家管网公司统筹管理，由供油企业自行规划、建设、运营、管理。

在下游成品油销售方面，成品油市场全面开放。国务院办公厅颁布《关于加快发展流通促进商业消费的意见》(以下简称《意见》)，纳入了“降低市场准入门槛”的内容。《意见》指出，在批发仓储环节，不再对运营资质进行审批。而在成品油零售环节，进一步下放运营资质的审批权限，将成品油零售经营资格审批下放至地市级政府。据统计，我国具有成品油批发资质的企业有近3000家，具有成品油零售资质的企业4000余家。我国的加油站总数在10万座以上，在全面市场化的背景下，油品零售领域已展开了多轮价格战，成品油销售市场呈现出多元化的趋势，即资源渠道多元化、竞争主体多元化、竞争手段多元化、竞争价格多元化。随着国家对成品油税收监管力度的加强，价格战将不再是唯一竞争手段，未来成品油市场将由价格竞争向提供高质量服务的理性竞争转变。

(2) 航空油料价改政策

《中共中央关于全面深化改革若干重大问题的决定》指出，要改善市场定价机制。任何由市场形成的价格都应交由市场，政府不得进行干涉。在水、石油、天然气、电力、交通、电信等多个领域进一步进行价格改革，放开竞争性环节价格。

国务院于2015年10月印发《关于推进价格机制改革的若干意见》，指出应加快能源价格的市场化发展，依照严控中间环节、放开对两头市场的管制的整体思路，在电力、天然气等多个领域进行能源价格改革，为市场主体参加多样化竞争起到良好的促进作用；稳妥处理和逐步减少交叉补贴，还原能源商品属性；对于成品油，择机放开价格管制，加快捋顺天然气价格，放开天然气气源以及售价，有序放开上网电价以及销售电价，由市场对能源价格进行调控。民航局于2015年12月出台《关于推进民航运输价格和收费机制改革的实施意见》(局发明电〔2015〕132号)明确“成本加合理收益”定价原则，加快推进国内航空运输价格市场化改革，逐步扩大航空公司自主定价范围，深化民用机场收费、空管服务收费、飞行校验服务收费和航空油料销售价格改革，统筹平衡行业内不同主体之间的利益关系。

国家发展和改革委员会于2016年10月发布《关于全面深化价格机制改革的意见(发

改价格〔2017〕1941 号)》提出，到 2020 年，市场决定价格机制基本完善，以“准许成本+合理收益”为核心的政府定价制度基本建立。

民航局于 2019 年 5 月发布的《关于统筹推进民航降成本工作的实施意见》(民航发〔2019〕27 号)明文规定，应下调航空煤油售价，并进行航空煤油进销差价定价成本的监督与审核工作。

民航局先后发布《关于印发航空煤油进销差价成本监审办法的通知》《关于进一步明确航空煤油销售价格有关问题的通知》，明确小机场第三方运输费用由航空油料供应企业承担、停止在运输机场对通航客户收取出车费用、建立贴水与航空煤油出厂价格的联动机制，航油公司盈利空间进一步被压缩。国家深化油气改革，中央全面深化国家改革委员会于 3 月 19 日会议强调，推动石油天然气管网运营机制改革，未来公司管道运输费用增加及资产被划转风险暂未可知。

航空油料价格改革直接影响航空公司和航空油料供应企业。对于前者，航空油料价格市场化后，作为消费者的航空公司能切实享受到改革实惠，直接降低燃料成本，但同时也将面临市场价格波动的风险。对航空油料供应企业来说，将直接影响企业收益和利润，但也是促进企业深化改革、优化成本管控、提质增效的推力。

(3) 航空燃油消费税

2008 年，按照《财政部　国家税务总局关于提高成品油消费税税率的通知》(财税〔2008〕167 号)规定，“将进一步上调航空煤油和燃料油的消费税单位税额，从 0.1 元/升提升至 0.8 元/升。本通知自 2009 年 1 月 1 日起执行”。2014 年，按照《财政部　国家税务总局关于提高成品油消费税的通知》(财税〔2014〕94 号)规定“将柴油、航空煤油和燃料油的消费税单位税额在现行单位税额基础上提高 0.14 元/升。航空煤油继续暂缓征收。本通知自 2014 年 11 月 29 日起执行。”2014 年，按照《财政部　国家税务总局关于进一步提高成品油消费税的通知》(财税〔2014〕106 号)规定“将柴油、航空煤油和燃料油的消费税单位税额由 0.94 元/升提高到 1.1 元/升。航空煤油继续暂缓征收。本通知自 2014 年 12 月 13 日起执行”。2015 年，按照《财政部　国家税务总局关于继续提高成品油消费税的通知》(财税〔2015〕11 号)规定“将柴油、航空煤油和燃料油的消费税单位税额由 1.1 元/升提高到 1.2 元/升。航空煤油继续暂缓征收。本通知自 2015 年 1 月 13 日起执行”。

2021 年 7 月 10 日以后，为达到管控航空煤油销售途径，加强贸易端税收监管的目的，税务局在增值税发票综合服务平台(税务局版)的航空煤油类目中新增“经销企业库存勾选控制”功能。符合条件的航空煤油经销企业，包括航空煤油最终供应喷气发动机和喷气推进系统使用的成品油经销企业。而最终不是供应飞机等具有喷气发动机和喷气推进系统的航空器使用，如供应建筑、物流、制造厂等使用的，不属于消费税政策定义的航空煤油，不应按“航空煤油”税收分类编码开具发票，对应的经销企业也不属于符合条件的航空煤油经销企业。该文件实施以后，只能以航空煤油销售给用于飞行用油的公司，以享受暂缓征收消费税。而流入调油、建筑、物流等行业的航空煤油资源将以相关油品的种类缴纳相应的消费税。这也是对国内航空煤油征税环节的进一步规范。考虑到航空煤油用于调油环节受阻，调油板块业务将明显收缩，市场低价资源供应减量，有利于市场的公平有序竞争。另外，大炼化以及主营炼厂的柴油产量增加，对国内资源形成有效补充，国内市场供应将依然维持相对平稳状态。

国内煤油上游供应商主要是中国石化、中国石油、中国海油、中化等，其出厂航空煤油流向主要是中国航油、军队以及出口。2018 年后，随着恒力石化、浙江石化等民营大炼化项目相继投产，民营企业航空煤油产能比例将不断扩大。我国推行航空煤油消费税政策以后，为减少航空煤油流向市场量，一些炼厂开始探索其他出路，或者转向为中国航油供应航空煤油，或者调整生产方向，转向生产柴油。另外，我国推行航空煤油消费税政策以后，用于柴油领域的航空煤油将大量减少，这将为国标柴油市场提供机遇。轻循环油（LCO）是航空煤油的柴油组分搭档，该政策实施以后，LCO 的进口量大幅减少。但 LCO 存在常柴、有机热载体、粗白油、变压器油等替代品，这些替代品均可以与航空煤油搭配使用。轻循环油征收消费税，叠加航空煤油消费税政策实施后，市场成品柴油量会大幅缩减，从而增加了国标柴油所占市场份额。

（4）碳排放相关政策影响

2020 年 9 月，习近平总书记在第七十五届联合国大会上指出，“中国将提高国家自主贡献力度，采取更加有力的政策和措施，二氧化碳排放力争于 2030 年前达到峰值，努力争取 2060 年前实现碳中和”。同年 12 月，习近平在气候雄心峰会上通过视频发布题为《继往开来，开启全球应对气候变化新征程》的重要讲话，宣布中国自主贡献一系列新举措。节能减排已确定为我国中长期国策，碳减排成为各行业明确而现实的任务。

1992 年联合国大会通过了《联合国气候变化框架公约》，该公约于同年 6 月在联合国环境与发展大会期间开放签署，于 1994 年 3 月 21 日正式生效。公约建立了一个向发展中国家提供资金和技术，使其能够履行公约义务的机制，其终极目标旨在将大气温室气体浓度维持在一个稳定的水平。1997 年在日本京都，联合国气候变化框架公约参加国三次会议制定了《联合国气候变化框架公约的京都议定书》（简称《京都协定书》），该协议为《联合国气候变化框架公约》的补充条款，其目标是“将大气中的温室气体含量稳定在一个适当的水平，进而防止剧烈的气候改变对人类造成伤害”，该条约于 2005 年正式生效，成为首个以法规形式限制温室气体排放的条款，为发达国家规定了具有法律约束力的减碳目标。在全球倡导碳减排、大力发展低碳经济的大背景下，民航业也被要求承担部分减排责任，欧盟通过了第 2007/589/EC 决议，决议包括了航空活动排放物种类和排放量的监督程序和汇报准则，这标志着全球民航业的碳减排责任第一次被量化。2012 年，欧盟开始制定法律针对全球飞往或飞离欧盟的航空器征收碳排放税。2016 年，第 39 届国际民航组织（ICAO）大会通过了国际碳抵消和减排计划（CORSIA）。2017 年，欧盟依据 CORSIA，颁布了向在欧洲区域内运行的航班征收碳排放税的政策，并计划于 2024 年前开始对第三方国家进出欧盟的航班征收碳排放税。

碳减排已成为全球共识，我国民航业也在主动应对气候变化，积极响应碳中和目标，制定并发布了一系列降碳减排的政策和实施方案。2018 年，中国民航局出台《民用航空飞行活动二氧化碳排放监测、报告和核查管理暂行办法》，以巩固行业基础，促进绿色民航的发展，在国际航空领域积极履行减少碳排放的义务，对碳排放进行规范化的管理。关于航空器减排的措施中，包括加强航空节能产品创新研发、利用技术手段来降低吨公里油耗/客座公里油耗，例如应用新型低油耗发动机、降低空载率、优化航线、加强航空运营管控，以及积极推进航空替代燃料的应用研发和推广使用。由于航空油料能量密度、航空公司机队规模、机龄和空域资源供给的限制，航空公司吨公里油耗下降的技术难度大、资金投入大，进一步降低传统化石能源吨公里油耗的空间有限，未来使用航空可替代燃料来抵消碳排放是较为有效的选择。此外，碳市场的建立也将进一步驱动航空公司使用新能源的意愿。上述措施都将对航空燃油行业带来影响，最显著的影响将体现在传统航空油料需求量上，由于可替代燃料使用比例的上升，传统航空油料需求增量受限，航空燃油供应企业也应做好传统化石能源到新型能源的过渡、替代和转型升级。

（5）其他影响

地缘政治影响。地缘政治一方面影响原油价格，一方面直接影响航空产业。对原油方面的影响，原油能源安全一直是地缘政治利益的核心，国际政治经济环境变化直接影响世界原油供给水平，直观反应就是油价高企，航空油料作为原油二次加工产品，免不了因原材料涨价而水涨船高，成本风险是供油企业和航空公司都不得不考虑的问题。对航空产业的影响，地缘政治冲突对航空公司航线的影响是最直接的，突出表现在航线选择上，容易导致停航或者消减航空权力，影响国际航线，而国际航班量、航线选择又会直接决定油耗情况。

疫情影响。疫情对人类活动影响广泛，特别是传播性疫病，直接限制人们的流动性，首当其冲影响航空业出行需求。航空旅客增速与疫情传播及控制进展密切相关。如 2003 年“非典”疫情最为严重时，全国航空客流同比下滑 77%，之后随着疫情逐步得到控制，客流量迅速回升，8 月疫情得到完全控制，客流增速恢复到正常水平。

经济周期波动性影响。航空业与宏观经济密切相关，航空运输业周期受宏观经济周期的影响较为明显。由于航空运输业发展与整个国民经济发展状况和国民收入水平密切相关，当经济进入上行周期时，商务往来与外贸活动开始频繁，个人消费水平提升，带动航空出行需求与货邮业务增长，促进航空业的发展；当经济增速减缓或进入下行周期时，商务活动减少，个人收支缩紧，乘客可能选择票价相对低廉的替代性交通工具出行，或者降低旅行频率，导致航空出行需求下降，即使航空公司通过打折优惠机票来刺激需求，收入水平也可能降低。

高铁分流影响。航空和铁路之间既存在竞争关系，也存在合作共赢的机会。高铁分流分走的是短程、短途旅客，影响短途航线业务量，但不影响中长航线流量，特别是国际航线流量。从相关报道来看，3 小时是高铁竞争临界点，3 小时以上高铁分流率迅速下降，航空运输优势逐渐显现。借鉴欧洲的空铁联运的先进经验，国内的高速铁路和民航客运业可通过建立多式联运的运输体系，形成空陆一体化的无缝隙连接，从而达到价值共享，实现双赢。我国空铁关系也正在由竞争逐步向竞合改变。

3.1.2 国外航空油料供应企业现状

1. 行业基本概况

市场规模：全球航空煤油市场规模超千亿美元，由 2015 年的约 1400 亿美元增长到了 2020 年的 1900 亿美元，年均增长 6%，其增长既有全球航空旅客吞吐量、货运吞吐量增加带来的增量，也有油价上涨的贡献。新冠肺炎疫情一方面对世界航空业带来了严重的负面影响，全球民航业的全面恢复尚需一定时间。在另一方面也刺激了航空业对绿色航空的需求，为航空公司应对气候变化，实现零碳飞行提供了机会。随着未来对航空器碳排放的进一步严格管控，减排技术的竞争将日趋激烈，可持续燃料将为各界更加重视，成为实现零碳飞行的关键。

根据波音公司最新公布的《民用航空市场展望》(CMO)预测，2023 年至 2024 年长途航空旅行市场有望恢复至疫情前水平。根据预测，未来二十年全球航空客运量年均增长率约为 4%，长期来看，到 2040 年，全球民航市场将新增超过 43500 架新飞机，全球民航机队规模将超 4.9 万架，全球货运机队将比疫情前增长 70%。未来二十年，亚太地区仍将是全球航空业发展的主要贡献者，亚洲内部的航空出行量将占到全球航空旅行近一半的水平。北美航空业市场已处于成熟期，未来仍将持续增长，根据预测，北美地区航空公司未来二十年的客流量增长幅度将达到每年 2.7%。欧洲地区航空业情况与北美地区相似，但其将更注重绿色减碳，展望报告将“绿色可持续”描绘为欧洲航空业的一个重要发展方向。

2. 行业监管管理体制

国外油品监管体系十分完善，例如，美国成品油质量监管的特点是“严控两头”，严格控制生产或进口环节和零售环节的油源质量，炼厂或成品油进口商、分销商(批发商)、零售商是被监管的主要对象。其中，被重点监管的是炼厂或成品油进口商、零售商，需接受美国环保署不定期的抽样检查，以及各州政府的抽查。对分销商监管程度较低，可自愿将成品油油样送至油品检验机构检测。全美有 2 万余家独立的油品质量检测机构，美国环保署在全美共设有 2000 座油品质量检测站。欧盟制定了批发能源贸易规则，促进能源市场的竞争，欧洲议会和理事会颁布了《关于批发能源市场的完整性和透明度》条例，规定了由能源监管机构与国家管理当局密切合作，对能源批发市场进行监测。欧洲对环境有更严格的政策要求，十分重视能源效率和能源碳排放问题，正在积极推动可持续燃料、绿色能源项目。

3. 行业相关政策分析

新冠疫情对民航业产生了影响，国际航协提出了一系列建议措施，以减少航空油料供应企业的经济损失。例如，建议协商机场降低使用租金，燃料基础设施实体预算中的一项重要费用往往是支付建造储存和消防栓设施的土地租金。通常，机场是土地费用的收取者。作为支持航空业复苏措施的一部分，航空油料供应企业可能希望倡导削减或延期支付租金。此外，建议参与航空国家援助计划，以弥补收入不足，作为救援措施的一部分，一些国家已经制订了航空援助计划。一些机场已经将一揽子援助计划用于部分基础设施建设，这有助于将基础设施费用保持在正常水平。

国际航班使用的航空燃油免税是国际民用航空组织(民航组织)的一项长期原则。这一原则反映在 1944 年《国际民用航空公约》第 24 条(芝加哥公约)和民航组织的《国际航空运输领域税收政策》(第 8632 号文件)中。但是，已有部分国家放弃航空燃油免税权力，开始对航空燃油进行征税，其理由是为了降低航空领域碳排放。欧盟能源税收指令的第 14 条已经允许欧盟成员国双边同意放弃对其航空公司的航空油料免税，这种豁免不适用于其他国家的航空公司，这将存在造成市场扭曲的重大风险，然而也有报告指出，没有证据表明征收航空税本身会降低二氧化碳排放，此外提高燃油价格或航班票价也不能减少二氧化碳排放。

其他行业政策。未来 20 年将是航空业转型变革的时期，尤其是空中交通管理(ATM)和航班运营。目前，所有类型的飞机、车辆和空域用户已经在引入下一代创新，整合先进技术和复杂的运营决策流程。各国不同机场燃油特许费政策收取要求不同，部分机场收取、部分机场不收取，收取特许费的将增加航空油料经营企业成本，从而增加航空公司用油成本。

4. 上下游产业政策影响分析

国际油气行业相关政策调整会直接影响航空煤油的产量和价格。例如国际石油勘探开采政策的调整，炼油厂精炼能力和炼油结构调整，将直接改变国际原油生产能力、炼厂炼油能力和成品油价格，从而影响航空煤油产量和价格。

国际贸易伙伴合作关系的变化会直接影响国家之间石油贸易合作，间接影响航空煤油产业。例如，各国贸易关系变化直接影响原油、成品油进出口的途径、价格和体量，影响原油价格和成品油价格，从而影响航空煤油价格。

国际航空业技术革新直接影响民航运输方式，间接影响航空煤油产业。例如飞机发动机性能改善、飞机节能能力提高、飞机动力系统革新，将提高飞机燃油使用效率，甚至直接改变原动力产品需求。

国际环境政策直接影响航空产业能源方式。例如严格的环保、减排降碳政策，将直接影响航空公司对新型高效率航空器的选择，增强使航空公司使用新能源、可持续能源的意愿，影响传统航空煤油行业，促使其转型。

3.2 航空油料供应企业特点

3.2.1 受多主体监管

航空油料供应企业同时受到国家和行业两个层面的监管，同时，由于所经营产品的特殊性，受到市场监督单位、安全监察监督单位、环保主管单位等跨行业、跨部门的监管。

在国家层面，航空煤油作为原油加工产品，是我国重要的战略物资储备之一，其市场、库存量、安全性和供应情况一直受到国家的高度重视和严格监管。为应对市场价格波动以及保障国家在非正常时期的用油供应安全，国家建立了国储油制度，通过宏观调控等手段，对我国航空油料库存总量进行总体监管，并制定了航空油料国储油相关要求。现阶段，国家成品油储备库主要用于储存汽油、柴油，航空油料的国储能力主要是通过与航空油料供应企业合作实现，由企业代行部分航空油料国储职能。承担国储职能的企业需执行严格的国储油相关标准和规范，国储油势必占用企业部分周转油库和经营用储罐，增加经营成本和管理难度，国家对承担国储油的单位有一定的经济补偿，但作为航空油料供应企业，应站在全国能源战略安全和国民经济发展的角度，积极响应国家战略号召，主动承担社会责任，做好企业经营和保障的协调工作。

在行业层面，航空油料供应企业作为机场保障单位之一，受民航局的全面监管。中国民航局作为民航行业的行政和监管主体，对行业实行宏观调控，在行业规划、政策规章、行政审批、标准规范、许可准入等方面统筹管理监督，承担了民航飞行安全、地面安全、空防安全、航空运输和通用航空市场的监管责任，负责民航空中交管、机场建设和安全运行管理等，拟订民航行业价格、收费政策并监督实施。航空油料供应企业在行业资质取得、特种人员培训上岗、供油工程报批报建、安全生产排查、航空油料价格制定等方面均遵循民航局相关监督监管要求，接受行业检查、承担行业处罚、执行管理要求。

在经营过程中，航空油料供应企业作为市场经济的一部分，遵循市场经济运行规则和法则，接受国家和市场监督管理单位的监管。航空油料供应企业的原材料采购、航空油料定价、产品质量、消费者服务等市场行为接受市场监督管理单位的监管，接受市场和消费者的监督。安全生产除接受民航局的全面监管外，还接受地方应急管理部门的监管，在航空油料生产设施设备、工艺流程、人员资质、油品质量等方面接受应急管理部门的检查、接受整改通知书，承担处罚、执行整改要求。航空油料供应企业经营产品为危化品性质，具有一定挥发性，生产事故、油品泄漏可能带来环境污染的风险，因此在工程建设、设备选型、经营生产过程中均接受环保单位的监督。

由于航空油料产品的战略能源属性，航空油料供应企业在实现商业价值外，还需承担社会责任和保障责任。例如，作为我国航空油料供应“国家队”的中国航油，被国资委定性为“商业二类”企业，这种定性既是对中国航油行业龙头地位的认可，也意味着企业需要承担国家重大专项任务，因此使命责任更加重大。在发挥战略支撑作用、落实国家行业战略、保障国家安全、维护国民经济运行稳定、实施重大活动专机保障、参与应急抢险、服务特殊保障任务等方面具有义不容辞的责任。其他航空油料供应企业在与航空公司和机场的合作中，也需遵循“不得无故停供、限供、断供”的要求。

3.2.2 横跨民航、能源及物流行业

在国内市场上，中国航油作为跨越能源、民航两大行业的商贸流通型企业，是最大的集采购、运输、储存、检测、销售、加注为一体的航空油料供应商，处于市场主体和主导地位。定位于产业链中游，从上游石化企业获取航空油料，利用自身完善的航空油料供应网络和信息数据技术优势，为下游国内外航空运输企业及其他客户提供航油服务。

在国际市场上，中国航油是立足中国、具有自身特色的专业航空油料供应公司，涵盖航空油料采购、储运、加注三大环节，与上游结成战略联盟，股权结构较为稳固，专营航空油料业务，销售规模居亚洲第一、世界前列。作为国际航空油料市场的积极参与者和有力竞争者，借助与中国大型航空企业的紧密合作关系，依托国际化业务平台，与国际航油公司、上下游企业展开广泛、深入合作，积极探索拓展国际航油业务。

首先，航空油料供油企业作为民航业的主体之一，在民航建设和运营管理中发挥着重要作用。航空油料供应是航空运输事业不可分割的部分，航空油料供应企业作为机场保障单位的重要单元，有力地支持和保障了我国民航事业的快速发展和腾飞。

在民航建设方面，供油工程是机场总体工程中必不可少的单元，按照《民用运输机场建设(预)可研报告编制办法》(简称《办法》)，大型机场、枢纽机场的供油工程，应按照供油工程专业投资主体编制分篇的(预)可行性研究报告，中小型机场要按照《办法》将供油工程部分纳入综合篇。改(扩、迁)建机场还需补充机场供油现状的相关描述。机场在申请使用许可证时，需上报机场使用手册，其中应包含航空油料供应安全运营手册、供油设施的说明等内容。同时，作为机场的重要保障单元，供油工程需立足服务民航规划、机场规划，并与机场同步规划、设计、实施和验收。民航供油工程在正式投用前，应取得民航行业验收意见。具备民航行业验收条件的，建设单位向民航管理部门提出申请，由民航管理部门按照《民航建设工程行业验收暂行办法》组织行业验收，并形成行业意见。

在基础设施投资方面，航空油料供应企业服务民航发展，其基础设施投资水平与民航行业整体投资水平保持同幅增长，其投资方向符合民航行业战略发展整体需要。近年来，民航基建投资年均增长在4%，供油基础设施投资年均增长保持在10%以上。随着“四型机场”建设深入实施，航空油料供应企业也正在逐步向智慧、智能、绿色、低碳转型升级。

在运营管理方面，航空油料供应企业持续为中国民航提供油料服务，油料停供、断供、迟供都会带来严重负面社会影响，产生经济损失，除航空公司自身原因或其他不可抗力外，供油企业原则上不能自行终止对机场的油料供应，这也意味着企业需更多承担保障责任。我国幅员辽阔，地区经济发展水平不均衡，机场运输量及盈利能力有较大差异，同时，目前我国支线机场数量多，占比超过70%，支线机场经营状况普遍堪忧，根据民航局发布的《支线航空补贴管理暂行办法》，对符合条件的执行支线航段的航企进行补贴，并每年发布补贴方案，供油行为被划定为企业行为，暂未包含在政策性补贴范围内，因此供油企业在支线机场往往需自行承担经营亏损，承担更多社会性责任。我国炼厂资源分布也存在区域不均衡现象，不同机场定位和服务目标群体也不一样，供油企业需统筹调配资源、优化配送方案、合理选择路径，以期为特殊机场制定个性化保障方案，提供经济、高效的供油服务。

在安全生产方面。安全是民航的生命线，也是航空油料供应企业的底线。航空油料供应企业是地面服务保障单位之一，其安全生产活动除遵守国家法律法规、地方政策、属地危化品管理政策外，还受到民航行业安全管理体系的监管。第三层级管理机构负责民用航空安全的监管工作。民用航空监督管理体系下的机场供油安全主要包含运营条件、应急处理、安全以及消防管理、油料质量管控等方面的内容。例如，从业人员需按照《运输机场运行安全管理规定》取得相应的证照，并按照《民用航空安全培训与考核规定》定期组织生产人员完成安全培训和考核，设备安全依照《民用航空油料设备完好技术规范》《民用航空油料设施设备浸润冲洗质量控制》进行日常管理和维护，《民用航空燃料质量控制和操作程序》《小型机场民用航空燃料质量控制和操作程序》规定了验收、接收、中转、储存、发出、加注及检验等各环节对航空油料的质量管理程序和要求，按照《运输机场专业工程建设质量和安全生产监督管理规定》等为工程建设质量把关，并将安全监督工作落实到位。通用机场执行通用机场管控相关标准。

其次，由于航空油料产品的特殊性，航空油料供应企业又被定义为能源企业。

传统能源行业具有技术含量高、高风险、高投资、高回报的特点，航空油料供应企业也兼具高技术含量、高风险和高投资的特点，鉴于航油价改政策正式落地后对航空油料企业盈利能力的影响，航空油料供应企业的高回报性暂未可知。航空油料供应企业技术含量高，体现在行业内突破了一批重大关键技术，建立了行业标准体系，科技创新成果的推广应用，显著提升了我国航油产业服务保障民航发展大局和国家经济社会发展的硬实力。高风险体现在安全生产风险和经营风险上，航空油料供应企业经营的产品是成品油之一的航空燃油，属于危化品经营范畴，面临严格的安全监管要求，一旦发生安全事故将造成难以挽回的人员、财产损失，社会影响恶劣。在经营方面，航油业务受经济周期性波动和不可抗力影响。

能源产业属于国民经济的支柱产业，具备战略属性、政治属性。2016 年我国制定《国家石油储备条例》，储备品种包括原油和成品油，其中包括航空煤油。国家鼓励社会资本参与石油储备设施建设运营，目前我国石油储备包括国家战略石油储备、地方石油储备、企业商业储备和中小型公司石油储备等四级石油储备体系。航油燃油具有重要战略意义，航油供应企业还承担了战略储备职能，目前我国航油战略储备主要依赖中国航油的商业储备。当前，军队油料系统与民航油料系统一直保持良好的“互助互供”机制，双方建立了比较成熟的油料供应和结算制度，形成了军民双方飞机在双方机场油料补给的无缝链接。但是应该看到，军民双方的油料资源互利互用还不够深入，双方油料供应保障系统的建设主导和经营主导还相对独立，没有形成双方“平时军民共用，战时民为军用”的深度融合。在国家构建一体化的国家战略体系和能力的背景下，配合部队积极推动军民融合深度发展格局，甚至可以考虑将部队加油体系纳入民航供油网络，实现供油基础设施统筹建设和资源共享，构建军民深度融合一体化运营供应保障体系。

同样，航油供应企业也面临与传统能源行业相同的困境：环保、能耗、污染等问题。在环保方面，面临严格的监管要求与日益更新的环保法规，如油气回收、环境评价、绿色建筑等方面的监管要求。在能耗方面，虽然响应机场蓝天保卫行动，机场地面作业车采用了新能源车，但是，大部分基础设施设备仍使用传统电力、化石燃料等能耗方式，使用频次高的加油车尚未完全实现新能源替代，且部分基层重要岗位及关键设备需要连续生产、运转，与其他行业相比能耗较高。在污染方面，跑、冒、滴、漏问题一直存在，及时、迅速降低对环境等影响，需耗费成本、技术、资金、人员等资源。

因此，作为横跨三大行业、发挥重要纽带作用的主体，航油供应企业既发挥着民航保障的重要作用，又承担着能源供给的职责，还发挥着承载物流输送的任务，是名副其实的“三合一”企业。

3.2.3 不同国家定位存在差异

部分国家将航油资源作为外交手段。美国越来越多地在外交政策中运用能源影响力，将航空燃油供应作为外交手段之一，通过限供、断供来限制、制裁别国以期达到其政治目的，航油供应企业受政府压力，针对性限制、断供部分机场。例如，2019 年美国政府要求多家大型国际贸易商停止与委内瑞拉交易航空燃油，以限制委内瑞拉商业和军事飞行。

经济效益驱使供油服务。国外的航油供应企业主要是营利性企业，在航油利润高点时企业愿意进驻航油市场，一旦利润波动、成本上升，可能快速撤出供油市场。受原油价格波动影响，在航油价格居高不下时，部分国家航油短缺，航空公司不得不停止服务以应对高油价带来的高成本。根据报道，2022 年飞机燃油价格高涨，多家航空公司调整机票价格，尼日利亚 20 多家航空公司更是决定停飞。2022 年 3 月，国际上发生了许多航班取消和延误事件，这些通常都与航空油料短缺和油价高企相关。

我国航油保障更多体现政治担当。不同于国外，我国航油保障更多体现的是政治担当、社会责任，供油企业考量评估机场保障成本和收益，但绝不将效益作为是否提供供油服务的唯一指标。我国国内很大一部分小型机场由于客流量小未形成规模效应，航空公司、机场、供油企业处于连年亏损的状态，航空公司和机场在政策支持下可享受亏损补贴，供油企业不在政策补贴范围内，但是中国航油将供应保障作为绝对政治使命，确保机场不因供油企业的问题限供、断供，确保“不断供”“安全供”“供好油”。航油企业不以盈利为目的，承担着保障国家航油供应均衡服务的公共职责。

3.3 航油供应企业特殊专业性

一是绝对保障、万无一失。我国航油供应要求非特殊条件下不得限供、不得断供、不得停供，我国幅员辽阔、地势地形多样，机场分布于各大中小城市、高原山区、边境地区等，部分地区环境恶劣、山势险峻、陆地交通不通达、资源匮乏，提供供油服务本身就对企业的运筹管理、设施品质和人员素质等提出了极大要求。航油供应企业能够承担经营亏损风险，能够确保航油及时供给到位，能够确保统一的航油品质和服务标准，因此，航油供油企业需要完善的供应链体系、强大的基础设施能力以及庞大的资金保障以承担亏损风险。

二是安全生产监管严格。安全是民航业的生命线，也是企业生存的基础，航空油料作为危化品更是处于严格的监管下。供油企业自身需要构建起完善的安全管理体系、隐患治理体系、内部监管体系，制定切实可行的安全规范制度和手册，形成良好的安全文化氛围，才能禁得起经营生产和安全监管的考验。以中国航油为例，安全生产作为企业年度重点经营指标，每年接受国资委的专项考核，此外，中国航油每年接受地方应急管理部、行业安监等安全监管部门和消防监管部门检查、排查、抽查，每年开展隐患排查、安全整改，每年持续加强在安全生产领域的投入。

三是油品质量管控严格。航油油品质量是供油企业的立身之本，油品质量安全直接关系广大民航用户的生命和财产安全，同时也影响炼厂、机场、航空公司的经济效益。航空燃油中任何杂质、细菌都可能导致发动机故障，出现不可挽回的损失。据有关部门统计，33%的二级事故中有50%是燃油污染引起的，11%由燃油内的游离水在油滤结冰，造成水分过多导致发动机失速、喷嘴堵塞等现象。因此，航油在出厂、运输、储存、加注的任何环节都存在油品质量污染的风险，做好品控安全管理是全流程、全链条、全生命周期的管理，要求航油供应企业有完善的油品质量管控手段和措施。以中国航油为例，中国航油成立了油品质量研发中心，在各大省会机场建立了油品质量检验室，并取得CNAS认证，100%覆盖我国机场油库油品质量送检需求。

四是专业人员要求高。航油供应企业需建立专业人才管理体系，应当定期对安全生产作业员工开展安全生产教育、岗位培训、技能训练等，为员工提供安全生产培训所需条件。按照《运输机场运行安全管理规定》要求，机场内与运行安全相关的全体岗位的员工均应持证上岗。机场保障单位每年对员工进行的复训和考核时间不得少于一次，复训至少持续24学时。以加油员为例，从人员入职到正式持证上岗，至少需经过多轮培训、至少半年实习时间，需获得飞机加油岗位职业技能鉴定资格、驾驶证B照以上等。

五是投资大、风险高、回报低。航油供应企业在机场提供供油服务，需按照行业规范要求，在机场投资建设供油基础设施设备，按照《民用运输机场油库设计规范》要求，干线机场的机场油库库容不应小于15天的供应量，按照《小型民用运输机场油库设计规范》要求，支线机场油库库容不宜小于20天的供应量。此外，还需根据航油资源配送情况投资建设如航油铁路专用线、铁路卸油站、码头卸油站、航空煤油专用管道、中转油库、国储油库等基础设施，初始投资大。通用机场供油也有规范要求，同样需要建设固定基础设施。航油供应企业安全生产风险高，一旦发生严重安全事故，将造成难以估量的经济财产损失。在航油定价体系中，航油进销差价基本被规定，毛利润基本已固定，航油供应企业盈利主要依赖加油量，支线机场加油量难以形成规模，而固定基础设施和人员经营成本不减，绝大部分支线机场处于亏损状态，仅部分业务量成规模的干线机场盈利。且机场及供油设施建成后，往往需要5~10年方能达到设计业务量，支线机场甚至达到设计业务量后也不能产生盈利，因此，航油供应行业回报率低。

第四章　中国航油“金色三十年”发展历程

中国航油的历史是一部保障国家航油供应安全的奋斗史，亦是国家强大、民航事业腾飞的缩影与见证。

中国航油自成立以来，始终坚持中国共产党的领导，坚定不移的跟随中国共产党的步伐，坚持服务国家战略、服务民航发展、服务航空客户，从无到有、从小到大、从弱到强，现已成为国内最大的航空油料储存、加注一体企业，并于2001年加入国际航空运输协会(IATA)。

中国航油的成立，将国家航油供应由分散管理转为集中管理，以一体化的运营和管理模式打造了协同发展形势，不仅为我国民航飞行安全提供了强有力的保障，也在服务民航客户、平衡资源配置等方面，起到了重要的、不可替代的作用。公司旗下供油机场个数由1990年的一百多家增至2020年的两百多家，年销售收入由1990年的不足十亿元增至2020年的六百多亿元。由新中国民航成立至1980年，30年间，航油累计销售量仅为二百多万吨，由1990年中国航油成立至2020年底30年间，航油累计销售量增至三万多万吨，航油供应量年增长幅度平均为10.22%，为我国民航事业发展提供了充足的动力保障。

以下简要回顾公司发展历程。

4.1　中国航油稳起步

1910年，清政府向法国购买了一架双翼飞机在北京南苑机场试飞，开启了中国第一次航空油料供应服务，此时的航空油料全部从英美国家购买，直至1949年新中国成立。新中国成立初期，我国尚不具备航空油料自主生产能力，国家对航空油料实行计划管理，一小部分使用英美航空油料，绝大部分转从苏联进口。1949年至1980年改革开放前，中国的航油供应处于军事化管理阶段，30年累计加油仅二百多万吨。

为确保国家航油供应稳定和安全，1966年国务院要求航空油料立足于国内、发展自主生产，不再进口。

4.1.1　中国的航油供应进入企业化改革阶段

按照邓小平同志“民航一定要企业化”指示精神，1980年后，民航逐步完成了由部队转为地方的企业化改革，1987年，民航以原六大地区管理局为基础成立了六家航空公司。1989年以前，航空油料供应体制属于政企合一，以政代企，无自主经营权，航空运输所需油料一直由中国民航局所属油料部门组织供应。1980 年至 1990 年，10 年间供应量增至六百多万吨。

4.1.2 中国的航油供应进入简政放权阶段

民航改革于 1987 年开始推行，管理局组织架构进行调整，将原架构调整为地区民航管理机构、航空公司和机场三个部分。为优化组织机架构，符合管理需求，1990 年 2 月国务院批准设立中国航空油料公司，1992 年 5 月完成国家市场监督管理总局登记注册，公司名称变更为中国航空油料总公司，并于 1993 年陆续接管全国各省民航局油料部门。在中国民航局的直接领导下逐步成为我国航空运输重要保障企业，为民航提供航空油料的采购、运输、储存、检测、销售、加注的全方位、一体化服务。2002 年 10 月 11 日，中国航空油料集团公司正式成立，这是以中国航空油料总公司为基础建立的一家大型国有航空运输服务型企业，简称中国航油集团公司，中国航空油料总公司改组成为中国航油集团公司的成员单位。

4.1.3 中国航油初成长

1990 年至 2002 年，12 年间，中国航油为七百多万架次民航飞机提供了燃油保障，公司由成立之初每年保障十几万架次增长到每年保障近百万架次，平均年增长率为 16.7%。公司成立之初全系统航油销售量仅有一百万吨，2002 年已经增加到五百多万吨，航油供应量累计达到了近五千万吨，供应量平均年增长率为 15%，切实保障了我国民航事业发展的航油需求。据 2002 年统计数据显示，中国航油总资产、总利润、总销售收入等几方面在全国物资流通企业中均排名第一，成为全国物流企业十强之首，在 2002 年全国 500 强企业中排名第 49 位。

截至 2002 年底，中国航油在全国 91 个机场建立一百多座油库，储油总量达到一百多万立方米；建设了近百条机场铁路专线和十几座码头，专用于航油运输和装卸，在各炼油厂和油库、码头之间建设了十余条场外输油管线；在公司所属的二十多个干线机场建设了专用机坪，完善了加油管网，配置一百多辆管线加油车和三百多辆罐式加油车，竭诚保障各机场航油供应。

跟随国家发展步伐，为更好保障国家航油供应安全稳定，中国航油不断调整管理组织架构，逐步建立完善供油网络，设立 5 个地区公司、4 个直属公司、15 个分公司、38 个供应站，同时设立 26 个石油、石化公司炼厂代表处。公司利用控股或者参股的形式在华北、中南等地区重要城市天津、深圳、南京、上海等地设立了合资公司。

中国航油自成立 12 年间，经过不懈努力，构建了遍布全国的航油保障体系，和两百多个机场、国内外一百多家航空公司建立了长期稳定的合作关系；服务的航空公司超过四百家，还为国内二十多个省市、自治区提供柴油和石化产品服务。中国航油通过控股、参股等形式成立二十多家跨国企业，建立了比较完整的物流配送体系和航油销售网络。中国航油的物流运输和仓储基础设施建设规模逐年增大，长三角、环渤海湾等地区的仓储、运输设施已经基本完善，为国家航油供应安全稳定奠定了坚实基础。

4.2 中国航油展翅飞

2004年11月8日，中国航空油料集团公司与中国石油、中国石化三方签署了组建中国航空油料有限责任公司基本协议，中国航油集团陆地石油有限公司和海天有限公司分别于2004年12月11日和2004年12月18日正式挂牌成立，这三大支柱企业的相继成立，是实现集团公司可持续发展的重要战略举措。

经过十年的发展，中国航油的航油供应规模已达到亚洲第一，据《财富》杂志500强企业排行榜显示，2010年全球500强企业排行，中国航油排行431位，中国500强企业排行54位；2011年全球500强企业排行上升至318位，2012年中国500强企业排行上升至38位。

中国航油在“十一五”阶段实现了跨越式发展，累计销售量超过八千多万吨，平均年增长率为31%，超过“十五”时期平均年增长率2.02倍；销售收入平均年增长率为35%，超过“十五”阶段平均年增长率3.02倍；“十一五”收官之际，中国航油总资产超过“十五”收官之际的1.07倍，利润总额超过“十五”利润总额4.7倍。

中国航油先后投资了多个海内外公司，包括中国航空油料总公司、北京中航油建筑工程设计研究院、中航油大厦管理中心、中国航油(新加坡)股份有限公司等多家公司。

中国航油在企业规模不断壮大的过程中不断对航油销售框架进行调整和完善，建立了和销售网络相适应的物流配送体系，建立供油保障设施的机场已增至百余个，储油总量增至两百多万立方米，长期稳定合作的供油服务对象增至近两百家，建设的专用输油管线已超一千公里，专用铁路达到一百公里，自有油轮三十多艘，建成地面加油站近百座。

中国航油不仅在国内稳健发展，还逐步努力打开国际市场，中国航油已加入多个国际航油组织，包括国际航空运输协会、美国试验和材料协会等。中国航油参与制定国际航油市场标准，在国际航油市场上具有一定权威和影响力。

4.3 中国航油历曲折

4.3.1 油荒对油品市场的影响

2003年第二、三季度由于“非典”疫情(SARS)影响，国内成品油需求量下降，汽柴油等销售量下跌明显，中国石化和中国石油两家公司大幅增加成品油出口量，减少国内市场供应量。疫情结束后，国内市场经济复苏的，成品油需求量急剧增加，国内成品油供应难以满足市场需求，加之前期企业资源存储严重不足，市场资源短缺问题陆续出现。

2005年油荒问题愈加严重，影响的范围愈加扩大，广州成品油供应紧张局势持续一个月之后，珠江三角洲其他城市也相继出现油荒问题，深圳、东莞、中山等城市成品油只能限量供应。东北等地也相继出现成品油供应紧张现象，北京成品油存量一度降到了警戒线水平。

“油荒”问题的出现严峻的考验着我国经济发展，成品油供应受限，经济发展随之受限，诸多企业因为成品油供应不足而只能停业或倒闭，无论是企业还是个人都因为油荒受到影响，中国航油也同时经受着前所未有的考验。

4.3.2 航油新加坡事件对航油的影响

1. 中航油新加坡事件过程

随着中国经济连年高速增长和综合国力不断增强，中国民航业迅速崛起，航空油料的需求量不断迅猛增长。进入20世纪80年代以来，中国民航燃油需求量以每年20%左右的速度增长，为满足民航业需求，除中国国内炼油厂不断增加航油生产量以外，自1991年起，我国每年还需从国际市场进口部分航油以满足需求，且进口量逐年增加。

为确保进口航油价格的合理性，保证进口航油运输效率和安全，中国航空油料总公司于1993年决定寻找拥有专业海运能力的运输企业，发挥各自优势，在新加坡共同组建一家集航油贸易与运输于一体的合资企业。由总公司、中国对外贸易运输总公司和新加坡海皇轮船有限公司共同出资组建的中国航空油料运输(新加坡)私人有限公司成立，这就是中国航油(新加坡)公司的前身。

中国航空油料总公司组建这家合资公司的核心目的是充分利用总公司的优势，逐步建立一个海外基地，有效节省进口航油采购与运输成本。

从1997年至2000年，中国航油(新加坡)公司从经营业务单一的进口航油运输经济业务，逐步转型为石油实业投资、国际石油贸易、进口航油采购“三位一体”的商业模式，成为海外首家拥有完整产业链条的跨国中资石油公司。

2000年，中国航油(新加坡)公司的非航油贸易已经占到了全部业务的2/3。2001年航油采购进口量占中国民航系统全年航油消耗总量的1/3。中国航油(新加坡)公司的生意拓展到马来西亚、菲律宾、印度尼西亚和美国等地，与国外贸易量达到了总贸易量的60%。在这3年的时间里，中国航油(新加坡)公司利用自有资本，取得了傲人业绩。

2003年，伊拉克、委内瑞拉、尼日利亚等世界几大产油国的石油出产量均发生下降，国际油价受到很大冲击，油价上涨且持续时间之长，前所未有。2003年底至2004年，油价持续走高，市场不确定性不断增加，中国航油(新加坡)公司为应对冲击，平稳度过危机，对交易策略做了调整，改变了对买卖权的策略，正因此次调整，在期权盘还没有到期的时候就出现了明显的亏损。

2. 中国航油(新加坡)重组分析

中国航油(新加坡)事件发生后，中国航油集团公司迅速召开媒体发布会，并表示对于中国航油(新加坡)公司承担有限责任，不会因此事件受影响。同时，中国航油集团表示会以出资额度为限，对中国航油(新加坡)公司给予适当的有条件的支持。由表4.1可以看出，重组后，企业运营恢复正常，短短一年时间就恢复到事件发生前的业绩。这跟中国航油自身的努力和政府的支持是分不开的(见表4.1)。

表4.1 重组后中国航油(新加坡)经营状况

单位： (千/新币)	2005年 第三季度	2006年 第一季度	2006年 第二季度	2006年 第三季度
营业收入	4049	5413	99236	1461505
营业成本	34	195	93023	1456256
利润总额	4015	5218	6213	5249
净利润	13	342221	14766	12460

中国航油(新加坡)公司于2006年、2007年在国内航油进口量中所占的比例超过了90%。据2007年一项统计数据显示，中国航油集团公司销售收入相比2005年增长了118%。中国航油(新加坡)公司提前4年还清全部债务，终于成功走出巨亏阴影。中国航油集团公司力挽狂澜，成功解决巨亏问题后逐渐加速向国际化转型。

2019年，中国航油(新加坡)公司在航空市场、合规风控、“强降促”、实业投资等方面持续发力，各项经营指标再创历史新高。此外，中国航油(新加坡)公司还屡获资本市场重大奖项，在上市公司合规治理、企业经营发展质量、企业风险管理水平等方面获得了市场权威机构的广泛认可。

2020年受新冠肺炎疫情影响，中国航油(新加坡)公司在面临航空业务大幅下降、投资收益严重下滑、国际油价大幅波动、石油市场需求疲软等不利因素影响下，积极按照中国航油“创收增效百日攻坚行动”的总体部署，围绕开拓市场、优化库存、降本增效、争取政策补贴等方面深度挖潜、多维发力、上下齐心，圆满完成公司全年业绩考核指标，为再创中国航油金色30年贡献力量。

据财富中文网发布的2020年《财富》中国500强企业排行榜，中国航油(新加坡)股份有限公司位居75。

4.3.3 非典对航油的影响

非典疫情突发造成的市场巨变，使中国民航三大集团在2003年一季度均出现不同程度亏损。

2003年伊始，“非典”疫情对航空业造成巨大影响，严重冲击了民航企业的正常生产经营秩序。截至当年四月，国内大部分航线的客座率大幅下降，各大航空公司客座率在此期间下降约15%，这种态势一直延续到五月下旬，国际航线、国内航线都出现了明显的客座率下降情况。为应对突如其来的冲击，航空公司在生产经营方面采取了一系列措施，秉承一切从简、从缓的原则取消了一切非必要航班，以节约成本维持运营，仅4月份一个月内取消航班1815个，至5月中旬共取消航班6173个。南航更是推行了成本控制措施，开展了"节油工程"项目，运用现代技术对飞机加油量进行精准计算，有效降低了支出。而各家航空公司利用飞国外或香港的航班带价格比较便宜的航油回程以节约运营成本。

我国航油除了部分进口，主要来源于中国石油、中国石化。由于国内油品生产成本较高，因此，国内航油出厂价格略高于国际价格，另外，运输费用、炼厂生产能力等都影响着航油销售价格。

中国航油作为民航系统内最大的航油供应商，航油价格并非完全由市场调节，而主要取决于政府管制，国家计划委员会(2003年3月，将原国务院体改办和国家经贸委部分职能并入，改组为国家发展和改革委员会)对航油出厂价格进行统一，中国民航局负责制定航油的销售价格，航油出厂价常常落后于市场实际变化。这也对航油销售利润造成了一定影响。

4.4 中国航油新振奋

中国航油成立后一直呈现稳定发展态势，规模不断壮大，运营能力显著增强，打造了突出的核心能力，主要包括：

(1) 贸易能力

在多年发展中，中国航油已经建立了比较科学的贸易体系，贸易平台不断得以完善，融资、代理配送等贸易业务规模不断扩大，风险管理水平日益提升，增值服务能力不断增强。

(2) 物流能力

公司对原总公司供应链各个组成部分进行了整合和优化，更有效的控制了成品油运送成本，不仅提升了运营和管理水平，而且打造了公司物流成本优势，在华北、华东、华南都建设了完善的油品接卸储运设施，成为三大重要基地。

(3) 资本运营能力

中国航油在不断发展业务的同时融资能力不断增强，使得业务链上下游领域得以逐渐扩大；广泛开发多种资本运营方式，保证航油、成品油等资源供应规模和质量，同时降低成本；积极向国资体系靠拢，在国资企业资产整合和重组中做出有益探索。

4.4.1 中国航油的发展

1. 中国航油"十二五"发展

"十二五"时期，是我国经济发展方式转变关键期，也是改革开放深化期，国内交通运输也得到飞速发展，各种运输方式形成了协调发展良好局面，行业发展水平和质量都不断提升，具有综合特征的现代交通体系已经基本建成，我国交通运输也进入了新的发展阶段。

(1) 中国民航“十二五”发展规划

2011 年 4 月，在全国民航规划暨机场工作会议上，《中国民用航空发展第十二个五年规划》(以下简称《规划》)颁布并实施，其中明确指出要为机场提供坚实的保障，“十二五”末期，中国民航的机场数量至少达到 230 个(新建 55 个)，飞行覆盖范围达到全国经济总量的 94%、人口总数的 83%和县级行政单元总数的 81%，在机场体系建设上实现功能齐全、布局合理、高效安全、层次分明的预期目标。大型机场容量饱和的问题得到良好缓解，保障起降架次达到 1040 万架次。大力开发工程对机场进行改建和扩建，增强现有机场旅客运输能力，打造各个地区的机场枢纽，建设以枢纽机场为核心、多种交通方式汇集的综合交通枢纽。

《规划》提出，未来 5 年，国内民航全行业投资规模将在 1.5 万亿元以上。到 2015 年，要实现运输周转总量 990 亿吨公里新目标，平均年增长率达到 13%；在旅客运输量上要达到 4.5 亿人次，平均年增长率达到 11%；在货邮运输量上要达到 900 万吨，平均年增长率达到 10%。航班正常率要超过 80%，整体提升民航服务质量，让公众更加满意。加大航空支线发展力度，建立“干支衔接、协调发展”的民航建设基本结构。扩大国际航空运输规模，培育具有国际竞争力的大型网络型航空公司。《规划》着重提出了通用航空领域整体发展规划，在通用航空设施完善和机队建设等方面起到了重要推动作用，有利于对通用航空的机场、起降点进行整体布局，放宽了通用航空市场限制标准，在我国民航事业发展中具有突出意义。增加通用航空机队数量，在原有机队基础上将增加超过 1000 架的通用航空飞机。表 4.2 为“十二五”发展规划主要指标统计表。

表 4.2 “十二五”时期民航发展主要指标

类别	指　标	2010 年	2015 年	年均增长	类别
业务规模	航空运输总周转量(亿吨公里)	538	990	13%	航空运输总周转量(亿吨公里)
	旅客运输量(亿人)	2.68	4.5	11%	旅客运输量(亿人)
	货邮运输量(万吨)	563	900	10%	货邮运输量(万吨)
	通用航空生产作业(万小时)	14	30	16%	通用航空生产作业(万小时)
	客运周转量在综合交通中的比重(%)	14.5	16	—	客运周转量在综合交通中的比重(%)
发展质量	运输飞行百万小时重大事故率	[0.05]	<[0.20]	—	运输飞行百万小时重大事故率
	航班正常率(%)	81.5	>80	—	航班正常率(%)
	载运率(%)	71.6	>70	—	载运率(%)
	运输飞机日利用率(小时/天)	9.4	≥9.6	—	运输飞机日利用率(小时/天)

注：带[ ]的数据为 5 年累计数。

(2)“十二五”期间中国航油面临的复杂内外环境

随着国际经济的不断复苏，中国航油在国际化转型过程中面临的不利因素也越来越复杂。国际经济朝着多极化发展过程中，国际范围内的并购、投资、技术合作等日益增多，世界各国经济发展受能源影响程度逐渐深化，清洁能源行业受到了各国前所未有的重视，发展极为迅速。国际民航随着“天空开放”战略的不断推进，航空自由化开启新的发展阶段。国际上金融危机的负面影响仍然存在，发达国家继续承担着较大的主权债务危机风险，个别国家以贸易保护主义对他国实施打压，美国为解决本国经济危机推出了量化宽松货币政策，却没有让美元市场重振雄风，反倒让国际大宗商品价格一路高涨，进一步加剧了发展中国家通货膨胀，中国航油走出国门需要面对更大的挑战。

另一方面，国内政策环境变化也对中国航油发展造成一定的影响。“十二五”期间我国政府为尽快实现消费结构升级目标，相继出台多项政策扩大内需，为保障经济发展加大了交通运输体系建设发展力度，不仅为交通运输行业发展奠定深厚基础，也带动了能源行业、旅游行业等领域取得较大发展。以“民航强国”为战略目标，民航业始终保持着快速增长的势头。尽管我国能源消耗量已经上升到了世界第二位，石油需求量年增长率平均为4%~5%，但是在通货膨胀和航油市场政策等因素影响下，中国航油发展势头并没有减缓，要取得更大的发展成绩还需要面对更多的考验。

(3)中国航油物流基础设施不断完善

物流基础设施是中国航油市场开拓的前提和依托。中国航油有序推进航油长输管线等基础设施建设，不断加快物流储运基地的建设步伐，构建一体化物流供应链，逐步形成覆盖全国的航油物流供应网络，提升航油运输保障能力和掌控能力。2015 年，航油管输量近三百万吨，同比增长 11%；航油水运量近七百万吨，同比增长 24%；航油仓储量两百多万吨，同比增长 24%。

(4)中国航油“十二五”跨越式发展

2015 年，中国航油的航油销售量、销售收入、资产总额分别较 2010 年增长 66.87%、25.38%、49.26%、-9.72%；吨油费用较 2010 年减少 29 元/吨；应收账款周转天数创历史最好水平。除受国际油价大幅下跌影响，销售收入仅实现规划目标的 58.23%、资产总额实现 58.48%以外，销售量完成 98.98%，吨油费用、应收账款完成 106.96%、104.17%，圆满完成“十二五”规划目标(表 4.3)。

表 4.3 “十二五”规划主要指标实现情况

序号	指标	年均发展速度	目标实现情况
1	销售量(万吨)	10.79%	98.98%
2	销售收入(亿元)	4.63%	58.23%
3	利润总额(亿元)	8.34%	90.46%
4	资产总额(亿元)	-2.02%	58.48%
5	吨油费用(含进货运杂费)(元/吨)	—	106.96%
6	应收账款周转天数(天)	—	104.17%

(5) 主要发展成就

中国航油高度重视战略执行、落地，努力确保主要指标及工作任务顺利实现。在指标方面，销量、利润完成率均超过90%，吨油费用、应收账款天数超额完成。五年累计实现销售航油、销售收入、利润总额分别较“十一五”增长65.1%、92.5%、94.2%，销售规模大幅增长，盈利能力持续增长，综合实力显著增强。

按照“适度超前”原则，加快基础设施布局，完成固定资产投资40余亿元，先后完成昆明新机场、合肥新机场、济南油库、南京机场二期等一批重点供油项目。“十二五”期间，共计新接收惠州、吕梁、武当山等约50座支线机场供油业务，系统内供油机场数量达到200多个。

总体而言，中国航油在“十二五”确立的建设全球最具竞争力专业航油公司的发展目标，对应发展目标中国航油建立了四大战略，已经初步取得全面成效。资源方面，不断强化与三大石油公司的战略联盟关系，多方积极呼吁、协调、争取，“十二五”内航空煤油资源矛盾已大大缓解，从期初短缺严重、供不应求，到期末总量已供大于求；市场方面，高度重视民航机场和航空客户双重市场，在市场空间上、市场运作上得到大幅度提高；国际化方面，对标国际一流，吸收先进的经营理念和管理方法，加强对国际市场的研究，参与制定国际技术标准，提升与国际航油市场参与者的合作、竞争能力；能力提升方面，初步树立能力提升意识，在增强业务发展硬实力的同时，提升适应市场竞争、满足市场需求、抢抓市场机遇并进行科学决策的核心能力，培育、提升各层级人员及组织的学习能力、创新能力等支撑能力，营造了“上下同欲、情感共振”的文化氛围。

中国航油在快速发展过程中取得了多方面成绩，主要包括以下六个方面：一是确保了安全生产态势，二是保证了资源的稳定供应，三是巩固了市场地位，四是基础设施得以完善，五是显著提升了管理成效，六是党群工作成果明显。从2010年到2012年期间，中国航油在销售量、销售额、利润总额等方面都达到了新高度，销售量达到近一万万吨。

这些年来，中国航油通过不断改革发展，实现了“亚洲最大、行业领先”的主体地位。自2011年起，中国航油已连续6年进入世界500强，在多个国际组织的影响力不断扩大，国际航油市场话语权不断彰显，已发展成为亚洲地区最大的航油供应商和航油服务商；构建了“主业突出、多元并举”的业务格局，2016年的年销量为五千多万吨，在2010年至2012年连续三年进入A级企业序列的基础上，2016年度中央企业负责人经营业绩考核结果再获A级荣誉，形成了“服务全球、内外融合”的发展态势，中国航油已在全球18个国家和地区的44个机场提供航油服务，并成功在香港机场实现了航油加注服务。新加坡公司连续7年获得新加坡证券投资者协会评选的“最透明企业奖”；完成了“现代管理、规范治理”的重大变革，把党委参与决策与董事会和经营班子依法行使职权较好地结合起来，以集约化经营、专业化管理和一体化运作为抓手，注重安全绿色发展，系统整合风险管控体系，增强依法治企能力，促进管理提升，公司管理基础不断夯实，中国航油先后获得国资委任期绩效考核“管理进步特别奖”“业绩优秀企业奖”等奖项，连续多年荣获“中国工业企业履行社会责任五星级企业”称号；打造了“履责担当、信誉至上”的品牌形象，始终秉承“责任央企”理念，在北京奥运会、APEC峰会、抗战

70周年阅兵、G20峰会、"一带一路"峰会等供油保障的关键时期，以及地震、暴雨雪等重大自然灾害的特殊时刻，向各航空公司做出了"飞机飞到哪里，就把油加到哪里"的重要承诺，成为中国民航最有力的保障，在中国民航领域树立了"航油国家队"的良好形象。

中国航油自成立以来，为保障航油供应安全、平衡资源配置、助力民航事业蓬勃发展起到了十分重要的作用。在"十二五"期间，中国航油始终将"竭诚服务全球民航客户，保障国家航油供应安全"作为光荣使命，勇担重任，全体员工顽强拼搏、共同努力，航油、成品油、物流和国际业务四大业务稳步发展，成绩斐然，世界一流航油公司建设迈上新台阶(表4.4)。

表4.4 中国航油"十二五"发展成绩

国内航油业务	截至2015年底，为全国201个机场提供供油服务。 截至2015年底，拥有国内外200多家航空企业客户。 截至2015年底，航油经营量约占境内航油供应总量的83%。
国际业务	"十二五"末，海外机场供油业务市场拓展到亚、欧、北美和大洋洲17个国家地区38个机场。 "十二五"末，海外机场供油量达到150万吨。 "十二五"末，成为国航、东航、南航三大航海外最大的航油供应商。
规模实力	"十二五"期间，油品经营总量年均增长6.2%，年均利润增长11.7%。
国际影响力	成为亚太地区最大的航油实货供应商和贸易商。 2011年首次进入《财富》世界500强，2015年排名为321位。 跨国化指数达到18%。
社会形象	航油供应实现"零事故、零伤害、零污染"。 打造"政府放心、客户满意"的安全服务品牌。

2. 中国航油"十三五"发展

2020年，中国航油的航油销售量、销售收入、利润总额、资产总额分别较2015年增长87.08%、78.19%、84.05%、110.36%；吨油费用实现规划目标的110.62%；应收账款周转天数实现规划目标的102.87%，圆满完成"十三五"规划目标(见表4.5)。

表4.5 "十三五"规划主要指标实现情况

序号	指标	年均发展速度	目标实现情况
1	销售量(万吨)	9.88%	87.08%
2	销售收入(亿元)	15.63%	78.19%
3	利润总额(亿元)	17.45%	84.05%
4	资产总额(亿元)	22.35%	110.36%
5	吨油费用(含进货运杂费)(元/吨)	—	102.87%
6	应收账款周转天数(天)	—	121.05%

（1）生产能力建设情况

“十三五”期间，中国航油供油机场数量持续增长，储油能力实现年均9.0%的增长；机坪管网长度实现年均8.2%的增长(表4.6)。

表4.6 “十三五”期间生产能力建设情况

生产能力	增加量	年均增长速度
供油机场数量(个)	35	4.2%
油罐实际容积(万 m^3)	70.0	9.0%
场外管线长度(km)	-30.2	-1.4%
机坪管网长度(km)	166.4	8.2%

（2）主要发展成就

近年来，中国民航取得了举世瞩目的成就，尤其在机场建设方面，发展态势良好。2020年，中国民航下属39个机场都实现了运输周转总量、旅客运输量、旅客吞吐量几大方面的新突破，分别达到了1292.7亿吨公里、6.6亿人次、1000万人次以上的总目标。北京首都、广州白云、上海浦东等5个机场入围了全球最繁忙机场的前30排名中，郑州机场、重庆机场、西安机场等被评为全球客运量和货运量上涨速度最快机场前10。

① 综合实力不断加强。中国航油五年累计实现销售航油突破亿万吨，除销售收入因油价波动相比“十二五”期间有所降低外，销售量和利润总额分别较“十二五”增长32.1%和83.7%。“十三五”期间，中国航油圆满完成全国“两会”、“一带一路”国际合作高峰论坛、“金砖”国家领导人厦门会晤、上合组织青岛峰会、中非合作论坛北京峰会、中国国际进口博览会、新中国成立70周年庆祝活动等重大保供任务，积极应对四川雅江森林火灾抢险应急救援，珠海特大暴雨、大连“温比亚”台风、西藏雅鲁藏布江洪水、四川九寨沟和林芝抗震等重大救灾救援活动。中国航油积极履行政治、社会责任，连续十年跻身世界500强、连续获得央企经营业绩考核A级；同时，中国航油协同配合板块单位大力推动出口贸易和国内外市场联动，积极化解航空煤油资源过剩产能。

② 安全运营显著增强。“十三五”期间，中国航油全面贯彻落实习近平总书记对民航安全工作的重要批示精神，深入落实国资委、民航局和集团公司关于安全生产工作的各项要求，牢固树立安全发展理念，坚持安全第一思想不动摇，深化“安全生产无小事”和“善于小题大做”的管理理念，狠抓安全生产、夯实管理基础，安全管理水平持续提升。“十三五”期间，中国航油实现了安全管理“三零”目标，深化隐患排查治理，对安全隐患零容忍，不断提升本质安全水平。对安全管理坚持问题导向，强化责任担当，扎实开展专项整治。利用信息化手段全面加大一线作业现场监控力度，严肃整治“三违”现象等问题，现场作业管理水平显著提升。在安全运营态势持续稳定向好的情况下，狠抓安全管理基础，严肃安全责任落实，修订航油安全管理体系手册，不断增强核心技术优势和科技创新能力，安全管理体系建设不断完善。

③ 战略体系清晰明确。中国航油始终坚持战略引领，加强顶层设计，通过研判国

内外民航、石化能源等发展形势，围绕发展战略，每年制定三年滚动规划进行动态调整，持续完善公司发展目标及战略体系。“十三五”期间，在世界面临百年未有之大变局、我国正处于转变发展方式、优化经济结构、转换增长动力的形势下，中国航油深入贯彻《中国航油深化改革加快发展战略规划纲要》。《纲要》紧紧围绕“建设具有全球竞争力的世界一流航油公司”这一目标，从全局和战略的高度对中国航油的改革发展进行了系统规划和顶层设计，进一步明确公司发展定位、原则、目标、重点任务和保障措施，构建起一套具有航油特色的完整战略体系，规划布局更加清晰明确，成为引领公司科学发展的重要指引。中国航油高度重视战略执行、落地，努力确保主要指标及工作任务顺利实现。在主要经营指标方面，截至2019年末，航油公司收入、销量、利润完成率均超过“十三五”规划目标的70%，资产、吨油费用、应收账款天数等目标超额完成。

④ 核心竞争力不断提升。面对国内外局势动荡、市场开放、航油价格改革、外部竞争加剧等挑战，中国航油顺应大势、转变观念，强化战略执行，不断巩固和增强在安全生产、资源掌控、一体化运营、供油网络设施、科技信息化水平、服务品牌等方面的发展优势，核心竞争力得到持续提升。中国航油依托中国石化、中国石油作为国内最大航油生产企业的资源优势，加强与股东方的沟通协调，有效消化国内过剩航空煤油产能。中国航油坚持资源优化配置全国“一盘棋”思想，积极布局基础设施建设，紧抓机遇前瞻性布局京津冀、长三角、粤港澳大湾区等城市群机场供油设施建设，同时保障性推进偏远地区等欠发达地区航空机场相关项目建设。中国航油积极推进跨区域配送中心建设，有效降低运输成本，供油网络进一步完善。中国航油持续增强科技创新能力，建设“智慧航油”平台，打造智慧航油生态圈，科技创新能力不断增强。中国航油修订完成《民用航空器加油规范》(MH/T6005)、《民用航空油料爆炸危险环境电气安全规程》(MH/T6033)，《小机场民用航空燃料质量控制程序》(MH/T6044)、《民用航空燃料设施设备浸润冲洗质量控制》(MH/T6076)两项行业标准通过民航局审定并发布实施，获批立项首个中国航油主导的国家级“标准刮板流量计校准规范”，行业话语权不断提升。中国航油坚持以客户为中心，利用全国性服务网络提供安全、专业、高效的服务。中国航油全面推行安全生产标准化管理，树立起让政府放心、客户满意的安全服务品牌。

⑤ 重大项目建设高质量推进。“十三五”期间，中国航油全力保障“天字一号”工程——北京大兴国际机场供油工程，以及成都天府国际机场供油工程、南宁机场供油工程改扩建项目、兰州机场油库扩建工程、长沙黄花机场油库迁建工程、青岛新机场供油工程、哈尔滨太平机场扩建供油工程等重点项目建设。在大兴国际机场供油工程建设中，中国航油坚持以“四个工程”为指引，按照“四型机场”建设要求，调集优势力量、加快推进速度，强势扭转工程滞后不利局面，在机场工程中率先完工、率先通过验收、率先投入试运行、率先取得运营许可，被民航局称誉为“先锋工程”。中国航油在大兴国际机场供油工程中加大智能高端技术应用，首次运用先进的BIM技术、罐底及过滤分离器水分杂质自动放沉功能、快开盲板装置、电液联动装置、自动取样、在线加剂装置，建立集中管理系统、测漏系统、智慧能源服务云平台等国际一流、国内领先的新技术，全

面提升了大兴机场的高科技含量和供油工艺现代化水平。同时，成都天府国际机场供油工程、南宁机场供油工程改扩建项目、兰州机场油库扩建工程、长沙黄花机场油库迁建工程按期完成建设内容，青岛新机场供油工程、哈尔滨太平机场扩建供油工程等重点项目建设正在全力推进中。

4.4.2 中国航油取得的成就

1. 重大工程保障能力提升

“民航强国，航油先行。”航油基础设施是支撑民航强国的基本能力，是确保国家航油供应安全的基本保障。

(1) 航油“天字一号”工程——北京大兴国际机场航油工程

2019 年 9 月 25 日，对于中国民航来说是一个非常重要的纪念日，北京大兴国际机场正式开始运营，这标志着中国民航已经进入新的发展阶段。

北京大兴国际机场占地总面积 4.1 万亩，大小等于 63 个天安门广场的面积，投资总额达到 800 亿元，预计到 2025 年旅客吞吐量达到 7200 万人次，年飞机起降 63 万架。作为超大型国际航空综合交通枢纽，北京大兴国际机场是实施交通强国、民航强国、京津冀协同发展战略的世纪工程，是展示中国形象的“新国门”。2017 年 2 月 23 日，习近平总书记在对大兴国际机场进行了考察时特别强调指出，大兴国际机场是北京通往世界的重要通道，是首都标志性工程，将为国家发展提供新的动力，要力争将机场工程打造成为全国乃至全世界的“精品工程、样板工程、平安工程、廉洁工程”，为北京大兴国际机场的建设指出了目标方向和根本遵循。

民航强国，航油先行。北京大兴国际机场航油工程是中国航油贯彻习近平总书记指示精神，围绕党和国家工作大局，落实“民航强国”、“京津冀一体化”战略的标志性工程；是中国航油扎实推进民航各项任务落地，努力开创行业发展新局面的战略工程；是中国航油服务国家重大保障任务，为国家能源的安全稳定供应保驾护航的重要工程；是中国航油布局京津冀区域航空煤油供应网络，打造国际化航油保障体系，加快中国航油国际化发展战略，建设综合性世界一流航油公司，走上国际化发展轨道的重点工程。整个工程分为津京第二管道、场内供油工程和地油工程三个部分，涵盖中国航油的航油、石油、物流三个重要板块，是北京大兴国际机场的重要配套工程，更是中国航油迄今为止建设规模最大、投资最高的项目，也是“十三五”期间中国航油规划建设的最具战略意义的项目。

在大兴国际机场航油工程建设中，中国航油创新管理理念、大胆尝试，首次采取“建管一体”项目建设和管理模式，通过加强上下联动和内外沟通，对各项目进行有力指导，从而解决项目建设推进中各项重点难点问题；通过建立“接口明确、职责分明、协调一致、政令畅通”的组织机构，提高了内部决策和外部协调效率，确保项目整体形成合力和战斗力。

大兴国际机场供油工程坚持引进先进管理理念，突出创新机制保障，采取最严格的项目管理模式，打造航油工程管理样板。按照“程序不能少，手续需简化，效率要提高”

的原则，创新地采用"串联改并联"工作方法，提前并平行交叉开展工作，使供油工程强势扭转开工滞后一年半的不利形势，实现进度赶超。通过优化和简化流程，采取"点对点、人盯人"的方法，确保工作无死角，从而大大压缩整体工期进度。工程质量采用比现行规范、标准和工艺设计中更严格的要求，通过科学组织、精细施工，使工程核心指标优于同类型项目；机坪加油管线施工首次采用机器人管道内补口技术，推行 BIM 技术、样板工程等先进施工技术，扩大验收范围至所有检验批次、隐蔽工程、材料，加大验收抽检比例，加大无损检测抽检比例，引入第四方无损检测单位，全方位提升工程质量；引入工程质量管理机构，以创优为目标，构建最严质量把关模式；指挥部强化管理主动参与施工单位技术交底、施工单位自检等工作，确保工程质量经得起历史检验，成为中国航油工程质量样板。HSE 管理方面，首次引入全生命周期的 HSE 管理，以"突出一条主线，控制两个目标，落实五个到位"的管理思路，实现了 HSE"四个零"的总体目标和"六个零"的管理目标，成为机场其他单位学习借鉴的典范。

北京大兴国际机场供油工程自建设之初，就明确了要顺应科技全球化趋势，紧跟科技化、全球化的迅猛发展，依靠科技手段，发挥自身优势，充分借鉴国内外先进经验，引进世界一流、国内领先的"四新技术"，建设"智慧航油"，在流程设计、智能管理、技术应用、绿色环保等方面开创了多项中国航油建设先河。创新性研发并成功应用"油水界面分析仪放沉系统"，获得实用新型专利产品，实现了航空煤油储罐及过滤器的自动放沉排污；引入碳氢感应电缆泄漏检测、油罐自动放沉技术、快开盲板型过滤分离器、三点自动取样、DN700 浮动吸油装置、油罐防腐保温新型涂料、机器人管道内补口等 7 项国内首次采用技术，以及柔性阳极外加电流阴极保护系统、ESD 紧停系统、油车自动调度系统、非晶合金变压器、自动加剂、电力监控系统等 8 项国际领先技术，着力打造全国民航供油标杆；智能化系统建设成绩亮眼，创新性地攻克了飞机加油车派工智能调度算法、全数字生产仿真技术、跨系统实时调度安全监管策略、油品自动放沉排污等关键技术，成功落地智慧加油系统、油库集中监控系统、VR 模拟培训系统等多项成果。大兴国际机场供油工程的智能化、科技化水平在系统内首屈一指，获得"航空油料质量计量管理系统""智慧油库集中生产监视系统"等多项软件著作权；打通与航空公司实时结算流程，实现了电子加油数据闭环传递，在推动建设智慧航油生态圈方面取得了重要进展。

① 具有辐射影响的工程。一是该工程高效率、高质量、高水平完成的建设任务，使中国航油的品牌形象不断夯实，品牌影响力充分彰显；二是该工程进一步增强了中国航油的凝聚力和向心力，该工程是在习近平总书记指示精神的引领下，民航局、京津冀三市、全集团范围等众多单位倾力支持、共同努力的成果，显示了中国航油的综合优势和整体协同效应；三是该工程为中国航油在工程建设领域的发展奠定了重要基础，该工程中的施工工艺、先进技术和管理创新成果为航油在供油设施的设计、施工方面积累了丰富经验，对工程建设业务实施国际化招标、专业化管理都产生了积极的促进作用；四是该工程培育和锻炼了一支特别能吃苦、特别能战斗、特别能奉献的航油铁军。

② 津京第二输油管道工程。2016 年 7 月 25 日，津京第二输油管道工程获得批复。

该工程不仅是京津冀协同发展中交通先行、民航率先突破的重要工程，也是中国航油迄今为止管径最大、输送里程最长、跨省市区域最多、设计输送能力最强、投资规模最大的航空煤油专用运输管线。

津京第二输油管道工程是北京大兴国际机场航油工程的配套输油工程，管道全线长近两百公里，管线起于天津南疆，从东向西依次经过天津市滨海新区等几个重要区域，然后经过廊坊市的安次和广阳两个区，北京市大兴区，止于北京大兴国际机场油库末站，地跨3省(市)9区(县)，承担着北京大兴国际机场的航油供应保障任务，是北京大兴国际机场近期唯一配套油源，远期可同时承担北京首都机场的航油供应，缓解现有津京管道的输油紧张状况，使京津地区三大机场的供油安全得到有力保障，被誉为新国门的“大动脉”。

大兴国际机场供油工程项目的圆满完成，集中体现了航油工程建设者追求卓越的工匠精神、艰苦奋斗的奉献精神、精益求精的敬业精神、勇攀高峰的创新精神、团结协作的团队精神。这些精神将成为强大的动力，极大地激励广大干部员工满怀激情地投入航油事业的发展中来，再创中国航油新的金色三十年。

(2)“天府一号”供油工程建设

“天府一号”供油工程项目是中国航油在西部地区的巅峰之作，作为成都天府国际机场配套工程地位非常重要，其顺利落地将为天府国际机场平稳运营提供强有力的保障，也是成都建设国际航空枢纽和“一带一路”门户枢纽的重要组成部分，将为四川省和整个西南地区的持续开发提供源源不断的动力。

“天府一号”供油工程，是中国航油继北京大兴国际机场供油工程之后的第二大航油配置综合工程。“十三五”时期，“天府一号”是中国航油推出的最大项目，从立项至今得到了各方高度重视和大力支持。

2. 科技创新

(1) 科技创新突破增强高质量发展推力

中国航油把科技创新作为高质量发展重中之重的问题，把科技创新作为推动中国航油高质量发展的新引擎，以突破技术瓶颈为核心举行科技创新经验总结交流大会，提高创新人才奖励力度，组建了科学技术委员会、科技部等机构，设立创新人才奖励专项资金，资金数额达到1000万元，结合企业业务领域加大研发基地建设力度，和国内知名科研机构、高校、龙头央企建立合作，构建产学研一体化科研实践体系，积极承担国家重大科技项目，主动开发民航相关科技研究项目，让科技促动航油发展，加深航油科技影响深度。

在取得多项突破后，中国航油已经基本建立了科技创新的学术氛围和发展方向。中国航油带领旗下所有成员企业积极探索更有效的奖励创新机制，为广大科研人才科技创新提供动力，为科研提供充足的资金，在企业内部积极营造科技创新文化，在自主研发意识、知识产权保护、研发中心定位布局、专业技术岗位薪酬体系和学术带头人、顶层设计五大领域进行重点突破，让航油的理论研究上升到新的水平，对现有管理机制进行了完善，增加了科技创新奖励和容错制度，完善了企业科研基础设施，加大了和科研机构合作力度，让航油科技创新、科技发展的基础更加牢固，走上了以国产化为核心、以技术创新确保国家航油供应安全的新航程。

① 科技创新工作汇聚新动能。中国航油深入实施创新驱动发展战略，聚焦关键领域、实施重点突破，成立科技信息部，制定科技创新管理制度，召开首届中国航油科技大会，发布覆盖国内200多个机场的中国航空煤油消费指数，组建五大研发中心，有序推进研发基地建设；加强信息安全建设和管理，出台18项科技管理办法和实施细则，规范化体系和科研载体建设稳步推进，迸发创新活力，努力以科技创新的力量推进中国航油高质量发展。

2019年5月11日，第四届丝绸之路国际博览会暨中国东西部合作与投资贸易洽谈会开幕，中国航油以“打造世界一流，为丝路腾飞加油”为主题参加博览会，向世界呈现了创新引领公司高质量发展所取得的显著成就，为“一带一路”建设拓展合作深度和广度。会上，中国航油自主研发、获得15项国家专利的飞机管线加油车吸引在场观众驻足观看，该加油车主要包括过滤分离器、压力控制装置、流量计、加油胶管等重要部分，在机坪管网操纵下可以为航空器独立加油，同时还配备了可进行调压和净化的专用汽车，荣获中国民航局科技进步二等奖，中国民用航空协会科学技术三等奖。

2019年9月6日，中国航油在北京隆重举行“中国航油工程技术研发中心暨研究生联合培养基地”揭牌仪式。中国航油以研发中心成立为契机，努力提高科技创新工作中的思想、制度、人才、平台四个方面的“四项支撑能力”建设。

中国航油着力解决关键核心技术，加快推进科技引领企业高质量发展，为全面推进中国航油现代化建设和重点项目实施，增强企业科技创新能力，2020年中国航油在北京成立了信息技术和网络安全技术研发中心，在举行揭牌仪式的同时发布了《中国航油信息化发展规划(2020—2025)》，标志着中国航油工控安全重大科技专项正式启动。中国航油围绕国家制定的自主创新战略制定了技术攻关目标，以网络信息体系建设带动业务转型升级，加速信息安全建设，在国家经济发展和社会发展中作出了巨大贡献。

② 成立五大油研中心。2018年中国航空举行科技大会，宣布建立五个大型研发中心，以解决航空油料技术关键问题为突破口，在航油产品研发上迈出了重要一步。五个研发中心致力于为航空油料技术探索新的发展方向，改善技术装备性能，能够自主生产关键产品，同时升级和完善信息技术。此外，中国航油还和多家企业、科研机构和高校建立合作，就航油关键技术问题展开研究，并签订了合作框架协议，合作单位机构包括中国钢研科技集团有限公司、中国航天科技集团公司第六研究院、中国石油大学、北京化工大学等，中国航油和这些企业高校及机构联合进行技术攻关，在航油关键产品国产化进程中发挥了巨大作用，让中国航油科技水平实现了新突破。

中国航油建立了较为完善的科技创新奖励机制，成立了科技成果和科技人才奖励基金，每年用于奖励科技创新的资金都超过千万元，极大的调动了企业员工科技创新的积极性。中国航油还对下一步科技研发中心和实验室建设等事项进行了整体规划，预计总投资将达到10亿元，企业创新动力更加充足，创新活力得到了深层次激发，创新团队规模日益壮大，创新能力显著提升，企业高质量发展指日可待。

③ 智慧航油。中国航油以信息化建设提升带动行业“智慧智能”升级，以物联网、云计算、智能算法、自动控制、北斗定位等新技术，研发打造了集软件、硬件、网络于一体的面向民航飞机加油的综合信息化系统——智慧航油系统，实现了航班加油保障过程的航班信息集成、智能化任务派发、保障动态与资源实时监控、加油数据自动采集、电子油单生成以及基于电子油单的自动结算业务。智慧航油系统能够提供更安全稳健高效的加注方案，大幅提升加注与结算效率和质量，为航空公司等客户提供更优质高效的服务体验。智慧航油系统的搭建贯彻并践行“无纸化”理念，创新使用电子油单、推动“绿色加油”，同时实现了与航空公司、机场、空管局等单位的数据共享和业务互动，促进各方信息化建设协同，为助力打造“智慧机场”提供航油智能支持。

“互联网+航油”的智慧航油生态圈，有利于改变基层单位在加油作业与结算过程中，由于传统的对讲、电话、手工填写和记录等工作方式以及基于纸质油单结算造成的劳动强度大、工作效率偏低的现象，与航空公司、机场、空管局等民航业内各单位互协互建，通过加油数据、保障数据、航班动态预加油量的实时互通，提高航油生产保障效率，提升各自运营效率，促进各方信息化水平协同发展，在航油加注业务领域已经基本实现了“标准化、可视化、集成化、智能化”的目标，以实际行动助力“智慧机场”建设，成为业内共同体向高质量发展迈进的强大助推器。

④ 生产专网。为推动信息化向高度集成化、精细化、全业务覆盖的方向发展，提升公司整体运营效率和经营效益，中国航油构建了支撑航油业务安全生产运行的生产调度平台。2018 年，中国航油完成了安全生产监控平台软件开发，实现了航油业务板块生产作业单元的自控数据与视频监控信息的汇聚，大屏端、PC 端、移动端的展示及数据统计功能，建成了航油指挥大厅。

为推进中国航油信息化建设进程和重大项目实施，提升企业网络通信科技创新水平，中国航油于 2020 年 1 月 3 日在北京成立了信息技术和网络技术研发中心，并举行了揭牌仪式，会上，《中国航油信息化发展规划(2020—2025)》正式发布，这标志着中国航油工控安全重大项目正式启动。这一项目是为解决航油技术核心问题推出的重大举措，在企业高质量发展中起到了重要作用。面对新时代新形势，中国航油以落实国家自主创新战略为核心，以解决航油技术难题为努力方向，以网络信息体系建设带动业务转型升级，加速信息安全建设，为国家经济发展和社会发展作出了巨大贡献。

4.4.3 中国航油的社会责任

1. 积极履行社会责任提升企业软实力

脱贫攻坚是党中央确定的三大攻坚战任务，是全面建成小康社会的底线目标。中国航油积极响应党中央号召，坚决贯彻落实脱贫攻坚重大决策，在政治方向上始终保持和党中央一致。

中国航油对于西藏、新疆、青海等边疆地区经济发展重要性有深刻认识，树立了服务边疆建设，为富民兴边贡献力量的思想意识，为边疆地区打赢脱贫攻坚战做出了突出贡献。中国航油专门成立了扶贫领导小组，积极整合资源开展扶贫工作，将扶贫工作成效纳入绩效考核体系，充分调动扶贫工作积极性，为各项扶贫工作的顺利开展奠定基础。公司选派了多批党员干部前往西藏、宁夏等地区国家级贫困县挂职，先后有 12 批援藏技术骨干团队远赴西藏，共计 55 人次，在当地脱贫攻坚中发挥了重大作用。领导班子成员多次深入调研，结合当地实际情况和民航事业发展水平确定了扶贫工作重点，加大了当地航油基础设施建设力度，结合定点扶贫等举措，不仅有力完成了扶贫工作任务，也促进了当地民航事业发展。

宁夏盐池县曾是国家级贫困县，在中国航油支持下成功脱贫，综合评价的“三率一度”在全国 125 个脱贫县中排在第一位，被授予“全国脱贫攻坚组织创新奖”，中国航油也于 2019 年被授予“中国社会责任企业精准扶贫奖”荣誉称号，援藏干部获得了“西藏通航暨安全保障 50 周年突出贡献二等功”。

有正确的方向才能拥有充足的动力，才能取得最后的成功。中国航油在新的社会发展阶段也将继续紧密团结在以习近平同志为核心的党中央周围，以中国特色社会主义伟大思想为前行的思想指引，坚决服从党的领导，以高质量党建带动企业高质量发展，在社会主义建设新征程上做出更大的贡献。

（1）扶贫历程

1999—2003 年，华南蓝天公司选派扶贫干部参加广东省扶贫工作队，帮扶清远市阳山县，累计投入 36. 66 万元，筹集帮扶款 345 万元。

2003—2010 年，中国航油为理塘县投入扶贫资金 355. 92 万元，修建崭新的中小学教学楼、宿舍和卫生院，为牧区的 130 名贫困孩子进行长达 10 年的助学捐款。

2010—2014 年，中国航油将河北孟村县确定为重点帮扶对象，先后为其提供了 300 余万元的帮扶资金，帮助当地建设供水设施，改善了当地居民生活环境，提升了居民幸福感，为建设和谐社会作出贡献。

2015—2018 年，中国航油通过帮助盐池县通用机场建设项目，确保机场顺利通过验收建成投用，成为宁夏回族自治区首家规范完善建成的一类通用机场。

2019 年，宁夏回族自治区扶贫办到盐池县调研扶贫项目，对中国航油帮扶的丰泽种植养殖专业合作社枸杞基地、盐池县中泉农牧科技有限公司和青山乡营盘台村冷库等建设项目给予了高度评价。

（2）产业扶贫

中国航油在帮助贫困户脱贫的同时，解决了大批农民工就业问题，还在扶残助残、勤工俭学等方面作出了突出贡献。同时，中国航油探索出了“一条龙”扶贫特色做法，在投入扶贫资金、开发扶贫产业、设计产品包装和销售扶贫产品等方面形成了自己的特色。

2019 年，中国航油投入帮扶资金完善了盐池县丰泽种养殖专业合作社农田基础设施，帮助其申请注册“盛思杞”枸杞商标、设计定制外包装，并且在中国航油加油站设立了产品销售专柜，让盐池枸杞走向全国，切实解决了枸杞产品销路问题。

截至 2019 年底，合作社已形成年产枸杞 4 万斤的规模，“盛思杞”产品远销全国。

累计解决了周边2066名贫困地区群众就业问题，为周边农民支付了243多万元的工资或者土地流转费用，扶贫前务工群体人均工资是1500元，扶贫后增加到了2000元。

此外，中国航油帮扶盐池建立宁夏回族自治区首家一类通用机场，节约建设费用2000余万元，连续两年开展"航空嘉年华暨全国跳伞锦标赛"。"中国航空体育特色县"品牌极大提升了盐池县的知名度，直接带动服务业实现收入1000余万元。

2. 强化应急管理，提升应急管理水平

中国航油不断强化安全应急管理规范，完善应急管理制度，定期评估和修订完善应急综合预案、专项预案和现场处置方案，建立由"公司应急小组、成员企业、地区公司和分子公司、库站"构成的应急救援指挥体系，多次组织进行应急演练，让公司的实战应急处置能力和管理能力得以提升。中国航油统筹考虑炼厂检修和生产不正常、极端恶劣天气等对资源保供的不利影响，提前研究制定保障预案，针对各种突发情况，紧急动员，积极抢修处置，确保了航油供应安全。中国航油严格按照应急预案的要求组织应急演练，积极开展应急演练活动，提高应急情况下的供油保障水平。通过应急演练，不断完善应急反应机制，检验与完善现有应急预案，提升应急反应能力。

2019年7月9日，中国航油联合北京市大兴区消防救援支队、河北总队廊坊消防救援支队、北京大兴国际机场消防支队在北京大兴国际机场油库开展消防应急演练。演练中，各参战力量较好完成了火情侦察、现场警戒、人员疏散、冷却防爆、灭火总攻等实战演练科目，有效检验了政府及相关部门和企业的协同反应水平和实战能力，为北京大兴国际机场提供安全的航油保障，确保安全生产万无一失。

3. 积极履行社会责任提升企业软实力

中国航油在党的十九大、"两会""一带一路"峰会、金砖会晤等重大保障中，充分发挥资源统一管理、整体协调配置的优势，为四川茂县、西藏林芝等地区的抢险救灾工作做出突出贡献，出色完成了抢险救灾航油保障任务，多次受到党和国家相关部门的感谢和嘉奖。我们从资源、设备、人员、应急和服务等方面积极全面准备，锻造了一支能力硬、纪律严、定力强、敢作为、有担当的航油铁军，确保了重大活动的"绝对保障，万无一失"。

第九届金砖国家领导人厦门会晤期间，中国航油高度重视供油安全服务保障工作，成立了专机保障工作组，协调解决专包机航班现场服务和应急处置问题，经前期尽心准备及现场全力保障，厦门分公司圆满完成全部俄罗斯"金砖会晤"期间专包机加油服务，克服热带风暴"玛娃"过境带来的困难，顺畅高效地完成互留油样、油量确认以及现场油品检测等诸多工作。

中国航油的供油保障工作得到认可，收到俄罗斯驻华使馆的《关于转去俄罗斯驻华使馆致谢照会事》函件，感谢在俄罗斯总统普京出席第九届金砖国家领导人厦门会晤期间，中国航油向俄方专机提供及时高质量的服务，并为俄方提供专机燃油样本。

2019年，中国航油商品销售航油、石油同比增长6%、9%，国际贸易量同比上涨8%，累计为国内外航班安全供油近五百万架次。

4.4.4 中国航油未来发展

现阶段人民群众对高品质生活的需求日益提升，中国航油事业也拥有更为宽广的发展空间，国家提出的"交通强国""民航强国"战略为中国航油事业取得新发展提供了重要契机。中国航油将继续勇攀高峰，勇担重任，发扬艰苦奋斗的创业精神，在"十四五"及未来 30 年发展，继续坚持"八个开新局"的总体要求，深入分析当前形势，持续推进改革创新，更好统筹发展和安全，深化企业改革，加强精细管理，强化创新驱动，防范化解风险，提升党建质量，坚定做强做优做大中国航油。

第 5 章　中国航油促进民航高质量发展

5.1　中国航油保障供油安全稳定

中国航油强化安全工作责任担当，坚守安全底线，坚持“全覆盖、零容忍”，加强各级安全检查，大力推动输油管道安全风险管理，推动安全生产精品工程创建活动，全面完成国务院国资委、中国民用航空局下达的安全生产指标，多次实现零事故、零污染、零伤害“三零”安全目标。安全生产平稳有序，为中国航油事业高质量发展提供更加坚实的安全保障。

5.1.1　圆满完成重大活动的安全保障任务

中国航油始终把保障国家重大活动等重要时期的航油供应作为自身重要的社会责任，在国家重大活动期间承担重要保障工作，以高规格、高质量完成保障任务，确保航油资源的及时、稳定供应。近年来，中国航油顺利完成 2014 年 APEC 峰会、中国国际进口博览会、“两会”、第四次中国—中东欧国家领导人会晤、上海合作组织成员国政府首脑(总理)理事会第十四次会议、第十一届中欧工商峰会、G20 杭州峰会、金砖国家领导人第九次会晤、中非论坛等重大活动保障，展示了“五有”航油铁军精神。

1. 完成 APEC 专包机首个离京高峰时段保障任务

2014 年 11 月 11 日，是 APEC 峰会专包机离京高峰日。为应对高峰时段，中国航油华北公司调度室采用“双人双岗”24 小时值班制度；加油队抽调骨干力量、优秀加油员专门保障专包机航班，严格执行“三到位四确认”加油程序；保障队以“青年志愿者”为后勤主力，协助安全保卫工作。圆满完成 APEC 专包机离京高峰时段保障任务。

2. 圆满完成进博会航油保障任务

中国国际进口博览会(以下简称进博会)是目前为止首个以进口为核心内容的国家级展会，标志着国际贸易进入崭新的发展阶段。为了保证进博会顺利召开，中国航油承担了资源保障任务。中国航油将上海虹桥机场列为保障核心，对机场资源做了统筹分配，体现了“中国航油一盘棋”的总体格局。中国航油建立了“三定、三专、三提前”的保障原则，对现场车辆、人员进行统一调度，保证每一班重要航班都得到坚实的保障，同时还成立了应急救援组织，全天候随时参与应急救援，随时对加油车辆等专用设备进行应急抢修，中国航油以“最高规格、最强部署、最严措施、最佳状态、最优效果”为标准，圆满完成了进博会供油保障任务。

3. 圆满完成“两会”供油保障任务

“两会”期间，委员代表团的航班和正常的旅客航班班次穿插交错，专机停靠机位变化频繁，变换机位距离远，重要航班起飞时间变化大，使得航油保障呈现出规格高、强度大、人员紧的特点。为确保“两会”代表抵离机场的航班安全供油，中国航油华北公司提前行动、统一部署，在排查安全隐患、制定保障方案、供油安全操作、现场应急处理等各个方面都表现出优秀的能力，包括舆论宣传、后勤保障等，所有环节都纳入整体保障体系之中，环环相扣，全局统筹。公司组建了由业务能力强、经验丰富的精英骨干力量以及“阅兵兄弟示范岗”成员组成的专机保障组，严格执行“三定”(定人、定车、定任务)、“三专”(专人、专车、专方案)、“三提前”(提前关注信息、提前预留人员、提前进行估计)的保障原则，在专机供油保障万无一失的前提下，妥善处理普通航班和“两会”航班的关系，确保航班“两不误”。“两会”期间，中国航油用实际行动诠释了航油供应“绝对安全、万无一失”的责任与担当。

4. 中国航油圆满完成庆祝新中国成立70周年保障任务

2019年中华人民共和国成立70周年国庆期间，为了确保航油供应安全和民航出行安全，中国航油人24小时待命，积极主动协调解决专包机航班信息管理、做好保障期间客户服务值班、为客户提供方便快捷的结算方案、及时优质做好现场客户服务。国庆黄金周期间，加油量和加油架次再创历史新高。

5.1.2 圆满完成重大社会保障任务

中国航油围绕“资源供应安全、油品质量安全、加注保障安全”，切实做好各项保障工作，中国航油认真贯彻落实国资委相关文件精神，狠抓资源保障、安全生产等方面要求。供油保障期间，中国航油精心安排各项工作，严格执行相关规章制度和纪律，妥善应对多地机场正常保障情况，确保安全生产零事故、零污染、零伤害。

1. 顺利完成西南航空煤油输油管道改建项目

2016年10月，中国航油西南公司顺利实现了新管道全线通油。成都牧马山储油库至双流机场业务油库航空煤油输油管线全长约十五公里，始建于1994年，是双流国际机场供油的唯一“生命通道”。由于管道管径过小且投入使用时间过长，管线的输送能力已严重饱和。近年来，伴随成都天府新区规划升级，双流境内新建多条道路交叉穿越管线，存在多处占压管道保护范围的安全隐患。经过前后两轮改造，成都牧马山储油库至双流国际机场业务油库航空煤油输油管线输油流量得到了极大提升，极大地提高了双流国际机场输油保障能力。新管线的顺利通油为解决成都国际航空枢纽综合功能区管线迁改难题，支持地方重大基础设施建设，确保双流国际机场航油供应做出了积极贡献。

2. 完成最大规模援鄂包机供油保障

2020年2月8日到10日清晨，民航局短时间内组建了由50架包机组成的紧急医疗运输机队，将6288名医生护士安全送到武汉，支援武汉抗疫。这次医护人员运送任务规模之大、人数之多，在民航运送史上都是首次。在部署下，全国各地相继向湖北武汉等城市运送医护人员，包括上海、天津、辽宁、河北等在内13省(区、市)共组建了34支援鄂医疗队。从1月24日到2月9日，中国航油共为14万架次民航航班提供航油保障，供油总量达到一百多万吨。为732架次医疗队、救援物资运输专用机和急救飞机加油共计六千多吨。

5.1.3 承担"应急救援"供油保障任务

1. 助力雅江森林大火供油保障

2018年2月16日，甘孜州雅江县恶古乡马益西村发生森林火灾。接到救援任务后，中国航油西南公司以专业精细、优质高效的保障服务，共为西安直升机、山东通航和海直通航三家客户的5架救援灭火直升机供油39架次、32.26吨，用凝聚力和战斗力诠释了责任至上、忠诚担当、敢打敢拼的航油精神。

2. 贵州水城特大山体滑坡灾害救援供油保障

2019年7月23日21时20分许，贵州省六盘水市水城县暴发特大山体滑坡灾害，中国航油在灾害发生后第一时间向当地了解情况，迅速做出了为救灾提供航油保障的决策，体现了中国航油高度社会责任感，也证实了中国航油始终以为中国社会发展服务为初心使命。在相关部门的统筹部署下，中国航油贵州分公司按照应急预案迅速对当地安全情况进行了全面检查，对灾区情况进行了动态跟踪，精准掌握现场救灾的航油需要，做好了随时航油保供的准备。公司为月照机场派出的第一架救灾直升机提供了航油加注服务，为其加注了700升航空煤油。这一次为救灾工作提供航油保障，充分显示了中国航油"不忘初心、牢记使命"的本色，是对全公司员工进行的一次重要政治主题教育，事实证明，中国航油作为航油"国家队"绝对禁得起任何考验。

3. 张家界供应站全力保障森林火灾"应急救援"供油任务

2020年3月25日，中国航油参与了湖南火灾救援工作，由湖南分公司张家界供应站负责为火灾救援提供航油保障。接到任务后，张家界供应站第一时间在上级公司的指导下启动应急预案，迅速参加救援保障工作。为确保保障任务顺利完成，张家界供应站临时抽调了本单位的业务骨干和党员组建了"突击队"，由其负责全面检查加油设施和航油质量，确保油品供应及时，保证救援飞机飞行安全，筑牢火灾救援防线。张家界地形复杂，道路崎岖，大部分为盘山公路，加油车去加油现场需要走两个多小时的山路。救援直升机只能加少量燃油，救援过程中需要多次加油，极大地增加了航油供应难度。突击队成员立刻做好准备工作，确保了救援直升机的航油供应，为救灾工作争取了宝贵时间。在森林火灾面前，在艰苦恶劣的环境面前，张家界供应站没有退缩，勇于承担重任，为救灾工作提供了坚实的保障。两天的救灾工作中，张家界供应站为4架次救灾直升机保质保量供应航油，出色地完成了救援保障任务，在扑灭森林火灾中做出了突出贡献。

5.1.4 保障航油安全供应

中国航油在巩固提升主营业务的基础上，切实保障航油供应，完善基础设施建设，推进通用航空战略布局，支持支线航空发展，为航油的稳定供应提供坚强保障。

1. 统筹配置，确保航油稳定供应

中国航油统筹协调配置国内外航油资源，平衡各供应商的采购数量和结构，从资源、设备、人员、应急和服务等方面全面发力，确保航油安全稳定供应。2018 年，中国航油积极开拓航油市场，成功拓展民航飞行学院等 3 家用户、12 个支线机场的供油业务，拓宽航油服务覆盖面，为公司及民航业的可持续发展增添新的动能。

2. 夯实基础，加快工程项目建设

中国航油积极推进工程项目建设，加快基础设施建设步伐，完善资源保障体系。2018 年，完成北京大兴国际机场油库油罐、机坪加油管线以及航空加油站的建设和安装，正式启用北方储运基地，中国航油研发中心项目顺利开工建设，夯实航油供应基础设施建设。

2018 年 10 月 25 日，中国航油在天津南疆港区举行了北方储运基地运行启动仪式，这也意味着中国规模最大的航油储运基地已经建成并投入使用。项目一期工程征地约三百多亩，二期工程规划面积一百多亩，储罐容量达到 63 万立方米，库容总量也将达到 100 万立方米。北方储运基地的正式启用进一步完善了中国航油在京津冀地区的航油供应保障体系，提高了北京大兴国际机场航油保障能力，实现了公司物流网络布局的进一步优化。

5.2 中国航油助力民航均衡发展

5.2.1 保障支线机场发展

1. 中国航油全力支持支线机场发展

随着我国民航事业的腾飞，机场数量呈较快比例的增长，增加的机场大多数是体量较小的支线机场，中国航油充分发挥安全保障意识，不以营利为目的，投入大量人力物力，保障广大支线机场的供油安全。截至 2021 年底，在全国运输机场中，中国航油保障的支线机场个数为干线机场的三倍以上。

2. 保障支线机场供油促进地方经济发展

要发展经济首先要发展交通运输业，运输业是经济发展的重要保障。我国近年来支线机场建设力度加大，全国支线机场数达到 172 个，占机场总数的 87%，依托金融、旅游、物流等服务行业民航产业取得了较大发展。虽然从这些支线机场总体来看利润水平有限，但是其在区域经济结构调整、经济转型等领域发挥了不可取代的作用，方便人们出行的同时也促进了旅游业的发展，在地区经济发展中具有重要作用。

中国航油以“以大补小、以东补西”为建设总体思路，针对枢纽机场、骨干机场和大型城市机场制定了规模化发展策略，在保证盈利水平的同时促进当地经济发展，以落实民航强国战略为核心目标，对支线机场资源进行优化配置，采取有力措施平衡支线机场亏损，确保支线机场资源供应能力，主动承担央企的社会责任。西藏机场作为中国航油支线机场建设成功典范，已经在地方经济发展中显出优势。

（1）多种方式提高支线机场供油能力

2007年，中国航油和西藏民航管理局联合成立了航油西藏公司，以民航事业发展为着眼点，加大力气建设供油安全体系，让支线机场基础设施更加完善。针对支线机场人员进行技能培训，提升人员专业水平，详细制定供油服务方案和执行标准，加强供油规范管理，进一步增强了西藏地区的航油供应能力，满足了西藏地区航油保障需求。

公司成立后，围绕“区域配送中心”打造了全方位航油保障运输体系；加大支线机场建设投资，完善航油供油设施；全面检修原有设施，确保机场供油安全。多措并举完善了运输通道，增强了供应能力解决了航班带油飞行历史，保障了航油供应安全。

（2）不计成本保障边疆地区机场供油

西藏地区飞机起降经常出现难以解决的矛盾，因为拉萨的备降机场都设置在川渝地区，飞机为了安全都会装载油料进藏，而事实上西藏区域的航空煤油资源供应部门非常有限，导致西藏地区航空煤油进销差价过高。这让航油西藏公司需要承受更大的成本，其发展必然受到影响，进藏航班的安全性也会受到相应的影响。

为了解决这一问题，中国航油在充分调研的基础上于2014年5月成立了西藏航油配送中心，航空煤油运输方式由原来的单一公路方式转变为公路铁路相结合的形式，有效控制了航空煤油运输成本，在西藏航空事业发展中发挥了重要作用。

中国航油着眼于西藏地区社会经济发展，从大局出发，无惧航油经营亏损的冲击保证当地航油供应，为完善西藏地区机场建设作出了巨大的贡献，成为西藏地区经济发展不可或缺的重要推动力。

（3）克服困难顺利完成各项保障任务

西藏地区整体位于青藏高原之上，恶劣的气候环境和交通环境都给航油资源运输带来极大困难。航油西藏公司面对诸多不利因素主动承担保障任务，坚决落实党中央决策和指示，为边疆稳定发展做出了很大贡献，也成为西藏地区的国防战备、应急抢险的强大力量。

拉萨贡嘎机场所在地的海拔超过了3600米，从建设地海拔高度上看堪称世界之最。为了及时给贡嘎机场提供充足的航油，在航油配送中心未投入使用之前，从兰州组织油源，运油车队前面要有引车，后面要有负责断后的收尾车，每辆车至少要配备两名驾驶员，为航油运输安全提供强大的保障，整个运输过程用时5天5夜，路程长达2230公里，一路上需要翻越34座海拔超过3000米的高山，堪称世界航油运输史上的一次壮举。因为地理位置的关系和特殊的气候条件，飞机在拉萨机场只能加一吨或者几吨航油，但是所有的程序都十分规范，每一个环节都格外严谨。

近年来，全国支线机场发展迅速，支线机场数量逐年增加，中国航油保障的供应标准也在不断提升。中国航油从全局角度出发，将边疆地区、革命老区、民族地区、贫困地区等列为重点建设区，只要能够有利于这些地区稳定发展，公司可以不计成本地进行建设投入，以牺牲自我利益的方式换取这些地区的和平和发展，让政治、经济和社会各项责任都得到了落实。

5.2.2 打造通航供油保障体系

2017年，民航局确立运输航空与通用航空“两翼齐飞”的发展战略，将发展通用航空列为建设“民航强国”战略重要组成部分。为了响应国家和民航局的号召，2018年，中国航油明确将做实通航列入五大核心业务，致力建设完善的全国通航供油网络。2019年，中国航油发布《通用航空事业发展战略规划纲要》，明确未来三年的通航事业规划，致力于打造成为服务国内外通航客户的首选航油供应商，构建布局合理、功能完善的通用航空供油网络，建设有核心竞争力的通航供油保障体系，打造横向合作、纵向深化的通航生态圈。中国航油持续为通用航空客户服务，为通航产业发展提供了安全可靠、值得信赖的油料供应保障。

5.2.3 强化安全保障日常和应急

1. 中国航油强化安全，保障日常

中国航油以高度的责任感和使命感，将“以人为本，安全发展”的理念贯穿于公司所有的生产经营环节中，让安全生产责任得到落实，为生产营造了安全可靠的环境，保障员工生命安全。为更好地适应新形势下的安全管理新要求，中国航油结合自身“横跨民航、能源、物流三个行业、安全高度敏感”的特点，修订公司生产安全事故等级标准，进一步细化各类“事故”和“差错”的标准，明确了将“安全防范关口”前移到“差错”事件的管控。制定《不安全行为管理办法》，规范生产作业场所人员行为，增强员工遵章守纪意识，加强对安全管理过程和生产作业过程中发生的不安全行为的纠正、预防和处罚，筑牢安全生产防线。同时，下发《关于立即开展库站专项隐患排查治理工作的通知》，组织集团公司所属油库、航空加油站、地面加油站等单位结合自身实际开展自查自纠工作，对排查发现的问题制定整改方案。集团公司按照国务院办公厅深入开展危化品安全三年综合治理工作要求，对照12项重点任务，更新完成重大危险源档案、危险化学品“一图一表”(危险化学品安全风险分布图、安全风险电子档案表)，并按照《危险化学品生产储存企业安风险评估诊断分级指南(试行)》对每个油库进行了安全风险评估诊断分级，并组织开展为期三个月的安全生产集中整治和危险化学品专项督查行动，防范安全事故的发生。

案例：中国航油香港供油公司荣获国际安全奖项

2019年2月20日，中国航油香港供油公司在中国香港国际机场20多家航空保障企业中脱颖而出，获得中国香港国际机场颁发的"2018年度零人员伤害奖"和"2018年安全业绩奖"两项重量级的安全大奖，体现了中国香港国际机场管理局对中国航油香港供油公司安全管理与规范操作的认可，更为粤港澳大湾区发展规划的落地实施履行了中央企业应尽的职责。

2. 中国航油做好应急保障应对方案

中国航油不断完善机场保供应急预案，结合各机场实际情况研究制定应急保供方案。对于各枢纽、干线机场，要结合机场航班情况、航油需求情况等，研究制定不同级别的应急保障方案，逐步形成一整套安全、高效、保障有力的应急保障体系。各大区公司要加强保供风险管理，及时跟进各机场保供情况，及早发现风险点并制定相应应对措施。

5.3 中国航油降低民航运行成本

5.3.1 中国民航运输业利润水平及变动原因分析

1. 我国民航运输业的经济效益

近年来国内航空客运和货运的规模均不断增大，截至2020年末，全行业注册无人机共52.36万架，2020年无人机经营性飞行活动159.4万飞行小时，同比增长36.4%。"十三五"期间，中国民航运输航空百万小时重大事故率和亿客公里死亡人数均为0，并连续18年确保了空防安全。截至2020年8月25日，全行业实现运输航空安全飞行10周年，在此基础上开始创造新的安全纪录，截至目前持续安全飞行"120+4"个月、8943万小时，安全水平稳居世界前列。

2020年，新冠肺炎疫情给民航业造成巨大冲击，民航全行业完成运输总周转量798.51亿吨公里，相比2019年减少了494.7亿吨公里，增长率为-38.3%。国内航线完成运输总周转量587.7亿吨公里，其中港澳台航线完成3.2亿吨公里，国际航线完成运输总周转量210.8亿吨公里；完成旅客周转量6311.2亿人公里，国内航线完成旅客周转量5868.8亿人公里，其中港澳台航线完成12.8亿人公里，国际航线完成旅客周转量442.4亿人公里；完成货邮周转量240.2亿吨公里，国内航线完成货邮周转量67.9亿吨公里，其中港澳台航线完成2.1亿吨公里，国际航线完成货邮周转量172.3亿吨公里。

2. 影响航空运输业利润水平的主要因素

市场规模扩大增加了公司营业收入，此外还有一些因素也会对民航企业盈利水平形成影响，主要包括：

(1) 航油价格

统计显示，燃油成本在航空公司运营成本中大约占30%，因此航油价格变动会引起航空公司利润额的变动。从国际原油价格历史走势情况可知，国内航油含税价总是随新加坡航油交易所基准价波动的，二者的相关系数高达92.7%，油价总体上处于低位，但同样有较大的波动率。燃油成本和飞行小时数呈正相关，由于这部分成本公司是无法控制的，但随着2020年底国际原油价格攀升，加之疫情常态化影响，民航业盈利急剧下跌。

汇率和燃油价格影响到运营成本的总量和成本结构，在当今的金融市场上，油价的波动常常大于美元汇率，二者的波动，可能会给航空公司带来超额利润，也可能会带来经营风险乃至财务风险。

(2) 利率与汇率

航空行业具有资金密集特征，通常资产负债率水平较高。2020年受新冠肺炎影响，民航企业效益大幅下滑，2月单月亏损高达245.9亿元。所以航空公司的融资成本很大程度受到利率水平的影响。但民航局和相关部门出台“16+8”项“点穴式”的扶持政策为企业纾困，民航企业积极自救，3月以来亏损逐月降低，10月整体实现盈利。

另外，航空公司在飞机、航材从国外采购时，又采用外币结算，形成较大金额的外币负债，人民币兑外币汇率的变动通过汇兑损益影响航空公司的利润水平。

(3) 其他因素

除了油价、利率及汇率因素，重大国际纠纷、战争、恐怖事件、重大安全事故、流行性疫情、地震、雪灾、台风、火山爆发等突发性事件，都可能给整个航空运输业带来冲击，影响航空出行安全的因素都会对利润水平产生影响，进而影响所有航空公司的利润水平。

民航行业的重资产、高负债特征非常明显，其运营状况受投资和债务的周期变化影响非常大。因为疫情的缘故，民航企业投资和债务周期变化曲线普遍出现了“共颤”现象，直接成为企业盈利或者亏损的决定性因素(图5.1)。

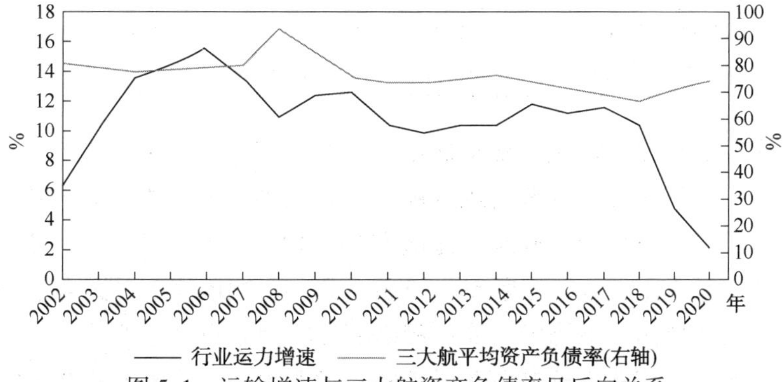

图5.1 运输增速与三大航资产负债率呈反向关系

5.3.2 中国航空业需求及成本

1. 中国航空行业成本指数分析

飞行的巡航方式主要有最大航程巡航方式MRC(用燃油里程最大所对应的速度MRC

巡航，航程最远）、远程巡航方式 LRC（使用可以采取比 MRC 速度稍大一些的速度进行巡航）和等马赫数巡航（M 数和飞行高度固定不变的巡航方式，这种巡航方式虽然降低了燃油里程，但增大了巡航 M 数，使飞行时间缩短），其中 LRC 巡航以燃油里程降低 1%为代价，换取速度的增加，虽然损失了 1%的燃油里程，但由于燃油里程曲线在该曲线随速度变化比较平缓，使速度增大较多，稳定性较好，所以远程巡航速度是既省油、飞行品质又好的巡航速度，故 LRC 被广泛采用。

2. 航空公司的运营成本费用组成

航空公司运营成本主要包括主营业务成本、管理成本、财务成本、销售成本、税务成本、民航建设基金等几个部分（见表 5.1）。

表 5.1　航空公司成本结构

费用名称	费用主要组成
主营业务成本	其中主营业务成本由直接营运费和间接营运费构成： （1）直接营运费主要有地勤人员工资及奖金津贴、福利费、制服费、航空油料消耗、航材消耗件消耗、高价周转件摊销、飞机发动机折旧费、经营租赁费、机场起降费、客舱供应费、飞行训练费、客舱服务费、行李货物邮件补偿费等； （2）间接营运费主要是保证飞行安全正常飞行以及维修管理部门发生的费用。
销售成本	销售费用主要分为两部分：一是航空公司销售部门的费用以及驻外办事处的费用，包括航空公司本部售票处和驻外销售机构人员的工资、福利费、制服费、业务费、广告费、运输费、保险费、租赁费、票证印刷、驻外交际费、差旅费等；二是客货代理手续费。
管理成本	管理费涵盖内容居多，主要有管理人员的工资和福利费、制服费、工会费、业务招待费、房产税、土地使用税、车船使用税、印花税、职工培训费、劳动保险费、坏账损失等。
财务成本	财务费用包括利息支出净额（利息支出减利息收入）、汇兑净损失（汇兑损失减汇兑收益）、手续费、调剂外汇手续费等。
主营业务税金及附件	主营业务税金及附件反映的是航空公司根据实际现收入的一定比例计提的营业税、城建税和教育附加总额。
民航建设基金	根据财政部的规定，航空公司要按照一定的收入比例来计提上缴民航基金，但为了保证收入核算的完整性，单列一项“转作民航基金”项目作为收入扣减，来反映应上缴国家的民航基金数。

航空公司成本还可分为固定与变动成本、显性与隐性成本、可控与不可控成本、所有权与现金成本，而从整体情况来看国内航空公司成本构成主要有人力成本低、航空公司固定成本大、折旧与维修成本较高、各航空公司拥有成本高等特点，难免会感觉民航业是一个高成本、低收入行业。而航空公司成本高，影响因素有国家经济政策、航线排布、燃油成本、机队规模、维修费用等。根据其影响因素可知选择合适机型、合理航线布局、提高飞机小时利用率以及整顿资源达成资源共享是消减成本的有效手段。

5.3.3　中国航油落实降本减费要求

2019 年，中国航油按照民航局《关于进一步明确航空煤油销售价格有关问题》要求，第一时间向国内运输航空客户减免多项费用，为运输航空客户、通航客户节省成本。

中国航油在日常供油保障中，也始终绷紧安全供给这根弦，不断强化运营调度管控，提升经营创效水平，确保国内航油资源供应稳定，由于国内中西部机场航油业务均处于亏损状态，面对这一状况，通过市场主导地位和“全国一盘棋”战略格局不断做强做优，为确保国家民航业发展、促进当地民生改善出资出力。

以习近平新时代中国特色社会主义思想为指导，中国航油立足当前、着眼长远、审时度势提出“强管理　降成本　促发展”的重要决策，从增强忧患意识，树立“过紧日子”的观念出发，大力推行精细化管理，坚持开源节流，使公司的成本费用、管理漏洞、重大风险得到有效控制，财务绩效指标不断改善，经营效益持续增长，为提升管理成效、营造科技发展企业氛围打下坚实的基础。

1. 降成本、节能增效，提高资产利用效率

为了加强行政支出成本，中国航油在日常行政和办公管理中制定了一系列措施，例如，在节能减排方面，中国航油对日常行车路线、办公室水电利用、车辆使用等进行了统一规划管理，并出台了相应的优化方案。在支出审批方面，制定了详细的费用支出规则，避免一切不必要支出，有效地降低了管理成本。中国航油通过开展“强管理降成本促发展”活动，使广大员工形成节约意识，为提升管理成效，营造科技发展企业氛围打下坚实的基础。

2. 自己动手降本增效

长期以来，各生产单位积极响应“一岗多能”的要求，在站内开展加油、维护、计量全面学习。加油车结构复杂、配件精细，站内员工抓住一切参观维修的机会，从中学习后组织人员自己动手进行维修换季保养和加油车日常维护。“能自己动手就不求助外援”是航空加油站降本减费的常用方法，同时还在站内营造出“人人都参与，人人降成本”的良好氛围。

3. 增收节支，加快推动高质量发展

随着对降本减费重要性和紧迫性认识的不断加深，各生产单位积极响应公司党委的号召，全员参与“微改革、微创新、‘好主意’”创新活动，共同交流金点子建议和亮点做法，不断探索和研究技术改造，努力实现智慧创新脑力降本。站内员工立足自身岗位，围绕安全生产集思广益，从制度管理、提升效率、安全生产等方面开展节能降耗活动，争取将降本增效落实到具体工作中的每一个细节，为公司高质量发展夯实基础。

中国航油全体干部职工将凝心聚力、攻坚克难，通过加强成本管理、严控费用支出等多项措施，认真落实增收节支的工作要求，确保完成全年生产任务目标，为中国航油开启新的“金色30年”作出新的更大的贡献。

5.3.4 中国航油配合国家航油价格改革

国家发展改革委2011年决定推进航油价格市场化改革后，民航局于2018年12月正式发布了《航空煤油进销差价成本监审办法的通知》，明确将按照成本加成方式对航油进销差价进行成本监审和改革，中国航油积极配合民航局完成了三年成本监审，并将继续落实航油价格改革的下一步方案。

5.4 中国航油打响国际知名度

5.4.1 主动参与行业标准制定

中国航油致力于规范与完善国际行业标准，增强国际行业标准的话语权。中国航油是航空油料应用领域国内标准的倡导者、参与者和制定者，是国际民航组织(ICAO)、IATA和JIG成员，积极参加多项国际法规、政策、制度、标准的编写，在分享中国航油管理经验的同时，与其他国际公司共同引领国际航空油料行业的前进方向，发挥了中国航油领头军的影响力。

5.4.2 多次举办行业国际重要会议

随着中国的国际化程度提高，中国航油以中国国家航油供应队的身份积极参与到国际重要行业会议及论坛中，成为中国民航企业递向世界的又一张名片。2012年，中国航油和美国AAG联合主办"2012国际航空油料大会暨展览会"，这是中国举办的规格最高、规模最大的国际性航油盛会。2018年，中国航油在首届中国进博会期间举办"2018中国航油国际论坛"，首发中国航空煤油消费指数，对未来航油产业、航油供需和地方经济乃至宏观经济发展都具有十分重要的意义。

5.4.3 加强与世界知名同行合作

中国航油积极推进国际化战略，紧跟全球能源与国际航空业发展趋势，立足国际业务发展环境和国际航油市场商业模式，持续深化与国际能源企业的合作，不断拓展海外合作领域。近年来，公司与壳牌公司签署了合作备忘录，就机场供油合作模式及框架协议达成共识，双方将在机场供油、技术安全服务、新市场开拓和业务交流等方面加强合作；与英国石油公司就国内外投资项目、全球业务合作、技术交流等进行了高层研讨；与俄罗斯石油、泰国石油就市场互换、"一带一路"机场供油合作等持续开展交流研讨；与BP航空在运输航空、通用航空航油供应业务等方面进行全球供应链合作，签署全球战略合作协议，充分发挥各自在市场和资源方面的优势，努力实现全球资源的优化配置，扩大合作空间和领域，促进优势互补、创新发展、合作共赢。公司积极探索航油设备输出和技术输出路径，并在航油供应领域谋求更广泛的合作。

不自为大，故能成其大。近年来，中国航油与BP、壳牌等跨国企业通过股权投资、市场互换等方式，寻求在国际市场项目的开发合作，在和海外的商业航空、通用航空合作上实现了跨越式发展；和国际航协建立了生物航油合作交流关系，推动洛杉矶和阿姆斯特丹机场的生物航油业务打开更大的市场，在新加坡“生物航空港”科研项目中凭借自身优势发挥相应作用，将生物航油业务拓展到建立了合作关系的国内外航空公司中；联合国内炼厂共同发展海外贸易，实现合作共赢，不断拓展航油海外市场，提升全球航油资源配置水平。

5.4.4 积极布局海外市场

当前中国为第二民航大国，中国航油不断深化和拓展与国内外大型航空公司的合作，积极发挥跨区域优势，加强海外协同一体化运作，大力拓展海外供油市场，海外供油业务继续保持高速增长。2019 年，中国航油累计为 111 个外航公司加注航空煤油，在海外供油机场达 46 个，其中“一带一路”沿线机场 16 个，同时积极参与 IATA、JIG 等国际民航专业组织，宣讲中国模式和中国标准，努力增强制定国际民航供油规则标准的话语权，力争将航油供应的中国品牌、中国标准、中国服务展现在世界舞台。

中国航油从全球视野出发明确了国际化发展战略思路，以合作共赢理念为指导积极加入“一带一路”组织，开展国际合作，建立多领域、多元化合作关系，推动公司国际业务向广度和深度拓展。

中国航油聚焦主业，创新模式，深化“一带一路”建设布局。与云南省投资控股集团合资设立中国航油柬埔寨公司，推进暹粒吴哥机场供油项目，该项目是第一个集标准、投资、设计、建设、运营和管理为一体的海外全价值链项目；积极探索在吉布提设立分支机构，为中国航油经营非洲业务迈开第一步；设立巴基斯坦和柬埔寨代表处，搭建辐射南亚和东南亚的市场拓展平台和合作窗口，不断提升公司国际业务驱动力。

中国航油（新加坡）公司将“以实业投资为引擎，以航油业务和其他油品业务为双翼，努力成为富有创造力、竞争力的优质公司”的战略目标作为引领，实现航空市场营销量增质优。截至 2021 年底，新增俄罗斯、印度等机场供油业务，累计供油量达 17 万吨；协助中国香港供油公司取得国泰航空系四家公司加注合同，创下了中国香港机场单次中标量纪录；欧洲公司在阿姆斯特丹、法兰克福等机场精耕细作，稳步扩大市场份额。

中国航油高度重视、积极推进实业投资，完成维多利亚项目尽职调查和技术评审；稳步推进樟宜机场项目进程；在阿姆斯特丹和法兰克福机场全力推进合作设立加注公司的进程，同时与德国 AFS 公司成为战略合作伙伴，共同推动国际合作跨上新台阶。

中国航油坚持创新驱动，大力拓展业务增长点和利润增长点，首次成功开展自营国际转口航油业务，成功将文莱炼厂出产的航空煤油销往澳大利亚；首次成功开展跨境人民币结算业务；与国内民营炼厂合作，完成首次自主采购航空煤油业务；首次成功引进拖曳式无动力管线加油设备，填补国内该领域空白。

2018 年 12 月 19 日，中国航油与 BP 航空签署全球战略合作协议，双方将充分发挥各自在市场和资源方面的优势，在运输航空、通用航空航油供应业务等方面进行全球供应链合作，努力实现全球资源的优化配置，扩大合作空间和领域，促进优势互补、创新发展、合作共赢。

中国航油积极开拓海外市场，保障海外供油，发展航空煤油贸易，努力创造更多价值。2018 年，中国航油充分发挥跨区域优势，加强海外协同一体化运作，成功中标中国东方航空、中国南方航空、土耳其航空的部分海外航油供应服务项目，新增 8 个海外供油机场，服务航空公司客户总数达 16 家，有效促进了公司国际业务的发展，为国际航油供应和经济发展作出贡献。

5.4.5 为新时代民航强国建设“加油”

长期以来，中国航油在承担为世界各国的 300 多家航空公司和每年为 400 多万架次航班提供航油保障的重任的过程中，一直面临着如何解决加注作业效率不高、人力资源浪费严重等问题，在传统工作模式下，工作人员劳动强度大，数据信息难以共享，这些因素都严重制约了企业的进一步发展。随着中国航油信息化建设水平不断提升，加注作业中相继引入现代技术手段，在云计算、物联网、大数据等新技术手段的支撑下，中国航油国际贸易业务平台已经建立，智慧特征越来越明显，依托智慧管理、智慧作业等全新运营模式，中国航油和相关单位共同形成了智慧航油生态圈，企业间数据信息壁垒被打破，极大地提升了服务水平和管理水平，“一个共享平台、多路共享服务”目标基本实现，企业生产运营效率也随之显著提升。

5.5 中国航油与民航风雨同舟

5.5.1 中国航油主动分担行业亏损

2020 年新冠肺炎疫情防控期间，中国航油按照《民航局关于积极应对新冠肺炎疫情有关支持政策的通知》要求，对境内航空公司境内航班航空煤油进销差价基准价降低 8%，对文件下达前需要追溯的降费金额，从 4 月开始逐步进行退费。同时，中国航油克服供油量断崖式下滑及航油保“春运”高库存占用大量资金的自身困难，在既有赊销账期的基础上，对国内航空客户实行付息票据贴现的金融支持方案。中国航油在疫情防控期间向保障运送物资、抗击疫情的通航企业提供的航油费用减免措施得到民航局的书面表扬和肯定，充分体现中国航油作为民航保障企业政治站位和央企担当。

5.5.2 中国航油坚决执行国家调整航油价格

中国航油作为大型商业二类国企和航油供应保障的“国家队”，主业处于关系国家安全的战略性领域，以国家航油供应安全为己任，盈利并非根本经营目标。航油业务盈利来源是加油量和航空煤油进销差价，前者与我国航班增长量密切相关，后者则按照《国家发展改革委关于改革航空煤油销售价格作价办法的通知》，供应内地航空公司内地航班(以下简称内地航班)航空煤油进销差价由中国民航局制定、调整。

在民航业发展较快的时期，进销差价通常维持稳定，销售价格由民航局根据出厂价格进行调整，中国航油得益于加油量的较快增长，会与其他民航单位共同获得行业收益；在民航业受到冲击或局部地区/部分机场存在补贴需求时，中国航油坚决执行国家调整航油价格的相关要求，责无旁贷地承担起亏损补贴任务，为全国民航的整体稳定格局贡献力量(见表 5.2)。

表 5.2　近年来调整航油销售价格的相关文件

时间	政府机构	文件	内　容
2006 年 2 月 15 日	中国民用航空局	《关于印发航空煤油销售价格改革方案(试行)的通知》民航发〔2006〕31 号	内地航班根据政府指导意见决定进销差价。中国航空油料集团公司进销差价根据政府指导意见制定。中国民航局将根据供油成本、市场供求、企业承受力等客观因素确定合理的进销差价，并确定相应的浮动范围，允许中国航空公司对价格进行适当调整，浮动的幅度不超过 8%，进销差价标准要保证在这个范围内。
2012 年 7 月 18 日	国家发展改革委	《国家发展改革委办公厅关于印发西藏航空煤油销售价格协调会议纪要的通知》发改办价格〔2012〕1660 号	自 2012 年 8 月 1 日起将西藏自治区内各机场的内地航空公司内地航班的航空煤油进销差价降低至每吨 800 元，航空煤油销售价格相应进行调整。
2019 年 5 月 8 日	中国民用航空局	《关于统筹推进民航降成本工作的实施意见》	(1) 控制航空煤油销售价格。执行国家新出台的增值税税率标准，将其从 16%降低到 13%，航空煤油也需随之调整进销差价。根据实际情况对海上运保费相关费用标准进行调整。 (2) 对北京大兴国际机场的收费标准进行明确，制定严格的管理政策。要求转场期间北京大兴国际机场的收费标准和航油价格保持低于首都国际机场的水平。
2019 年 7 月 24 日	中国民用航空局	《关于加强运输机场保障通用航空飞行活动有关工作的通知》民航规〔2019〕41 号	通用航空活动使用运输机场的航空煤油销售价格按照不超过运输航空的航空煤油销售价格执行，严禁在进销差价以外收取出车费等第三方费用。
2020 年 3 月 9 日	中国民用航空局	《民航局关于积极应对新冠肺炎疫情有关支持政策的通知》民航函〔2020〕145 号	境内航空公司境内航班航空煤油进销差价基准价降低 8%。
2022 年 4 月 11 日	中国民用航空局	《关于进一步调整航空煤油进销差价的通知》民航函〔2022〕239 号	在落实已出台政策措施基础上，进一步调整境内航空公司境内航班航空煤油进销差价基准价。

5.5.3 中国航油与民航业发展高度同步

中国航油一直与民航业发展高度同步，始终保障航空运输安全，两者是同呼吸共命运的一体，是互相扶持而不是此消彼长的关系，由图 5.2 可以看出，民航运输总周转量与航空煤油加注量呈等比例增长与下降。

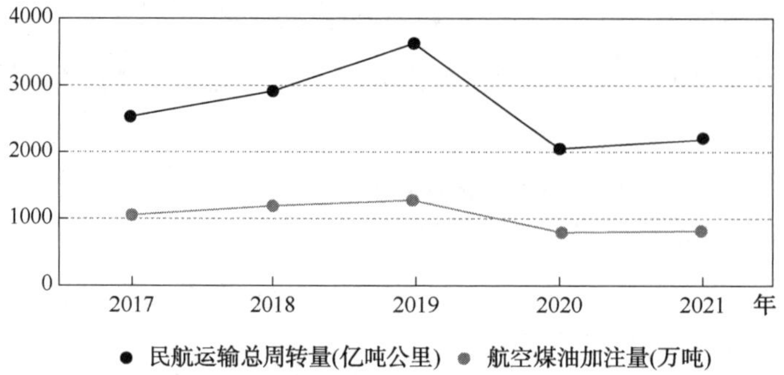

图 5.2　2017—2021 年民航运输总周转量与航空煤油加注量

5.5.4 中国航油为通用航空“加油”实现民航“两翼齐飞”

中国航油是通用航空飞机的重要“加油站”，是通用航空事业发展的重要一环。中国航油的通用航空事业发展，始终坚持市场导向，以全面推进供油能力建设为出发点，不断优化和完善现有供油网络和业务流程，持续扩大业务范围和合作对象，提升通航客户的航空油料保障能力。

中国航油高度重视通用航空发展业务，把通用航空供油业务作为公司的核心业务，始终坚持共商共建共享原则，不断深化国际交流与合作，寻找合作共赢的最大公约数，在国内外的运输航空以及通用航空两大领域都实现了跨越式发展。

中国航油不断加大专业化、标准化、市场化、国际化建设力度，围绕总体战略思路和发展规划，正在逐步建成“供油基础设施网络布局合理、通用航空供油保障体系安全规范”的通用航空生态圈，为实现民航“两翼齐飞”贡献了力量。

第 3 篇

打造中国特色
航空油料供应体系

PART 3

第1章　形成布局合理的全国航油供应网络

1.1　枢纽、支线机场形成协同

1.1.1　枢纽、支线机场特点

2010年，中国民用航空局发布的文件中提到：我国已建立北京、上海、广州三个一级城市的三大门户复合枢纽机场，重庆、成都、武汉、郑州、沈阳、西安、昆明、乌鲁木齐八大区域枢纽机场，深圳、南京、杭州、青岛、大连、长沙、厦门、哈尔滨、南昌、南宁、兰州、呼和浩特十二大干线机场。2017年发布的《全国民用运输机场布局规划》指出，到2025年我国将形成京津冀、长三角、珠三角3大世界级机场群，打造北京、上海、广州、成都、昆明、深圳、重庆、西安、乌鲁木齐、哈尔滨10个国际枢纽，巩固和培育天津、大连、杭州、武汉、贵阳、兰州等29个区域枢纽。2019年我国境内民用运输机场共计238个，其中年旅客吞吐量超过1000万人次的运输机场达到39个，占全国民用运输机场总数的16%，这39个机场的旅客年吞吐量总和占全国旅客吞吐量总量的80%以上。2019年我国民航货运吞吐量超1万吨的运输机场有59个，其中，北京、上海、广州三大城市的机场货邮吞吐量总和占全境内货邮年吞吐总量的46.5%。2020年受新冠肺炎疫情影响，旅客吞吐量数据有所下降。2020年旅客吞吐量超过1000万人次的机场有27个，占全国民用运输机场总数的11%，这27个机场的旅客吞吐量年总和占据了全国旅客吞吐量的70%以上。2020年我国民航货运吞吐量1万吨以上的运输机场59个，其中，北京、上海、广州三大城市的机场货邮吞吐量总和占全境内货邮吞吐量总量的44%。

1. 枢纽机场

门户复合枢纽机场对带动辐射区域的社会、经济、文化发展具有重要作用，对城市产业结构、基础设施和就业等诸多方面产生巨大影响。在某种意义上，枢纽机场、城市交通的便利度会给城市发展带来重要影响，其重要性极为突出。

我国枢纽机场的综合交通功能逐渐发展完善，25个枢纽机场已实现与轨道交通(含铁路、城市轨道交通)的高效衔接。北京首都机场、北京大兴机场、上海浦东机场、上海虹桥机场、成都双流机场、成都天府机场、武汉机场、郑州机场等省会城市机场已成为核心的综合交通枢纽，成都天府机场(新机场)、青岛胶东机场(新机场)等枢纽机场在设计和建设阶段就同步引入了高速铁路、城市轨道等地面交通方式，这也对我国以枢纽机场为核心快速建立综合交通枢纽系统起到了促进作用。

在布局方式上，我国临空经济区具有纵横分布的特点，枢纽机场已拥有发展成熟的临空经济，国家发展改革委、民航局共同出台了相应的指导建议以促进临空经济示范区的创建与发展，我国对北京首都机场、北京大兴机场等 17 个临空经济示范区进行了批复建设。通过将航空运输业、高端制造业和现代服务业聚集起来，临空经济示范区为推动区域经济社会发展和经济发展方式转变提供了有力支持。

上海是我国最大的经济中心，位于亚洲、欧洲、北美大三角航线的端点，从上海飞往欧洲、北美西海岸的航行时间为 10 小时左右，飞往亚洲主要城市的航行时间为 2～5 小时。上海地处中国东部沿海经济发展带与长江经济带的交汇处，直接服务我国经济发展最迅猛、经济规模总量最庞大、最具发展潜力的长三角地区，间接服务航程 2 小时以内的各城市，这其中包括了我国 80%排名前 100 的大城市，覆盖了我国 54%的国土面积，服务了 90%的人口，以及日本、韩国大部分地区。上海机场最繁忙时段的高峰小时航班流量超 100 架次，对机场地面运转效率要求极高。

枢纽机场在规划方面，其规划目标往往具备超前性和前瞻性，规划目标业务量一般比现状业务量有较大提升，例如，规划近期目标年旅客吞吐量通常为当前实际业务量的 2～3 倍，远期(终端)旅客吞吐量约为当前实际业务量的 2.5～6.5 倍。枢纽机场“成倍数”规划目标实现，对机场未来空管指挥、地面组织、人员保障、设施配套以及运营管理等方面都提出了更高的要求。在投资建设方面，枢纽机场具有投资额度较大、建设规模较大的特点，例如作为我国“十三五”阶段规划建设的大型民用运输枢纽机场项目，成都天府机场累计投入的资金为 512 亿元左右，在乌鲁木齐机场的扩建阶段累计投入近 394 亿元资金，在建设呼和浩特新机场的过程中累计投资近 211 亿元，相较于“十二五”阶段的相似扩建工程，扩建的跑道数量更多，建设的航站楼规模更大，工程建设的资金投入总额较高。

机场的营收来自非航空性业务和航空性业务，将通常非航空性业务盈利能力高于航空性业务，枢纽机场具有大量旅客聚集带来的人口流量优势，不仅在航空性业务上盈利，非航空性业务如综合商业体(饮食、零售、免税、休闲)、停车场、广告费等也为机场带来了可观的收入。成熟的商业机场业务结构中，非航空性业务占比一般会超过航空性业务，承担主要业绩增长任务。目前我国枢纽机场在经营模式和经营领域上虽与成熟机场有差距，但是总体来说，枢纽机场盈利能力良好，2019 年机场营收 1207 亿元，其中，枢纽机场营业收入占 70%以上，机场利润总额 161.1 亿元，枢纽机场贡献很大。

2. 支线机场

美国支线航空协会(RAA)对于支线航空做出以下界定：“使用 9～68 座涡螺旋桨飞机或 30～100 座支线喷气飞机，经营小城市与大城市之间或小城市与航空枢纽之间中短程定期航班的航空运输”。我国民航局 2006 年发布的《民用航空支线机场建设标准》对建设规划中的支线机场做了界定，即设计目标年旅客吞吐量小于 50 万人次(含)、主要起降短程飞机、规划的直达航程一般在800～1500 公里范围内的机场。民航局 2020 年发布的《运输机场总体规划规范》中，将机场规划年旅客吞吐量规模划分为超大型机场(年旅客吞吐量大于等于 8000 万人次)、大型机场(年旅客吞吐量在 2000 万~8000 万人次)、中型机场(年旅客吞吐量在 200 万~2000 万人次)和小型机场(年旅客吞吐量小于 200 万人次)。根据我国民航业发展的实际情况，可以将年旅客吞吐量在 300 万人以下或大于 300 万但所处地理位置较为偏远的机场，处于非首都、非省会或自治区首府城市，主要以服务本地旅客为主的机场认作支线机场。

支线机场是我国综合交通体系的重要组成部分，能够有效改善机场周边一定范围内交通通达性，为小城市到经济中心城市提供了更加快捷的连接方式，特别是在偏远地区，空中交通比地面交通具有更大的优势，在综合交通体系中发挥着主导作用。同时，支线机场也是提高航空服务普遍性、促进区域均衡发展、实现社会公平、支撑区域经济和社会发展的需要。

我国中小机场基数庞大，支线机场数量在运输机场总数中占比较大，但其承担的客货运量却相对较低，运输总量占我国货运总量的比例也相对较低，通常仅在 2%至 4%，与其庞大的数量基数形成明显对比。机场经营效益与机场业务量(旅客吞吐量、货邮吞吐量)呈明显的线性关系，常年偏低的业务量也导致了大部分支线机场收益不乐观的现实，目前我国大部分支线机场仍处于亏损状态。按照国际民航普遍观点，年旅客吞吐量达到 50 万人次认为该机场盈利。有研究表明，在不考虑机场建设初始建设投资的前提下，机场年旅客吞吐量需达到 122 万人次才能实现盈亏平衡。

虽然支线机场在旅客吞吐量、起降架次上远低于枢纽机场，但是由于支线机场建设项目具有用地少、投资规模小、建设周期快、对环境影响小等特点，能在地面交通不便的偏远地区发挥不可替代的作用，在综合交通体系中也能充分发挥航空技术优势。我国支线机场在布局方面呈现“东密西疏”的情况，尽管支线机场在西部地区数量众多，占全国机场数量半数以上，但西部地区幅员辽阔，西部地区面积占全国总面积的 70%以上，支线机场平均到每万平方米的数量仅为 0. 13 个，约为东部地区的 1/3。

在规划建设方面，支线机场原有基数较小，近几年总体发展快速，除迁建机场、新增第二机场外，其余在建或待建的机场多是支线机场，支线机场发展潜力巨大，但各机场所在城市的经济地理定位不同，机场发展速度也存在显著差异。按照机场发展潜力划分，可大致将支线机场分为发展潜力大的支线机场、发展潜力小的支线机场以及特殊小机场。发展潜力大的支线机场天然拥有自然环境、矿物矿产等资源，能吸引旅游出行、商务开发等客源，在良好的政策环境支持下，这类机场能逐渐步入良性发展轨道，甚至成为高速增长的典范。发展潜力小的支线机场多处于中小型城市，此类机场由于所在城市人口基数小，或地面交通不便，航空客源不稳定，容易受到附近枢纽机场的吸附影响。该类机场通常已开通前往所在省省会城市的航线，在积极的政策刺激下，能够通过建立高效中转等方式吸引客流客源，取得较好发展。特殊小机场受制于地理条件、地面交通、机场条件等限制，航空业务量增长困难，在发展航线方面困难也较大。

1.1.2 航空燃油供应特色

中国航油始终按照民航局强化行业安全管理的政策要求，推进枢纽和支线机场建设，确保机场民航运输安全稳定。尤其是随着支线机场数量快速增加，中国航油深入落实国家和民航局相关要求，克服因航线航班数量、资源配置效率等原因造成的支线机场供油业务盈利能力不足问题，采取投资收购、签订服务协议等多种方式全力拓展布局支线机场，通过规模效应、强化管理、优化资源配置等措施降低经营成本，持续加大投入，完善供油基础设施，解决油品质量管理隐患，迅速实现了支线机场航油供应安全、可靠的局面，得到了民航局的高度认可。未来中国航油将继续以枢纽机场为核心，紧抓支线机场供油保障，在不同机场形成互相协调配合的供油链条，为将来形成大型民航运输枢纽奠定基础。

从整体上看，枢纽机场盈利能力强、支线机场盈利能力弱，部分支线机场甚至长期处于亏损状态，供油企业盈利能力基于机场流量，因此供油企业经营状况也如机场一般，枢纽机场盈利、支线机场亏损。中国航油依靠全国一盘棋的经营方式，通过枢纽机场盈利来弥补支线机场亏损，从整体上实现全局利益最大化。从局部上看，航油供应企业根据枢纽、支线机场的不同特点，立足客户需求，提供差异化供油服务，使得供油服务更加具备针对性和高效性。从油源供给上看，枢纽机场和支线机场资源需求、配送条件、地理环境不同，航油供应企业因地制宜，确保资源渠道畅通、调度合理高效、配送经济可行。

1. 枢纽机场供油特色

枢纽机场客货吞吐量大、机场业务繁忙，最繁忙的机场航班高峰小时量可达 120 余架次(美国亚特兰大机场 126 架次/小时)，对运营效率要求极高。基于上述特点，中国航油在枢纽机场提供供油服务的特点是高效、智慧、绿色、先进、安全。

枢纽机场优先采用机坪管网供油，辅助配以大型加油罐车作为应急和临时供油，管线车加油流量可高达 3600 升/分钟，保障高效、安全稳定、作业灵活，为机场地面加注服务节约了大量的时间。采用机坪加油管网技术进行加注服务，能够保证油品全程密闭输送，有效减少油气挥发，进一步降低对环境的影响，落实绿色低碳发展理念。大型枢纽机场采用了多种油品泄漏检测技术，在机坪管线意外发生漏油事故时，能够高效、及时、精准定位漏点，为处理事故和解决安全问题争取时间。

中国航油在枢纽机场全面应用智慧航油系统，大幅提高了作业效率、降低一线员工劳动强度、提高作业准确性和安全性，实现智能化、智慧化、精确化、无纸化加油，智慧赋能、智能升级成果应用显著。探索智慧油库技术及应用实践，库存管理效能显著提升，实现管理流程无纸化和生产信息数字化，“工业互联网+安全生产”落地。贯彻绿色发展新理念，机场地面作业车辆采用新能源车辆，助力蓝天保卫计划。助力“四型机场”建设，在供油工程建设、设施设备使用方面，融入了最新的设计建设理念，如 BIM 设计、装配式工艺、绿建、光伏等，广泛应用信息化、自动化技术，如自控一键启停等系统。

枢纽机场采取多油源渠道配送，大型枢纽机场实现了双油源配送，保障了供应的及时性、安全性、高效性，建立了区域辐射配送体系，以点带面提高供油的经济性。例如，北京首都机场有管线和铁路多种油源保障方式，广州机场有水路码头和管线多种保障方式。中国航油以大型枢纽机场油库为核心，通过公路或管线辐射保障周边支线机场。

2. 支线机场供油特色

支线机场吞吐量小、业务量小，空闲机场可能一周仅有一趟航班，供油企业在支线机场主要是完成保障功能。部分支线机场兼具保障通用航空的功能，供油企业在服务民用航空客户的同时，还兼顾提供通用航空客户的航空煤油、航空汽油等服务。中国航油在支线机场提供供油服务的特点是安全、经济、全面覆盖。

支线机场业务量少，油品周转率较低，油品极易出现微生物、杂质等质量问题，中国航油严格质量管控，通过提高标准、加强内控、完善管理体系等措施，确保支线机场不出现油品质量事故。在供油工程建设规划时，对于发展潜力大的支线机场，航线对业务量影响较大，多开通一条航线会带来较大增长，因此在对此类机场做好当前保障任务的同时，对未来进行了充分规划和预留；对于发展潜力小、特殊机场，中国航油坚决承担着社会责任和保障责任，特别是在老、少、边、红机场，进一步增加投资力度、加强安全保障能力，确保支线机场供油服务全面覆盖。支线机场一般依托周边炼厂、枢纽机场油库或区域配送中心，通过公路完成资源配送。中国航油在支线机场密度大的地区，建设了区域配送中心降低配送成本，如云南滇北配送中心实现跨省配送，可辐射云南滇北部地区、四川南部地区、贵州西南部地区支线机场，张家界配送中心可辐射配送湖南西北部地区、湖北东南部地区、贵州东北部地区支线机场。

1.2 城市群、机场群携手共促发展

1.2.1 城市群、机场群特点

国家发展改革委联合其他部门于2017年出台《全国民用运输机场布局规划》，规划到2025年我国依托三大经济圈建立国际级机场群，加大航运网络规划与发展战略的契合力度，进一步促进京津冀民航的协同发展，推动长三角和珠三角世界级机场群建设。三大经济圈是国民经济发展最为快速、最具活力的地区，当前，我国已依托三大经济圈建立了京津冀、长三角和珠三角三大世界级机场群。其中，京津冀机场群所覆盖的机场数量为9座，由2座大型枢纽机场、2座中型枢纽机场、5座非枢纽机场共同构成，包括首都机场、北京大兴机场、天津机场、石家庄机场等。在三大世界级机场群中，长三角机场群的机场数量累计为24座，位列第一。其中，大型枢纽机场有上海浦东机场，中型枢纽机场有上海虹桥，杭州、南京、宁波、合肥、温州等省会级城市机场，以及其他非枢纽机场。珠三角机场涵盖了7座机场，其中香港机场、澳门机场为特别行政区机场，

广州、深圳机场为大型枢纽机场，珠海机场为小型枢纽机场，惠州、佛山机场为非枢纽机场，目前正在规划建设珠三角枢纽机场，届时珠三角地区大型枢纽机场数量将达3座。

从空间布局看，三大机场群的机场密度较高，其中珠三角地区的机场密度最大，达到了每万平方公里1.25个；其次是长三角地区，密度为每万平方公里0.65个；京津冀地区机场密度最小，为每万平方公里0.41个。在我国三大机场群中，北京(首都机场、大兴机场)和上海(浦东机场、虹桥机场)已形成了“一市两场”的机场运营格局，未来珠三角枢纽机场的落成将是实现“两市两场”运营模式的实践探索。在我国三大机场群中，珠海机场、澳门机场是直线距离最近的机场，相距28公里；宁波机场、合肥机场是直线距离最远的机场，相距491公里。

从机场群旅客吞吐量分布情况看，2019年京津冀机场群、长三角机场群、珠三角机场群累计完成5.9亿人次旅客吞吐量，在全国占比44%，其中，位列第一的是长三角枢纽机场，旅客吞吐量高达2.5亿人次，珠三角机场排在第二，该机场群的旅客吞吐量也达到2亿人次以上，达到2.1亿人次，京津冀机场群(达到)1.3亿人次。2020年受新冠肺炎疫情影响，各大机场群旅客吞吐量均有所回落。其中，京津冀机场群受影响最大，下降49.3%，长三角机场群下降39.3%，珠三角机场群下降35.6%(图1.1)。

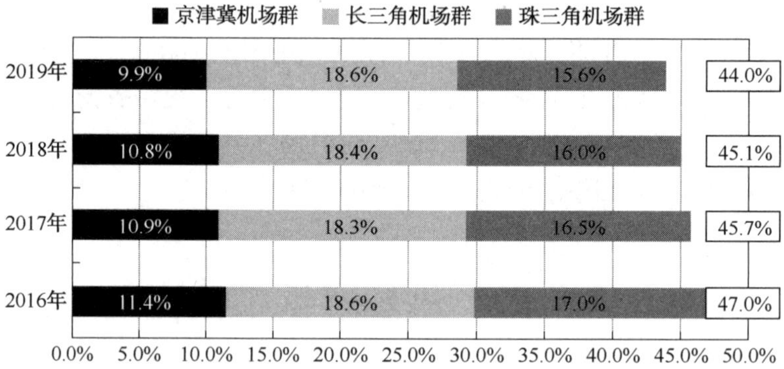

图1.1　我国三大机场群2016—2019年旅客吞吐量占全国的比重

从国内通达情况看，机场之间的通达性水平存在一定差异，机场群内部机场间互联互通水平具有层级分布的特点。可以将机场群内部的通达性作为分类标准，京津冀机场群可以划分为三个层级，对华东地区、中南地区的互联互通较高，其中尤以北京首都机场通达性居首，其全国范围通达性水平高达60%，区外机场的通达性水平高达62%。天津、大兴、石家庄机场次之，秦皇岛、唐山、邯郸、张家口、承德通达性最低，层级间存在不均衡的问题。长三角机场群内通达性也可分为三个层级，主要面向中南地区，其中，上海两家机场(浦东、虹桥)合并作为上海航空枢纽占有绝对优势，通过对二者合并进行分析，上海航空通达性水平为70%，位列第一，杭州、南京、宁波、温州、合肥次之，平均通达性水平为34%，其他非枢纽机场、小型机场的通达性水平偏低。珠三角机场群层次明显，优势市场集中在华东、中南和西南地区，其中，广州、深圳机场通达率最高，分别达到了61%、54%，珠海机场次之，为30%，惠州、佛山机场通达率较低。从整体平均通达率水平的角度来看，长三角机场群低于京津冀和珠三角机场群，这是由于该城市群内分布了大量非枢纽机场，拉低了其平均通达率。

从国际通达情况看，大型枢纽机场对国际的互联互通起着绝对的核心作用。在京津冀机场群、长三角机场群、珠三角机场群三大机场群中，北京首都机场、北京大兴机场、上海浦东机场、广州机场、深圳机场以及香港机场是主要的国际连通机场，其他中型机场仅发挥辅助和补充的作用。京津冀机场群中，仅北京首都、北京大兴、天津以及石家庄 4 座机场开通国际航线，长三角开通十条以上国际航线的机场有 5 座，分别是上海浦东、杭州、南京、宁波、合肥机场，国际市场多以东亚和东南亚为主。珠三角机场群中，广州和深圳机场的国际通达率相对于北京首都、上海浦东机场尚需提升，广州、深圳、中国香港机场国际重叠度较高，国际市场竞争激烈。

1. 京津冀机场群与城市群

京津冀统筹发展战略的目标在于改善城市交通网络生态空间、布局结构，提升其现代化水平，拓宽交通网络的生态空间，为产业结构的改善、公共服务的共同建设与共同分享、市场一体化发展进程的快速推进、现代化新型首都圈的建立提供有力支持，尽可能地建立新型发展局势，使区域内不同规模的机场取长补短、合作共赢，建立“一核、两翼、双城、三轴、四区、多节点”的最终形态。

国家发展改革委联合其他部门于 2017 年 12 月印发《推进京津冀民航协同发展实施意见》，其中提到，及至 2030 年，北京“双枢纽”机场将实现进一步发展，处于成熟运营阶段，国际竞争力将在全球处于首位，显著加强天津等区域航空枢纽的辐射能力，将天津建成我国世界级航空物流枢纽。京津冀机场群中累计覆盖的机场数量为 9 个，每万平方公里机场数为 0.4，人均乘机次数约为 0.4 次，航空运输对 GDP 的贡献系数约为 1.09。

2. 长三角机场群与城市群

中共中央、国务院于 2019 年印发《长江三角洲区域一体化发展规划纲要》，其中提到，长三角具有良好的经济发展活力，开放水平较高，具有较强的创新能力，在我国经济发展中具有重要的战略地位。长三角区域内的上海、江苏、浙江和安徽三省一市的国土面积占比 2.1%，这一地区密集分布的国内常住人口总数占 1/6，区域内的经济总量以及工业增加值占比高于 25%，对国民经济的发展起到了良好的推动作用。《长江经济带综合立体交通走廊规划(2014—2020 年)》明确指出加大我国航空网络的建设力度，使当地的航空业变得更加发达：形成以上海国际航空枢纽和重庆、成都、昆明、贵阳、长沙、武汉、南京、杭州等区域航空枢纽为核心的民用航空网。

长三角城市群已发展成为六大世界级城市群之一，也是国际上机场密度高的区域之一。在长三角区域内，民航发展对城市化发展具有显著促进作用，近年来民航和城市化发展总体呈现平稳上升的态势。在长三角机场群中，浦东以及虹桥机场占据着核心地位，是建立全球领先的国际航空枢纽的核心载体。从机场群的规模层面进行分析，该机场群的规模在我国位列第一，区域内的机场个数达到 24 个，每万平方公里机场数为 0.65，人均乘机次数约为 0.4 次，航空运输对 GDP 的贡献系数约为 0.97。

3. 珠三角机场群与城市群

粤港澳大湾区是港澳两地以及广东省的广州、深圳、珠海、佛山、中山、东莞、肇庆、江门、惠州9个城市共同构成的城市群，是我国建设国际级城市群、参与国际竞争的核心空间承载主体，是与美国纽约湾区、旧金山湾区和日本东京湾区相媲美的全球四大湾区之一。大湾区总面积5.6万平方公里，2017年末累计有7000万人口，当地的开放水平较高、经济活跃度处于较高水平，在国家发展大局中具有重要战略地位。

珠三角地区经济发达，发展活力旺盛，航空需求量大。珠三角地区的航空业发展对地区经济社会发展有着较大的正面影响，且随着地区经济结构转型升级，航空业对经济社会发展的正向作用越发明显。广东省经济体量连续多年位居全国第一，其航空业务量也常年位居全国首位。珠三角地区机场个数5个，每万平方公里机场数为0.9，人均乘机次数约为0.5次，航空运输对GDP的贡献系数约为1.03。

4. 海南自由贸易港

海南自由贸易港的设立，是党中央致力于我国的发展局势，深入研究、统筹考虑、科学谋划做出的重大决策。中共中央、国务院于2020年发布的《海南自由贸易港建设总体方案》中指出，进一步提升我国航空运输政策的开放水平，并将这些政策落到实处，推动在双边航空运输协定中实现对双方承运人开放往返海南的第三、第四航权，并结合我国的航运政策，扩大含第五航权在内的海南自贸港建设所需的航权安排，提供联运服务，对中转旅客及其托运的行李进行通程联运。对位于海南的主基地航空公司开拓国际航线给予支持。允许海南进出岛航班加注保税航油。同年9月，海南自贸港开通洲际(洋浦—南太平洋—澳大利亚航线)航线。

海南全岛将分步骤、分阶段建立自由贸易港政策和制度体系，最终实现自贸港的建立目标。自由贸易港是当今世界最高水平的开放形态，得益于自贸港的高度开放，区域民航业发展迅猛，目前香港国际机场货邮吞吐量位列全球第一，旅客吞吐量位列全球第八。根据预测，到2030年海南民航航空运输量将突破1亿人次。海南岛特殊的地理特征也助力了其通用航空的发展，预计到2025年，省内各类通航机场数量达10个，整合海南通航产业发展资源，打造以海口、三亚、琼海为核心的三大通航产业发展集群，推进10个产业支撑平台和重大工程建设。

5. 成渝双城经济圈

成渝地区是我国西部区域发展水平最高、发展潜力较大的城镇化区域，是实施长江经济带和“一带一路”倡议的重要组成部分。我国分别于2016年、2021年、2022年印发了《成渝城市群发展规划》《成渝地区双城经济圈建设规划纲要》《关于加快成渝世界级机场群建设的指导意见》以促进成渝地区经济圈的规划与发展。及至2025年，成渝世界级机场群将具备一定发展规模，该机场群的国际服务能力将得到大幅提升，市场发展的活跃度将得到显著提升、创新发展动能将得到显著加强，横跨多个地区的和谐发展能力将得到显著提升，成为支撑我国民航发展的第四极，为我国民航发展提供有力支持，使得成渝地区对于建立现代化经济体系、建立我国内陆地区开放水平较高的战略堡垒、提升基础设施的通达性水平、打造国际级旅游胜地的支持作用得到大幅加强。成渝经济圈共有机场10个，每万平方公里机场数为0.5，人均乘机次数约为0.5次。

整体来看，长三角城市群内的机场数量最多为 24 个，其航空运输对 GDP 的贡献也最大，为 1.09；珠三角城市群机场密度最大为 0.9 个/万平方公里；珠海三城市群和成渝经济区内的人均乘机次数相较其他城市群略高，为 0.5 次/人。

1.2.2 航空燃油供应格局

中国航油供应格局打破了炼厂—机场单一点对点的线性供应布局，形成了以区域配送中心辐射周边的区域协同供油模式。

1. 京津冀地区航油供应格局

中国航油在京津冀地区设立了华北公司、北京公司，华北公司下设北京分公司、河北分公司、天津分公司，在公司治理结构上实现了对京津冀地区的统筹管理和协同运营。

中国航油围绕京津冀机场群的航油供应，提升北方储运基地保障能力，形成区域一体化航煤保障模式。重点围绕北京“双枢纽”机场格局和京津冀机场群协同发展，加快配套航油保障体系建设，已完成北京新机场供油工程、津京第二航油管道、华北石化管道建设，围绕天津机场国际航空物流中心和石家庄机场区域枢纽发展定位，加快实施改扩建供油工程。同时积极跟进京津冀区域内邢台、唐山等新建、改扩建支线机场航油工程建设，规划区域通用航空运营服务综合保障，发挥机场群的辐射带动作用。

2. 长三角地区航油供应格局

中国航油在长三角地区设立了华东公司，华东公司下设上海分公司、浙江分公司、安徽分公司，在公司治理结构上实现了对长三角地区的统筹管理和协同运营。

长三角地区炼厂众多，资源供应充足，在高效配置三角洲区域内机场供油资源的同时，打开地域限制、充分利用完善的交通运输系统将航油资源外输配置。利用鄂州航油码头与天河机场的铁路卸油站，凭借区位优势，打造鄂州、武汉、武炼输油管网环线，建设华中储备基地。利用便捷的水运网路以及发达的铁路体系保障华中地区及西南地区的航油供应。

3. 珠三角地区航油供应格局

中国航油在珠三角地区设立了华南蓝天公司、珠海公司，华南蓝天公司是与 BP 公司、富地公司共同组建的合资公司，是中国航油引入外资、吸收国外先进企业经营管理、提升国内航油供应企业能力的体现，也符合珠三角多元化、活力型经济社会的发展需求。

中国航油一是在珠三角地区加大大中型机场供油设施的新(扩)建投资力度，强化航油储运体系建设，统筹区域航油物流配送。二是利用大湾区独特投融资平台，为集团公司提供成本低廉的融资服务。三是利用大湾区政策、资源优势，增大中国航油南方总部基地的航煤国际贸易力度，促进中国香港供油公司航煤销售量，进一步提升香港机场的供油占比。四是基于大湾区航油储备基地定位，规划建设粤港澳大湾区航油储备基地，完善航油物流配送体系，建立全面覆盖粤港澳大湾区的供油体系。

4. 海南自贸岛航油供应格局

坚持和优化现有一体化经营的商业模式，深化与其他上游供应商、下游航空客户及机场、政府和其他利益相关方的沟通、合作，积极参与行业顶层设计。机场是开展航油主业的关键平台，坚持“互利共赢”的原则，务实应对相关方利益诉求，积极拓展新增机场、介入系统外机场，持续稳固市场格局。积极拓展其他新业务市场，围绕航油主业，发挥全国性网络优势，开拓航空服务等相关业务市场。

5. 成渝地区航油供应格局

中国航油在成渝地区设立了西南公司，下设成都分公司、天府分公司、重庆分公司，在公司治理结构上实现了对成渝地区的统筹管理和协同运营。

西南地区一直以来油源匮乏，中国航油将着力破解油源瓶颈，重点围绕重庆西南储运基地建设，优化提升西南地区整体供油配送网络，做好成都一市两场供油保障，规划重庆第二机场供油，提升成渝地区支线机场供油保障能力和效率。一是加强与川内炼厂如彭州石化炼厂的协同合作，稳固川内资源渠道。二是完成西南储运基地建设，提升航油仓储能力。三是依托西南储运基地，开展西南储运基地至重庆机场、成都双流机场、成都天府机场的二次配送网络建设。四是与机场同步开展重庆二机场供油工程规划设计及建设，提前做好一市两场供油保障方案规划。五是开展西南地区支线机场油库增容改扩建项目，提升支线机场供油保障能力。

1.3 运输和通航机场“两翼齐飞”

我国民用机场分为公共运输机场和通航机场，这两大类机场从建设、管理，到运营模式，都各具特色、有显著差异。公共运输机场从规划、审批、建设、管理、运营都接受严格的监管和流程，目前我国运输机场已形成一套完整、完善、成熟的管理运营体系，作为配套供油的供油服务也已在全国范围内建立并形成了一体化的完善供应格局和标准化服务体系。我国通航机场呈现百花齐放的景象，通航机场由于其特殊性，难以采用单一、固定的供油配送模式，中国航油因地制宜、最大限度满足通航客户需求，采用了自提油、配送服务、定点加注服务等不同的供油模式。不同于运输机场对单一品种航煤的需求，通航机场除“航空煤油”外，还对航空汽油有使用需求，但航空汽油整体需求量少。中国航油在为通航企业提供“航空煤油”的同时，积极协调炼厂资源，提供航空汽油。

中国航油紧跟民航发展步伐，目前已经建立起运输和通用机场“双轮驱动”的供油格局。尤其近年大力布局通用机场供油设施设备，与 20 多个地方机场集团、航空公司、高等院校等签订通航战略合作协议；成立通航公司，加快推进通航业务板块建设，提升通航服务水平；与中信海直、国网通用、北大荒通航等通航龙头企业开展深度业务合作；全力保障国家抗震救灾、应急救援、森林防火、电网巡线供油等政治任务；加快通航系统平台建设，推进通航产业高质量发展；为全体执行疫情防范与控制任务的通航公司扫除障碍，推行优先加油、后期结算的政策，并给予燃油收费优惠和补贴。随着通航事业的快速发展，中国航油将继续不断夯实航油安全供应服务保障基础，保障运输机场和通用机场的供油安全稳定。

在公共运输机场供油方面，推进落实建设多领域民航强国战略，按照“四型机场”建设和民航新基建要求，加强航油基础设施设备投资。培育“四型机场供油工程”示范项目，充分发挥示范标杆项目的带动引领作用。根据我国民航机场空间布局与航油网络体系发展趋势，加大京津冀、长三角、粤港澳大湾区及成渝经济圈机场航油设施设备建设，实现航油供应规模效应。落实区域协调发展战略，根据民航“十四五”机场布局，推进支线机场建设。根据机场总体发展规划变化情况及时调整，按照终端规模提前预留航油设施建设空间。按照“一次规划、分步实施”的原则，加强各类机场基础设施和保障设备投资；以各机场规划图为基础，明确枢纽、干线和支线等不同类型机场在不同发展阶段的建设方案，适度超前开展项目建设；重点将各类机场供油设施建设工作落实到位。

在通航机场供油方面，以安全、绿色、科技发展为引领，以网络、标准体系建设为支撑，以优质、高效服务为保障，以市场导向、资源整合为重点，加快培育通航供保优势，加速通航事业发展，推进中国航油通航事业标准化、市场化、网络化、专业化、国际化战略实施。中国航油将分阶段组织实施，分批分次建成多个兼备配送功能的供油网络重要节点，并积极探索合作伙伴关系，为全国主要通用机场供油，为通航企业提供保障服务，同时广泛开展国内外合作，拓展业务领域，为全面进入快速发展的新阶段奠定基础。

1.4 全国一盘棋横纵互补

中国航油始终坚持全国一盘棋，以“安全第一、供油优先、绝对保障、万无一失”为目标，确保全国机场航油供应保障安全、稳定、可靠。中国航油以枢纽机场为重点，统筹兼顾支线机场、备降机场以及相关机场的资源配置。以运输机场为保障重点，统筹兼顾通航机场以及起降点所需航空燃油资源。从全球客流量第一、最繁忙的国际枢纽广州白云机场，到每天只有一架航班的抚远东极机场，从海拔最低的舟山机场，到世界海拔最高的稻城亚丁机场，从我国最北边的漠河机场，到我国最南边的三沙机场，从最西端的喀什机场，到最东边的抚远东极机场，从世界跑道最长的昌都邦达机场，到跑道最短只有800米的长海机场，中国航油供油业务全面覆盖了我国机场，实现了“飞机飞到哪里，就把油加到哪里”的目标。

我国经济发展的区域性特征明显，东部沿海地区凭借自身优势率先快速发展起来，中部地区发展次之，西部地区相对较落后，整体呈现出东、中、西部阶梯发展格局，即东部经济、人口密度最发达，中部次之，西部相对较差。在机场分布方面，总体形式依然为“东密西疏”的格局，民用机场呈现出区域化发展的形势，初步形成了以北京为主的北方(华北、东北)机场群、以上海为主的华东机场群、以广州为主的中南机场群三大区域机场群体，以成都、重庆、昆明为主的西南机场群和以西安、乌鲁木齐为主的西北机场群，两大区域机场群体雏形正在形成。对区域炼厂资源分布情况进行分析，炼厂的地理分布与国民经济发展水平基本相符。在我国产能中，华东炼厂、华南炼厂的产能占全国产能比例分别为35%、16%，总体也是“东强西弱”的形势。基于上述情况，中国航油供应经营状况也呈现出“东多西少”“以东补西”的格局，主要利润贡献区域仍集中在沿海等发展较快的区域和城市。

我国干线机场与支线机场吞吐量差异巨大，部分枢纽机场面临着“基础设施饱和、空域繁忙”的现状，而另一些支线机场每天仅有一班航班，大型枢纽机场旅客吞吐量能达到上亿人次/年，而支线机场最大客流量仍不超过200万人次/年，这样巨大的差异导致机场经营盈利水平差异巨大。基于上述情况，中国航油供应经营状况呈现“通盘考虑”“以大补小”的整体格局。

我国民航运输机场供油模式和经营管理相对成熟，虽然干、支盈亏水平不同，但整体看来运输机场供油仍然盈利。而我国通航起步较晚，通航业务流量暂未成规模，通航机场“点多、分散、量少”的特点导致通航供油业务整体呈现“亏多盈少”的局面，中国航油更多的是履行央企职责、承担社会责任，助力民航“两翼齐飞”战略和地方经济发展，中国航油整体供应经营状态呈现“以运输补通航”的格局。

第2章　数字化创新打造智慧航油生态圈

当前以信息技术为引领，以“数智”为重要特征的新一轮科技革命和产业变革迅猛发展，给各行各业深化发展带来了前所未有的机遇和挑战。唯改革创新者，勇立时代潮流，中国航油近年来立足新发展阶段、贯彻新发展理念、融入新发展格局，秉持“创新是引领发展的第一动力”的理念，把“科技自立自强”作为发展的战略支撑，以网络强国、数字中国的重要思想武装头脑，践行“国之大者”，积极拥抱数字化发展新时代，牢牢抓住数字革命契机，加快信息化、数字化、智能化建设步伐。

2.1　数字化转型浪潮

每一个新时代的创造离不开科学技术的改革创新。科学技术的每一次革故鼎新带动了人类文明社会由薪柴时代向工业化、电气化和信息化时代迈步。信息控制技术革命从20世纪40~50年代开始，代表之一就是1946年第一台计算机诞生。这项以电子计算机、空间技术等发明和应用为标志的革命被称为第三次工业革命，也叫第三次科技革命。过去几十年，信息技术蓬勃发展，深刻影响了世界各行业各领域发展历程，极大提高了人类社会劳动效率和质量，改变了传统业态形式，在发展进程中不断深化重塑行业模式，成为变革业务方式的基础设施和创新要素。

随着大数据、云计算、人工智能、区块链、数字孪生、物联网、新一代移动通信等为代表的新兴数字技术不断涌现与持续迭代成熟，世界正在经历以数字技术为主导的第四次工业革命，数字技术的广泛应用为全球经济转型带来了极大助力，各行各业以数字技术创造新业态、新动能，产业结构更加优化。除土地、劳动力、资本和技术等传统经济增长要素外，信息已成为一个推动经济增长的重要要素。更加高效地获取、运用信息，成为企业具有强大竞争力的重要标志。

党的十八大以来，以习近平同志为核心的党中央提出，要推动互联网、大数据、人工智能和实体经济深度融合，以信息化培育新动能，用新动能推动新发展，以新发展创造新辉煌。这一重大指导思想成为中国企业面对当前全球经济复苏动力减弱，外部环境和竞争格局复杂多变，市场不确定性多变的经济背景下转型变革的首要和必然选择。各行各业借助新兴数字技术探索数字化转型，建立以业务转型为导向的战略格局，从而推动释放企业核心业务与新兴业务数字价值，为企业降本增效，拓展市场新利润增长点，培育强大动能。

2018年，我国数字经济规模达到31.3万亿元，同比增长20.9%，占GDP比重达34.8%。2019年达到35.8万亿元，占GDP比重36.2%。到了2020年，我国的数字经济规模已达到39.2万亿元，占GDP的比重达到38.6%。2021年我国数字经济达到45.5万亿元，占GDP比重或将超过39.8%。这些数据充分表明我国已经进入数字经济时代，数字经济成为我国经济增长的核心驱动力，在推动培育经济新动能、促进国民经济实力提升、缔造人民美好生活的等方面发挥了举足轻重的作用。

数字经济的跨越式发展，加速向传统产业渗透融合，造就了各传统行业数字应用者与革新者，为企业创造更多可能与机会。在我国，数字经济成为经济增长极新动能，除了与技术创新息息相关，也离不开国家政策上的大力支持。“十三五”期间，国家陆续发布了支持信息化、数字化发展的若干政策指导。

国务院印发《关于积极推进“互联网+”行动的指导意见》，提出要坚持开放共享、融合创新、变革转型、引领跨越、安全有序的基本原则，充分发挥我国互联网的规模优势和应用优势，坚持改革创新和市场需求导向，大力拓展互联网与经济社会各领域融合的广度和深度。到2018年，互联网与经济社会各领域的融合发展进一步深化，基于互联网的新业态成为新的经济增长动力，互联网支撑大众创业、万众创新的作用进一步增强，互联网助力提高公共服务能力和效能的作用进一步显现，有效形成互联网经济与实体经济相辅相成、共同发展的局面。到2025年，“互联网+”成为我国创新驱动发展的重要组成力量。

中共中央办公厅、国务院办公厅于2016年7月印发了《国家信息化发展战略纲要》（简称《纲要》），《纲要》指出要将信息化发展与我国现代化发展相结合，加速推动信息化红利释放，为我国现代化建设发挥重要驱动作用。作为规范和指导未来10年国家信息化发展的纲领性文件，《纲要》明确了新的指导思想、战略目标、基本方针和重大任务。规划要求强抓信息革命的历史机遇，构筑国际竞争新优势的战略抉择，通览当今世界发展格局，要因势而为、趁势而上，决不能在新一轮的国际竞争中掉队。要引领经济增长的新常态，增强发展新动力，当前我国经济已经进入新常态，处于速度换挡、结构优化、动力转换的关键节点，要充分发挥信息化的引领和驱动作用，助推我国供给侧改革，培育经济新增长点，为经济质量和效益提升发挥重要驱动作用。要以人民为中心，适应人民期待需求，加快信息化的服务普及，降低应用成本，让信息化造福社会、造福人民，使人民在共享信息化的成果上有更多更实在的获得感。

同年12月，国务院发布了《“十三五”国家信息化规划》，规划指出，“十三五”时期是全面建成小康社会的决胜阶段，是信息通信技术变革实现新突破的发轫阶段，是数字红利充分释放的扩展阶段。信息化代表新的生产力和新的发展方向，已经成为引领创新和驱动转型的先导力量。围绕贯彻落实“五位一体”总体布局和“四个全面”战略布局，加快信息化发展，直面“后金融危机”时代全球产业链重组，深度参与全球经济治理体系变革；加快信息化发展，适应把握引领经济发展新常态，着力深化供给侧结构性改革，重塑持续转型升级的产业生态；加快信息化发展，构建统一开放的数字市场体系，满足人民生活新需求；加快信息化发展，增强国家文化软实力和国际竞争力，推动社会和谐稳定与文明进步；加快信息化发展，统筹网上网下两个空间，拓展国家治理新领域，让互联网更好造福国家和人民，已成为我国“十三五”时期践行新发展理念、破解发展难题、增强发展动力、厚植发展优势的战略举措和必然选择。

为进一步推动中央企业数字化转型进程，加快实体经济与数字经济相融合，促进中央企业引领国有经济新增长点，2020 年 8 月，国务院国资委发布《关于加快推进国有企业数字化转型工作的通知》，系统明确国有企业数字化转型的基础、方向、重点和举措，开启了国有企业数字化转型的新篇章，积极引导国有企业在数字经济时代准确识变、科学应变、主动求变，加快改造提升传统动能、培育发展新动能。通知中要求国有企业加快新型基础设施建设，充分发挥国有企业新基建主力军优势，积极开展 5G、工业互联网、人工智能等新型基础设施投资和建设，形成经济增长新动力。带动产业链上下游及各行业开展新型基础设施的应用投资，丰富应用场景，拓展应用效能，加快形成赋能数字化转型、助力数字经济发展的基础设施体系。

同一时期，民航局于 2020 年 1 月发布《中国民航四型机场建设行动纲要(2020—2035 年)》的通知，纲要指出，四型机场是以“平安、绿色、智慧、人文”为核心，依靠科技进步、改革创新和协同共享，通过全过程、全要素、全方位优化，实现安全运行保障有力、生产管理精细智能、旅客出行便捷高效、环境生态绿色和谐，充分体现新时代高质量发展要求的机场。其中智慧机场定义所投射出的要求是机场各运行保障单位加快新技术与运行模式、服务模式、管理模式等的深度融合，在智慧机场建设中，把新技术与管理水平、运行机制、人员能力、现实条件等相结合，加快培育新模式、新业态和新动能，通过全方位创新驱动来实现整个机场的智慧化。

“十四五”期间，加快推进数字化转型，是建设网络强国、数字中国的重要战略任务。2021 年 3 月，《中华人民共和国国民经济和社会发展第十四个五年规划和 2035 年远景目标纲要》发布，其中第五篇“加快数字化发展建设数字中国”，提出迎接数字时代，激活数据要素潜能，推进网络强国建设，加快建设数字经济、数字社会、数字政府，以数字化转型整体驱动生产方式、生活方式和治理方式变革，打造数字经济新优势。聚焦高端芯片、操作系统、人工智能关键算法、传感器等关键领域。加快布局量子计算、量子通信、神经芯片、DNA 存储等前沿技术。构建基于 5G 的应用场景和产业生态，在智能交通、智慧物流、智慧能源、智慧医疗等重点领域开展试点示范。在中央网络安全和信息化委员会印发的《“十四五”国家信息化规划》中，系统部署了“构建产业数字化转型发展体系”重大任务，明确了数字化转型的发展方向、主要任务、重点工程，为未来五年我国各行各业数字化转型发展提供了有力指导。

在民航局印发的《“十四五”民用航空发展规划》以及《智慧民航建设路线图》中，都对我国民航业在新发展阶段实施创新驱动发展战略作了详细部署。近年来，民航局高度重视智慧民航建设，先后印发《中国民用航空局关于推动新型基础设施建设促进民航高质量发展的实施意见》《中国民用航空局关于推动新型基础设施建设五年行动方案》和《中国新一代智慧民航自主创新联合行动计划纲要》等智慧民航建设顶层架构的纲要性文件，提出了“出行一张脸、物流一张单、通关一次检、运行一张网、监管一平台”目标，以及科技创新驱动民航高质量发展，体系化提升民航科技自主创新能力的方向，顶层设计架构更加明确。《智慧民航建设路线图》从“体系发展引领、分域模块构建”出发，分解为五大主要任务、四个核心抓手、三类产业协同、十项支撑要素和四十八个场景视点。对民航业各单位主动谋划，大胆探索，勇于开展相关试点，不断丰富场景应用的经验提供了扎实而有效的目标引领作用。

在新时代数字经济方兴未艾和一系列政策文件密集发布的大背景下，企业已普遍开始思考并着手数字化转型，在能源、电信、电力、交通、军工、民航等社会民生重点行业涌现出一批以中央企业为代表的数字转型领军企业，如中国石化、中国石油、国家电网、中广核、中国航信等。

2.2 中国航油数智化重构

全球新一轮的数字化浪潮对国内外民航业产生了深远影响，随着能源行业、航油产业链上下游企业陆续实施数字化转型战略，航油产业与数字化的结合已越发深入和广泛。作为集航油运输、仓储、销售、加注等业务于一体的中国航油，具有产品单一、利润率低、运营成本高、市场竞争大、周期性强等特点。如何缩小这些特性在数字经济时代带来的影响，培育新型的业务模式、运营模式以及服务模式，是中国航油需要从企业高质量发展层面思索的问题。因此，中国航油必须基于对内提升核心竞争力、运营管理效能、科学决策水平的需要，对外满足民航业态日益多元化、个性化、数字化、专业化的潜在需求，在现阶段及未来将数字化转型作为企业发展的重要战略选择。

航油保障是民航业的重要板块，存在“点多、线长、面广”的地理特点及市场波动大、行业竞争加剧、客户多元化、生产安全和成本控制压力大等特点。面对智慧民航建设和国有企业加快推进数字化转型的新趋势，中国航油紧密结合自身产业特点，围绕“业务协同、管控集中、决策智能、服务敏捷”的要求，主动拥抱数字化发展之路，有效利用以云计算、大数据、物联网、5G、人工智能等为代表的数字技术，驱动业务模式重构，管理模式变革，商业模式创新与核心能力提升，实现业务生态转型升级和价值增长。

中国航油贯彻落实中央企业数字技术与实体经济深度融合，以数字化创新发展为引领，大力科技创新建设智慧航油系统，构建中国航油数字生态圈，赋能民航供油产业转型升级，实现民航产业协同发展，更好服务民航强国战略实施和“四型机场”建设，为服务“民航强国”战略实施，助力“智慧民航”建设做出积极探索，为全面塑造民航发展新格局做出航油贡献。

2.2.1 智慧航油新纪元

“十三五”期间，中国航油以习近平新时代中国特色社会主义思想为指引，高度重视数字化转型与科技创新，坚持把贯彻落实创新发展理念体现在航油高质量发展的工作中，坚持将“创新是引领发展的第一动力”作为发展的战略理念，坚持将“科技自立自强”作为发展的战略支撑，坚持“科技兴企、科技强企”的战略部署，聚焦“建设具有全球竞争力的世界一流航油公司”的发展目标，不断完善顶层设计，加大科技投入，推进关键技术和核心装备研发，加快信息化、智能化工程建设步伐，夯实现代化信息治理体系基础，充分发挥新一代信息技术的应用优势，用科技重构中国航油生产运营全流程，助力企业降本提质增效，保障国家航煤供应安全，提升企业经济质量效益和核心竞争力，使科技创新成为企业质量、国际化、现代化发展的新引擎。

中国航油自2018年启动智慧航油建设以来，经过5年的创新发展与成果沉淀，智慧航油建设内涵不断丰富，格局不断拓展，应用示范不断扩大，全航油以智慧航油建设推动高质量发展的氛围已经形成。总体上看，几年来取得的数字化转型的累累硕果，重塑了一个现代化、数字化、智能化新航油，开启了中国航油数智化时代的新篇章。其中，三个"强化"是智慧航油新纪元强而实的重要基础。

强化顶层设计，突出规划引领。以"驱动数字转型，打造科技航油"为目标，加大数字化转型战略研究，科学编制《中国航油数字化转型规划》，明确科技创新目标和措施手段，完善成果转化管理和创新激励等制度，构建与时俱进的企业数字化制度体系，为数字化转型提供制度支撑。

强化创新主体，突出资源合力。着力解决制约公司高质量发展的"卡脖子"的问题，成立了高端装备研发中心、油品应用研发中心、信息技术与网络安全研发中心、工程技术研发中心、特种车辆及装备研发中心等五大研发中心，加快推动以智慧航油生态圈、安全生产专网、智慧油库、智慧航油云平台客户端为重点内容的数字化转型升级，在推进全产业链提质增效、全要素效能提升、全链条价值重塑上迈出坚定步伐，取得阶段性成效。

强化数字赋能，突出服务升级。以智慧航油为数字化建设的重要抓手，通过航油数据信息集成，为上下游提供统计数据信息增值服务，开创了中国航油历史上数据上下游交互、信息共享、协同合作的先河，提升了航油产业基础能力和产业链现代化水平，在智慧民航生态中发挥了应有作用。

2.2.2 智慧航油系统建设路线

中国航油以物联网、云计算、智能算法、自动控制、北斗定位等新技术，研发打造了集软件、硬件、网络于一体，面向民航飞机加油的综合信息化系统——智慧航油系统，系统实现了航油主营业务中销售、加注、结算等业务的数字化、自动化、智能化。系统提出更安全稳健高效的加注方案，大幅提升加注结算的效率和质量，为航空公司等客户带来更优质敏捷的服务体验。系统贯彻并践行"无纸化"理念，创新使用电子油单、推动"绿色加油"，同时实现了与航空公司、机场、空管局等单位的数据共享和业务互动，促进各方信息化建设协同，推动构建"数字航油生态圈"。智慧航油系统涵盖了智能派工、销售结算、油库管理全流程的综合智能信息化解决方案，是集大数据应用、人工智能、数据共享、金融服务于一体的现代化工业互联网平台。该项目对接国内多家金融机构和航空公司客户，打破传统交易形式，创生出从加油到支付的全链条电子化新型金融结算模式，开创了上下游数据交互、信息共享、协同合作的先河，推动行业转型升级。

1. 智慧航油建设背景

机场航油保障业务在历史上长期存在劳动强度大、效率低的现象，例如手工做账、电话/传真申请加油等，而基础设施不新、数字化能力不足，阻碍了中国航油对生产服务、客户服务等固有流程模式的改变与提升。随着民航业近年来高速发展，中国航油对业务新流程、新模式、新动能的需求愈加迫切。在数字化经济时代，中国航油抓住新一代信息技术发展契机，大力推行智慧化航油保障服务，以智慧航油系统全面优化客户沟通协同机制、调整业务办理与服务方式、转变销售结算模式，推进企业转型发展之路。

2018 年 4 月，中国航油在加快推进航油科技创新的工作会议上，首次提出从智慧生产起步，建设智慧航油的要求，着力打造一批现代化基础设施，实现一线生产作业“标准化、电子化、自动化、智能化”。项目组通过 1 个月持续调研攻关，一路奔走于大连、烟台、南京、杭州、广州、西安等干线枢纽机场基层供油单位，充分了解基层员工现场作业的痛点与难点，迅速编制完成智慧航油系统建设三大标准，即功能标准、数据标准、安装标准并开启智慧航油系统建设。

2. 智慧航油系统目标

一是依托新一代信息技术，实现作业模式和场景向数字化转变，形成以数字为驱动的作业标准，优化作业流程。

二是融合 4G/5G 通信技术，北斗定位技术、图形化与可视化监控技术，实现业务动态的可视化跟踪监控，及时预警报警，确保作业安全、高效。

三是实现智能调度，合理配置人力资源，降低员工工作强度，提升工作效率。

四是践行“无纸化”理念，实现生产数据电子化，提升数据及时性与准确性。

五是建立高效精准的客户沟通与业务协同机制，构建方便快捷的客户服务体系，拓展自动实时的新型销售结算模式，提升企业服务响应、信息共享、业务协同的能力，缩短结算周期，加快资金回流，降低企业应收账款风险。

六是深挖数据价值，为生产经营决策提供支持，实现与民航各单位信息共享和业务协同，提升客户服务效率和质量。

3. 智慧航油系统建设重点

智慧航油系统业务覆盖范围广，涉及销售、生产、结算、客服、统计等环节。系统在中国航油全面建设及部署，不仅进一步降低了员工劳动强度，释放了生产力，还重点实现了原有业务模式的转型变革：

一是在客户业务沟通与协同方面，建立以即时业务处理为核心的加油申请与确认实时机制，包括在线加油申请、即时油量确认、即时油单确认等，并通过商务协议固化相关机制和流程，大大提升了业务协同效率和准确性，有力提升了保障服务响应速度。

二是在销售结算方面，建立以自动电子结算为核心的新型结算模式，包括电子签单、实时结算支付、自动收款记账、自动开票等，支持为客户个性定制线上支付结算方案，充分提高双方用油结算效率、减少无效资金压占，降低人工投入耗能。

三是在客户服务方面，建立以在线服务为核心的新型客服体系，包括线上签约、航线申请、信息查询、单据下载、客服 App 等功能，彻底改变客户业务办理和数据获取方式，为客户提供了更加安全、高效的数据增值与更为简便、敏捷的服务体验，不断提高客户黏性。

最后在数据应用方面，建立以风险管控为核心的风险预警与决策机制，包括大数据中心、大屏展示、管理驾驶舱、行业报告分析等功能，为企业科学生产决策提供智能支撑。

4. 智慧航油系统架构

智慧航油系统采用二级部署三级运行架构，根据“统筹规划、分步实施”的原则，分两个阶段建设实施，完成了包括加油车智能化改造、总部数据中心(云平台)、生产运行主节点、物联网专线、企业专网在内的众多建设内容，主要如下：

第一阶段主要是实现各生产节点的信息化覆盖以及前端生产保障业务支持，具体包括在全国枢纽干线机场建立生产运行主节点(部署前端生产保障系统)，完成1300多辆加油车的智慧化改造，建设双运营商物联网专线。通过这一阶段的建设，满足了一线生产保障业务需求，同时建立了以干线生产主节点为核心的分散式生产运行网络，奠定了中国航油信息化、标准化的基础。

第二阶段主要是实现全航油统一的销售结算、客户服务、数据分析等业务，具体包括在总部成立全国数据中心，建立面向内部用户的业务平台及面向客户的服务网站与移动应用，构建智慧航油云平台，连接生产运行主节点如航空公司、银行等单位，拓展上下游系统数据对接。第二阶段以支持全局性业务及新的运行模式为主，信息化建设从生产领域向销售、结算、客服领域数字化延伸，运行模式从内聚需求向外向服务转型发展见图2. 1所示。

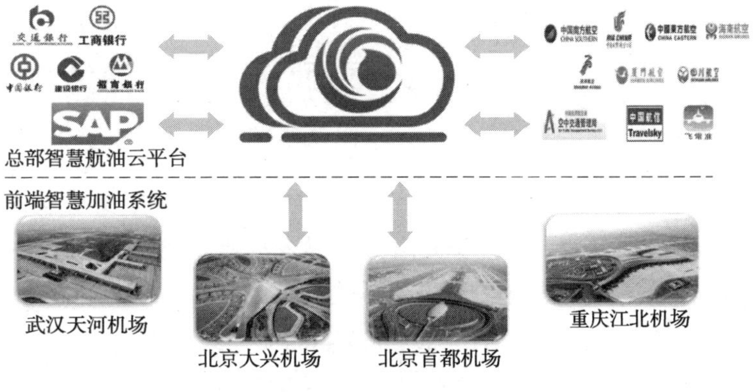

图2. 1　系统总体部署结构

5. 智慧航油系统技术对接

搭建数据中台。系统采用中台技术构建总部云平台(数据中心)，将系统功能、数据与技术有机结合；中台的搭建将中国航油内部具有很强通用性的数据、功能、产品及管理进行统一规划和开发，进而帮助前台业务部门更好关注业务，提高业务运营效率，为数字化转型奠定基础。系统中台架构见图2. 2、图2. 3。

多种新一代技术的应用。系统由多专业技术打造而成，如使用物联网技术构建智慧化车载系统，将加油车、加油设备、移动终端、警示灯以及后台系统紧密连接，有机运

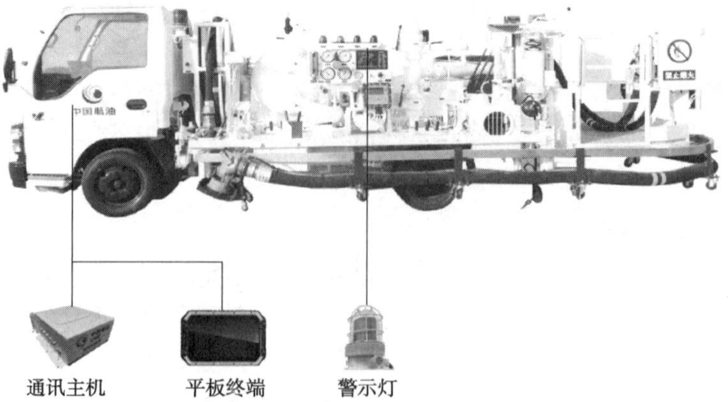

图 2.2　车载系统构成图

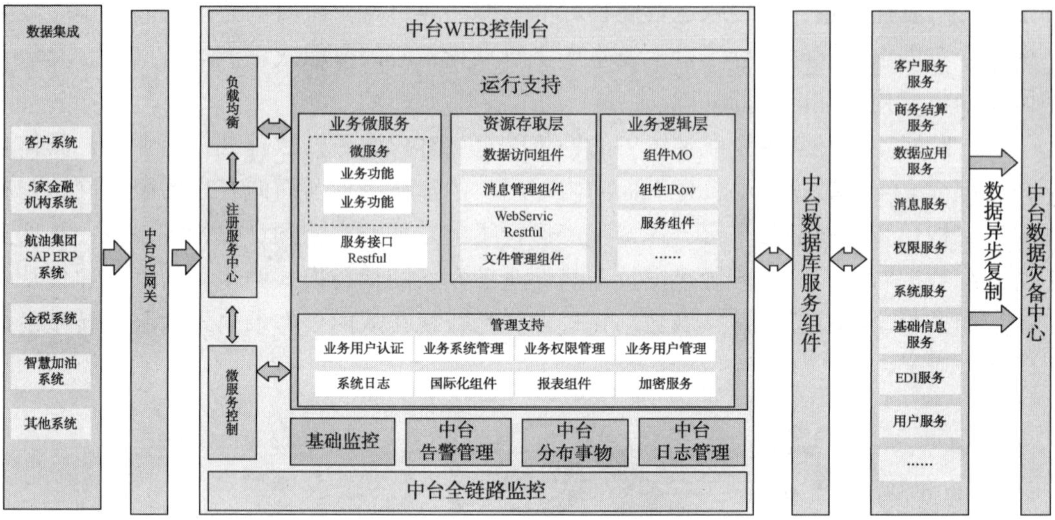

图 2.3　系统中台架构图

行和控制；使用云计算与中台技术构建总部云平台以及干线覆盖支线模式，充分利用系统计算资源；使用智能算法进行任务智能派发，优化资源配置；使用北斗与 GPS 双星定位实现加油车实时监控；使用银企直联、在线支付技术实现油款结算与自动对账。

电子油表数据采集技术。系统需完成 1300 辆加油车共计 3 个品牌 8 种型号的电子油表对接，实时读取油量。经过不断对油表数据的读取、对比、分析，成功解决了部分进口型号油表对接协议文档无法获取的难题，使系统得以顺利运行。

多源数据对接技术。系统需对接中国航油 SAP 系统、空管局、银行、40 多个机场以及多家航空公司，共计 50 多个系统，上百个不同来源、不同类型和协议的数据接口。为保证接口的稳定性及最大限度的可复用性和可维护性，系统采用分层设计，实现了基于配置的接口适配模型，可支持 EXCEL、TEXT 等的文件接口，支持 Active MQ、IBM MQ、Sonic Q 等消息队列接口，支持 WebService、Http/Https 请求-响应模型以及 TCP 等多种通信方式的适配，实现了与银行、ERP、空管局、机场、航空公司系统的快速、可靠对接，保障系统顺利交付和稳定运行。

恶劣环境下设备可靠性保证技术。系统实施范围广，各机场机坪环境多样，包括高温、高寒、潮湿、多雨等，普通的民用设备无法满足不同环境下的加油作业需求。因此，中国航油为加油车专门搭载了具备耐高温、耐高寒以及防水、防尘、防震、防爆等特性的车载通信主机和平板电脑，可适应各种恶劣气候条件的工作环境。

2.2.3 智慧航油系统功能简述

智慧航油系统包括面向机场航班供油保障的前端加注系统和面向客户、客服、财务以及公司管理层的总部云平台，系统主要功能如下。

1. 前端加注系统

前端加注系统自动采集并集成实时航班信息、人员信息、车辆信息以及任务状态信息，实现可视化的保障与资源监控；提供基于智能算法的智能化、移动化航班加注任务派发与状态反馈；提供基于航班供油保障标准以及车辆行驶状态的自动监测和预警报警；实现加油数据自动采集与无纸化签单。

前端加注系统从根本上改变信息采集与传递方式的科学性与准确性，大大降低一线员工工作压力，优化人力资源配置，提升现场作业保障效率和服务质量。前端加注系统相关界面如图 2.4、图 2.5 所示。

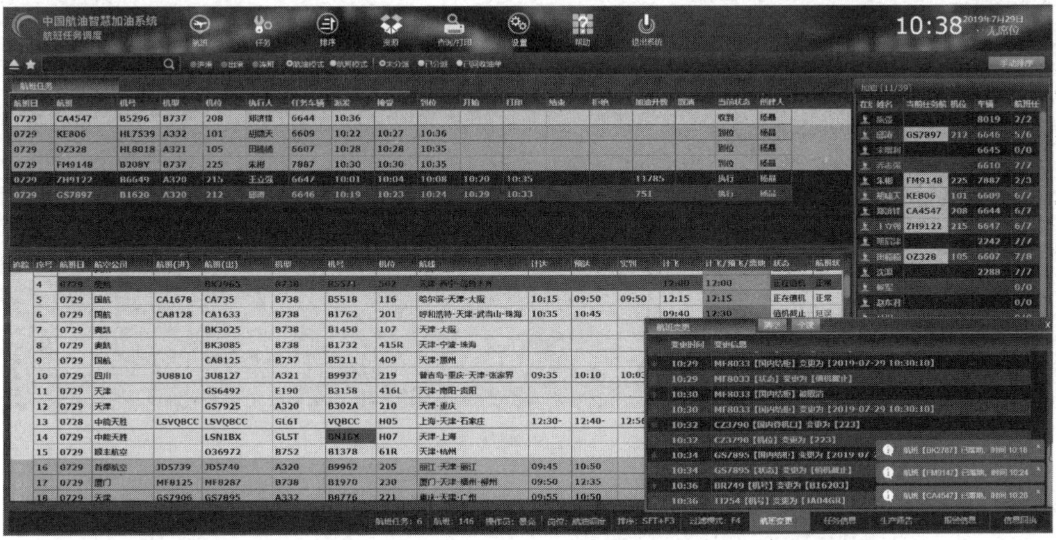

图 2.4　指挥调度模块界面

2. 总部智慧航油云平台

总部智慧航油云平台负责汇聚前端加油保障信息，对同产业内各单位进行数据共享和业务对接。

平台创新融合航空公司、银行资源，实现基于电子油单的自动结算支付业务，加速资金流转速度，开创各方共赢的发展模式。另外，通过数据资产的沉淀转化，为生产运行监控、标准制定、保障预警、销售预测、生产经营决策等提供依据。图 2.6 为总部云平台的相关界面。

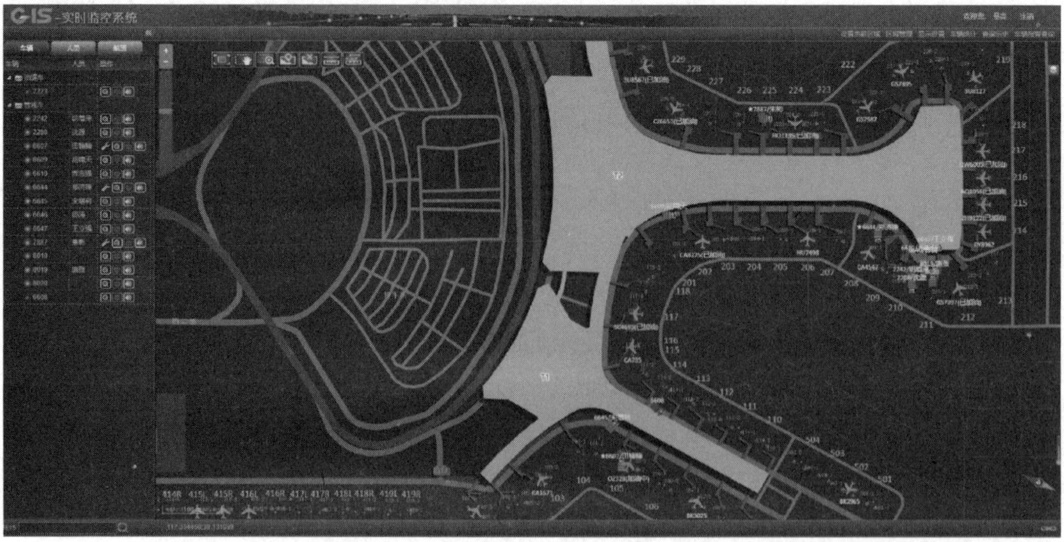

图 2.5　保障与资源监控模块界面

图 2.6　总部云平台大屏监控界面

2.2.4　智慧航油系统价值效益

对于中国航油来说，一是效率更高，客户服务以及销售结算的业务转型，剔除了诸多人工参与环节，原有人工创建、人工核对账单、人工销账等环节的人工耗能全部转化为实时所产生的人力配置优化效益。二是成本更低，生产运营模式由原先纸质签单转化为电子油单，并同航空公司建立实时数据共享通道，彻底取代了纸质油单模式，仅此一项每年可节约 400 万元油单印刷成本，减少碳排放约 20 吨。三是资金周转更快，自动电子结算降低了结算差错率，有效避免每年因油单差错导致拒付、退单带来的支付延误成本，结算周期平均缩短 10 天，每年可减少大量因资金无效压占带来的利息损失。

对于航空公司客户来说，一是提高了航班正点率，通过数据共享与即时业务协同，可提前确认预加油量，减少加油等待时间，降低航班延误风险。二是提升了工作效率，通过在线业务办理，共享油单、结算单据，降低客户业务办理时间耗费，提升业务申请办理与结算效率。三是提供增值服务，系统支持一站式客户服务体验，提供自身及行业性的专业分析报告，为客户创造油耗数据价值，促进航空会司合理规划航段飞行成本。

对于行业和社会来说，一是系统深耕现场，服务基层，切实改善员工的工作模式，减轻员工工作压力，使员工获得感、幸福感进一步提升，深刻体现了中国航油“公司强大，员工幸福”的企业文化。二是平台实现了航空公司、机场、空管局、银行等单位数据互联互通，助推产业链各单位数字化转型协同发展。三是系统符合央企数字化转型及民航“四型机场”建设需要，通过智慧化航油保障新理念服务全球客户，服务行业监管，服务生态互动，推动产业向新时代更高质量发展。

2.3 智慧航油建设内涵不断延伸

2.3.1 从智慧生产起步

2018 年中国航油提出以智慧生产起步建设智慧航油生态圈，着力打造一批现代化基础设施，实现一线生产作业“标准化、电子化、自动化、智能化”。公司在项目建设过程中采用了大量新理念、新技术、新设备，在国内外油料保障企业中数字化转型体量与规模首屈一指。

三年来，中国航油以天津、厦门前端加注系统为样板，先后分三期开展了前端智能化改造工作。项目推进过程中，中国航油突出“智慧生产”引领作用，加强理论研究，总结经验做法，每年开展必要的升级迭代，逐步完善了前端加注系统的核心功能。例如，在调度中引入智能算法策略，实现航班任务智能辅助派工，人力资源分配调度进一步优化；又例如，增加了加油车路径规划导航，油车行驶路线清晰明了，降低机坪内场驾车耗时；另外，中国航油还针对双站运行、特殊机型、定时发布等需求增加了个性化系统运行方式，大幅度提高现场保障能力，方便加油员、调度员操作。把“敏捷感知”充分融入前端加注系统设计中，努力提升一线员工的舒适度与体验感。

2.3.2 从智慧航油拓展

2019 年 3 月，中国航油结合航油业务实际需要进行研究思考，提出了“提升业务管理水平，提升风险管控能力，提升客户服务质量”的总体要求，在智慧航油系统建设过程中，特别突出云平台在业务处理上的关键作用，不断深化智慧航油的目标方向和发力重点。

2019 年到 2021 年，中国航油加快智慧航油系统云平台建设步伐，在北京公司、天津公司、重庆公司以及华东公司试点结算支付、通航在线下单等新功能应用，开展了实时结算、金融方案结算等新模式试点。现阶段，智慧航油云平台已扩展到航油全部所属公司，并正式上线运行，平台运行情况稳定。各使用方充分肯定了中国航油在智慧航油建设中取得的重大进展和成绩，数字化转型的浓厚氛围环境已基本形成。

2.3.3 业财一体有效融合

中国航油结合业务部门及客户需求，不断扩展丰富，推动完善智慧航油应用。主要包括：将销售结算业务从前期结算支付扩展到了开票、核销、划拨、冲销等商务层面，实现了商务结算的全流程运行。中国航油建立了面向航空公司的客户服务移动应用 App，支持客户在线查询油单与价格信息，在线申请加油，实时查看用油分析报告等移动业务，将基于网站的客户服务业务移动化、敏捷化；系统自动从相关外部系统提取有效汇率信息、航煤交易价格信息，按照民航局的计价要求自动计算和发布国内航空煤油销售基准价，航煤基准价的提取和发布实现智能化，大大提升了价格整理、计算、发布的及时性和准确度；系统扩展了银企对接范围，接入航油收款电子凭证，使纸质凭证向凭证电子化档案管理迈出了坚实一步，有效降低财务人员打印凭证、整理凭证的工作强度。

2.3.4 夯实网络安全基石

中国航油坚持通盘筹划、艰苦奋斗、精益求精的态度，一次性实现了 200 余个机场、300 多个航油生产单元节点专有光纤链路接入，建设完成了国内规模领先的大型专网，将原先基于航油 VPN 的数据传输业务全部迁移到生产专网，实现了航油内部业务系统网络与公共网络的隔离运行。这是中国航油信息化建设具有跨跃性的一步，实现了从无到有的历史性进步。标志着中国航油“三横三纵”数字化基础设施基本搭建完成，使数字化建设“有网可依”，实现了自主可控的多维闭环管理如图 2.7 所示。

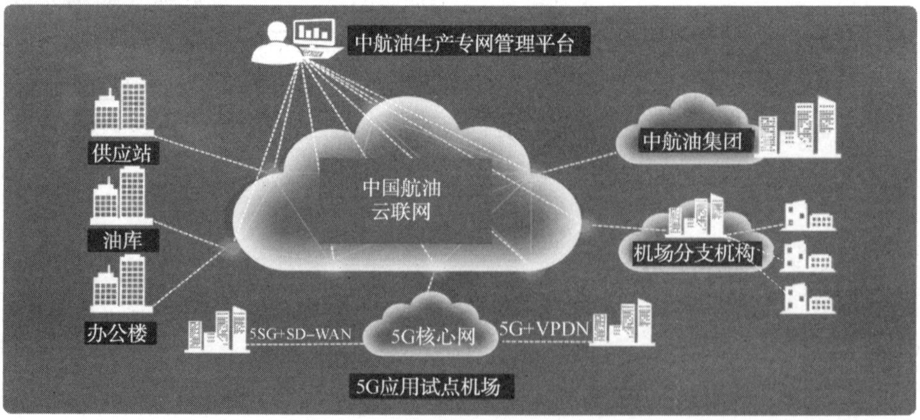

图 2.7　生产专网架构图

2.3.5 积极融入智慧成果平台

数字化经济时代，国家高度重视企业数字化转型成果孵化，围绕智慧智能、信息化、数字化等议题举办了多项活动。中国航油秉持开放包容的理念，同行业内外展开广泛交流，共同探讨变革趋势，分享智慧航油建设的成功经验，与同行业协同发展。智慧航油系统成功入选《2020 年度中国民航“四型机场”示范项目名单》，并于 2020 年 10 月 29 日在中国民航“四型机场”建设发展大会暨成果展上向全行业正式发布；同时，智慧航油系统经过国资委专家组评审，成功入选了《2020 年国有企业数字化转型典型案例》；2021 年，智慧航油荣获工信部 5G“绽放杯”总决赛二等奖和“边缘计算”专题赛一等奖，2022 年荣获中国企业改革发展优秀成果一等奖，2023 年荣获首届国企数字场景创新专业赛一等奖。项目建设期间取得了 5 个软件著作权和 20 余个专利。智慧航油优秀成果转化得到各方高度认可，时刻激励着中国航油继续发挥国有民航企业在数字化转型方面的示范引领作用。

2.3.6 以制度建设为保障

围绕信息化管理、网络安全等方面，中国航油先后更新出台了各项信息化及网络安全制度管理办法，具体有《信息化工作管理办法》《网络安全管理办法》《信息系统运行维护管理办法》《数据资源管理办法》《网络安全和信息化考核管理办法》《网络安全和信息化项目管理办法》《网络安全事件应急预案》《网络安全等级保护管理细则》《网络安全信息通报与处置管理细则》。各项制度的发布与完善，是中国航油深入贯彻习近平总书记关于网络强国的重要思想，扎实做好网络安全和信息化工作的深刻体现，全航油网信制度体系得到有力加强并迈出重要步伐，为中国航油深入推进智慧航油项目提供了坚实保障。

2.3.7 打造数字化人才队伍

随着智慧航油建设持续普及，中国航油对数字化人才的需求呈现爆发式增长，数字化人才的缺口日益扩大，因此，中国航油深入贯彻落实习近平总书记在中央人才工作会议上的讲话，实施新时代人才强国战略，坚持面向世界科技前沿、面向中国航油数字化转型需要，加快健全中国航油数字化人才队伍，面向航油全系统公开招聘掌握数字技术、多业务领域、学习能力强、综合素质高的复合型人才，通过线上报名、考试、面试的形式全方位启动公司内部数字化人才应聘工作，经过层层选拔，优中选优，扩充高精尖数字化人才队伍。人才组织上的有力保障举措为构建持续健康发展的智慧航油生态圈发挥了重要作用。

2.4 智慧航油建设多方参与的格局不断优化拓展

智慧航油是融合加注作业、销售结算和客户服务等业务，贯穿航煤供应链上下游，创造性地对航油全要素、全流程、全场景进行数字化处理、智能化响应和智慧化支撑的新应用形态。因此智慧航油建设需要行业内外主体的高度参与和协作，产业链及创新链上的协同发展决定了智慧航油生态圈需要多方合力推动。多年的数字化转型，中国航油多方参与的格局不断优化拓展，形成了共享发展的新生态。

一是中国航油与当地机场单位合作，拓展智慧生产空间。2019 年以来，中国航油所属地区公司、分公司等先后同当地机场、空管等民航保障单位建立了航班数据源链接，使航班计划信息第一次真正意义上接入智慧航油系统内，为保障生产运行所用。智慧航油云平台同民航局统一标准的 ACDM 建立了数据互联共享机制，航油场内作业信息、航班计划实现了实时交互，显著提升机场机坪安全运营能力，促进平安机场建设。作为服务地方经济社会发展的重要中央企业，中国航油加快推动智慧航油在地方政府及机场保障单位层面达成广泛共识，凝聚强大合力，共同为地方经济发展、安全生产、绿色低碳做出更大贡献。

二是中国航油与客户广泛合作，强化协同发展。智慧航油致力于统筹加强提供更加安全、高效的数据联动，为航空公司带来更为简便、敏捷的客户服务体验。中国航油不断丰富数据互联接口，同众多国内外航空公司客户建立系统互联对接，深化交流互鉴，共商智慧航油合作，共享智慧航油场景应用成果。早在 2018 年，中国航油与南方航空联合成立团队，共建智慧航油生态圈，双方本着互利共赢、共谋发展的思路，互商互协，不断深化系统直连对接。智慧航油云平台通过引入南方航空 E 云航班动态计划、预加油量，提高航班保障准确性和及时性。云平台向南方航空实时推送的电子加油数据，可为南方航空 E 云系统多维度分析油量与成本关系、减少“油耗油”（油耗油是指超出合理余量的部分航油消耗了飞机飞行过程中燃油产生的能量）、建立大数据分析模型提供可靠的数据支撑。

在第 77 届 IATA 国际航协会议上，中国航油与南方航空联手向全球业内介绍了如何利用数据共享实现航油管理智能化和市场动态可预测化。随着双方合作不断深化，现阶段双方已经全面实现了从加注到销售线上全流程电子化应用。航煤保障企业与航空公司如此大体量、大规模地创新互联为世界民航业上下游跨界共享提供了可靠、可行的中国方案，也是央企强强联合共促数字化转型的典范。如今，智慧航油云平台已经在东方航空、厦门航空、海南航空、华夏航空、春秋航空、西藏航空、首都航空、圆通航空、奥凯航空、中能天盛、德国汉莎航空、新加坡酷虎航空等实现了系统对接应用，彰显了智慧航油生态圈以合作共赢为特征的发展理念。

三是中国航油与信息、金融企业合作，拓展智慧航油格局。智慧航油建设发展既要做好当前的研究和安排，也要着眼于项目科技成果的快速转化。为此，中国航油携手多家行业内的优秀单位共建智慧航油，如中国联通、中国电子、中国电科、航天科技、智能航空系统有限公司等众多网络技术、信息技术、民航领域的高新技术企业。总部智慧云平台还同工商银行、农业银行、中国银行、交通银行、平安银行等大型金融服务机构互联互通，已经具备查询、代扣、电子回单等应用，基本形成支持线上航煤金融支付、销售、结算新商业模式的航油金融科技平台。可见智慧航油的建设需要聚集行业内外优势资源和力量，深化企业与企业之间的合作，强化智慧航油建设各方力量支撑。

2.5 智慧航油建设成效不断扩大彰显

经过多年不断开拓进取，深耕数字航油高质量发展，中国航油在传统业务上的数字化转型和重构取得的成效逐步显现，有力保障了航油从生产加注到销售结算全链条的高效智慧运转。

一是有力提升了业务管理水平。结合加油数据全面性、及时性、准确性等需要解决的重点问题，以油车智能化改造为抓手，将原有手写、喊话的现场作业模式更新为自动化、静默化的作业状态，推动基层传统加油作业方式向现代化与标准化转型，现场航班保障效率与服务质量进一步提升。针对后台管理人员，智慧航油系统加强了客户服务、销售、结算的业务联动，改善现在数据分散在多个异构系统、缺乏精细化管理、数出多源、数据不一致、缺乏实时监控统计等问题，加强业务联动、数据流正向化程度，大大减少现有人工创建、人工核对账单、人工销账等环节的人工耗时，以自动化减少差错率。同时，系统的应用势必打破现有业务流程的壁垒，突破僵化思维，驱动业务流程机制得到优化创新，催生新应用服务的核心动力。

二是有力夯实了风险管控能力。在经济全球化的今天，公司所面临的环境越来越复杂，市场不确定因素越来越多，科学决策的难度大大增加，因此，风险管控是公司正常运转的关键要素之一。智慧航油基于真实业务数据及分析模型，使客服环节、销售结算环节、数据应用环节全流程可控、可追溯；使业务管理、商务管理、数据管理全过程可视、可查询；使内航、外航、通航、外航临时来华等各渠道账务可考、可依据。以上三点极大推动了中国航油过程风险管控再上新台阶。另外，中国航油还建立了客户信用评价、信用分析、风险监控与预警体系，强化赊销、预收业务的监控预警；通过大数据分析、人工智能等信息化手段，构建了一套与风险决策相适应的销售量统计及预测模型。推动风险管控由经验决策向数据决策科学过渡，风险管控能力进一步提升。

三是有力提升了客户服务质量。智慧航油建设过程基于互联网思维设计，始终不忘“以市场为导向，以客户为中心”的企业生存动能。智慧生态全面打通了航油产业链上同航空公司客户间的数据壁垒，实现“三个融合、三个跨越”，即通过技术融合、应用融合、数据融合，推动跨地域、跨系统、跨业务的数据集成与共享，沉淀数据资产，建立连接航油资本、资产与资源的赋能平台，为客户提供实时的电子油单数据、航段航线油耗分析增值报告。中国航油提供的移动化操作和友好人机交互，为航空公司配置了线上的下单、咨询、申请、投诉、业务动态跟踪及信息推送等服务，进一步加快客户服务响应速度，显著提升客户服务质量与效能。同时，智慧航油应用场景从民用运输航空向通用运输航空延伸，将分散、多元、复杂的通航业务纳入智慧生态中，通航客户亲和度、满意度得到不断提升，助力我国民航“两翼齐飞”的战略发展。

总体上看，通过近年来的应用打造与统筹部署，智慧航油建设理念深入人心，建设成效鼓舞人心，深刻贯穿于提升生产运营、提高服务品质、强化风险管控、促进业务革新、统筹规划发展等各方面的具体工作中，为中国航油科技创新和高质量发展注入了强大动力、奠定了坚实基础。

2.6 智慧航油建设难点与经验启示

2.6.1 智慧航油建设难点及应对策略

智慧航油建设成果看似寻常最崎岖，成如容易却艰辛。自各项成果转化以来，中国航油在智慧民航与国企数字化转型工作中努力实践、争立标杆，回顾智慧航油生态圈构建过程，深感不易，努力克服了许多困难。

难点一：业务模式从创新到落地难。智慧航油建设的重点之一是全面推进商务结算，将以往依赖 SAP 系统的销售财务结算业务迁移至自主可控的智慧航油云平台，并在多个业务关键环节实现自动化、数字化、智能化。如何打破现有业务流程的壁垒，突破僵化思维，驱动业务流程机制得到优化创新，确保结算规则和结果符合财务标准化、精细化的要求是中国航油面临的重大难题。

应对策略：中国航油总部层面深入全国各大所属公司展开调研，制定新流程标准，按时按点同各业务部门及技术专家召开核心环节研讨会。经过夜以继日地不断探讨、论证、验证、调整、再验证，逐步完善系统业务流程和逻辑，并进行了大量模拟测试与优化调整，最终实现业务模式从创新到落地。

难点二：新旧动能有序衔接难。随着新型业务逻辑和标准应用，原有销售数据、结算数据、财务数据必然受到影响，因此各项应用切换上线准备工作必须精细谨慎，否则会导致工作和系统数据混乱，严重影响智慧航油云平台运行。

应对策略：云平台上线期间，中国航油采取了一系列组合措施：一是制定了“先试点，再分批，后全面”的策略逐步推广；二是做好人员培训及实操演练，确保操作人员适应新模式；三是严格把控期初数据质量，安排专门小组制定导入方案，验证数据准确性；四是强化运维，严密监控系统运行状态，及时处理各类异常数据、异常业务。

难点三：产业链协同发展难。智慧航油生态圈连接众多上下游产业链企业，包括航空公司客户、机场、银行、金税等企业或系统，面临着既要统筹兼顾各方，又要统一行业接口标准的难题。

应对策略：中国航油主动实地走访各公司了解需求，主动开放接口，引领各方共商共建智慧航油生态圈，强化协同合作，催生以集约共享为核心的发展模式。

2.6.2 智慧航油建设启示

启示一：智慧航油建设必须坚持顶层设计与效益驱动。智慧航油是中国航油数字化转型规划发展的重点之一，生态圈建设必须坚持以公司战略发展为导向，始终秉持顶层设计的思想，从公司全局和长远发展考虑，与公司业务发展形态同规划、同设计、同建设，实现数字化转型服务业务发展，业务发展带领数字化转型。同时要以主体业务和利润增长点为重点，新旧结合，投入资源，确保各项应用顺利实施运营，支撑主营业务不断做大做强做新。

启示二：智慧航油建设必须坚持开放共享。智慧航油是智慧民航生态圈的重要组成部分，其目标之一是同民航产业链各单位协同对接，数据共享。智慧航油从启动之初就与南方航空等航空公司客户沟通交流，各方互协互助，既满足彼此需求，又能提升建设效率，少走弯路。后续中国航油将持续加强与民航业内各单位的交流对接工作，强化数据集成共享和分析，共谋数字化转型发展之路。

启示三：智慧航油建设必须坚持提升网络安全。随着各行各业产业数字化、数字产业化向纵深发展，安全可靠和自主可控的系统搭建越发重要，中国航油作为担负民航供油保障的央企，从智慧航油的建设初期就把自主可控与网络安全作为项目重点研究方向，硬件设备按照军工标准国产自主研发，软件版权坚决自有。智慧航油建设期间，中国航油打造了与互联网络隔离的安全生产专网，同时在各生产主节点及总部数据中心安装部署安全防护设备以加强对应用系统的监控、防护，保障了系统的网络安全可靠性。

启示四：智慧航油建设必须坚持做好各项保障措施。为山九仞，在于垒土之妙，数字化转型工作要求中国航油必须在智慧化进程中坚持做好各项保障工作，做到步步为营。一是思想保障，公司上下强化数字化转型推动产业变革的新思维，对经营模式的转变和创新、应用落地的容错和优化等工作要怀有积极、包容的心态，始终秉持开放共享理念，抛弃“我有你无”的封闭思想，建立良性生态圈。二是技术保障，加强与优秀技术公司合作，借助新兴技术使智慧航油运行更加高效、数据更加饱满、决策更加科学、管理更加标准。三是人才保障，项目实施期间，公司涌现出一批勇于开拓、敢于变革的人才队伍，持续营造“尊重知识、尊重人才”的良好氛围，实施更加积极的人才强企战略和创新人才政策，从人才的管理体制、用人机制、配置方式、评价制度、激励机制等方面全方位投入资源进行人才培育，强大信息人才队伍建设。

2.7 智慧航油生态圈建设展望

为积极响应国家数字经济战略部署，推动建设以平安、绿色、智慧、人文为核心的“四型机场”，紧扣民航局提出的“发展理念新、发展目标明、发展动力足、发展路径清、发展效益好”五个方面，推进新时代智慧民航高质量发展，中国航油在今后一个时期数字化转型建设中，将秉承一个愿景，打造一个生态圈，实现四大建设目标，构建八大智慧服务，建立一个云平台。

秉承一个愿景：积极响应国家提出的各项数字化转型建设要求，坚持科技创新，运用各类前沿数字技术，充分挖掘数据价值，秉承“打造具有中国航油特色的高质量数字化体系”的愿景，实现中国航油今后一段时期数字化转型全景规划，助推中国航油高质量发展。

打造一个生态圈：加速数字经济时代下的中国航油数字化转型，催生航油产业链中的新产业、新业态、新模式，形成“融合、感知、智慧、共生”的新型运作体系，整合数据链、完善业务链、凝聚管理链，打造数据链、业务链、管理链，三链条合一的智慧航油生态圈。

实现四大建设目标：一是聚焦客户体验，实现变革与创新，对外部市场和航空公司需求迅捷反应，支持客户的延伸需求，提供增值服务，增强客户黏性，进一步培育客户对航油的“亲和力”，推动中国航油强化以客户为中心的市场理念。二是提质增效，强化采购、运输、存储、检测、销售、加注全链条端到端服务能力的航油业务，为主业提质增效。提高资本利用率，聚焦打造精益运营能力，迎来长期可持续性的增长，降低经营风险，全面提升服务质量，提高运营效能。三是业务协同，紧密结合自身产业特点，不断深化各环节业务的协同联动、信息互联互通。上承民航机场监管，下接航空公司客户，内聚公司各管理应用，外集炼厂、银行等合作伙伴信息，打通航油产业链各环节、各角色的数据壁垒，实现协同共享。四是模式创新，主动拓展航油应用场景，探索延伸增值服务，发挥创新增量价值，追寻新的利润来源、新的产品、新的服务、新的商业模式、新的经营模式、新的分析模式，追求增量市场开拓，探索新技术与新模式的深度融合与创新。

构建八大智慧服务：构建智慧采购，智慧物流，智慧油库，智慧加油，智慧财商，智慧运营，智慧管控以及智慧决策八大智慧服务。智慧物流，物流是中国航油生产经营的重要环节之一，实现物流订单智能调度、物流车辆智能匹配、物流环节全面监控，通过对管道、汽车、火车、船舶、港口各节点的数据集成，精确监管航煤运输情况，准确掌握在途库存，实现物流、信息流、资金流、商流“四流合一”。智慧油库，建立油库智慧仓储与智慧管控的综合智慧服务，通过物联网、5G、国产化 PLC 试点、标准化的组件，实现集智慧出入库、智慧盘点、智慧库存、智慧调度的一体化智慧仓储以及集成油库自控、安防管理、生产管理的油库智慧管控，满足公司各类油库的需求。智慧加油，依托现有的智慧航油前端加注系统，持续融合前沿技术，不断版本迭代，进一步提升系统的使用便捷度、敏捷度、先进性，使智慧航油系统成为持续引领公司数字化转型、发展的重要动力。智慧财商，建立完善、优化的财商核算管理应用，并无缝对接各个智慧应用板块，实现预算、结算、决算的三算合一，使之成为助力公司业务发展的基础应用。同时打造数字化合同，作为航油业务的起点，为各智慧应用所使用、监控，防止出现人为导致的错漏。智慧运营，建立集业务运行、投资、人力等日常运营相关的一体化智慧服务，构建运营指标管理体系，实现对日常运营的统计、跟踪、分析。同时建立数字档案馆，全面提高档案的收集、管理、保存、利用水平，实现作业单据、财务凭证、发票等纸质单据的电子化。智慧管控，质量管理和安全管理是智慧管控的重要支撑。质量管理的建设，通过全过程检测和跟踪航油质量，建立从运输至加注的全生命周期航油质量管控。安全管理的建设，通过各智慧应用获得实时监管信息，再结合目标绩效、教育培训等，实现公司安全、健康、环保的全面管控。智慧决策，打通各环节、各层级数据，搭建统一的智慧决策应用，建立决策支持模型，为各层级领导提供辅助决策支持，实现业务运行更加高效、数据储量更加饱满、决策更加科学、管理更加标准，完成中国航油从智能管理向智慧决策的转变。

建立一个云平台：围绕“业务协同、管控集中、决策智能、服务敏捷”的要求，基于“大中台，小前端”的设计理念，建立一个以业务中台、数据中台为核心的智慧航油云平台。其中业务中台涵盖八大智慧服务，覆盖航油全业务场景；数据中台以数据资产价值创效为目标，以八大智慧服务及相关外部数据为数据来源，打通航油产业链各环节、各角色的数据壁垒，不断推动数据的应用创新，促进业务系统的完善，实现辅助决策、数据协同、智能分析，挖掘数据价值。

大数据时代，没有哪个企业可以独善其身。中国航油将就未来智慧航油生态圈建设与各方共同努力，通力合作，以数字化转型改造提升传统动能、培育发展新动能。

——积极融入智慧民航生态体系。智慧民航是民航强国建设的重要内容，是驱动民航业创新发展的主要动力。作为智慧民航生态体系的一员，中国航油期待同各方一道，主动对接民航生产模式、商业模式、组织模式的改革创新，及时推进主营业务流程再造、组织变革，为打造“全面感知、泛在互联、人机协同、全球共享”智慧民航生态体系贡献航油力量。

——大力构建数字化应用的未来场景。突破性、颠覆性技术的应用与融合，势必会打破各行业原有组织运行的一些固有形态。民航各方应当基于新一轮科技革命与产业革命的趋势，以未来智慧民航的场景轮廓为遵循，不断丰富体现行业特色、符合行业规律的应用场景，通过智慧火花碰幢，让未来变成现实。

——着力加强数字化转型理论技术交流。合作共赢是各方共同应对新一轮科技革命和产业变革的必然选择。中国航油期待以信息技术、数字化平台为桥梁，在产业基础技术研发、海量数据采集分析、应用场景构建模拟以及科技人才培养等方面，与各方加强交流，加深合作，跨界聚合民航业内外资源，共同加速催生新产业新业态新模式，共享数字时代红利。

所当乘着势也，不可失者时也。民航业现在所处的时代是一个巨大挑战和重大机遇并存的时代，数字把各方连为一体，智慧让各方深度融合。愿行业各方借助智慧赋能发展的东风，通力合作、共同进步，加快民航业数字化转型步伐，共塑数字中国美好未来。

第3章 深入践行安全绿色环保可持续发展理念

中国航油作为安全为先的践行者，绿色环保的倡导者，一直坚守可持续发展理念，坚持“绿色可持续”与“安全生产”同等重要，将绿色可持续发展作为一项优先准则，全面融入企业的整体发展战略与逻辑当中，建立了一种“有韧性”的发展模式。近年来在数字化转型进程中，坚持结合时代发展趋势为绿色发展赋予新的内涵，成为绿色发展的引领者。

3.1 安全管理体系全面加强

安全是民航业企业的生命线，中国航油深入贯彻《安全生产法》，坚持“安全第一、预防为主、综合治理、持续改进”的安全方针，以问题为导向，创新管理模式，对标“国内领先”“世界一流”的安全标准要求，不断完善安全生产体系建设，建立了涵盖安全生产责任制体系、安全生产应急管理体系、安全生产运行管理体系、安全生产监督管理体系、安全生产管理职务体系的五大安全管理体系，推行了“质量、职业健康、安全、环境”(QHSE)管理体系，发布了安全管理体系手册，建立完善了风险分级管控清单和隐患分级整改清单，将行业标准全部纳入管理体系，搭建了科学有效的安全管理机制，全方位提高了航油安全管理水平。在支持民航建设发展的过程中，中国航油会继续加强内部审核、外部监督的有机结合，以及管理评审制度、程序的完善优化，强化管理体系的运行控制，将安全理念融入中国航油生产经营的各个环节，形成一整套运行通畅有效、既管当前又管长远的安全机制，维护航油供应的生命线。

3.1.1 牢固树立安全管理理念

“安全是民航业的生命线，任何时候任何环节都不能麻痹大意。”对于民航工作而言，安全是亘古不变的主题，作为民航动力和血液，安全也是航油供应最本质的要求。保障航油供应安全是中国航油义不容辞的使命责任，安全事关航空燃油系统所有员工的根本利益，事关航空油料供应保障的大局，中国航油严格落实国家、民航主管部门、地方监管部门的安全生产工作部署，牢固树立红线意识，坚持以人为本，坚持安全发展，坚持“安全是民航业的生命线”和“安全隐患零容忍”，坚持以安全生产法和各种法律、法规、法令为行动宗旨，严格依法办事，时刻绷紧安全生产这根弦，践行“三个敬畏”安全理念，形成了良好的安全生产氛围，将安全发展理念深刻入脑入心。

近年来，中国航油安全管理理念也在随着社会发展变革不断更新延伸。中国航油以安全、健康、人文、环保为核心，不断更新安全管理理念，进一步明确了安全是央企的政治责任、安全是公司发展的基础、安全是各级领导的第一责任的认识。中国航油先后提出了安全工作“三个为零、五个百分之百”、基层单位“三大任务、四大责任”、安全工作“关键在领导、重点在基层、核心是责任落实”、以“零三违、零差错”来保证“零事故、零伤害、零污染”目标、“人本主义是核心”等安全管理理念，安全管理理念由单一的生产安全过渡到全方位、全过程、全员参与的安全管理，安全管控模式由注重结果控制转变为更加注重事前控制和过程控制，实现了安全管理理念的飞跃和升华。

3.1.2 全面建立安全规范体系

安全制度不留死角、全覆盖。多年来，中国航油持续建立健全安全管理规章制度，结合自身“横跨民航、能源、物流三个行业，安全高度敏感”的特点，借鉴国内外石油石化行业先进安全管理做法，持续建立健全人员、装备、管理等安全管理体制机制，不断提升安全系统的可靠性。建立了以安全管理手册(包括方针、目标)、制度性文件、规程或指导性文件(含《作业指导书》)和记录表单的四层级管理体系，确保了安全管理体系运行的统一性和规范性。制定了《安全生产责任制体系管理办法》《安全生产监督管理办法》《“三违”整治管理办法》《隐患排查治理规定》等多项安全生产制度，规章制度全面覆盖安全工作，做到了“凡事有章可循，凡事有据可查，凡事有人监督，凡事有人负责”。明确了生产安全事故等级标准，进一步细化各类“事故”和“差错”的标准，明确了将“安全防范关口”前移到“差错”事件的管控。

隐患治理卓有成效。中国航油强调通过隐患治理不断提升安全风险防控能力，坚持隐患防治并举，持续开展危险源辨识和隐患排查治理。加大专项检查力度、提高突击检查次数，开展最具价值安全隐患发现活动，针对苗头性事件，及时出手，对内在因素进行进一步挖掘，专项治理，确保安全问题早发现，早解决。推动体系审核与安全检查有机融合，制定了《风险、隐患(不符合)管理办法》等隐患管理相关制度，完成了重大危险源档案、危化品“一图一表”编制工作，开展了油库管理、长输管道管理、机坪管网管理、危险化学品管理等专项隐患排查和治理，全面开展隐患发现活动，完善全员参与、主动上报激励机制，隐患治理和受控率达到100%。

应急处置稳妥高效。应急管理是提高应急指挥、应急救援、应急保障以及防范事故的能力，是有效预防、及时控制和最大限度地消除生产安全事故和突发事件危害，预防和控制次生灾害的发生，保证员工安全健康和公众生命安全，最大限度地减少财产损失、环境损害和社会影响的重要工作。中国航油不断健全应急管理机制，完善应急预案，强化应急演练，提升应急处置能力，提升应急管理水平。建立并完善了应急管理体系制度，积极开展多种形式的应急演练，提高快速反应能力和协同配合能力，高效驰援并完成疫情保障、森林大火、地震、泥石流等灾害应急救援，多次获得应急管理部门的表彰、感谢和肯定。

形成了一批独具航油特色的安全管理理念和典型做法。中国航油根据行业、企业特色，在多年的安全生产和运营管理实践中，不断探索实践，形成了一系列独具航油特色的典型做法。在机坪作业管控方面，制定了“一场一策”机坪作业监管制度，通过现场巡查和机位、加油车360°监控相结合的方式及时提醒纠偏，构建全天候、全方位加油车进出机位辅助观察机制，实现100%机坪管控。在飞机加油作业方面，形成了“六步工作法”“三到四确认”等标准化作业流程，推广“双岗复核”“清单式检查法”“岗位一口清”“设备巡查六部曲”等员工安全行为模式，促进安全管理的全员性、针对性、有效性、创新性。在基层单位建设上，组织创建安全生产精品工程，编制独具航油特色的精品工程标准和评选细则，打造了一批扎实、先进、可持续、可推广的基层安全生产标杆单位。

3.1.3 打造优质安全生产队伍

中国航油不断规范员工安全行为，从细节做起，从小事抓起，通过对高危环节和风险点的提示，形成固定的工作程序，最大限度地避免疏忽、遗忘和误操作，确保作业安全，打造一支经受得住各种急难险重任务考验的铁军队伍。同时，中国航油注重安全教育，积极推进安全知识宣传，培养员工安全生产意识，持续加强安全队伍建设，提升全员素质，使之更加符合安全生产需要，引导全体员工抓好安全生产工作，组织开展各种不安全事件和事故案例分析工作，全方位提升全员安全意识。

坚持安全生产管理人员“先培训、后上岗”，各岗位作业人员“先培训、再取证、后上岗”的原则，合格一个、上岗一个，确保安全生产管理人员满足国家、行业资质要求，各岗位作业人员资质满足岗位要求。

坚持“培训与考核责任分开”的原则，建立并完善岗前培训、上岗考核制度及岗位再培训制度，并建立培训效果跟踪、反馈、确认、循序改进机制，各级安全生产管理人员每年安全教育与培训及继续教育和再培训时间应满足国家法规要求。

坚持开展技能竞赛、技术比武、岗位练兵等竞赛活动，形成“比、学、赶、帮、超”的良好氛围，加强业务学习、强化自身锻炼，在人人学习、个个练兵、层层比武的过程中，评选和表彰一批技术能手、技术领军人，以技术比武等形式打造一支高技术能力的安全生产队伍。

坚持人才培养，建立远程安全教育培训与考核平台，持续开展安全培训，组建安全检查员、安全培训师、安全技术专家和应急处置专家四支队伍，员工安全受教育和安全技能培训面达100%，干部、管理人员安全考核合格率达100%。

3.1.4 持续开展安全文化建设

中国航油持续深化安全文化建设，提高以文化促安、文化固安的能力，不断强化“危机文化”和一丝不苟、严肃认真的“执行文化”。中国航油坚持符合性、适应性和有效性建设，重点构建和加强鞭策力、示范力、推动力、自身能力四种力量，努力提升安全管理水平。中国航油开展丰富多彩的安全文化活动，持续广泛开展如“安康杯”“安全生产月”“安全生产万里行”等活动，激发员工做好安全工作的积极性和参与性；安全宣传工作成效显著，充分利用宣传栏、展板、橱窗、横幅及微信公众号等各种载体，宣传法律法规、安全知识、意识教育，不断筑牢思想防线；鼓励和奖励合理化建议，定期开展“最具价值安全隐患发现奖”评选，开展合理化建议精品展示和推广活动，评选和表彰一批先进典型、授予“工人先锋号”等荣誉称号、建立创新工作室，形成了全员参与的良好氛围，打造了一支坚实可靠的“航油铁军”。中国航油的安全文化建设、价值体系建设、安全文化与安全管理一体化等成果具有全局意义，并获得应急管理部门的好评。

3.2 油源质量和供给安全稳定

3.2.1 油源供给稳定可靠

中国航油通过多年发展，与中石油、中石化、中化等上游石油炼化企业建立起了密切的合作关系，在历史上能源紧张的情况下依然能够优先获得航空煤油的保障供应。通过合资合作，中国航油将石油、石化的航空油料作为资源基础，充分发挥统一管理、整体协调与资源配置的优势，在确保油品质量和民航飞行安全的前提下，使地区供油成本差异保持平衡，保证资源紧缺和经济落后地区的航油供应，对民航整体的和谐发展起到良好的促进作用。中国航油作为最大的航油供应和服务保障企业，在当前民航跨越式发展的战略机遇期，将与上游石油炼化企业继续保持密切交流，加强协作，统筹国内外航油资源，平衡各供应商的采购数量和结构，从资源、设备、人员、应急和服务等方面全面发力，确保航油安全稳定供应，为航空公司获得质优价廉的航空煤油产品提供保障。

中国航油统筹利用国内、国际两种资源、两个市场，坚持资源优化配置全国一盘棋思想，加大资源保供方案的优化细化，注重强化航油供应链各环节的管理，通过优化资源配置，保障了航油稳定供应。资源采购方面，一方面与石油炼化企业签署了年度资源供应框架协议，巩固了与上游石油石化企业的战略联盟关系，有效稳定了国内资源供应的主渠道；另一方面依托中国航油(新加坡)公司在境外集中采购的优势，通过适时进口一般贸易油和保税油，在特殊时期弥补了国内资源不足，从未因资源紧张发生“航油断供”事故。物流运输方面，中国航油与国家铁路有关单位建立了良好的沟通机制，协调解除了航油铁路运输入川限制，推进铁路运输航油入藏工作，全力确保枯水期和三峡船闸检修期间的长江航油调运安全，从未发生航油供应迟滞的问题。库存管理方面，中国航油制定了《中国航空油料有限责任公司航空油料库存运营管理办法》，量化库存运营管理指标，动态监控库存水平、警戒库存提前预警，确保库容富裕，接卸输转设施设备完善、能力强，资源运输便捷、渠道多源且稳定。应急处置方面，在炼厂检修、炼厂出现油品质量问题等不利因素下，提前分析保障能力、及时优化保供方案，全盘考虑、统筹调度、上下联动，从未因炼厂检修发生断供或油品质量事故。同时，中国航油正在加强与军方航油需求的对接和资源整合，积极推动建立全面战略合作关系，军民融合油料保障和深度发展加快形成。

3.2.2 油品质量安全持续稳定

中国航油通过航空燃油的加注为航空器的飞行提供保障，油品质量好坏会对飞行安全带来重要影响。中国航油坚持“一滴油即是一项承诺”的原则，始终以“油品质量就是企业的生命线”为准绳，加强油品质量管理工作，严格把控油品质量每个环节，坚决杜绝不合格油品加入飞机，确保油品质量合格率达 100%，成为确保民航飞行安全、旅客生命安全的坚强后盾。

中国航油建立了一套完善的油品质量管理体系和规章制度，编制了《中国航油实验室规范化管理指南》《进一步提升小型机场油品质量管控能力指导意见》等油品质量管控规章。2001 年通过了 ISO-9002 质量体系认证，实现了与国际标准相接轨。建设了油品质量管理系统，质量保证和质量审核的各个环节通畅。所有基层单位完成适航审定，适航管理工作到位，做到了适航管理体系运行有效。成立了油品应用研发中心，连续多年获得国家级实验室资格，正在加快重点实验室建设，申报的“航空燃油用聚结分离材料及其装置研究”项目获得国家重点研发计划“高端功能与智能材料”重点专项立项支持。开展的过滤设备性能评定平台工程及相关检测设备，能够助力我国掌握技术标准话语权，做航空油料过滤设备质量检验的“守门人”。

中国航油坚持“上游对下游负责、上一环节对下一环节负责、一级负责一级”的油品质量管理原则，抓好油品运输、仓储和加注等全流程管控工作。中国航油专注于航空油料加注、油品质量监督管理环节的技术管理研究和开发，开展了微生物生长机理、影响和危害研究。与 BP、挪威船级社、中国特种设备检测中心、中科院力学研究所等企业和机构开展技术交流，开展实验室能力验证活动，提升公司检验水平。强化油品质量管理开展专题培训，组织油品质量管理人员座谈研讨，制定下发强化质量管控的措施。严格装车、运输、入库等环节管控，规范油品质量异常处置程序，利用油品质量信息系统跟踪处理油品质量异常事件，利用物联网技术，采用电子铅封加强公路运输和管道运输的质量追溯和批次管理。在对外交流方面，与 BP 航空开展技术交流会议，持续参加 IA-

TA 年度航空油料论坛及 JIG、航鉴委等组织的相关会议，向国际管理标准看齐，完成国际航空运输协会质量检查单的整理翻译。

3.2.3 基础设施坚实可靠

党的十八大以来，中国航油确定了建设具有全球竞争力的世界一流航油公司的战略目标，不断升级供油基础设施建设，持续提高资源调配能力，一步一个脚印补短板、强基础、促发展，不断加大投资力度，加快基础建设步伐，增强基础设施建设水平，成功实现了以北京大兴国际机场航油工程为代表的一批重大航油工程建设项目竣工投产，坚持“无网不胜”，构建了遍布全国、走向世界的供油服务网络。中国航油持续加强基础设施投入，建立起了独立、完整、覆盖全国的航油供应体系，设施设备在规模和质量等方面有了显著提高，综合功能和服务效能达到了较高的水平。未来，中国航油将会继续加大基础设施投入，同时围绕“补短板”开展相关供油保供工作，强化全国各机场库容配套设施建设，提升中小支线机场库容标准，进行库容整改和升级，提高航油长距离管线输油能力，确保航油供应基础坚实可靠。

北京大兴国际机场是党中央、国务院确定的国家级重大基础设施工程，配套的供油工程是中国航油“十三五”提升供应服务能力的关键工程、重点工程，并被定位为中国航油“天字一号”工程。中国航油上下戮力同心、艰苦奋斗，切实践行“四个意识”“两个维护”，坚持安全第一、质量为先的原则，供油工程建设 843 天安全无事故，广泛应用科技领先、智能高效、绿色环保、世界一流的“四新技术”，实现了“率先完工、率先通过验收、率先投入试运行、率先取得运营许可”，交出了“进度超前、质量优良、科技领先、安全无事故、廉洁无问题”的满意答卷，被民航局誉为“先锋工程”，完成了“引领中国航油工程建设、打造全球民航供油标杆”的建设目标，实现了“精品工程、样板工程、平安工程、廉洁工程”总体目标。综合生产调度中心工程获得“国家优质工程奖”，机坪加油管线工程荣获“中国安装之星”等国家级奖项；多名干部职工荣获“大兴区经营管理领军人才”“大兴区优秀青年人才”“全国民航五一劳动奖章”等荣誉称号。中国航油“天字一号”工程实现了品质、荣誉、成果大丰收，得到了各级领导的高度肯定。

成都天府国际机场供油工程是中国航油“十三五”期间规划建设的最大航油综合配套工程项目，又被称为“天府一号”供油工程。项目已于 2021 年 6 月正式投用，工程历时三年多，涉及铁路卸油、中转储存、航油转输、航油储存、机坪管线加注等流程，建设内容包括新建 8 万立方米的机场油库、机坪加油管线、航空加油站、航煤铁路专用线等子项。该项目的实施是在疫情防控、生产经营等多重压力挑战之下，中国航油以打造“精品工程、样板工程、平安工程、廉洁工程”为目标，采用新技术、探索新模式、转换新思路、促进新发展，凝心聚力、奋勇攻坚的成果，供油工程先后荣获“2019 年度消防工作先进单位”、四川省重点项目疫情防控专项补助资金等荣誉和奖励。

3.2.4 绝对保障，万无一失

中国航油秉承“竭诚服务全球民航客户，保障国家航油供应安全”的企业使命，不惜成本、不惜代价，充分发挥资源统一管理、整体协调配置的优势，在奥运会、冬奥会、G20峰会、OPEC会议、“一带一路”峰会、金砖会晤等重大国际活动保障中，在党的十八大、十九大、“两会”“春运”等重要国内保障任务中，在四川茂县、雅江、九寨沟和西藏林芝等抢险救灾中，高规格、高质量地完成航油保供任务，收到了全国人大秘书处、全国政协总务组、党的十九大总务组的感谢信、锦旗及俄罗斯驻华使馆致谢外交照会。中国航油从资源、设备、人员、应急和服务等方面积极全面准备，打造一支有责任、有定力、有纪律、有担当、有作为的“五有”航油铁军，确保了重大活动的“绝对保障，万无一失”。

中国航油的真情服务赢得了国际认可和赞誉：第九届金砖国家领导人厦门会晤期间，中国航油高度重视供油安全服务保障工作，成立了专机保障工作组，协调解决专包机航班现场服务和应急处置问题，经前期尽心准备及现场全力保障，圆满完成全部俄罗斯金砖会晤期间专包机加油服务，克服热带风暴“玛娃”过境带来的困难，顺畅高效地完成互留油样、油量确认以及现场油品检测等诸多工作。中国航油的供油保障工作得到认可，收到俄罗斯驻华使馆的《关于转去俄罗斯驻华使馆致谢照会事》函件，感谢在俄罗斯总统普京出席第九届金砖国家领导人厦门会晤期间，中国航油向俄方专机提供及时高质量的服务，并为俄方提供转机燃油样本。

3.3 能源利用效率全力提升

2022年国务院印发《“十四五”节能减排综合工作方案》，从国家层面提出了节能减排的要求。我国大力开展节能减排政策有着深刻的社会背景，中国航油积极响应国家政策要求和行业节能减排号召，制定企业“十四五”规划，明确在“十四五”期间，绿色低碳发展体系基本建立，绿色集约化生产方式基本形成，先进节能技术应用达到一定规模，节能设备选用机制较为完善，大力推进车辆装备低碳化，数字能效推进计划实施落地，能耗检测、分析与预警机制基本形成。

一是全面提升节能管理能力。中国航油将健全能源管理体系，强化节能管理和目标责任。建立健全节能环保制度体系，加强节能环保监督、检查及考核、认证；推行用能预算管理，落实节能目标责任制；加大对固定资产项目的能源节省审查力度；进一步识别能耗限额等能源节省标准。

二是全面淘汰高耗能设施设备。中国航油严格执行国家标准和要求，加强设备能耗统筹管理，优先对节能产品等设备进行采购，严禁采购国家按照规定淘汰落后的能源使用产品以及设备，将设备能耗指标作为重要(优选)参数加入招标文件，在工程建设、设备更新、安全管理中持续优化耗能设备的选用。加快推进高耗能设备淘汰更新，对技术水平落伍，使用过程中节能性大幅降低，已经不切合现行国家标准的机电设施实施淘汰替换，计划通过五年时间全面实现高耗能设施设备替代。

三是加强基础设施节能降耗。中国航油将优化基础设施建设模式，加快推进新型建筑工业化，发展装配式建筑，强化绿色设计和绿色施工管理；优化中转油库、机场油库等基础设施空间布局和工艺流程，统筹谋划、科学配置数据中心等基础设施，避免低水平重复建设；深化可再生能源应用，开展建筑屋顶光伏行动，采用直流供电、分布式储能、“光伏+储能”等模式，探索多样化能源供应，提高非化石能源比重；积极推广使用高效制冷、先进通风、智能化用能控制等技术，提高设施能效水平，因地制宜推行热泵、生物质能、地热能、太阳能等清洁供热能源。

四是在机场内开展充换电基础设施建设，实施新能源车辆替代。中国航油大力推广和部署充电桩基础设施，在机场内逐步实施地面生产车辆新能源替代，到2030年，民用运输机场场内车辆装备等力争全面实现电动化，除飞机加油车外，新增和更新车辆均采购新能源车；加快推进电能、太阳能等新能源加油车和无动力加油装置的研究推广和应用；加强电力、氢燃料、液化天然气动力重型货运车辆研究，推动飞机罐式加油车用能方式转变。

五是提升数字化智能化水平，促进能源数字化转型。中国航油积极推动能源技术与信息技术体系融合，探索能源管理技术、能源大数据技术等新兴技术在新基建方面的应用和发展，深度挖掘能源大数据价值，为能源需求侧管理提供数据支持；加快能耗在线检测系统建设，建立分析与预测预警机制；对能源消耗情况特别是大型能耗设备，实施动态监测、控制和优化管理。

3.4 环保管理体系全维完善

中国航油始终提倡“质量、健康、安全、环保”(QHSE)理念，建立了覆盖航油总部、成员企业、基层单位的环保管理体系，不断加强领导、落实责任，持续全面推进绿色发展战略，在追求“零污染”生产过程的同时，努力实现环境管理达到国际领先水平，不遗余力地推进节能减排与环保实践，促进企业与自然和谐发展。

3.4.1 健全绿色管理体系

中国航油积极响应国家绿色发展理念，借鉴同行业企业绿色管理先进经验，加强领导、落实责任，从航油总部到成员企业，再到各基层单位，不断完善绿色管理体系、健全基本组织机构，保证信息通畅、功能有效，为开展各项节能环保工作奠定基础。

中国航油根据各成员企业实际情况，制定差别化的节能减排考核目标，纳入企业业绩考核体系，对没有完成考核目标的企业，在业绩考核中给予扣分处理。成员企业按照分解后的节能减排考核目标和任务，加大监督检查和考核力度，按月对能源消耗情况进行统计分析，对没有完成预期目标的单位，分析原因，制定整改措施，确保完成全年节能减排目标任务。基层单位严格按照规定的口径、范围、折算标准和方法对能源消耗量和污染物排放量进行统计，并按月对各项统计数据进行汇总、审核、分析，确保统计数据及时、完整、准确，为绿色管理体系的建立提供有利支持。

中国航油建立健全能源管理体系，强化节能管理和目标责任，加强节能环保监督、检查及考核、认证，推行用能预算管理，落实节能目标责任制，强化能耗限额、产品设备能效强制性国家标准和工程建设标准等节能标准识别。建设能耗在线检测系统，对能源消耗情况特别是大型耗能设备，实施动态检测、控制和优化管理。利用物联网、大数据、云计算等信息化技术，提升各类生产运营资源使用效率，有效降低万元增加值能耗。

3.4.2 推进节能减排工作

中国航油紧跟国家政策导向，创新节能减排措施，提升节能减排管理水平，扎实推进节能减排工作，构建了覆盖全业务板块的节能减排体系。加强能源消耗和废弃物排放考核与监控，严格管控与统计能源消耗量和污染物排放量，坚决杜绝因环保问题影响公司声誉和效益。

航油业务：完善安全技术信息管理系统，修补和更新“节能减排数据统计模块”缺陷，提高节能减排数据的录入统计效率；每年按计划持续更换老旧设施设备，提高能源利用效率；通过推广熄火加油作业方式、优化业务流程、减少航空煤油配送里程、降低油库转油频次、合理调度加油车出场次数等减少能源消耗。

油化贸易：开展“油气回收处理、油罐内浮顶改造、含油污水收集处理”等节能减排项目，稳步推进设备更新改造，减少污染物排放；油库结合作业现场液位高差条件，尽可能采用自流发油，减少泵机运转能耗；加油站改变加油时提枪顺序，优化加油流程，减少加油机待机空转时间。

先进节能技术应用形成一定规模，节能设备选型机制较为完善，开展建筑屋顶光伏行动，推进车辆装备低碳化，截至2030年，尽可能地促进机场设备实现全面电动化的发展目标，除飞机加油车外，所有新增车辆一律使用新能源车。

加强耗能设备管理，推进高耗能设备更新，加强设备准入管理，严格落实国家强制性用能产品、设备能源效率标准，优先采用列入节能产品、采购名录中的产品或设备，严禁采购国家明确规定淘汰的用品、设备，将设备能耗指标作为重要(优选)参数加入招标文件，在工程建设、设备更新、安全管理中持续优化耗能设备的选用。加快淘汰落后低效设备，严格将我国对无法适应当前发展形势、能耗过高的用能产品的淘汰制度落到实处，对我国明确规定淘汰的能源使用设备以及生产工艺落到实处，及时停用、报废和更新。

实施节能环保技术改造，重点围绕加油车、泵机组等高耗能设备，加快工艺革新，实施节能改造，鼓励集成度高的先进节能技术的应用与推广，关注节能环保标准更新，及时采取各环节节能降耗控制措施如图 3.1 所示。

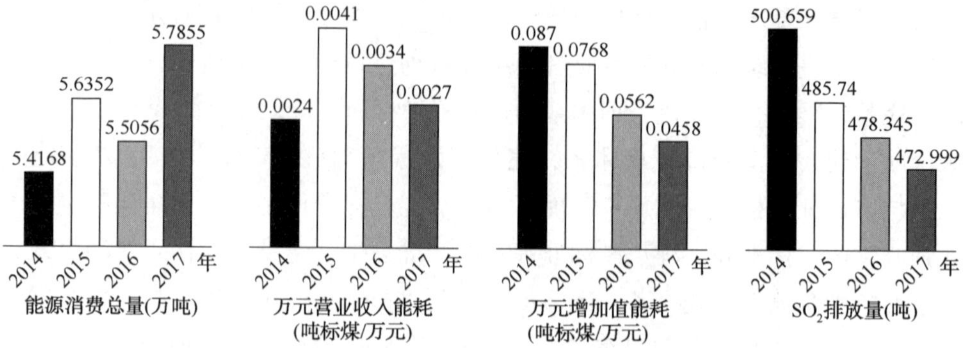

图 3.1　中国航油 2014—2017 年节能减排绩效

3.4.3　环保理念贯彻深入

中国航油秉承“坚持绿色低碳发展，建设美丽中国航油”的发展理念，将绿色低碳理念内化于心、外化于行，加强环保管理与宣传，参与环保实践活动，倡导绿色办公、绿色出行，努力建设美丽航油、绿色航油。

绿色低碳办公。中国航油充分利用信息管控平台，强化对人、财、物的信息化管理，减少纸张消耗，推进无纸化办公。办公采购遵循集中采购管理规定，在办公耗材、劳保用品等采购方面，选择绿色环保产品，明确绿色采购要求。严格按照国家相关法律法规和环保标准，规范废旧物资回收与交接、变卖等过程的处置行为。

参与环保实践活动。中国航油在大力倡导生态文明理念的同时身体力行，通过讲座、专题活动、竞赛等形式广泛宣传，开展形式多样的环保志愿活动保护水土资源、植被资源、野生动物，努力减少企业生产运营对生态环境及生物多样性的影响，实现企业与环境和谐发展。

注重基层环保管理。中国航油严控“三废”排放，按照统一标准和方法对能源消耗量和污染物排放量进行统计，对各项统计数据进行月度汇总、审核、分析，进一步提升节能减排水平，同时加强环保宣传和实践，严格执行环评流程，确保生产经营活动符合环保要求。

3.5　高质量绿色建筑全面应用

美国于 20 世纪 70 年代，致力于促进绿色与高效能建筑的发展。在石油危机爆发以后，社会各界渐渐意识到无法仅凭单一的能源来实现发展。而在社会的能源消耗问题中，建筑能耗的占比达到40%以上，在其影响下，建筑学家开始从建筑视角探索能源节省方案，绿色建筑由此诞生。如今，绿色与高效能建筑是指通过有效运用再生资源和智能生态系统设计，减少废物制造以及减少水资源消耗与能源消耗的建筑，具有可持续性、高效能、用户舒适度高，以及室内环境健康等特点和优势，能为建筑全生命周期产生积极影响。

在我国"十三五"阶段，国家提出了大力发展装配式建筑的计划，旨在改善我们国家的生态环境，实现人与自然和谐发展。我国对于推进建筑节能和绿色建筑发展的决心和政策扶持在"十三五"已经到达了一个全新高度，绿色建筑市场的发展目标也从绿色建筑认证转变成把节能及绿色发展理念延伸至建筑领域的各个方面。绿色建筑的推广实施，对于改善生态环境和提高生活质量具有重大意义。

3.5.1 国家政策驱动

国家、地方政策。大力发展绿色建筑意义重大，它是落实以人为本，全面、协调、可持续的科学发展观的重要举措，是按照减量化、再利用、资源化的原则，促进资源综合利用，建设节约型社会，发展循环经济的必然选择，是节约能源，保障国家能源安全的关键环节。政策法规是绿色建筑的直接驱动力。1986年，我国开始制定自己的节能法规。1995年，建设部发布了《建筑节能"九五"计划和2010年规划》，制定了新建采暖居住建筑节能三阶段目标。1996年出台了《民用建筑设计标准》，明确了三北地区采暖居住区实行标准。1998年发布了《中华人民共和国建筑法》《中华人民共和国节约能源法》，提出建筑节能是国家发展经济的一项长远战略方针，能源的节约与能源的开发并重，并把能源节约放在首位。《中共中央关于制定国民经济和社会发展第十一个五年规划的建议》提出了"推进绿色建筑是发展节能省地型住宅和公共建筑的具体实践"。2005年颁布实施了《公共建筑节能设计标准》《中国绿色建筑导则》，明确了绿色建筑的内涵、技术要求和应遵循的技术原则，指导各地开展绿色建筑工作，2006年发布《绿色建筑评价标准》，使绿色建筑的评定和认可有章可循、有据可依。2020年住建部等多个部委联合印发了《绿色建筑创建行动方案》，明确提出创建目标是"到2022年，当年城镇新建建筑中绿色建筑面积占比达到70%。次年，住建部联合15部门发布《关于加强县城绿色低碳建设的意见》，提出要提升公共建筑屋顶光伏比例，实施光伏建筑一体化，推广分布式光伏、智能光伏等清洁能源应用。经过多年的努力，我国民用建筑节能和绿建相关管理规定、法规体系初步建立，初步形成了建筑节能的技术支撑体系，完成了建筑节能的试点示范工程，建立了广泛的国际合作关系。

企业要求和标准。中国航油积极贯彻新发展理念，践行绿色发展理念，落实国家绿色建筑和装配式建筑相关要求和倡议，建立了航油体系内的绿色建筑标准和相关评价体系。中国航油制定了《绿色供油工程建设指导书》，明确了供油工程中绿建要求和相关指标；下发《航油公司节能环保管理办法》，认真落实节能环保设施与主体工程同时设计、同时施工、同时投入运行的要求，持续加强工程各环节节能减排管理，着力打造"绿色工地"；以设计标准化等五化一体应用为抓手，加大技术体系创新和管理模式创新应用，选取并实践了一批装配式建筑试点项目，取得了显著成效；下发了《航油工程装配式建筑指导书》，总结试点经验，将试点成果推广应用到所有单体2000平方米以上建筑，“绿色航油”覆盖范围进一步扩大；开展“建设红图”作品评选活动，优秀作品通过线上线下多途径宣传展示，将基建故事宣讲融入党史学习教育的新热潮中，展现了航油基建队伍永远跟党走，矢志不渝奉献航油事业的磅礴力量；为加快推动装配式建筑在航油工程建设领域的应用，针对当前装配式建筑发展形势，结合中国航油实际，编制了装配式建筑“口袋书”和“百问百答”题库等知识普及以及全过程应用材料，通过组织专题讲座、参观调研及培训等方式，全面普及装配式建筑项目相关知识、国内外发展情况、国家政策等内容，增强各单位对推广装配式建筑重要性和必要性的认识，提升全员参与意识。

3.5.2 绿色建筑实践

中国航油秉持“利工期、降成本、提质量、促廉洁”的工作目标，贯彻落实“四精”项目管理思路，蹄疾步稳地推进装配式建筑各项工作，积极开展全生命周期和多维度总结分析，探索、积累可推广可复制的装配式建筑试点经验，在装配式建筑、BIM应用、标准化设计、光伏等新技术赋能方面取得新的突破，形成了一批可供推广的绿建样板工程，为加快构建智慧绿色、自主可控的新时代民航强国航油供应保障体系贡献力量。

北京公司航空油料过滤设备综合性能评定中心综合性能实验室项目，设计装配率达85%，是中国航油首批试点中装配率最高的项目，也是中国航油首个完成装配式试点的项目，该项目以AA级标准通过竣工验收，被誉为中国航油装配式建筑急先锋工程。经统计，装配式建造方式节省工期60天，现场湿作业施工、建筑垃圾大幅减少，节约工期和减少污染效果显著。

鄂州工程油库生产值班用房是公司的装配式试点项目之一，鄂州公司以费用可控、时间可控和技术可控为原则，用不到1个月时间快速完成装配式建筑图纸设计出图、审查，清单及预算编制、装配式构件厂家调研、BIM模型深化及下料预制等全部准备工作。该项目设计装配率为61%，仅仅历时80余天，实现了机场油库生产值班房装配式建筑封顶。

济宁机场迁建项目供油工程作为公司装配式建筑试点项目之一，生产值班用房采用装配式钢框架结构进行建设，经地方住建局预评价审查，装配率为63%，达到省级装配式建筑一星级标准。

郑州装配式建筑试点项目采用装配式混凝土结构，设计装配率82%，装配率评级AA级，引入屋顶分布式光伏发电，充分体现绿色赋能。本项目预制构件种类丰富、齐全，包括预制柱、梁、外墙板、叠合板、女儿墙等共计163件。

3.5.3 行业标杆打造

2020年，住建部联合多部委发布了《关于推动智能建造与建筑工业化协同发展的指导意见》，指出智能建造与建筑工业化融合发展，对推动建筑业转型升级和高质量发展意义重大。2021 年 12 月，民航局印发了《推动民航智能建造与建筑工业化协同发展行动方案》，旨在加大智能建造及建筑工业化在民航建设各领域、各环节的应用，为“十四五”时期民航智能建造与建筑工业化发展指明了方向。在民航领域，中国航油是较早起步并正式开展绿建、装配式建筑试点的单位之一，已有一批采用装配式工艺的建筑单体验收投用，取得了很好的试点效果，受到了广泛赞誉和肯定，在行业内起到了标杆示范作用。

3.6　标准、制度体系建设完善

中国航油积极参与国际行业标准组织活动，逐步成为国际标准的参与者和将国际标准导入国内航空油料领域的导入者；在国内，中国航油积极倡导航油行业技术标准的建立，率先执行国际标准和国内标准，成为国内行业标准的先行者和执行者，引进、借鉴国际先进技术，自己开发、应用航油供应环节新技术，在国内航空油料领域大力推广技术、新设备、新材料、新方法。

3.6.1　国际标准的参与者

参与制定国际技术标准，提升与国际航油市场参与者的合作、竞争能力。中国航油自 2000 年加入国际航空运输协会成为其战略合作伙伴以来，在航空油料的安全管理、技术进步、油品质量管理、飞机加油安全操作等方面取得了杰出成绩和安全纪录成就。中国航油目前已经正式加入国际航空运输协会、国际航煤联合检查集团、美国试验和材料协会等多个有重要影响力的国际组织，具有参与国际航油市场标准制定的发言权。

中国航油广泛参与国际航空运输协会组织的各类活动，并派出专业代表团队参与国际航运相关法规、政策、制度以及标准的编写，在分享中国航油管理经验的同时，与其他国际公司共同引领国际航空油料行业前进，为国际航运做出了杰出贡献。2010 年，中国航油代表中国民用航空油料行业加入全球航空油料作业标准工作组，参与并完成了国际标准《全球机场航空油料操作》的编制工作，该标准旨在制定全球统一的航空油料质量控制和飞机加油操作管理标准，消除世界各地、技术组织以及航空公司和航空油料供应商之间存在的标准差异，工作组由国际航空运输协会发起成立，由来自 7 个国家的 17 名成员组成。此外，中国航油积极配合国际航空运输协会航空公司航空油料质量联盟，对我国国内国际机场的航空油料设备设施和质量管理进行检查。中国航油的执行标准和操作程序实现了与国际的接轨，能够满足全球国际标准规范要求，确保了安全供应并为安全飞行提供了有力保障。

3.6.2　国内标准的引领者

中国航油全面建立航空油料计量化验、加注操作、设施设备建设等规范标准，积极参与建设民航行业标准，多项企业标准升级为行业标准。获批立项首个由中国航油主导的国家级“标准刮板流量计校准规范”，中国航油起草了《3号喷气燃料》国家标准，参加了《石油库设计规范》国家标准的编制，主编了《民用机场供油工程建设技术规范》《民用航空燃料质量控制和操作程序》《民用机场航空燃料检验实验室能力验证程序》等行业规范，囊括了供油工程建设，人员、设备、油品质量管控，实验室认证，飞机加油作业等全过程管理内容。

3.7　积极探索新能源技术应用

中国航油紧盯“双碳”战略目标，密切关注党中央和各地政府、部委绿色减排政策走向，及时掌握清洁能源、替代能源在航空领域的研发和应用进程，针对“有效承接航空新能源保障职能”“确保民航新能源供应链主体地位”等重大问题展开前瞻性研究。中国航油积极落实国务院《2030年前碳达峰行动方案》，围绕规划目标，有序推进场内新能源车辆应用，不断拓宽低碳技术在新建项目和生产设备的应用范围。

3.7.1　新能源加油车推广

国务院于2012年颁布《节能与新能源汽车产业发展规划(2012—2020年)》，要求逐步实现道路和非道路用车新能源化和电动化，推动汽车产业可持续发展。民航局于2014年颁布《关于机场开展地面特种车辆“油改电”工作的有关意见及要求的通知》，将(油改电)项目作为能源节省、减少碳排放量的核心工作，逐步推动机场区域内运输车辆的动能转化发展，逐步将机场区域内运行的特种车辆由传统化石能源驱动改造或替换为电能等清洁能源驱动，以逐步实现机场的“绿色发展”。

中国航油已启动了新能源加油车项目，推广第一代新能源管线加油车，开展第二代新能源管线加油车、新能源底盘航油辅助作业车研究以及民用机场移动加油装置立项研究；充分运用云技术、物联网、北斗定位、数据中台等数字化技术，加快推进中国航油5G智能网联特种车辆科技示范项目、“黑匣子”加油车管理系统研究以及通用撬装式加油站研究，促进航油数字化建设。

3.7.2　航空生物燃料研究

生物航空煤油是以多种动植物油脂为原料，采用自主研发的加氢技术、催化剂体系和工艺技术生产的替代航空油料，使用生物航空煤油不需要对现状飞机及发动机进行改装。未来如能在规模上实现商业化并满足航空适航审定标准，航空生物燃料将有效改善民用航空业环境及能源问题。国际民航组织近期提出了到2025年实现全球航煤消费量2%使用生物航空煤油，10亿乘客乘坐生物航油混合动力航班的目标，可持续航空生物燃料将是中短期内民航降碳减排唯一的能源解决方案。

生物航空煤油是中国航油科技发展的战略方向之一。近年来，中国航油全面参与了中国自制生物航空煤油的试飞和载客飞行工作。中国航油在与中国石油、中国国航、美国 UOP 及波音合作的首次生物航油试飞过程中，在油库内新建了一套具备收、储、混、发功能的专用生物航空煤油储运设施，并制定了生物航空煤油、3 号喷气燃料和混合燃料的化验程序，制定了适用于生物航空煤油的飞机加油车启用程序，编制了针对生物航空煤油的油库接收、混掺、发运、加注等程序的作业指导书。通过对燃料进行位置转移的跟踪检测，实现了全流程的质量监控，积累了丰富的经验。

2011 年，中国航空生物航空煤油首次验证飞行启动仪式在首都机场举行，中国航油为执行中国首次可持续生物航空煤油验证飞行提供生物航空煤油混兑合成、质量检验和加油等工作。2013 年，中国航油圆满完成"中国 1 号"生物航空煤油审定试飞仪式的航空煤油加注保障工作，"中国 1 号"是中国自主研发的生物航空煤油，此次试飞标志着我国自主研发生产的生物航空煤油在商业客机应用上取得了圆满成功。2014 年，中国民用航空局向中国石化颁发了我国首个生物航空煤油技术标准规定项目批准书，标志着我国自主知识产权的生物航空煤油产品获得了商业化应用的"门票"，中国也成为继美国、法国、芬兰之后的第四个掌握生物航空煤油技术的国家。2015 年在上海虹桥机场，中国航油完成了我国首次自主研发生产的生物航空煤油商业飞行航班保障任务，加注生物航空煤油 7430 升，在优质保障民航客机供油的同时，出色完成了生物航空煤油首次商业飞行保障任务。2017 年，在中国民航局的领导下，中国航油作为唯一指定生物航空煤油作业保障单位，圆满完成了"中美绿色航线"生物航油首次跨洋商业飞行保障任务，表明我国生物航空煤油自主研发生产技术更加成熟。2019 年，中国航油与中科院广州能源所合作，承担了国家重点研发计划项目"纤维素类生物质催化制备生物航空煤油技术研究与示范"。

3.7.3 探索新技术应用探索

1. 能源互联网技术

能源互联网利用先进的传感控制技术将能源生产端、传输端、消费端数以亿计的设备和系统连接起来，形成"物联基础"，并以大数据分析、机器学习预测为重要技术支撑，打通并优化能源生产和能源消费端的运作效率，使能源的需求和供应可以实现实时动态调整。

2015 年 9 月 26 日，中国国家主席习近平在联合国发展峰会上宣布中国将倡议探讨构建全球能源互联网。2016 年 2 月，国家发改委、国家能源局、工业和信息化部联合制定的《关于推进"互联网+"智慧能源发展的指导意见》，明确了能源互联网的建设目标。

中国航油产业基础设施是由炼厂资源点、航油储运设施、机场航加站构成的分布式能源网络。迫切需要综合运用先进的电力电子技术，信息技术和智能管理技术，实现各能源节点的互联互通，打造能量双向流动的对等交换与共享网络。

2. 太阳能辅助供电技术

安装在铁路和码头的接卸油装置、航油储罐、野外长输管线和机坪加油车载设备上的物联网数据采集设备均可使用太阳能辅助供电装置。通过使用太阳能电池板，在外部环境达到充电条件的情况下为设备电池充电，可有效提升物联网数采设备的使用寿命。

3. 机坪管网自动排净技术

机坪管网自动排净技术，利用流体力学的相关原理改变液体流动形态，使流动液体自动携带低点积存的水相和固相杂质运动至指定位置进行排出的技术。通过机坪管网自动排净技术，替代原有的人工排污方式，可有效降低管网运行人员的工作难度，减少其工作量，提高机坪管网运行的安全性和经济性，促进机场航油输运系统的高效经济运行。

4. 航油清除及污染修复技术

生物航空煤油油污清除技术是指利用生物尤其是微生物，加快降解航油运输、储存和加注过程中产生的溢油油污，从而修复受污染环境。与传统的化学、物理处理方法相比，微生物油污清除技术具有以下优点：可在原地降解、清除污染物，降低对周围环境的影响；修复时间较短，修复费用较少；减少人员直接接触污染物的机会，降低人员安全风险；不产生二次污染，无腐蚀性，对航油储运设施和工作人员的健康影响较小。

5. 探索民航碳交易市场

国际民航组织已出台飞机二氧化碳排放标准和国际航空碳抵消与减排计划（CORSIA），国家发改委将民航业率先纳入全国碳排放交易市场试点行业之列，新时代推动行业发展必须贯彻落实中央“绿色”发展新理念，这些节能减排的新趋势、新背景对航空油料领域的科技创新提出了新要求。未来，航空油料领域需要积极顺应全球节能减排趋势，加快战略转型及相关节能减排技术研究。

第4章　开放包容与合作伙伴互利共赢

和平发展、合作共赢是当今时代潮流，在合作中实现共赢是人类一直以来共同追寻的目标，合则强，孤则弱，合作是处理各种关系、应对复杂矛盾的必要手段和解决之道，要摒弃零和博弈、你输我赢的旧思维，树立双赢、共赢的新理念。随着国与国互相依存、共生发展的纽带越发紧密，作为经济发展贡献者与受益者的公司企业更应在全球深刻复杂变化、经济全球化一体化的大背景下强化国内外供应链、产业链以及价值链联系，实现共同发展与可持续健康发展。

中华人民共和国成立以来，特别是改革开放后，我国经济社会发展实现了由弱到强的历史大跨越，取得了令世界刮目相看的伟大成就。这期间，中央企业也在改革创新中不断发展壮大。得益于横跨能源、物流和民航交通三大行业的天然优势，中国航油紧跟时代步伐，把握改革开放政策契机和我国民航高速增长动能，以推动企业高质量发展为核心，对标国内外先进企业，推动全球战略布局，深化企业经济发展转型，不断做优做大做强，扩大经济效益与社会效益，加快成为世界一流航油公司。

中国航油的上游是石油炼化行业，下游是民航交通运输行业，在整个供应链、产业链中扮演着举足轻重的角色，这一与生俱来的业务特性成为中国航油合作发展的重大优势。新时代强企之路，中国航油始终倡导真诚互信，开放包容，义利兼顾的发展战略，坚持摒弃零和博弈，以长远眼光维护航油产业链市场体系，携手更多合作伙伴互学互鉴、合作共赢，加强沟通与交流，共同应对面临的困难和挑战，促进各方在新一轮技术革命和结构调整的战略机遇中加强产业链合作，发挥各自优势，形成优势互补，共同提升应对开放市场冲击挑战的能力，力求在新的发展方向实现突破与包容性增长，不断拓宽合作领域、深化合作层次，为中国航油及产业各方高质量发展开辟更加广阔的空间。

同时，中国航油秉持“竭诚服务全球民航客户，保障国家航油供应安全”的企业使命，不断加快国际化步伐，“引进来”和“走出去”双向发力，秉承合作共赢理念，树立全球视野和国际化战略思维，积极参与“一带一路”建设，利用国内外市场吸收新技术、新人才与新资源，扩大品牌影响力与竞争力，实现公司转型升级，推动中央国有企业多元化发展。

4.1　重视高层战略合作

中国航油近年来不断加大资源掌控力度，巩固与上游企业的产销对接，密切跟踪新增产能动态，不断深化与地方政府、机场、企事业单位、航空公司之间等各方面业务沟通交流，构建战略合作关系。中国航油与陕西省、安徽省、重庆市、延安市以及中航集团、南航集团、川航集团、东航集团、上海机场集团、西部机场集团、中国石化、神华集团、中石油管道局等单位达成战略合作协议，形成开放包容的全方位合作局面，为共同促进民航事业繁荣发展奠定了重要基础。未来，中国航油仍将持续深化伙伴关系，加强与政府、机场和航空公司的顶层战略合作，在油源供应、航油管道、油库工程建设、油料套期保值、风险管控、信息沟通等领域展开更广泛、深入的合作，实现民航业主体的互利共赢、共同发展。

4.1.1 航油供应端战略合作

1. 联合设立中国航空油料有限责任公司

2001 年 12 月 11 日，随着我国正式加入世界贸易组织，国内成品油市场也面临着新的机遇与挑战。根据当时我国做出的入世承诺，我国成品油零售市场与成品油批发市场将分别于 2004 年与 2006 年向世界放开市场门槛。可以想象的是，一旦市场放开，中国航油、中国石油、中国石化等一大批国有炼化销售公司都面临着激烈的市场竞争与风险，如何确保国有企业在改革开放的春风中继续做大做强、扩大经济社会效益，成为众多企业思考的问题。

正是基于以上背景，各大央企未雨绸缪，寻求强强联合，巩固市场环境。2002 年 3 月 3 日，伴随民航局《民航体制改革方案》的印发，中国航油按照方案中有关改制重组的要求，统筹研判各方面因素，最终确定同中国石油、中国石化展开合作。三方经过充分的协商，敲定了重组方案，中国航油同中国石油、中国石化组建中国航油主营子板块企业中国航空油料有限责任公司，三方股比分别为 51%、20%、29%，由中国航油控股。2004 年 11 月 8 日，三方在京签署了相关协议，标志着中国航空油料总公司成功实施股权多元化改制，加强了同国内炼化上游两大国企战略顶层合作，联合形成了支撑国家航煤供应服务的利益共同体与风险共担体。

通过此次重组运作，中国航油、中国石油及中国石化强强联手、优势互补，促进了我国航空油料资源进一步整合，做强做优做大主营核心业务，从而有效提高中国航油企业的核心竞争力与综合软实力，提升抵御市场风险及经营风险的能力。该重大举措也是中国航油深化国有企业改革，发挥中央企业在国民经济中中流砥柱作用的表现，是积极服务国家战略，推动中国航油围绕保障国家航煤供应主业，打造符合我国国有资产管理体制、现代企业制度、市场化经营机制的体现，彰显了中国航油在民航运输行业航空油料供应领域调结构、优布局的大局意识与担当作为。

实践事实证明，改革重组的中国航空油料有限责任公司成功释放了发展活力与潜力，公司经营观念得到进一步转变，坚持客户导向，提供卓越服务，市场意识和竞争意识得到进一步加强。公司通过不断深化内部改革、优化业务流程，打造出具有市场竞争优势的综合实力。公司通过统筹配置国内、国际两个航油资源市场，确保了供油保障服务同国内高速增长的民航运输业需求相匹配。公司充分利用中国石油、中国石化股东资源，优化、健全航油配送体系，建立全国航油大物流，进一步增强对航油业务链的控制能力。公司品牌价值得到有力提升，为国内外各航空公司提供航油加注优质服务的过程中，公司形象与品牌影响力持续提升，不断向成为国际一流航空油品供应商与服务商迈进。

2. 深化上游资源合作

中国航油自“十一五”时期便提出“竭诚服务全球民航客户，保障国家航油供应安全”的企业使命，公司深知航油正常供应保障是民航运输业、航空公司客户的生命线，是保障人民航空出行财产生命安全的重要环节。因此中国航油始终以不断供、安全供、供好油为己任。为此，公司不断加大基础设施设备投资建设，优化油品运输、储存、检测、销售、加注业务体系，历经波澜壮阔改革发展的“金色三十年”光辉历程，使中国航油由小到大、由弱到强，一步一个脚印补短板、强基础、促发展，油品销量从1990年不足100万吨增长到2021年近6000万吨，彻底改变了成立初期“一装就满，一用就空”的困境，成为国内航空能源运输供应产业链最为完整的企业，成功肩负起我国经济、政治和社会发展的央企责任。

公司的快速发展离不开我国国民经济快速发展，民航机场建设大力布局，航空出行活动日益频繁，客运货运增量较快的宏观大背景。作为航空煤油全产业链中销售加注中间环节主体，中国航油必须确保航空煤油资源供应时刻与时代发展同步。因此，公司长期致力于深化与上游航空煤油资源制造商、供应商的战略联盟关系，密切跟踪新增产能动态，不断拓展资源获取途径，优化资源配置，提高资源保障能力。

国内民航运输航油消费量逐年递增，航油市场稳定、持续的快速发展也为上游油品制造企业，尤其是中国石油、中国石化炼化业务高端化、特色化、差异化发展带来了机遇与支持，炼化业务在提质提效的同时，也在持续优化航空用油产品结构，增加航油等高端产品供应，努力提供更多优质资源。

（1）中国石油资源合作

中国石油天然气集团有限公司是国有重要骨干企业和全球主要的油气生产商和供应商之一，是集国内外油气勘探开发和新能源、炼化销售和新材料、支持和服务、资本和金融等业务于一体的综合性国际能源公司，在全球35个国家和地区开展油气投资业务。2021年，在世界50家大石油公司综合排名中位居第三，在《财富》杂志全球500家大公司排名中位居第四。

2019年，中国石油航空煤油产能在全国航空煤油生产企业中占比达21%，产量为1112万吨左右。中国航油每年与中国石油在北京签订年度航油供应框架协议，以此巩固深化双方长期以来保持的良好合作关系，并共商未来合作方向和布局。中国航油与中国石油不断加强在航油商品供应、管道、仓储、物流配送、生物航空油料等领域合作力度，充分发挥各自优势，携手抵御市场风险，维护规范市场秩序，保障资源供应安全，促进能源事业又好又快发展，为我国经济建设及民航发展做出国有重要骨干企业应有的贡献。

炼厂油源采购：中国航油同中国石油炼化企业如吉林石化、呼和浩特石化、揭阳石化、台州石化、塔里木石化、兰州石化、云南石化、广西石化等建立了全国民用运输机场航空煤油采购合作，航空煤油通过公路、铁路等运输方式到达运输机场航油油库。

航煤管道物流网：近年来，全国各大枢纽运输机场航班业务量增长快速，为进一步确保航油保供的及时性，优化航空煤油物流运输结构，降低物流成本，提高航空煤油物流环节的安全性和环保性，中国航油与中国石油就航空煤油专输管道展开了广泛合作。如兰州石化到中川机场航空煤油管道、华北石化到北京大兴国际机场航空煤油管道等工程。

（2）中国石化资源合作

中国石油化工集团有限公司目前在我国成品油和石化产品供应商中位列首位，是我国第二大油气生产商，是世界第一大炼油公司、第二大化工公司。中国石化业务涉及石油、天然气的勘探、开采、储运、销售，石油炼制，成品油储存、运输、批发和零售等领域。中国石化航空煤油产能长期维持最大份额，其2019年航煤产能在全国航空煤油生产企业中占比高达53%，航空煤油产量在3100万吨左右。中国航油成立之初就同中国石化建立业务合作关系，双方在近30年的交往合作中结下了深厚的友谊。在长期资源战略合作中，中国航油与中国石化始终秉持着优势互补、相互促进、互利共赢、共同发展的原则，全面加强战略合作关系，双方依托各自优势促进结构转型升级，提升核心竞争力，共同推进国家能源安全和民航高质量发展。值得一提的是中国石化曾经在能源紧张的情况下，同中国航油密切跟踪航空煤油动态，统筹协调炼厂资源，在成品油炼制计划中优先保障航空煤油的供应，确保了航空煤油资源不断供，坚定践行央企责任担当。

2018年8月17日，在民航跨越式发展的战略机遇期，中国航油同中国石化在京签署战略合作协议，共同推进合作项目落到实处、见到实效。未来在巩固航空煤油市场合作的基础上，双方将继续拓宽在国际业务、金融市场、新兴产业等多领域合作，建立多层次信息沟通渠道，进一步密切交流，加强协作，共同书写合作发展的新篇章。

炼厂油源采购：中国航油同中国石化炼厂开展了运输航空油品采购合作。如天津石化、燕山石化、茂名石化、广州石化、福建炼化、金陵石化、长岭石化、镇海炼化等。

航煤管道物流网：近年来，双方在航空煤油管道运输业务上相继开展合作。如燕山石化-首都机场油库航空煤油管道、天津石化-天津机场油库航空煤油管道。

航空生物燃料：2013年4月24日，中国航油在上海虹桥机场为东方航空空客320型飞机加注中国石化自主研发生产的1号生物航煤。飞机经过85分钟飞行后，平稳返回上海虹桥机场。

（3）中国海油资源合作

中国海洋石油集团有限公司于1982年在北京正式成立，是我国最大的海上油气生产运营商。公司业务主要分布在油气勘探开发、专业技术服务、炼化与销售、天然气及发电、金融服务等板块，正逐步向海上风电等绿色能源进军。中国海油2019年航煤产能占全国总产能7%左右，航煤产量约360万吨。

中国航油与中国海油的合作关系最早可追溯到2006年，彼时，中国海油旗下首座炼油企业海油惠州炼厂于2008年投产，投产后成品油产量可达700万吨，其中航空煤油占比约三分之一。为分销航空煤油，同时支持民航能源供应，2006年12月6日，中国海油炼化销售分公司与中国航油签署《建立战略合作伙伴关系框架意向书》。中国航油同中国海油炼化销售分公司共同安排好物流计划，及时转运，确保中国海油炼化销售分公司航空煤油的产销平衡。

2009 年 4 月 15 日，中国航油三大业务板块公司中国航空油料有限责任公司、陆地石油公司、新加坡股份有限公司在北京分别与中国海油签订了航油资源供应及销售合作框架协议。三个框架协议为中国航油与中国海油建立合作共赢的战略关系打下了坚实的基础，对促进双方航煤资源市场共享以及拓展在国际贸易、成品油贸易等领域的全面合作具有里程碑式的重大意义。中国航空油料有限责任公司与中国海油销售分公司签订的框架协议具体约定航油供应基本量，并随着业务深化，中国航油与中国海油的航煤需求量得到进一步提升。新加坡股份有限公司与中国海油销售分公司签订了为期三年的航油销售合作框架协议，双方加强开发周边市场及成品油海外销售业务，同时承销海油惠州炼厂部分航煤。陆地石油公司与中国海油销售分公司签订了成品油供应框架协议，对于资源供应的基本业务量、提货方式、价格及结算等相关问题进行了详细约定。

2012 年 4 月 28 日下午 1 点，中国航油赣州机场油库正式接收中国海油首批内陆机场航油，该批次 12. 94 吨航煤由海油惠州炼厂生产，经过长达 9 小时的公路配送后抵达赣州机场，由中国航油工作人员采样化验分析合格后卸入油库。这一重要节点标志着中国航油同中国海油正式就内陆机场航煤供应展开实质合作。

为继续巩固双方合作，创新合作模式，共享市场资源，拓展业务范围，深化多领域合作，中国航油与中国海油于 2019 年 4 月 11 日在航油总部签订 2019 年航空煤油供应框架协议，对共同保障国家民航业能源安全具有重要意义。

（4）中化集团资源合作

中国中化集团有限公司（中化集团）成立于 1950 年，总部设立在北京，是中国中化控股有限责任公司全资下属企业。中化集团业务分布于石油和化工、城市开发运营、非银行金融等领域，是我国石油和化工产业的排头兵之一，公司下设五大事业部，分别为能源、化工、农业、地产及金融。中化集团 2019 年航煤产能占全国总产能 4%，航煤产量约为 200 万吨。其航煤主要产自中化能源全资子公司中化泉州石化有限公司。近年来，中国航油同中化泉州石化有限公司（中化泉州）建立了航煤供销合作关系。2019 年初，中国航油与中化集团高层进一步深化资源合作，签署了 145 万吨的航煤年度框架合作协议，其中一般贸易出口计划 55 万吨。2019 年 3 月 26 日，3. 9 万吨级勇士二号外轮成功靠泊青兰山码头，标志着中国航油同中化泉州一般贸易出口航煤计划正式启动。

国内市场上，航油福建分公司主要负责采购中化泉州航煤资源，供给厦门高崎机场及晋江机场，同时，双方于 2018 年建立了保税油合作业务。福建唯一的航空煤油保税仓库中国航油厦门液体危险品保税仓库正式接收中化泉州 3967. 6 吨保税航空煤油，解决了航油福建分公司此前保税油采购方式成本高，运输时间长等问题。

（5）华锦集团资源合作

北方华锦化学工业集团有限公司（华锦集团）总部设在辽宁省盘锦市，是中国兵器工业集团有限公司最大的工业企业，主营业务分布于石油化工、化学肥料、道路沥青三大板块，并先后在辽宁省盘锦市、葫芦岛市、新疆库车三地建立生产基地，年炼油量达 800 万吨，主要化工产品有乙烯、道路沥青、润滑油基础油、尿素等。

中国航油与北方华锦化学工业集团有限公司合作始于 2016 年 3 月，双方签订了临时供货协议，华锦集团全年向中航油集团交付航空煤油 10320 吨。为进一步稳固双方合作，双方于 2017 年签订了航煤供油协议，华锦集团成为继中国石油、中国石化、中国海油和中国中化后第五家进入航煤资源供应领域的国字号央企集团。

3. 持续拓展航煤资源市场合作

进入 21 世纪以来，随着我国经济发展以及居民收入和消费水平提高，交通运输业、工业等行业发展均呈现向上趋势，直接促进了我国成品油消费不断增长。石油产品中汽油、煤油、柴油、润滑油、液化气、燃料油、化工轻油、石油焦、沥青等九大产品占比 90%以上，交通运输行业常用到的汽柴油等产品占到消费总量 50%以上。统计局数据显示，2020 年我国成品油实际消费量约为 3. 8 亿吨，其中汽油消费量为 1. 56 亿吨，柴油消费量为 1. 92 亿吨，“十三五”期间成品油实际消费量年增速率保持 3. 3%，较“十二五”成品油实际消费量年均增速率降低了 2. 6 个百分点，增速放缓的主要原因是汽柴油的消费呈减速趋势。

成品油消费量增速放缓的主要原因是我国能源产业结构转型调整，推动实现碳达峰、碳中和目标，其中交通运输业是推动绿色发展，实现碳达峰、碳中和的关键领域。汽车消费链向节能减排以及新能源替代快速发展，动力由汽柴油燃料向电能等清洁能源转型。在政策补贴驱动以及技术发展的作用下，现阶段我国的新能源汽车已全面进入加速发展阶段。据统计，我国 2021 年新能源汽车产销量分别为 354. 5 万辆和 352. 1 万辆，销量约占汽车消费市场 13%，同比增长 8%。其中，纯电动新能源汽车产销量分别为 294. 2 万辆和 291. 6 万辆，同比增长 1. 7 倍和 1. 6 倍；插电式混合动力汽车产销量分别为 60. 1 万辆和 60. 3 万辆，同比增长 1. 3 倍和 1. 4 倍。新能源汽车愈发快速的商业化发展进一步促进我国能源结构转型，不断影响成品油消费市场，电能替代汽油、柴油的比重越来越高，为我国成品油炼化企业带来了不小挑战，同时也提供了转型机遇。

为全面适应新能源行业迅猛发展，解决产业布局不合理，产品结构与市场需求不匹配等问题，我国炼化企业相继加快产业升级，优化业务体系。针对我国炼油产能过剩以及汽柴油市场需求量增长速度逐步放缓的实际情况，各大炼厂坚持推动低碳转型，把握新材料发展机遇，深化“减油增化”战略，即减少成品油的产出比例，增加化工产品产出比例，优化提升产业结构，扩大高端化工材料和化学品产出规模，如增加航煤产能、高性能树脂、工程塑料、电池电解液、高端聚烯烃，高标号汽油等。

虽然受新冠肺炎疫情影响，我国航煤需求量在 2020 年至 2021 年下滑明显，但航空煤油的整体趋势仍然保持向上增长，其中最为主要的原因是我国民航市场潜力巨大，航空运输市场需求量正处于黄金发展时期，随着国民经济收入和消费能力提高，航空客、货运输周转量持续攀升；我国地域辽阔，民航市场庞大，不断新建投用的机场将有力支撑国内航空煤油需求增长；虽然全球都在积极研制航空生物燃料，但是安全性以及适配性都需要不断验证，距离真正商业化应用仍需 10~20 年，而且航空生物燃料需要同航空煤油混合调配应用以降低其成本。正因市场有需求，产业需转型，中国石油、中国石化等炼油企业将不断加大投入航空煤油工艺装置，适当减少汽柴油装置，以满足未来航煤资源供应端的大量需求。

中国航油在全国各大航煤炼厂设有办事处，以此加强彼此动态跟踪，未来，中国航油将继续加大与中国石油、中国石化等炼化企业合作力度，深化互利共赢的战略合作关系，共同维护航煤资源市场秩序与环境，不断拓展航煤业务领域，形成稳定、健康、共赢、可持续发展的上游供应端产业链，为我国民航及全球民航业安全能源保障做出更大贡献。

4.1.2 航油客户端战略合作

千里之行始于足下，万里航程从油开始，航油犹如航空公司飞行器的“血液”，对航空公司的正常运营起着极其重要的作用。中国航油现已成为全球最大的综合性航油供应商，供油加注业务覆盖亚太、北美、欧洲，在全球280多个民用运输机场为全球500多家航空公司提供供油的保障服务。仅在国内服务机场数已超240个，未来国内民航业仍将保持6%左右的增速，在已有机场客货运航线愈加密集和新建民用运输机场数量增加的背景下，需要中国航油继续提升对航油设施和供油能力，同全球各大航空公司建立深度合作关系，做好上游航煤制造商以及下游航空公司客户间的桥梁纽带，为国内外航空公司创造更好的服务。

1. 主要航空客户战略合作

（1）中国国航战略合作

中国国际航空股份有限公司（中国国航），于1988年在北京正式成立，是中国航空集团公司控股子公司，主营业务为航空运输。中国国航是我国众多民用运输航空公司中唯一一家载国旗飞行的公司，其在2007年正式加入星空联盟，2013年成为星空联盟一类会员，是国内品牌价值最高的航空公司。中国国航在机队数量、飞机规模、国内外航线以及航空服务等方面均处于国内领先水平。公司主要运营基地是北京首都机场、成都双流机场。其他枢纽业务分布于在上海、杭州、武汉、天津、重庆、呼和浩特等地枢纽机场。截至2020年12月31日，中国国航共拥有各类型飞机707架，其中以波音及空客的机型为主，平均机龄7.74年，国内外客运航线多达674条，航空运输服务遍布全球195个国家，1300个目的地。

中国航油与中国航空集团公司于2010年11月1日在北京共同签署了全面合作协议。双方就市场销售、科技创新、服务保障等方面持续扩大合作覆盖面。中国航油优质的航油产品和服务保障与中国航空集团公司战略发展和服务品质改进息息相关，通过全面合作协议巩固了双方良好的合作。在资本运作方面，中国航油参与了中国国航定向增发，是中国国航前十大股东之一，目前持股数为4.626亿股。

2012年8月27日，中国航油与中国航空集团公司在京签署《海外战略合作协议》，以这份合作协议为起点，双方开启了海外航油供应、油料套期保值、风险管控、信息沟通及航空生物燃料等领域的合作新篇章。此次战略合作是积极响应国资委管理提升活动，加强中央企业相互合作、互利共赢的重要体现。有力推动了双方发挥各自优势，充分利用国内外资源，提升各自核心竞争力和抵御油价波动风险的能力。通过这次合作，中国航油将在部分海外机场为中国国航航班提供加注服务，这有利于国际市场延生，共同为建设民航强国做出贡献。

（2）东方航空战略合作

中国东方航空股份有限公司（东方航空）成立于1995年，总部坐落在上海市，是中国东方航空集团有限公司控股的核心航空运输业务子公司，其航空运输实力在我国各大航空公司处于领先地位，是国有三大航空运输集团之一。2011年，东方航空正式成为天合联盟成员，拥有各类飞机760余架，互联网宽体机队数量位列国内首位，其航班航线遍布全球170个国家和地区的1036个目的地，超过1.3亿旅客享受到东方航空运输服务，服务旅客规模居世界前十。目前，东方航空构建起以上海和北京为主的“两市四场”双核心枢纽网络，同时是西安、昆明等地方机场建设枢纽区域基地，业务范围覆盖全国省会城市及旅客吞吐量达上千万的机场。在航空金融方面，东方航空是国内第一家在上海、纽约、中国香港三地证券交易所上市的航空公司。

2012年12月20日，中国航油与东方航空在沪签署海外战略合作协议，双方战略合作迈入了新的发展阶段。中国航油作为东方航空最大的航油供应商，每年为东航海外供油的份额都在稳步提升。签署海外战略合作协议不仅能够实现中国航油海外业务延伸，促进海外油品产销，也能进一步缓解东方航空海外航煤巨大需求压力，实现双方从操作型采购向战略性合作的转变，共同提升国际市场竞争力。

2017年10月12日，中国航油与东方航空在沪签署战略合作框架协议。双方本着“优势互补、互惠互利、友好合作、共同发展”的原则，进一步确定在差旅服务、国内机场供油业务、海外机场供油服务、信息系统互联互通、服务于“一带一路”建设等领域开展合作。

在资本运作领域，中国航油于2010年参与了东方航空A股定向增发，成为其前十大股东之一。

中国航油与东方航空长期以来一致保持着紧密合作的发展关系，未来双方将深化合作，不断拓展业务合作领域，共同服务好国家“一带一路”建设，为中国民航“走出去”做出积极的贡献。

（3）南方航空战略合作

中国南方航空股份有限公司（南方航空）成立于1995年，总部设在广州，是中国南方航空集团有限公司控股子公司，主营航空运输核心板块业务，为国有三大运输航空公司之一。南方航空在飞机规模、航线数量以及年旅客运输量方面处于我国首位，其拥有波音系列、空客系列及商飞ARJ21等客运货运机型，飞机数量超过860架，机上载有南方航空蓝色垂直尾翼镶红色木棉花的公司标志。南方航空航线数量超1000条，运输业务遍及全球40多个国家和地区的224个目的地。公司控股厦门航空、河南航空等7家航空运输公司，在乌鲁木齐、北京、沈阳等地设有21家分公司，拥有境外营业部54个。近年来，南方航空构建了广州—北京核心“双枢纽”，建设运营两大综合性国际航空枢纽基地，致力服务于国家“一带一路”建设和粤港澳大湾区战略及京津冀协同发展战略。

自2011年中国航油与南方航空集团签署《海外战略合作协议》以来，双方在海外供油市场建立了长期、稳定、互利的海外战略合作关系。中国航油为南方航空在洛杉矶、纽约、法兰克福、阿姆斯特丹、迪拜等11个机场提供定班加油服务。双方不断拓展海外机场航油服务，共同推进信息系统互联互通共享服务，实施“一带一路”建设服务合作，更好地服务“民航强国”战略，做强做大做优国有经济。

2017 年 10 月 13 日，中国航油与南方航空集团在广州签订了战略合作框架协议。该协议的签订是中国航油与南航集团响应国家“一带一路”倡议的重要举措，对于推动民航事业发展，落实“民航强国”战略，不断增强国有经济活力、控制力和影响力具有重要意义。中国航油与南方航空集团有着良好的合作基础与合作前景，多年来在互惠互利、友好合作上取得了显著的成效。双方同为“民航强国”战略的具体实施者和推动者，不断开展层次更高、关系更紧密的战略合作，不断加强信息沟通、业务交流和协作支持，实现强强联合、共赢互进，为可持续发展注入更强大的动力。

中国航油同时也是南方航空前十大股东之一。

2. 其他国有控股航空公司战略合作

除了与中国国航、东方航空以及南方航空三大国有骨干航空公司保持长期战略合作，中国航油还与其他国有控股航空公司签订了供油服务协议，如厦门航空公司、四川航空公司、山东航空公司、长城航空公司、上海航空公司、深圳航空公司等。中国航油是各国有控股航空公司在国内最重要的战略伙伴，彼此长期建立紧密合作，形成了融洽、稳定的合作伙伴关系。

3. 民营控股航空公司战略合作

随着《国内投资民用航空业规定》发布实施，国家进一步放宽了资本投资民航业的准入标准，同时引导规范了民航企业间的投资行为，推动民航业健康持续发展，乘着政策利好的东风，民间资本积极投入民用运输航空业。我国民营控股航空公司在全国民用运输及货运市场上虽然占比较小，但民营控股航空公司的进入为航空运输业提供了强大活力与竞争力，低成本、高效率、优胜劣汰的市场竞争体系使其在庞大的民航市场中不断存续发展。中国航油积极与海南航空、春秋航空、吉祥航空、华夏航空、九元航空、顺丰航空、圆通货运航空公司等国内众多民营控股航空公司建立了航煤供应服务关系，优质的航煤加注销售服务进一步完善了民营航空公司航煤资源采购体系，成为中央企业与民营企业良好合作的典范。

4. 国外航空公司战略合作

国外航空公司主要是指全球各国在中国开通航线的航空公司，这类航空公司数量基数较大，但是由于航线较少，其航煤需求量相对较低，但长航线的客观原因导致航油消费能力依然较为可观。中国航油同全球来华航空公司建立了供油服务合作关系，如英国航空公司、法国航空公司、德国汉莎航空公司、新加坡航空公司、美国联合航空公司、日本航空公司等。此类航空公司信誉度较高，彼此通常直接签订供油协议。针对国外一些信誉度差、油款拖欠严重、在华航线极少的航空公司，中国航油同代理服务公司签订销售协议，由代理公司支付油款。

4.1.3 政府、机场战略合作

机场是我国民航事业发展的重要基础设施，近年来地方政府明确机场布局建设重点，抓住发展机遇，展示着大力发展民航业的决心，对于实现我国从民航运输大国向民航运输强国转变、民航持续快速发展以及建设和谐社会具有十分重要的意义。在我国经济已由高速增长阶段转向高质量发展阶段的大背景下，加快建设重要交通基础设施——机场，也是着力稳增长、扩大有效投资的重要体现。航油保障是机场的重要配套工程，是机场有机整体的不可分割的一部分。中国航油从服务国家战略意义和国家、地方经济社会发展大局出发，支持地方政府、当地机场建设，承担了几乎全部干线枢纽机场、中小型支线机场的供油保障工作，与政府、机场不断扩大合作领域，深化互利共赢，共同服务经济发展大局。

1. 各大省市战略协议合作

中国航油与安徽省、陕西省、湖北省、海南省、重庆市、延安市、湘西州政府等地达成战略合作协议，形成开放包容、互利共赢的全方位合作局面，为共同促进民航事业繁荣发展奠定了重要基础。

2020 年 10 月 13 日，中国航油与海南省政府签署战略合作协议，引领双方发挥各自优势，在航空、能源等相关领域进一步深化合作关系。中国航油利用海南独特区位优势和自贸港政策优势，积极参与海南省内民用运输机场航油保障基础设施建设，大力发挥中国航油资源配置与协调优势、油品质量与安全优势、管理精细与服务精心优势，为机场航煤提供全方位保障。中国航油将大力支持海南通用航空事业发展，以市场化方式参与通航航油保障、通航机场及配套设施投资建设，拓展多元化业务，打造高质量、高水平发展的通航产业。

2020 年 9 月 9 日，中国航油与湖北省政府签署深化战略合作框架协议，为中国航油在鄂投资发展营造良好环境，提供优质服务，全面提升中国航油在湖北省内民用机场航油保障能力。双方就推进湖北通航领域融合发展，深化成品油流通领域合作、航空物流及航空相关产业合作，建设民航特种车辆生产基地，全力打造高端制造业基地，深化与湖北上下游企业对接合作达成合作，共同为湖北疫后重振和高质量发展做出更大贡献。

2020 年 5 月 29 日，在全国两会刚刚结束之际，中国航空油料有限责任公司携手湘西土家族苗族自治州政府在中国航油北京总部签署了《湘西机场供油工程投资建设及合作协议》。作为负有政治责任和社会责任的中央企业，中国航油大力支持湘西自治州机场建设，为湘西自治州决战决胜脱贫攻坚，助力湘西民族贫困地区机场建设，更好地融入国省发展战略做出应有的贡献。

2020 年 1 月 9 日，中国航油与陕西省政府签署战略合作协议，双方围绕推进陕西自贸试验区、西安临空经济示范区、陕北能源化工基地等建设，进一步深化航油供应、保税航油、成品油销售、新能源应用等方面务实合作，助力新时代陕西追、赶、超发展。同天，中国航油与西部机场集团签署了框架合作协议。

中国航油和江苏省政府控股的江苏航空产业集团有限责任公司于 1998 年 2 月 6 日正式注册成立南京空港油料有限公司，为南京禄口国际机场提供航油加注服务，助力南京社会经济发展。

中国航油与烟台市政府合作始于 1993 年，中国航空与烟台交通投资公司共同组建了致力于服务烟台机场的航油保障企业——中航油烟台有限公司，近 30 年来，中国航油为烟台民航事业发展做出了重大贡献，在烟台市经济社会发展中起到了积极作用，切实履行了中央企业责任。

2. 各大机场战略合作

（1）首都机场集团战略合作

首都机场集团有限公司（首都机场集团）隶属中国民用航空局，是一家以机场业务为核心的跨地域的大型国有企业集团。首都机场集团现为全球最大的机场管理集团之一。截至 2020 年底，首都机场集团管理资产规模超过 2121 亿元，管理着北京、天津、河北、江西、吉林、内蒙古、黑龙江等 7 个省市自治区 53 个干支机场，形成了机场管理、机场服务保障、临空业务、科技创新等 4 个板块协同发展的业务布局。在主业发展上，2020 年，全集团所属机场旅客吞吐量、货邮吞吐量和飞机起降量分别为 1. 28 亿人次、201 万吨和 111. 6 万架次。干线机场平均放行正常率提升至 90. 6%，机场责任原因航班延误万架次率降至 0. 21。中国航油与首都机场集团除了在航班保障上保持长期合作，在市场拓展、优势互补、互利共赢方面有了新的发展。

2014 年 12 月 10 日，中国航油与首都机场集团就北京新机场供油工程领域合作事宜进行了深入沟通和广泛交流，达成了一致意见，双方共同签署了《北京新机场供油工程合资经营协议》。2016 年 4 月 1 日，由中国航空油料有限责任公司与首都机场集团共同出资组建的中航油（北京）机场航空油料有限责任公司在北京大兴正式挂牌成立。北京新机场合资公司的成立是航油顺应市场化改革和企业合资合作发展新理念、实现优势资源整合、推动混合所有制经济发展的有益尝试，也是积极落实中国航油和首都机场集团战略合作的重要成果，对创新公司合作运营模式，建立市场化、现代化的新型国企具有重要意义。中航油（北京）机场航空油料有限责任公司正持续创新发展、锐意进取，为大兴区经济、首都经济、社会发展做出新贡献，谱写新篇章。

（2）青岛国际机场集团战略合作

青岛国际机场集团有限公司（青岛国际机场集团）成立于 1998 年，总部设于山东省青岛市，是一家以航空运输为主的国有企业。2021 年 8 月 12 日，青岛新机场——胶东国际机场正式投入运营，与此同步的是青岛流亭国际机场正式关闭。青岛胶东国际机场是山东省内第一个 4F 级机场，投运一年多以来，新机场完成旅客吞吐量 1100 多万人次，货运吞吐量超 22 万吨。

2015 年 2 月，中国航油同青岛国际机场集团签订《战略合作框架协议》，双方本着“优势互补、互惠互利、友好合作、共同发展”的基本原则，约定充分发挥各自优势资源，在航油、地油、通用航空等多个领域建立合作，为共同提升各方竞争优势和中长期发展能力提供有力支撑，从而达到互利共赢的目的。

2016 年 4 月 18 日，中国航空与青岛国际机场集团在青岛签署了《合资经营协议》，双方合资设立新公司，投资建设青岛胶州新机场供油工程并开展航空油料业务经营。

中航油青岛国际机场航空油料有限责任公司于 2016 年 8 月正式成立，青岛国际机场集团在新公司中持股 20%，此次合作的成功开启了中国航油与青岛新机场的合作领域，对双方的长期发展具有深远意义和积极影响。

(3) 新疆机场集团战略合作

新疆机场(集团)有限责任公司(新疆机场集团)成立于2004年，总部设于新疆维吾尔自治区乌鲁木齐市，是新疆维吾尔自治区人民政府直属管理的国有企业，主营业务分布于航空运输、航空地面服务保障、仓储、物流、酒店等板块。新疆机场集团目前管辖新疆自治区内乌鲁木齐、喀什、库尔勒、且末、伊宁、那拉提、阿克苏等23个机场，是国内管理机场数量最多的机场公司。近20年的发展，新疆机场集团旅客吞吐量由2004年516万人次发展至2021年近2800万人次，旅客吞吐量约增长6倍。全疆机场航线数量由“十二五”末的214条增加至最高309条，通航城市由“十二五”末的89个增加至最高110个，乌鲁木齐机场实现与国内所有省会城市通航，开通直飞欧洲(维也纳)的定期客运航线。支线直飞疆外城市航线达到65条、支线机场间互通航线达到56条，较“十二五”末分别增长3倍、8倍；支线机场年旅客吞吐量占全集团的比重超过36%。基本实现自治区提出的“进出疆快起来、疆内环起来”目标。

中国航油多年来积极推动援疆驻疆行动，坚决履行央企社会责任，为新疆民航事业和当地经济社会稳定长久发展奉献着央企力量。2014年12月5日，中国航空与新疆机场集团共同组建的中航油新疆航空油料有限公司正式挂牌成立。该公司的成立是中国航油落实驻疆属地化管理、深化援疆合作的重要举措，是中央企业与新疆国资委落实《战略合作框架协议》的有力实践。

中国航油将一如既往发挥航油供应行业领先优势与安全优质服务体系，背靠新疆，依托新疆，立足新疆，为新疆民航业快速发展助力，为新疆创造更大的社会经济效益。

(4) 晋江机场战略合作

中国航油泉州空港油料有限公司是由中国航油与泉州晋江国际机场股份有限公司合资组建，全面负责供应泉州晋江国际机场的航油保障业务。在双方的共同努力、精诚合作下，泉州空港油料有限公司于2020年底顺利完成油库和航空加油站迁建工程竣工验收，并于2021年5月26日0时起正式负责晋江机场油料业务的运营，标志着泉州晋江机场的供油业务正式纳入中国航油供油序列。正式运营后，可有效打破原机场油库发展瓶颈，解决现有机场油库存在的安全隐患，为机场提供持续安全的航油保障。这是中国航油与福建省内地方国企强强联合、优势互补的结果，也是中国航油履行央企责任，助力地方经济发展的深度体现。

后续，双方会进一步延伸各方面的合资合作，延伸业务领域，共同把这个市场做大做强，为地方经济腾飞做贡献。

4.1.4 通航业务战略合作

近年来，随着国家政策环境不断优化，通用航空事业正步入快速发展阶段。作为与运输航空“两翼齐飞”的战略新兴产业，通航市场是万亿规模的蓝海市场。中国航油积极贯彻落实民航强国战略，深入推进通用航空战略布局，把通航事业作为中国航油发展的重要新兴战略产业进行了全方位、全局性部署，通过拓展通用航空市场，挖掘通航市场潜能，加快推进通航供油服务布局建设，建立健全企业标准体系、服务体系，推动运输航空与通用航空“两翼齐飞”。中国航油深知在新兴市场发展过程当中，“双赢”“多赢”才是企业间协同发展的必然趋势，基于合作共赢的理念，中国航油通航产业发展目标紧紧围绕着携手更多通航合作伙伴共营产业生态圈。

1. 通航多元化战略合作

中国航油整合集团内部通航资源，成立通航领导小组，推进通航工作顶层设计，理清发展路径，合理开展产业布局。梳理、研究国家政策、全国各省市、自治区通航发展规划，开展全国性调研工作，挖掘通航市场潜力，为合理择优开展通航布局提供了政策基础。

2017 年 10 月 11 日北京人民大会堂，中国航油与来自五湖四海的通航产业合作伙伴共同签署了通航事业战略合作协议，合作伙伴有云南、重庆、武汉、烟台等省市政府，有西部机场集团、云南机场集团等重要航空运输公司，有龙浩集团、北大荒通用航空公司等重要通航服务公司。此次通航事业战略合作协议的签署，是通航产业生态圈初具雏形的重要标志，对促进通用航空事业发展具有深远影响。

中国航油举办各类通用航空飞行器油料专业培训，在宁波、珠海、武汉等地开展通航航油配送中心建设工作，打造全新配送体系，着力服务国际发展战略，融入通航发展环境。

中国航油以入股的方式与西部机场集团有限公司及陕西航空产业发展集团有限公司共同成立西部通用机场有限公司。参与筹建重庆航空学院，实现产业领域合纵连横，深化结构多元发展。

2. 成立通用航空公司

中国航油于2018 年组建通航公司，优化整合通航资源，统一运营管理，搭建精干组织机构，提升通航服务水平，开创通航发展新格局。同年 6 月，中国航油集团通用航空发展有限公司在雄安新区正式注册成立。通航公司成立后，不断加强与合作伙伴的沟通交流，先后与云南、广东、四川、山西、湖北、重庆等省市政府签订战略合作协议，加快推进与国家电网等重点客户的合作，不断夯实自身发展根基。通航公司还积极开展校企合作，与重庆交通大学、天津民航大学、中国民航学院等院校建立合作伙伴关系，为实现通航产教融合奠定基础。

3. 发布通用航空事业发展规划纲要

中国航油在上海举办中国航油国际论坛，论坛以“新理念、新模式：共创通用航空新机遇”为主题，为政府、通航产业相关企业、学者专家打造通航交流凭条，论坛紧密围绕国内外通用航空发展趋势，聚焦研究和分析通用航空产业机遇，应对发展过程中可能发生的风险与挑战，促进各方共同探索出通用航空油料保障服务的中国方案。

论坛上，中国航油发布《中国航油集团通用航空事业发展规划纲要》，确定到 2025 年实现“基本建成供油基础设施网络布局、安全规范的通用航空供油保障体系，形成基本覆盖地方政府、通用机场和通航企业的通用航空生态圈”的发展目标。中国航油将遵循合作共享原则，不断拓宽通用航空产业生态圈，以航油力量助力中国通用航空新兴领域快速发展，为实施交通强国、建设美丽中国、促进社会进步提供坚强保障。

4.2 培育国际经济合作

面对纷繁复杂、竞争激烈的国际市场，中国航油积极践行“一带一路”倡议，加速推进中国航油国际化发展战略，在巴基斯坦、柬埔寨、哈萨克斯坦等地增设海外办事机构，通过资本国际化运作、合资合作和兼并重组等方式，全方位推动国际业务发展进入新阶段，实现国际业务可持续发展和“一带一路”沿线国家的互惠共赢。同时，中国航油还与国外大型能源公司 BP 等签署全球战略合作协议，承担部分海外航油供应服务项目，加强国际合作，极力在世界航油供应领域占有一席之地。未来，中国航油将继续响应国家和民航局的号召，以全球化的视野和国际化的思维，积极谋划布局，拓展国际市场，充分发挥跨区域优势，加强海外协同一体化运作，聚力建设具有全球竞争力的世界一流航油公司，为世界民航发展注入“中国动力”。

4.2.1 海外航油市场合作

秉承“中国航油，为世界加油”的企业使命，中国航油早早踏上了“走出去”的国际化之路。拓宽国际业务过程中，中国航油以航油业务为核心，坚持发展的“宽视野”、合作的“宽领域”、布局的“宽覆盖”，调整经营结构，优化经营模式，充分发挥中国航油(新加坡)股份有限公司和国际控股公司的战略平台功能，探索合作伙伴关系，培育贸易、物流及资本运营能力，同世界各国共享全球经济发展成果。

中国航油于 1993 年 5 月 26 日设立海外公司，自此，中国航油正式步入国际舞台。中国航油(新加坡)股份有限公司在世界第三大石油中心新加坡成立，该公司是中国航油成立的首家石油类跨国企业，也是中国航油落实“依托中国，走向世界”战略的积极实践。

新加坡公司是中国航油首家在海外上市的公司，于 2001 年在新加坡证券交易所成功上市，也是我国首个完全依靠海外自有资产在国际金融舞台上市的中资企业，对中国企业尤其是央企国际化树立了优秀典范。通过此次成功上市，新加坡公司建立了符合自身战略的发展方向，依托石油能源业务强项，做优做大石油市场，依法合规发挥资本运作优势，为实体业务注入助推剂，打造持续、健康的海外中资公司。为进一步发展中国香港航煤加注、油品贸易业务，熟悉国际投资环境，挖掘北美及国际市场机会，中国航油先后设立了中国航油(香港)有限公司及中国航空油料集团公司(北美)有限公司。2012 年，中国航油(新加坡)股份有限公司与集团公司签订协议，收购在香港及北美的业务，以进一步整合海外资源，拓展全球市场网络。

航油供应与贸易是新加坡公司的核心业务。新加坡公司航油实货贸易规模在亚太地区处于首位，我国民用运输航空的进口航油也基本采购于新加坡公司。公司向中国主要国际机场供应航油，包括北京首都国际机场、上海浦东国际机场和广州白云国际机场。公司也在中国境外的国际机场向航空公司供应航油，包括欧洲(阿姆斯特丹、法兰克福等）、北美（洛杉矶、安克雷奇等）、亚太（河内等），以及中东（迪拜、伊斯坦布尔等）。目前，公司在海外 57 个机场提供航煤加注服务，其中“一带一路”沿线国家机场有 16 个。同时，新加坡公司通过建立多元化业务来拓展公司的业务规模与领域，包括各类成品油和航空汽油，并在亚太地区的市场上积极开展贸易活动。

在海外石油实业投资方面，中国航油依托新加坡公司参股韩国丽水枢纽油库有限公司。该公司经营韩国规模最大的商业油库，拥有 36 个油罐，罐容从 6000 立方米到 8 万立方米不等，总罐容为 130 万立方米。油库可存储原油以及各种成品油，并拥有一套先进的加热和调和设备，能为客户提供多种增值服务。油库拥有 4 个 1 万吨级到 20 万吨级的泊位，水深 17.7 米。同时油库还可以共享临近的韩国国家石油公司码头 32.5 万吨级超大油轮泊位。新加坡公司是韩国丽水枢纽油库有限公司第二大股东，控股股东是韩国国家石油公司，其他股东包括 SK 能源有限公司、GS 加德士股份有限公司、三星股份有限公司、LG 国际集团公司以及 Seoul Line 有限公司。

新加坡公司还参股阿姆斯特丹机场航油供应公司，阿姆斯特丹机场航油供应公司持有史基浦机场管理局发出的特许经营权，为史基浦机场的航空公司提供航油供应服务。新加坡公司持有阿姆斯特丹机场航油供应公司所发行普通股的 14.29%，其他股东包括航空公司和几家大型石油公司。

4.2.2 同国际同行战略合作

改革开放以来，全球各国间呈现着多元化、多边化、信息化的态势。在此背景下，中国航油携手全球能源行业合作企业，加快结构布局的调整，增强创新能力，提升国际化的水平，持续构建协同共赢的产业模式和充满动能的经营模式，共谋新时代新机遇。中国航油坚定贯彻落实继续扩大改革开放政策，与同行业国际跨国公司深化合作，不断拓展新的合作领域和空间。中国改革开放的伟大实践深刻诠释了中国企业永远是全世界开放互利的引领者，也永远是为全球经济向好发展的重要贡献者。

1. 英国石油公司 BP 战略合作

英国石油公司 BP 成立于 1909 年，总部位于英国伦敦市，由前英国石油、阿莫科等多家石油化工公司整合重组形成，是全球领先的石油和天然气公司。BP 经营业务遍布全球 70 多个国家，拥有员工 7 万多名，2021 年营业收入超 1800 亿美元，在世界 500 强企业中排行前列。资本运作方面，BP 在伦敦及纽约证券交易所挂牌上市。乘着中国改革开放的春风，BP 正式踏上了中国的土地，成为最早进入中国市场的外资企业，与中国市场建立了长达 40 多年的合作关系。BP 在我国的业务主要航空油料供应、成品油销售、天然气储运、新能源等，其是唯一一家参与我国航空油料供应的外资企业。

中国航油与 BP 有着长达 20 年的合作经历，借助我国改革开放的东风，双方以高起点起步、高标准建设、高标准管理的理念建设行业标杆，树立中外合资合作典范。1991 年，中国航油与 BP 合资组建深圳承远航空油料有限公司，该公司是国内首家中外合资航油企业，全面负责深圳机场航油供销业务，确保了深圳机场航空用油产业链向纵深发展，对深圳民航业发展起到至关重要作用；1997 年，中国航油、BP 及香港富地航空燃料有限公司成立了民航领域内第一家跨地区大型中外合资企业——华南蓝天航空油料有限公司(蓝天公司)，主要负责华南五省区(广东、广西、湖南、湖北、河南)航空煤油的采购、储存、运输、销售和加注业务。公司自成立以来，不断吸收借鉴国内外先进管理理念，持续变革创新，核心竞争力大幅提升。成立之初，蓝天公司加油量仅 60 万吨，发展到现阶段近 600 万吨，成长为对民航业及当地社会经济发展有重要贡献的中外合资企业；近年来，中国航油与 BP 进一步将合作关系拓展至通用航空领域，双方于 2019 年共同签署合资经营合同，成立中国航油 BP 通用航空油料有限公司，将双方合力优势用于支持我国通用航空产业发展。

2. 俄罗斯天然气航油公司合作

俄罗斯天然气航油公司是俄罗斯天然气工业石油公司旗下的航空油料运营商。自 2008 年 12 月成立以来，俄罗斯天然气航油公司累计投资超过 200 亿卢布用于发展航油业务，为全球 63 个国家，约 150 家航空公司提供航煤保障服务。

中国航油与俄罗斯天然气航油公司在科技创新、技术创新、机场供油等方面保持交流。2019 年，双方签署了合作备忘录，有意在航油贸易与加注服务、研究海外合作、数字化转型等方面开展合作。

同年，正当举国欢庆中华人民共和国成立 70 周年之际，中国航油从塞尔维亚传来捷报。在由俄罗斯天然气航油公司主办的第二届航空加油国际技能竞赛中，中国航油代表团实现历史性突破，来自青海分公司的加油员，在分量最重的加油技能竞赛中，勇夺世界冠军，创造了中国选手在该项赛事中的最好成绩。与此同时，由云南公司、深圳承远公司、华北公司加油员组成的航油一队也获得了团体季军的好成绩，在世界舞台展现了中国航油的水平和风采。此次比赛，对促进中国航油与俄罗斯天然气航油公司等国际优秀航油加注公司的技术交流与合作具有重大意义(图 4.1)。

图 4.1　中国航油首夺第二届航空加油国际技能竞赛冠军

3. 美国贝塔油料系统有限公司合作

美国贝塔油料系统有限公司(贝塔公司)是一家有近 50 年飞机加油设备制造经验的公司，在全球销售了超过2500 台加油设备，除了提供一流的加油栓、过滤器、加油车和模块化设备，贝塔公司还为航空业提供零部件。中国航油于 2019 年与贝塔公司建立合作，就航空加油车、航油过滤器、飞机加油柜等先进技术开展探讨，以实现优势互补、互利共赢。双方还签署合作备忘录，合作意向有拓展海外市场、中白工业园成立飞机加油车制造基地等。

4.2.3 “一带一路”沿线国家战略合作

“一带一路”是中国对外改革开放的一部分，是建立多边共赢共生的重要平台，是积极发展同中亚、东南亚各国建立政治互信、经济交融、文化包容的重要举措，对促进各国经济转型升级和贸易繁荣起到实质作用，有效增进了我国与周边各国在经济与文化上的交流互动。

中国航油深刻意识到参与建设“一带一路”是促进企业发展，寻求合作共赢的有效路径之一，为此，中国航油致力于加快打造“一带一路”业务，先后在东南亚、欧洲等“一带一路”沿线国家设立海外分支机构，探索与沿线国家在航油贸易、机场加注等业务上的市场合作。

暹粒吴哥国际机场项目是中柬两国国际产能合作重点项目，也是“一带一路”建设合作的重要象征。暹粒吴哥国际机场定位标准高，规模大，运输量强，建成后将成为柬埔寨民用航空基础设施中的标杆示范。作为暹粒吴哥国际机场的重要配套与有机整体的供油工程，必须按照机场统一标准同步实施，而中国航油无疑是最具专业性的供油公司。2017 年，暹粒吴哥机场供油工程项目确定由中国航油进行投资并运营，促进机场形成统一完备的供油业务全链条体系。投资建设暹粒吴哥机场供油工程项目是中国航油加快融入“一带一路”步伐，抢抓发展机遇，拓展海外市场的阶段性成果。中国航油在柬埔寨暹粒吴哥设立的代表处已顺利开始运营，研究分析柬埔寨及周边国家航油资源配置情况，以便进一步开展油品储运方案设计，并跟随机场建设进度，同步开展供油工程施工。

东南亚范围内，中国航油还与泰国国家石油公司签署了谅解备忘录，就金边新机场航油供销存储、加注服务等业务链达成合作意向。

2018 年，中国航油与蒙古国民用航空局签署合作谅解备忘录，为双方开展航油服务、供油设备出口等业务奠定良好合作基础。同年，乌兰巴托机场顺利迎来了中国航油自主生产的飞机罐式加油车，为乌兰巴托机场供油设施设备改善发挥了重要作用。

中国航油积极探索在吉布提设立分支机构，为中国航油经营非洲业务迈开第一步。设立巴基斯坦办事处，搭建辐射南亚市场拓展平台和合作窗口，不断提升国际业务驱动力。

4.2.4 国际标准参与者与制定者

为进一步扩大中国航油在国际舞台上的综合竞争力，提高航油领域话语权，中国航油先后加入并成为国际运输航空协会、国际航煤联合检查集团、美国石油协会、美国试验和材料协会、英国石油协会等众多国际性组织成员。依托国际性组织的突出影响力，中国航油可加快对标国际性标准，提升安全管理水平和科技创新能力。同时随着中国航油进一步成为航油领域的国际标准参与者与制定者，能够有效推广自身专业优势，为建立国际合作提供助力。

4.3 厚植科技创新领域合作

发展是第一要务，人才是第一资源，创新是第一动力，新时代新征程时期，我国对科技强国、科技创新的需求尤为迫切。随着我国民航市场规模不断增长，中国航油迈入了发展的新阶段，从一家仅仅服务飞机加油的企业发展为以建设世界一流航油公司为目标的大型中央企业。新时代迎来新机遇，中国航油必须把握新发展阶段，贯彻新发展理念，构建新发展格局，通过科技创新驱动自身发展，铸造世界一流航油企业核心竞争力。

4.3.1 航油装备领域合作

中国航油为加快推动一系列航油核心技术实现突破，努力实现关键设施设备国产化替代，提升信息技术与网络安全水平，投入了大量人财物资源，先后成立了五大研发中心，即中国航油高端装备研发中心、中国航油特种车辆研发中心、中国航油信息技术和网络安全研发中心、中国航油工程技术研发中心等。同时以开放合作的理念共享科技创新过程中的知识、经验，建立跨单位、跨区域、跨领域多层级的创新联合体，使各类主体，优势互补，各展所长，不断增强利用全球科技创新资源的能力，为民航与能源行业的发展做出贡献。

五大研发中心犹如雨后春笋，拔地而起，有效应对了航空油料工艺领域、关键设施设备领域改善升级的难题，一系列供油装备和自控设施也逐渐国产化。在具体的项目中，针对国产过滤器急需技术提升的问题，中国航油推动过滤器研制认证工作；连续多年加大科技资金投入，新立项大型罐式飞机加油车、通用航空小型飞机加油车、航油隐患排查治理技术方法研究等多个科技项目。

高端人才方面，中国航油同中国中科院加强科技创新人才交流，聘任四位工程院院士为高级顾问，有效提升公司高端装备制造及信息化理论基础。

国产化替代实践方面，中国航油高规格、大规模召开科技创新大会，开展航油领域科技合作，同中国民航第二研究所、航天科技集团、中国石油大学、中国民用飞行学院、北京化工大学、重庆交通大学、中国钢研科技集团有限公司、航天六院、安泰环境工程技术有限公司、青岛钢研纳克检测防护技术有限公司、民航二所、中国民航飞行学院及 BP 航空签订科技项目合作框架协议，以合力攻艰之势，共同推动核心关键技术及设备自主国产化应用。

4.3.2 智慧航油生态圈合作

民航领域的“新基建”主要是新技术在机场建设和运营过程中的应用，要充分运用现代化大数据、云计算、物联网、5G 通信、边缘计算等数字信息技术，大大提高机场运行管理水平和服务保障水平。

中国航油以信息化建设提升带动行业“智慧智能”升级，2019 年以来，中国航油建立了以服务与数据为核心打造智慧航油生态圈的创新构想，通过云计算、大数据、人工智能等先进技术搭建涵盖客户服务、销售、生产及内部管理全供应链的智慧航油云平台。

智慧航油建设需要行业内外主体的高度参与和协作，产业链及创新链上的协同发展决定了智慧航油生态圈需要多方合力推动。近年来，中国航油与当地机场单位合作，拓展智慧生产空间。航油地区公司、分公司先后同当地机场、空管等单位建立了航班数据源连接，使首都机场、昆明机场等单位航班计划信息接入平台，为生产运行保障所用。智慧航油云平台同民航局统一标准的 ACDM 建立了数据互联共享机制，航油场内作业信息、航班计划实现了实时交互，机场安全运营能力得到显著提升。作为服务地方经济社会发展的重要单位，中国航油不断加快推动智慧航油在地方政府及机场保障单位层面达成广泛共识，凝聚强大合力。

中国航油与客户广泛合作，强化协同发展。为统筹加强提供更加安全、高效的数据联动，为航空公司带来更为简便、敏捷的客户服务体验，近年来，中国航油不断丰富数据互联接口，同众多航空公司客户建立系统互联对接，深化交流互鉴，共商智慧航油合作，共享智慧航油场景应用成果。早在 2018 年，中国航油与南方航空就各自组建了数字化团队，着手共建智慧航油生态圈。双方本着共商、共建、共享的基本原则，成功实现了系统对接。智慧航油云平台与南方航空 E 云在电子加油数据、油单审核、航班计划、预加油量等方面互联互通，有效提升了现场航班保障效率，提升了人力资源分配效率。中国航油的加油数据不仅能大幅缩短双方审核结算时间，还有助于南方航空多维度分析油量与成本关系，为南方航空“油耗油”分析模型提供可靠的数据支撑。在第 77 届 IATA 世界航油大会上，中国航油与南方航空联手向全球同行介绍了这一可推广的中国方案。随着双方合作不断深化，现阶段双方已经全面实现了从加注到销售线上全流程电子化应用。如今，智慧航油云平台已经在东方航空、厦门航空、华夏航空、春秋航空、西藏航空、首都航空、圆通航空、奥凯航空、中能天盛、汉莎航空、新加坡酷虎航空等客户单位实现应用。彰显了智慧航油生态圈以合作共赢为特征的发展理念。

中国航油与信息技术、金融企业合作，拓展智慧航油格局。智慧航油建设发展既要做好当前的研究和安排，也要着眼于项目科技成果的快速转化。为此，中国航油携手多家行业内的优秀合作单位，有中国联通、中国电子第六研究所、智能航空系统有限公司等。智慧航油云平台还同平安银行、农业银行、工商银行、交通银行等金融服务机构互联互通。中国航油聚集行业内外优势资源和力量，深化企业与企业之间的合作，强化智慧航油建设各方力量支撑。

4.3.3 中国航空煤油消费指数设立

2018年中国进博会上，中国航油联合中国宏观经济研究院隆重发布了中国航空煤油消费指数。消费指数涵盖全国200多家机场及15年的航煤消费量综合数据，并从国家战略区域、省市自治区省会城市等维度展示全国航空煤油消费情况，航空煤油消费指数有助于更加准确判断中国宏观经济运行趋势，建立不同城市、不同区域之间的经济联系，为民航市场相关分析航空发展提供更好的依据。

第 4 篇

展望未来共绘民航发展蓝图

PART 4

第1章　贯彻落实部署　推进民航强国战略

1.1　全力支持全国民航市场发展

1.1.1　枢纽机场

枢纽干线机场是十分重要的民航交通运输枢纽。根据全国民用运输机场生产统计公报，2021年底，我国境内运输机场共248个，其中年旅客吞吐量1000万人次以上的运输机场达29个，旅客吞吐量占全国70.8%。其中，北京、上海和广州三大城市机场旅客吞吐量占全部境内机场旅客吞吐量的18.0%。枢纽机场不仅承担了我国大部分民航运输量，更成为我国和地区经济的发展动能，对区域经济有明显的拉动作用。因此，全力保障枢纽机场供油安全是航油业务的重中之重。

根据建设多领域民航强国战略的指导，中国航油按照“四型机场”建设和民航新基建要求，持续加大干线领域尤其是国家区域发展战略中重点枢纽机场的航油基础设施投资。根据我国民航机场空间布局与航油网络体系发展趋势，加强京津冀、长三角、粤港澳大湾区及成渝经济圈机场航油设施建设，实现航油供应规模效应。培育“四型机场供油工程”示范项目，充分发挥示范标杆项目的带动引领作用。按照“一次规划、分步实施”的原则，加大各类枢纽机场基础设施和保障设备投资。

1. 提高项目可研分析前瞻性

持续提升枢纽机场航油投资项目的可行性研究分析。加强对项目所在地经济发展、民航发展、航空公司规划及周边环境因素的调研分析，提高报告的科学性、专业性，确保航油项目服务国家战略、投资精准、满足需求。按照中大型机场的发展规律，加强对基建项目近、远期规划的统筹研判，按照“一次规划、分步实施”的原则，一方面立足近期需求，确保建设规模和投资适度可控；另一方面充分考虑远期需求、预留远期发展空间，确保投资具有前瞻性。提高项目整体规划能力，按照“布局紧凑、分区明确、功能合理、预留发展”的原则优化布局，实现机场航油设施建设用地、油料储存和供油设施的集约使用。加强板块战略协同，协调规划多油源方案，综合考虑已有设施设备的共享共用，提高资产使用效率。

2. 适度超前规划基础设施投资

随着当地经济发展和民航运输增长，中大型机场经常需要进行改扩建。为提高投资效率，可通过枢纽机场供油设施建设统筹区域供油网络。中国航油将主动融入国际航空枢纽和区域航空枢纽战略规划，对重点枢纽机场、供油关键节点加大投资建设力度，构建以枢纽为核心的供油保障体系，充分发挥航空油料及机场网络布局优势。加快推进“一市两场”地区供油网络建设，以协同发展为纽带，带动区域整体供油设施统筹协调，优化设施设备投资和经营管理，探索与地方政府和机场互利共赢的新机制。

3. 提升重点领域机场供油保障

服务国家重大区域发展战略，推进航油储备基地建设和码头、长输管线末站等配套设施建设，完善航油保障体系布局。围绕京津冀协同发展合理配置管网设施和储运基地建设，建立一体化保障体系。依托佛山新机场推进粤港澳大湾区航油储备基地及长输管道和码头等配套设施。依托西南航油战略储备基地，提升西南干线机场供油能力和仓储辐射能力。研究建设长三角储运基地，强化长三角供油保障能力。结合民航局“十四五”机场建设规划，重点推进天津、太原、济南、杭州、合肥、广州、重庆等机场供油工程项目。积极推进大连新机场、厦门新机场、呼和浩特新机场、南通新机场、佛山新机场等重大新建机场的航油配套工程项目。

1.1.2 支线机场

中小支线机场是民航机场网络体系的重要组成部分，是保障全国民航运输畅通的重要支撑，抓好中小支线机场建设，对民航强国建设意义重大。我国中小机场具有四大特点：一是数量多，2021 年底，我国境内 248 个运输机场中，年旅客吞吐量在 100 万人次以下的机场数达 152 个。二是运量少，2021 年 152 个中小机场年旅客吞吐量仅占全国的 5.2%。三是分布广，目前我国各个区域都有中小机场，而且一个地级行政区有两个以上支线机场的情况也不少见。四是建设快，“十三五”期间，我国新建、迁建运输机场 43 个，大部分都是中小机场。得益于中小机场的快速发展，我国初步构成覆盖面广、分布合理、功能完善的现代化机场网络体系。为落实区域协调发展战略，根据民航机场布局规划，中国航油将进一步推进支线机场供油设施建设。

一是根据机场发展规律分类制定供油设施建设方案。以各机场规划图为基础，明确不同类型机场在不同发展阶段的建设方案，汇总编写指导原则或建设手册。参照机场分级别供油保障工程建设指标体系，制定支线机场供油保障建设方案，根据实际情况选择经济高效的供油方式。

二是积极落实民航局“十四五”规划中中小机场布局。“十四五”是我国民航强国建设的起步阶段，更是机场建设的高峰期。根据全国民用运输机场布局规划远景目标，2030 年我国运输机场将达到约 400 个，新增约 150 个机场，其中大部分为中小机场。为抓住中小机场建设机遇期，中国航油将积极落实民航局建设要求，加强支线机场供油保障投资，因地制宜提升支线机场航油保障水平，夯实民航强国建设基础。

三是提升支线机场供油工程建设质量。落实“四型机场”和智慧民航建设要求，在支线机场供油工程中，强化工程质量管理，打造品质工程。提高支线机场供油业务数字化水平，在支线机场中普及智慧航油使用场景。目前，中国航油现阶段智慧航油系统已支撑服务所有支线机场。在条件允许的中小支线机场供油工程中，中国航油明确推行装配式建筑，多方面促进中小支线机场供油业务的高质量发展。

1.1.3 通航机场

早日实现“两翼齐飞”，早日建成民航强国。通用航空同样是民航业的重要组成部分，随着我国民航行业的发展，通用航空的重要性进一步凸显。通用航空不仅可以补充我国民航运输领域的特殊区域，以较少的资金投入补充我国老少边穷地区的运输需求，更能形成独立的产业，服务于第一、第二、第三产业，带动当地经济发展。

我国正处于民航强国建设新时代，通用航空的快速发展对航空油料保障能力提出更高的要求。中国航油高度重视通航市场的发展，于2018年6月成立了中国航油集团通用航空发展有限公司。2019年，在第二届进博会举办的中国航油国际论坛上，中国航油发布《中国航油集团通用航空事业发展规划纲要》。规划纲要的发布，标志着中国航油未来三年的通航事业规划已经明确，正式进入全面实施阶段。

中国航油通用航空事业发展将重点打造中国航油智慧通航生态圈“六个一”工程，努力成为服务国内外通航客户的首选航油供应商，加快落实通航绿色发展理念；加快建设通航供油保障网络；加快制定通航供油保障标准；加快供油服务设备研发制造；加快建设供油服务智慧平台；加快国内、国际通航生态圈多领域合作。

规划纲要致力于建设通航供油网络，满足我国通用航空发展供油保障需求，为我国民航强国建设战略目标贡献航油力量，为全球经济社会发展做出更大贡献。

依托通航战略规划和实施方案，中国航油适时推进通航供油保障设施建设。建立健全航油航空汽油运输、仓储、加注、检验等规范标准，协同推进航空汽油生产及航空汽油、航油小包装罐装业务；在条件允许的通航机场尝试推进具有投入小、建设周期短、适应场景多、运营维护成本低、安全可靠性高等特点的“通航智能橇装加油站”项目；联合地方政府、通航机场、通航企业共同打开通航市场新局面。在通航领域推广智慧航油应用，目前智慧航油系统已进驻并执行加注保障业务的通用机场已全面接入智慧航油系统。

1.2 奋力推进中央企业改革

民航强国、航油先行。民航强国的建设离不开航空燃油的安全稳定供应，航油稳定供应的背后是体制机制更为完善的企业经营。国企改革三年行动是中央企业改革的重要施工蓝图，其顺利实现对于提升国有企业活力、促进构建新发展格局具有标志性意义。

中国航油为贯彻落实国有企业改革三年行动工作，充分发挥国有经济的战略作用和国有企业“压舱石”的关键作用，统筹深化改革与安全发展，抓重点、补短板、强弱项，成立了专门的领导小组和工作办公室，围绕改革发展这一中心目标，制定了具有中国航油特色、涵盖六大改革领域的改革三年行动实施方案，明确具体成果形式、完成时限和责任主体，强化组织保障，全力推动各项改革任务落地见效。为创建具有全球竞争力的世界一流航油公司提供有力支撑，为建设新时代民航强国做出贡献。

改革领域一：建立完善中国特色现代企业制度。

深刻认识和落实“两个一以贯之”，把加强党的领导和完善公司治理统一起来，推动集团公司和各级子企业加快建立各司其职、各负其责、协调运转、有效制衡的公司治理机制，规范董事会建设，明确党委、董事会、经理层各治理主体权责边界，努力形成更加成熟更加稳定的中国特色现代企业制度。

改革领域二：推进国有经济布局和结构调整。

围绕服务国家战略，结合“十四五”规划编制，深化供给侧结构性改革，聚焦核心主业，巩固提升航油一体化供应优势，全力维护我国民航供油安全，加快转型升级、协同发展和提质增效，提高全要素生产率，增强可持续发展的创新力和竞争力。

改革领域三：积极稳妥深化混合所有制改革。

按照完善治理、强化激励、突出主业、提高效率的要求，坚持“三因三宜三不”原则，积极稳妥推进集团公司下属子企业分层分类开展混合所有制改革，加快转换混合所有制企业经营机制，充分激发企业发展的活力和动力。

改革领域四：健全市场化经营机制。

紧紧围绕激发活力、提高效率，加大市场化改革力度，深入推进经理层成员任期制和契约化管理，完善公司考核评价体系，探索建立契合板块特点的市场化经营机制，切实推动人事、分配等市场化经营机制改革。

改革领域五：抓好国企改革专项工程。

通过实施“双百行动”“科改示范行动”，在完善法人治理结构、市场化经营机制、混合所有制改革等领域实现突破，推动实施专项工程的子企业综合运用各项政策措施，有效激发改革创新动力，充分发挥专项工程在企业内部的引领示范和突破带动作用。

改革领域六：加强国有企业党的领导和党的建设。

认真把握新时代党的建设总要求，坚持和加强党的全面领导，强化理论中心组学习，把握深化企业改革的政治方向。推进党建工作与改革发展深度融合，培养具有企业家精神的航油好干部，认真落实全面从严治党各项要求，深化“创新、特色、精品”党建，做实做强党建带工建、党建带团建，持续优化政治生态，打造文明向上的企业文化，更加积极地履行社会责任，务实求取党建工作成效。

目前，国企改革三年行动已经接近尾声，中国航油在改革三年行动实施方案的指导下，各方面均取得了显著成果。

一是科技创新体系化能力显著增强。以中长期科技发展规划纲要为引领，将开展原创技术攻关、推动数字化转型作为全面提升科技创新能力、构建新发展格局的重要内容，深入研究推动工控安全防护、加油车等进口设备国产化、智慧航油数字化转型等领域取得突破转化，全面提升民航能源供应保障安全和智慧化水平。二是市场化经营机制持续健全。经理层成员实现任期制和契约化管理完成率超过 90%，多措并举畅通人才职业发展通道，以科改示范企业为试点构建科研技术岗位薪酬体系，员工市场化选聘比例、退出比例稳步提升，激发各类人才创新创造活力。三是公司法人治理结构逐步完善。深入推进董事会建设相关工作，集团各级子企业全面实现董事会应建尽建、外部董事占多数，集团层面和二级重要子企业层面制定完成落实董事会职权方案，董事会运作和规范性有效提升，推动治理型管控取得新成效。

1.3 创新发挥国企党建引领作用

改革开放以来，国有企业取得了显著成绩，为我国经济社会发展做出了巨大贡献。在国有企业的经营发展中，党的领导、党的建设是其“根”和“魂”，是做强做大做优国企的根本保证。“民航强国，航油先行。”航油基础设施是支撑民航强国的基本能力，也是检验中国航油党委发挥领导作用、确保国家航油供应安全的基本途径。在落实民航强国的建设中，中国航油坚持把党建引领作为发展的“主心骨”，落实公司党委各项决策，为民航强国建设夯实基础。中国航油围绕紧抓“高原党建”这一目标，结合公司实际，制定了“12345”的工作机制。在落实民航强国建设中，中国航油的党员和党组织在各项供油保障、工程建设以及企业改革中，都发挥了十分关键的作用。

1.3.1 制定一个纲要

党的“十八大”之后特别是国企党建工作会以来，中国航油在加强党的领导、提升党的建设以及全面从严治党方面做了大量工作，在不断地实践和摸索中，中国航油于2018年正式出台《中国航油党建全面质量提升纲要(2018—2022)》。规划制定了五年发展目标，为中国航油的国企党建工作指明了方向。

1.3.2 抓好两支队伍

队伍建设是中国航油党建工作的重要内容。为提升党员队伍整体的素质，公司分层次解决问题，干部队伍和党员队伍两手抓。一方面，抓干部队伍建设。要求领导班子讲政治、讲规矩、守纪律，严抓作风问题，强化廉洁教育，严格要求干部党员以身作则，为其他党员做榜样。另一方面，紧抓党员队伍建设，解决好改革发展的基石问题。加大干部选拔、培养及教育力度，颁布《中国航油人才建设纲要(2018—2022)》，以“六个百人工程”为具体目标，相继在中央党校举办4期中青年培训班，在多所高校举办人才培训班。

1.3.3 夯实三个基础

中国航油党组织建设遍及航油业务的各个角落，多年来，公司持续完善党组织建设，尤其是在基层党组织建设中，要求一个区域有一个党的基地，一个支部要构成一个堡垒，一个党员要成长为一面旗帜，逐渐形成了“三个一”的品牌格局。例如在高原地区党建工作中，公司立足实际、不断探索，形成擦亮“高原红”、标立“高原树”、讲好“高原课”、情暖“高原家”的“四高工程”。同时公司注重基层党建制度的完善，出台一系列的规章制度，将基层党建工作的成果吸收到具体制度当中去。

1.3.4 建设“四个高地”

高地建设是公司党建工作中的关键点和亮点。以组织高地形成标杆、以思想高地弘扬精神、以责任高地落实承诺、以情感高地巩固成果。中国航油供油业务涉及高原地区，为建设组织高地创造了条件。在这里，公司打造了青海、四川、云南和西藏四处高原党建示范群，打响高原党建品牌，为其他地区党建树立标杆。思想高地同步而起，高原地区条件艰苦，在这里供应站的工作人员忍受各种严苛条件坚持保障供油，铸就了公司高原党建吃苦耐劳的奉献精神，为党建工作提供了精神引领。供油安全不仅仅是一句口头承诺，为了保障偏远地区供油，公司不计代价、不计成本，在中西部地区的支线机场坚持履行社会责任，确保供油稳定和安全，打造供油安全的责任高地。“公司强大，员工幸福”，员工的付出也应得到肯定与回馈。中国航油坚持对高原地区的员工进行补贴，改善员工工作条件，丰富员工情感建设，持续打造情感高地。

1.3.5 打造“五有”航油铁军

中国航油脱胎于军队，骨子里铭刻着“铁军精神”，一直以来坚持以军队铁的纪律严格要求员工，逐渐打造成一支“五有”铁军。多年来，航油铁军坚守在各项重大活动保障岗位上，在全国“两会”“一带一路”、国际合作高峰论坛、金砖国家领导人会议、中国进博会、中华人民共和国成立 70 周年等重大活动中，在新冠肺炎疫情保障、森林火灾抢险应急救援、洪水灾害应急救援和抗震等重大救灾救援活动中，都圆满完成了供油保障工作，赢得了全国人大秘书处、全国政协总务组、国家应急管理部、国家森林草原防火组织等多方表扬和赞誉。此外，在重大工程建设中，中国航油发挥铁军精神，不畏困难、攻坚克难、勇攀高峰，在大兴机场供油工程、成都天府机场供油工程建设等重大项目中高质高效完成任务。铁军的炼成离不开党建精神的引领，企业经营成效也得到提升。连续 9 年，中国航油位列世界五百强，连续三年获得国资委的经营业绩 A 级企业的荣誉。中国航油成立以来，在党的领导下，为我国民航发展做出了巨大贡献，确保了我国民航发展的供油安全。

第2章　依托机场平台　持续夯实航油基础建设

2.1　积极参与机场总体规划编制

民用机场总体规划是机场分期建设的指导书和宏伟蓝图，是新建机场场址确定后总体布置方案的具体形式。科学合理的民用机场总体规划，能够使机场持续长久地健康发展，从而带动区域社会经济的和谐发展。随着业务量的增长，我国民航基础设施保障能力与需求增长的矛盾日益凸显。尤其是大多数枢纽机场保障能力已经触及“天花板”，旅客吞吐量位于前50名的机场中，容量饱和的机场占了大约60%，部分机场已经超过了饱和状态。昆明长水机场于2018年提前7年实现建设目标，年旅客吞吐量达到4473万人次；深圳宝安机场同样提前7年实现了建设目标，年旅客吞吐量在2018年达到4935万人次。为了解决上述难题，民航局开始不断调整机场总规和建设规划的管理方式，未来的机场总体规划应适应机场运行和管理的需要，既要适度超前，又要量力而行，同时预留好发展空间，做到安全高效、容量平衡、灵活发展。民航局机场司负责人指出，机场建设不能等到需要建设的时候才做规划，需要的是先规划后建设的前瞻性理念指导。特别是在打造现代化国家机场体系建设中，实现适度超前规划，至关重要。

航油保障设施是机场整体保障能力的重要组成部分，按照现有建设流程，大部分航油改扩建工程需要纳入机场整体改扩建工程统一申报、统一建设，甚至由机场作为唯一项目法人承担整体建设项目，建成后移交中国航油。这就要求航油保障能力必须跟机场同步，鲜有单独大规模改扩建航油设施的情况。机场航油设施的独特性使其必须与航空业务量增长基本保持同步，如果不能及时保障航油供应，则无法实现航空安全运行。整体来看，机场航油供应保障体系呈现出结构性不平衡，部分机场由于业务需求预测过于保守，导致据此建设的航油保障设施面临无法满足机场用油需求或无法进行改扩建的局面。只有统筹布局全国航油设施建设规划，才能保障民航安全运行。

2.1.1　科学预测与估算

航油设施规模主要由机场供油量决定，而机场供油需求则与机场业务量密切相关，通过对机场业务量的预测，可以初步得出航油需求，为机场航油基础设施建设提供依据。

目前各机场的航油需求主要通过机场业务量（主要是旅客吞吐量）推算，再结合年供油需求量和最低保障天数，按照一定的公式推算出机场油库总库容。

基本公式：供油需求量=(机场油库总库容×0.9×0.8/最低保障天数)×365

该公式中两个核心指标为“供油需求量”和“最低保障天数”。其中供油需求量的计算方法主要有四种，对航油需求影响最大的指标是航班量和机型，只是由于目前我国民航以客运为主，且主要机型为150~200座的中型客机，大部分机场的旅客吞吐量数据与航班量之间具有较强的相关性。但是货运枢纽机场的崛起以及国际航空枢纽的建设和大通道网络的形成所导致的宽体机比例增多，都将对以旅客吞吐量推算航油需求的预测方法产生冲击。目前规划中部分机场并未提供计算航油设施布局所需要的机场业务量预测。

“最低保障天数”主要参考行业规范和各机场实际情况测算。其中最新的行业规范包括《民用运输机场供油工程设计规范》(MH5008—2017)和《小型民用运输机场供油工程设计规范》(MH5029—2014)。而根据统计，机场的实际库容保障天数平均约为10天，但是差异较大。科学判断最低保障天数是计算库容的重要环节，规划设计方案中除了根据行业规范，也应结合机场周边油源布局、供油方式差异、机场油库管理水平、机场实际历史情况等合理确定各机场的最优保障天数水平。

2.1.2 航油需求主要预测方法

对于运输机场的航油需求，主要采取以下四种方法进行预测，使用包括机场旅客吞吐量，起降架次与机型结构，不同类型飞机的平均飞行小时，单位小时油耗等数据进行测算。

1. 线性回归法

线性回归首先对自变量和因变量做出假设，然后分析因变量和自变量是否存在线性关系，再用最小二乘等方法对所有变量之间是否存在线性关系进行证明。一般情况下，旅客吞吐量、飞机起降次数、货物吞吐量等都是机场加油量的影响因素。因此可以通过机场加油量历史数据和机场业务数据对机场加油量进行线性回归法预测，估算出机场未来一段时间内的加油量，所用公式如下：

$$Y=a_1x_1+a_2x_2+b$$

在上述公式中，Y表示机场一年加油量，单位为万吨/年；a_1、a_2表示机场业务量；在实际运用中，最有用的线是可以实现平方差最小化的线，计算所用公式如下：

$$Y = a + bx$$

$$b = [n\sum(xy - \sum x\sum y)] \div [n\sum(x^2 - \sum x)^2]$$

$$a = \frac{\sum y}{n} - b(\sum x) \div n$$

利用上述公式可能发现斜线和实际观测数据非常接近，这就表明存在很小的误差；如果二者不接近就表明存在很大的误差，还需要引入相关系数，以提高衡量线准确度。

2. 同比例增长法

按照机场或地区加油量增长与旅客周转量、旅客吞吐量、货邮周转量、货邮吞吐量的同速率增长测算加油量的方法。此类方法同样是基于趋势演变的一种预测方法，也存在一定的理想化判断因素。

3. 平均架次加油量法

平均架次加油量法是指依据机场加油量历史数据推算出每一架次加油量的平均值，然后据此计算出机场年加油量，计算公式如下：

$$Y=nbm$$

在上述公式中，Y 表示需要计算的一年机场加油量，单位是万吨/年；n 表示需要计算的一年机场起降架次，单位是万架次/年；b 表示加油架次比例，单位是百分率%；m 表示单架次平均加油量，吨/架次。

此种方法预测的准确性主要取决于目标年的加油架次及单架次加油量的精准程度。计算出目标年机场加油架次的根据是预测得出的机场起降架次，因此预测数据是否准确也将影响计算的准确度。实际上预测机场起降架次还要综合分析机场建设情况，因为机场所在地区经济发展水平、当地交通运输业发展情况等多种因素都会影响机场建设规模。

如果机场本身有较大规模的货运业务，这种方法计算准确度也会受到影响。在统计飞机加油数据时要考虑到飞机的不同类型，应在确定各种类型飞机所占比例的基础上对机场加油量进行预测，所用公式如下：

$$Y=\sum n_i+b_i+m_i$$

在上述公式中，Y 表示机场一年加油量，单位是万吨/年；

n_i 表示某类型飞机的起降架次，单位是万架次/年；b_i 表示某类型飞机加油架次比例，单位是百分率(%)；

m_i 表示某类型飞机的单架次平均加油量，单位是吨/架次。

4. 单位参数法

单位参数法主要依据业务量数据和平均油耗(包括单位吨公里油耗、平均飞行小时油耗)等进行航煤加油量预测。其中，使用单位吨公里油耗测算用油量更适用于全国范围或较大区域的总用油量；平均飞行小时油耗测算方法更适用于对单个机场进行测算。上述部分行业平均数据可以从民航公开出版的统计资料获得。

使用吨公里油耗：根据行业或地区年吨公里数据和行业平均吨公里油耗，可以得出目标年加油量。

使用飞行小时油耗：根据需要计算的机场加油架次和机场飞机组合比例可以对不同类型飞机加油架次进行计算，然后据此对各种类型飞机单架次加油量进行计算，最后可以对机场在目标年中的一年加油量进行计算，公式如下：

$$Y=\sum n_ib_iq_it_i$$

上述公式中，Y 表示机场一年加油量，单位是万吨/年；

n_i 表示某类型飞机的起降架次，单位是万架次/年；

m_i 表示某类型飞机加油架次比例，通常为50%；q_i 表示某类型飞机每小时飞行加油量平均值，单位是吨/小时；t_i 表示某类型飞机单架飞行小时的平均值，单位是小时。

采用这种计算方法是先按照行业标准对机场各种类型飞机飞行每小时的耗油量进行统计，然后根据机场每种类型飞机飞行小时的旅客吞吐量、航线结构和机型结构等数据换算得出(见表2.1)。

表2.1　各类飞机的耗油量

机型	平均飞行小时油耗(吨)	机型	平均飞行小时油耗(吨)	机型	平均飞行小时油耗(吨)
A380	12.2	B777F	7.6	A320NEO	2.1
B747-8	9.4	B787-8	4.8	A321	2.7
B747-400	8.1	B787-9	5.2	A321NEO	2.4
B747-200F	7.4	B767-300	4.3	B737-300F	2.3
B747-400F	10.1	B767-300F	4.3	B737-700/900ER	2.2
A330-200/300	5.3	A300-600F	4.8	B737-800	2.5
ARJ21-700	1.9	B757-200/200F	3.3	B737-900	2.6
A350-900	5.2	CRJ-900	1.5	新舟-60	0.6
B777-300ER	7.7	A319	2.4	B737MAX8	2.1
B777-200A	6.0	A320	2.5	B737F	2.4

2.1.3　建设规模专业评价

目前中国航油已经进入了全国两百多个机场开展航油供应业务，有各机场供油设施和详细的加油量数据等一手资料。同时在对多个指标进行筛选的基础上，基于可操作、易获得、严谨科学等原则，主要通过构建机场旅客吞吐量与航油需求量之间的数学模型，得出每个机场的用油需求，以自下而上的方式，从“机场—各公司—各地区—航油公司”多层级汇总得出全国航油需求和地区供油网络。为了各大区公司更科学地进行预测，中国航油还提出了统一的有效库容计算公式，该公式和方案既能够满足设计规范的要求，也有助于各机场查找设施瓶颈。

有效保障天数(C)=有效库存基本保障天数(B)+影响因素加天数(F)

2.2　与机场同步开展新建供油工程建设

当前我国已形成京津冀、粤港澳大湾区、长三角、成渝、长江中游等七大城市群，随着重大区域战略的深入推进，构成了中国社会经济发展的主要空间支撑和框架，区域战略对于中国打造国际大都市群有重要意义，将有力推动中国经济发展。“十四五”时期，我国将继续以推动四个超大城市群建设为基础，以重大区域发展战略为引领，通过推进东中西差异化定位，形成全面开放的新形势，建立区域协调发展新机制，推动形成优势互补、资源共享的新格局。

《全国民用运输机场布局规划》提出，到2025年，我国将建成一个布局合理、覆盖全面、环保集约的现代化机场体系，形成3大世界级机场群、10个国际枢纽、29个区域枢纽。京津冀、长三角、珠三角世界级机场群格局基本形成，并取得较大发展，北京、上海、广州等大型国际机场形成较强的国际竞争力，成都、昆明、哈尔滨等干线机场成为重要枢纽，航空运输服务范围进一步扩大。到2025年，机场建设总量达到370个，建成约320个。以此为依据设计重点区域的物流配送方案。

按照《全国民用运输机场布局规划》，2025年我国将形成三个世界级机场群，包括京津冀机场群、长三角机场群和粤港澳大湾区机场群。三大世界级机场群航油消费占比最大，也是供油保障的重中之重，航油配送方式优化是完善航油公司配送体系的关键，规划确保世界级机场群实现以“主要炼厂管线供应主要机场”为主，水运、铁路、公路配送为补充并形成区域多元化航油保障体系。

中国航油对油库库容实施动态管理，积极布局基础设施建设，紧抓机遇进行前瞻性布局，加快推进京津冀、长三角、粤港澳大湾区、成渝双城经济圈等城市群机场供油设施建设，同时推进偏远地区等欠发达地区航空机场相关保障性项目建设。积极推进跨区域配送中心建设，有效降低运输成本，供油网络进一步完善。一方面紧跟机场建设步伐，同步开展并实施配套供油工程建设，另一方面动态监控油库库存水平，根据市场形势科学预判、分析油库中远期保障能力，对中期保供存在风险的油库，提前开展方案论证，分步开展实施建设。规划库容充分考虑未来航油快速增长、库容周转、安全作业需求，严格按照《民用运输机场供油工程设计规范》《小型民用运输机场供油工程设计规范》等标准文件进行规划设计。

推进落实建设多领域民航强国战略，按照“四型机场”建设和民航新基建要求，加强航油基础设施投资。培育“四型机场供油工程”示范项目，充分发挥示范标杆项目的带动引领作用。根据我国民航机场空间布局与航油网络体系发展趋势，落实区域协调发展战略，根据民航“十四五”机场布局，推进支线机场建设。根据机场总规变化情况及时调整，按照终端规模提前预留航油设施建设空间。

按照“一次规划、分步实施”的原则，加强各类机场基础设施和保障设备投资；以各机场规划图为基础，明确枢纽、干线和支线等不同类型机场在不同发展阶段的建设方案，适度超前开展项目建设，重点做好各类机场供油设施建设工作。

服务国家重大区域发展战略，推进航油储备基地建设和码头、长输管线末站等配套设施建设，与其他业务板块按照市场化原则开展业务协同，推进区域供油储运基地保障设施建设，完善航油保障体系布局。围绕京津冀协同发展，合理配置管网设施和北方储运基地建设，建立一体化保障体系；依托广州新机场，推进粤港澳大湾区航油储备基地及长输管道和码头等配套设施；依托西南航油战略储备基地，提升西南干线机场供油能力和仓储辐射能力；研究建设长三角储运基地，强化长三角供油保障能力。

围绕机场建设规划高标准配套供油工程。结合民航局“十四五”机场建设规划，在

“十四五”期间，加强机场配套航油工程项目投资，集中投资华东、华南和西南等机场建设配套供油工程，并在五年规划期内加快中小机场的供油保障工程建设。重点完成天津、太原、济南、杭州、合肥、广州、重庆等机场供油工程项目。积极推进大连、厦门、呼和浩特、南通、广州等地重大新建机场的航油配套工程项目。形成对机场分级别供油保障工程建设指标体系，提高资源利用效率。

依托通航战略规划和实施方案，配合通航业务板块，适时推进通航供油保障设施建设。建立健全航油航汽运输、仓储、加注、检验等规范标准，协同推进航空汽油生产及航空汽油、航油小包装罐装业务；在条件允许的通航机场尝试推进具有投入小、建设周期短、适应场景多、运营维护成本低、安全可靠性高等特点的“通航智能橇装加油站”项目；联合地方政府、通航机场、通航企业共同打开通航市场新局面。

2.3　配合机场未来发展进行改扩建

从当前情况来看，我国民航行业的发展和进步有目共睹，尤其是机场建设项目发展势头尤为显著。相关研究数据显示，在全世界范围内，前三十位的繁忙机场，我国占据五个席位，分别是北京首都国际机场、深圳宝安国际机场、上海浦东国际机场、广州白云国际机场和成都双流国际机场，而就客运量增长速度和货运量增长速度来看，我国有六家机场位列全世界前十，分别为三亚机场、杭州机场、西安机场、广州机场、重庆机场和郑州机场。

总体来说，机场的运行情况、后勤服务情况及竞争力和其建设规划水准有着密不可分的关联，夯实的基础设施是机场健康、稳定、高质量、可持续发展的重要前提，从全球范围来看，各个国家和地区的政府相关部门无不对机场规划建设加以足够重视，始终将大量人力、物力和财力投入其中。换言之，调整优化机场资源配置，促进其高质量发展，不但利国利民，也是有效实现民航强国的强有力手段。

2020 年，我国相关政府职能部门颁布《民航局关于加强民用运输机场总体规划工作的指导意见》，到 2035 年，机场总体规划会得到广泛普及，“四型机场”将常态化，这些都将为 2050 年民航强国目标奠定坚实基础。

2022 年全国民航工作会议指出，“十四五”期间，民航各单位要主动对接地方诉求，加强与各地区域发展规划相衔接；要优化民航产业总体布局，更加注重提升机场基础保障能力、注重客货并举、注重国际枢纽打造、注重综合交通枢纽建设、注重基本航空服务、注重通用航空发展，提升民航产业的战略承载能力；要充分发挥中央和地方积极性，统筹利用好各方优势资源，努力形成民航业与区域经济社会深度融合、相互支撑、相互促进的协同发展新局面，为构建新发展格局做出新贡献。

“四型机场”目标意义深远，从本质上来说，是做到“两个维护”的体现，与此同时，也是新时期新形势下民航机场发展的要求，还是民航强国的基石和推动民航产业高质量发展的助力剂，在整个产业链当中扮演着不容忽视的重要角色。

2.4 以安全保供为目标优化基础设施建设

2.4.1 航油质量直接关系航空安全

在航空领域，航空油料供应情况对运输环节的影响极为重大，通常情况来看，航空油料供应的大本营一般为机场，若机场规模增大，那么与之相对应的，航空油料的需求也会提升。

目前，专用管道输送是应用最为广泛、效能最高的航空油料输送手段，此种手段能够有效解决重复装卸问题，利用较少的工具完成相应的连续性工作，但值得注意的是，此种方法也具有不容忽视的缺点，如性价比较低、维护工作烦琐等，在油料输送距离适中的情况下应尽可能发展管道运输，对远距离航油输送来说还必须考虑收益与投资成本的关系。总体来说，若机场规模有限，就需结合自身实际情况，选择性价比较高的航空油料运输手段展开工作，具体来说，可选择水路运输、铁路运输或者是公路运输方式。之所以如此选择，主要是因为水运与铁路运输具有装载量高、费用低的优势，而公路运输模式虽然从装载量角度看，优势不及前者，但是总体投资处于较低水平，且方便运输的装载和卸载。并且机场附近都设置有储油库，油库当中的航空油料会通过专车或者是专用管道输送给相关飞机。

作为专属油料，一直以来，航空油料都和飞机的安全情况有着密不可分的关系，其生产环节、存储环节、转运环节及检测环节的正常运转与否都和飞行器的安全情况息息相关。具体来说，在2010年度，一架从印尼泗水机场前往中国香港机场的泰国航班出现了双发停车问题。之所以会发生此次事故，主要是由于机坪管网水分过多，导致其过滤监控设备的吸水树脂出现显著的脱落情况，最终导致油路阻塞。自此之后，航油质量管理体系开始不断完善和健全，《民用航空喷气燃油供应手册》也在两年后被国际民用航空机构正式颁布。

2004年中旬，《国务院对确需保留的行政审批项目设定行政许可的决定》正式颁布，同时确定了相关行政许可项目，如航油适航批准及检测单位批准等。2005年度，《民用航空油料适航管理规定》正式颁布。次年，航空油料供应及检测部门专项整治行动在我国四十余家相关企业正式启动，航空油料质量得到显著提升。

航空油料是飞机的飞行动力剂，因此，航油工程必须严把质量关。《国务院关于促进民航业发展的若干意见》明确规定，需结合各地区实际情况大力推进节能减排工作，健全和完善配套设施建设体系，加强基础性设施建设和服务建设，做好后勤保障工作。

2.4.2 积极参与机场运营管理

为有效落实相关政府职能部门下发的工作任务，在健全管理及协同体系的过程中，努力使空地协同工作更加高效。结合区域实际情况排除万难，建立运管委员会，中国航油积极助推跨越组织边界的运行协调管理委员会(以下简称“运管委”)，将有助于运行效率不断提高。

总体来说，运管委包括指挥控制系统、行业标准、建设机制等具体脉络，多方位发展的平台涵盖空中管理、机场、航油、航司等相关保障单位，坚守“人民航空为人民”的初心，优化产业资源，协调多方力量，促进行业质量稳步提升，树立服务意识，肩负航空行业使命，健全和完善高效、立体的管理体系，高瞻远瞩，在全球战略视角下积极打造行业标杆，促进运行水平及管理水平不断稳步提高。

中国航油作为运管委成员单位之一，充分利用这一有利平台，制定机场油料保障具体行动计划，严格按照行动计划开展工作，加强与运管委其他成员单位的沟通协调，紧紧围绕航油保障的安全性、及时性、有效性，为提升机场的航班运行保障工作做出贡献。

中国航油将持之以恒践行“竭诚服务全球民航客户，保障国家航油供应安全”的使命，落实“三到位四确认”标准化作业流程，提升中国航油对外形象，进一步夯实了机坪安全运行的基础，以“法不界定，皆为风险”为原则，使运管委其他单位充分了解机坪机下交叉作业和进出特殊机位的风险，并达成了共识。及时共享资源和信息，避免在管控风险的同时，出现其他更大的风险。同时，借助运管委的平台，明确“保安全、保正点”的共同目标，确保机场航油保障的持续安全平稳运行，实现从松散协同向紧密协同，从粗放管理向精细管理，从被动管控向主动服务的转变，持续提升航油保障能力和运行品质。

2.4.3 全面筑牢安全防线

习近平总书记2019年9月30日会见川航英雄机组时对民航安全工作的指示是：“在民航领域，安全重于泰山，是所有民航人需时刻牢记在心的头等大事。相关单位及个人需秉持以广大人民群众为中心的思想，把握好安全和发展的关系，重视工作的各个环节和细节，将安全生产放在第一位。定期展开安全风险隐患排查工作，健全安全防控机制体系，将责任落实到人头，打造一流工作队伍，确保民航安全。”这从一定程度上展现了安全的地位是“生命线、头等大事”，也体现了民航发展观或行业的宗旨使命“以人民为中心”，同时也明确了民航安全工作的方法论是“双重预防机制、四个责任、作风能力建设”。中国航油以“敬畏生命、敬畏规章、敬畏职责”为主题的宣传教育工作部署，严格落实安全生产责任制，牢固树立安全第一的工作思想，航油安全质量全面提升。

2020年4月，贯彻习近平总书记关于安全生产重要论述、落实企业安全生产主体责任两个专题，国家政府相关职能部门颁布了《全国安全生产专项整治三年行动计划》，涵盖11个具体的实施方案。

2020年4月10日，习近平总书记指出：“生命安全是重中之重，各级党委及相关政府职能部门必须对其足够、充分重视，立足安全发展理念，摒弃形式及官僚主义，将安全理念贯穿于工作的方方面面。结合工作的具体实际情况，未雨绸缪，第一时间发现问题、从根源上解决问题，将责任落实到具体人头，确保工作安全平稳推进，杜绝重大事故出现。”

中国航油作为民航保障企业，同时也是危化品行业，安全生产是重中之重，紧密结合严格管理危化品企业的要求，在“严”字上下功夫；紧密结合民航企业安全生产的特点，在“特”字上下功夫；紧密结合航油安全生产、作风建设、隐患排查等实际，在“管”字上下功夫；创新地将安全管理体系和安全治理能力建设工作与深入学习习近平总书记安全生产重要论述、全面加强危化品安全生产工作、安全工作作风整顿、安全宣传“五进”、重大安全风险防控、安全隐患治理等一系列专项工作有机结合，利用三年时间进一步提高中国航油在安全生产领域的抗风险能力，全面推进中国航油安全管理体系和安全治理能力现代化建设。

中国航油成立三十年来，一直秉持“安全第一、预防为主”的方针，始终践行“健康、安全、人文、环保”的管理理念。

2.4.4 稳妥推进工程项目建设

在民航产业当中，航空燃油一直扮演着极为重要的角色。从当前情况来看，随着民航业的振兴，航油产业也得到了前所未有的发展，这也对其工程质量有了越来越高的要求。相关工作者始终牢记习近平总书记提出的建设“精品、样板、平安、廉洁工程”的重要要求，注重质量和效率，打造精品航油工程项目，在相关领域做好“排头兵”和“领头羊”，为同仁做出表率，为产业的高效、稳定、高质量发展助力。

工程项目建设是稳投资的“压舱石”。相关工作者在工作推进过程当中必须严守思想防线和工作行为警戒线，党规党纪意识时刻扎根于心，坚持慎终如始、绝不放松；狠抓安全生产工作，将其贯穿于工作的各个环节，确保突出重点、狠抓安全、压实责任，确保项目工程平安目标的达成。

2.5 新阶段创造新机遇

“十四五”时期，我国将进入新发展阶段，民航强国建设也将进入从单一航空运输强国向多领域民航强国“转段进阶”的关键时期。中国民航经过多年发展，已经具备了良好的发展基础、强劲的发展韧性和巨大的发展潜力，有高质量发展的信心和决心。

2021 年是中国共产党成立 100 周年，是“十四五”开局之年，是全面建设社会主义现代化国家新征程开启之年，也是中国航油实施“十四五”规划、迈向新金色 30 年的起步之年。新发展阶段为中国航油创造了新的发展机遇，在市场发展、新能源产业和数字赋能方面皆大有可为。为此，中国航油制定了“融入新阶段、建设新航油”的发展战略和工作要求，努力成为新时代交通强国、民航强国的建设者。

“十四五”期间，中国航油将继续以高质量发展为目标，齐心协力，共同打造高效、稳定、高质量发展的金色、安全、科技、效率、绿色、活力、人文、红色航油。

“深化改革是推动中国航油高质量发展的根本动力”。中国航油将进一步加大改革力度，全方位提升工作质量和效率，促进行业的健康、稳定、可持续发展。有效抓住“一个根本”，突出“四个重点”，唱好“四台重头戏”。具体而言，抓住“一个根本”，就是切实加强党的领导，加强党的建设，牢牢把握国有企业发展的“根”和“魂”。突出“四个重点”：一是创新，二是突出重点，三是分类施策，四是强化组织。唱好“四台重头戏”，则是从四个方面狠抓改革成效，推动发展，包括聚焦完善中国特色现代企业制度、全面推动国企改革三年行动方案落实落地、加大科技创新力度、持续深化示范改革。

2.5.1 全面落实“四型机场”建设

2021年底，《四型机场绿色性能评价标准》正式颁布，具体来说，该评价标准从“低碳减排、资源节约、健康舒适、环境友好、运行高效”等视角出发，明确了绿色机场发展的指标体系，总体涵盖两大方面，即定性指标体系以及定量指标体系。从上述标准内容出发，建立评价标准和体系，形成完整、完善的国家标准，机场建设需考虑到方方面面的因素，不但要进行科学细致的规划和设计，还要充分协调与优化资源，做到空间节能优先，在建设过程中，秉持“经济实用、绿色环保”的理念；从节能减排角度，对机场的相关工作情况展开全方位、系统化评价研究，具体评价指标包括可再生能源利用率、碳排放量等；对机场的节水情况展开科学化调研，内容包括日用水量情况、补水情况以及节水情况等，并结合具体内容自定相应的评价标准；从污染防治角度来看，制定空气质量、水质量、噪声、废弃物处理等评测和管理体系。

作为世界第二大经济体，中国的民航运输市场可谓前景无限，但是从当前实际情况来看，随着能源消费量的提高和排放量的不断加大，其绿色转型工作仍然任重而道远，需要行业人士的共同努力。

数据显示，航空燃油能耗在民航运输总能耗所占比例超过97%，基于以上情况，可持续航空油料的开发有助于进一步推动民航行业发展，令我国民航产业的“脱碳”能力得到全方位、系统化提升，在“双碳”背景之下，我国相关企业和机构能够有效结合自身实际情况，不断健全和完善相应的低碳技术体系，加大研发力度，助力民航绿色转型。成立专业化的研发及技术机构，建立专业化基地，加快规划部署可持续航空油料全产业链条，致力于油品研发、新能源领域研发，积极参与中国生物航煤的试飞和载客飞行工作。充分有效借鉴其他国家和地区的先进经验，投入充分的人力、物力及财力予以支持，出台相关政策措施加以扶持；健全相应的碳排放政策标准体系，设置具有一定可行性的低碳转型基金；加入国际航空碳排放治理队伍，加强国际合作，为民航行业的进步制造外部机遇，中国航油一直与民航业发展高度同步，始终保障航空运输安全，两者是同呼吸共命运的一体，是互相扶持而不是此消彼长的关系。

2.5.2 “四型机场”路经探索

建设“四型机场”是民航高质量发展的必然要求和重要战略，需要机场和各驻场单位凝聚共识，发挥优势，形成合力，共同推进。一是要持之以恒、坚定不移，谋划“四型机场”建设。通过“四型机场”建设，更好地服务于机场各方，共同提升运行服务品质，践行“人民航空为人民”的宗旨。二是要补齐短板、深挖潜力，推进“四型机场”建设。“四型机场”建设既要与国家、民航的战略要求同步，也要与国际航空枢纽战略同步实施，使“四型机场”建设既实事求是，满足机场实际，服务于提升机场运行服务品质、机场建设和文化建设，又着眼未来发展，明确“四型机场”建设的战略实施阶段，逐步迭代升级、优化改进，与国际航空枢纽战略建设进程同步推进，确保建设的稳定性、可持续性、时效性。三是要齐心协力、共建共享，集智“四型机场”建设。要在发挥系统优势、加强信息资源融合、健全协调机制等方面形成合力，深化合作交流，实现共同发展、多方共赢，全面提升机场运行服务品质，让人民群众的出行需求得到满足，不断改善人们的生活质量。

从客观因素上看，我国机场建设虽然取得了一定的成就，得到了世界各国的认可，但是保障能力、服务质量等方面还有很大的提升空间，尤其是运行和管理方面，还需要继续探索更有效的运行管理模式。应围绕智慧机场建设这个重点打造新的发展格局，实现机场的高质量发展，在增强硬实力的同时也在软实力打造上实现新突破，为实现“四型机场”目标提供全面保障。

“四型机场”的建设必然要重新整合各方资源和力量，形成系统发展、有效供给的优势，将会在一定程度上助力中国航油基础建设的发展。中国航油一直与民航业发展高度同步，始终保障航空运输安全，两者是同呼吸共命运的一体，是互相扶持而不是此消彼长的关系，依托已有格局进行调整，对存储设施进行集中，为解决存储问题提供条件。

2.5.3 以智慧擘画民航高质量发展全新未来

从2017年首次提出智慧民航建设的概念，到“智慧民航建设有新突破”被纳入“开拓四个新局面”中，从明确智慧民航建设作为“十四五”时期民航发展的主线，到《智慧民航建设路线图》的印发，一幅以智慧擘画中国民航高质量发展的辉煌长卷正在徐徐展开。

它呼应着新一轮科技革命和产业变革的战略契机，以及党的十九大作出的建设交通强国、数字中国的战略部署，决定着“十四五”时期民航的发展质量和多领域民航强国战略进程的高度，也必将全方位地重塑民航业的形态、模式和格局。

中国航油作为实施民航强国战略的重要主体，智慧建设已经取得了初步成效，必将在智慧赋能产业升级上取得更大的成绩。中国航油在“十四五”时期聚焦打造“科技航油”的目标，充分发挥大数据、云计算、物联网、人工智能、区块链、5G、北斗定位系统、工业互联网等新一代网络信息技术优势，以客户需求为“导向”，以数据分析为“依据”，以平台建设为“基础”，以数字技术为“依托”，尽快实现产业转型目标，为航油发展注入科技新动力，打造数字化新引擎。‘十四五’期间，中国航油将努力提高基础设施软硬件自主可控替代率、业务应用系统自主可控率；提升生产环节自动化程度，实现数据全量采集，提高业务流程数字化率和数据共享复用度，形成创新、协同、高效、开放的航油数字生态。

中国航油将把建功实践活动作为贯穿全年的重点工作任务，突出高质量完成经营指标的重点，全方位挖潜增效、控本增效、提质增效，努力为完成全年经营指标提供有力支撑；突出变革创新的重点，持续提升市场开拓能力、企业盈利能力和资产运营效率，全力以赴打好创收增效攻坚战；突出依法合规经营的重点，守住经营风险的底线；突出安全健康环保的重点，深刻认识民航工作的“五个属性”，认真落实“六个起来”，推进事故隐患清零，确保生产安全、环境安全和人员身心安全；突出问题整改的重点，用好中国航油“阳光整改”“联动整改”创新经验，补短板固长板，构建高效运行的企业治理体系，为持久地创收增效奠定坚实的制度基础。

第3章 切实服务需求 降低航空公司运营成本

航油供应是民航运行链条中最基础的关键环节，是确保航空公司航班正常飞行不可或缺的重要组成部分。中国航油作为“航油国家队”，始终致力于做好服务国家战略、保障市场航空煤油资源供应、维护社会公共安全、参与援藏扶贫攻坚、踊跃参加社会公益与抢险救援等工作，充分发挥了中央企业带头表率作用，是被全社会广泛认可的负责任企业。长期以来，中国航油一直坚持做优做大做强，努力迈向世界一流，在全球产业革命浪潮、世界形势复杂多变的新时期背景下，中国航油要赢得新时期的竞争优势，必须实现由规模扩张向质量效益转变，由价值链低端向价值链高端转变。建立以“客户为中心、市场为导向”的经营理念，提高客户群体服务能力无疑是中国航油赢得新竞争优势的必由之路。

为此，中国航油将继续紧密围绕品牌战略导向机制和流程，优化资源配置，促进客户服务建设与业务发展协同并进。一方面从大局着眼，细微处着手，高度重视客户诉求，完善服务体系，提供令各航空公司客户群体满意的人性化服务；另一方面坚持精益求精，使销售的产品、服务和工程经得住历史检验，努力打造具有影响力、知名度和信赖度的一流品牌效应。持续强化商业服务模式，快速把握市场动向，敏锐跟踪需求动态，积极创造客户价值。

中国航油将一如既往坚持“竭诚服务全球民航客户，保障国家航油供应安全”的企业使命，不断提升客户服务意识，完善客户服务体系，通过为航空公司客户群体提供高品质服务来体现自身价值，实现共同发展，不断塑造“以客户为中心”的客户服务理念。以真情服务反哺中国航油和航空公司客户经营业务，切实响应民航局统筹推进民航降成本工作意见，通过有利于航空煤油运输、加注、销售产业链上各环节的保障投入和服务体系建设，降低产业链上航空公司运营、安全成本负担，助力增强民航市场主体活力，使中国航油和航空公司客户乘着单一航空运输强国向多领域民航强国跨越的东风，不断合作共赢，共同推动民航高质量发展。

3.1 加强建设高品质产品销售基础

近年来，迅猛发展的民航业给中国航油带来了机遇与挑战。一方面，高速发展的民航大环境给中国航油大跨步、跨越式发展提供了优良环境；另一方面，面对加油业务需求的激增，以及客户对高品质服务的需求，中国航油也面临着提供高质量服务和安全保供的挑战。2019 年中国民航旅客运输量为 6.6 亿人，较 2015 年 4.4 亿人增加了 2.2 亿人，年均增长率10.7%，与此相适应的是中国航油的航空煤油销售量同比增幅达到10%。在民航业高速发展的时代背景下，国内运输机场不断增多，航空公司航线不断加密，必然要求中国航油持续加大投资建设，以不断提高基础设施保供能力和供油服务保障水平。

航空公司客户最基本的需求是航空用油，满足客户最基本最常态的产品需求是中国航油首要任务。基于我国航油资源分布不均、普遍存在“北油南运、西油东调”的现实情况，中国航油在资源配送和经营销售方面面临了许多实实在在的现实困难，但作为中央企业，中国航油始终坚持“飞机飞到哪里，就把油加到哪里”的承诺，不打折扣地服务好航空公司客户用油基本需求。解决好客户在航煤资源不足的区域，如高原等机场的供油问题，切实降低客户实际购油成本。

为践行“飞机飞到哪里，就把油加到哪里”的承诺，进一步支持和助力地方经济发展，中国航油承担着更多政治责任和社会责任，坚决不计利益、不讲得失、决不遗漏，哪怕是再小、再远、再难、再苦的小机场，中国航油也一如既往以高标准、高投入、高水平为其提供与省会干线机场统一的高质量供油服务。从航空煤油油库储罐建设到化验质检中心，从加油车到加油员，中国航油从人力、物力、财力等多方面投入，保障航空公司客户获得国际一流标准的航油产品服务体验。在降低客户航空煤油消费采购渠道成本方面，中国航油以国内70%中西部支线机场长期处于亏损为代价。面对这一状况，中国航油从未消极应对，而是通过全国一盘棋的战略格局为基点不断做强做优，为确保航空公司客户航油保障服务，为给国家民航事业发展出资出力。

“十四五”期间，民航事业发展对中国航油供油服务能力提出了进一步要求，优化提升航煤保障，结合机场建设同步推进航油设施建设。规划建设粤港澳大湾区、西南航油储运基地，提升支线机场航油保障能力，健全航油调度应急保障机制，确保航油供应安全。航油战略规划部署的最终端直指民航运输航空客户群体，因此中国航油将不忘初心，牢记使命，以高度负责任的态度和饱满的热情投入航油服务，为新建的绥芬河、丽水、芜宣、瑞金、菏泽、荆州、郴州、湘西、韶关、阆中、威宁、昭苏、塔什库尔干等16个支线机场建设航空煤油基础设施，为湛江、连云港、达州、济宁4个迁建机场配套供油工程，为杭州、福州、烟台、广州、深圳、珠海、贵阳、丽江、西安、兰州、西宁、乌鲁木齐12个改扩建机场同步升级供油服务基础设施，促进这些机场的供油服务基础设施更加完善，功能更加健全，运行保障更加可靠，管理理念更加先进，为客户航班提供高水平、高质量航空煤油服务，确保航空煤油资源不断供、不停供，保障空中生命线畅通，助力客户、机场、地方经济协同发展。

3.2 提高保障服务安全专业性

航空油料是飞行器的血液，油品质量和油品安全，直接影响着航空公司飞行器飞行安全、影响人民生命和财产安全和民航强国事业。为此，中国航油始终牢记“一滴油即是一项承诺，油品质量是企业生命”的原则，把提高油品保障服务的安全性和专业性放在第一位，以“最高标准、最严要求、最全覆盖、最佳方案、最优措施”完成每一架航班的油品保障服务，切实为民航飞行安全和降低航空公司运营、维修、安全费用支出成本做出重要贡献。为进一步确保卓越的航油产品质量，为航空公司客户加上放心油与安全油，中国航油将继续强化油品质量与油品加注安全，多举措并行，一如既往地把客户安心的服务理念贯彻到经营服务一线。

3.2.1 持续加强油品质量管控

中国航油将进一步以提升油品精细化管控为主线，以加强油库油品质量管控为核心，以强化管理职责为抓手，确保完成“不合格油品绝不加入飞机”的使命要求。

通过规范日常管理，严格执行标准，持续加强油品质量控制流程管理。从排沉检查、电导率测量、膜片试验项目、微生物污染管控、压差比对等多方面严把质量关口。对检测异常结果立即采取行动。

持续做好设施设备维护保养，一是加大对储油罐、机坪管网低点等关键部位的检查力度和频次；二是做好日常设施设备的清洁和保养；三是加强计量交接监管；四是设立计量器具台账、严格计量检定。

做好日常巡查监管。一是严格执行重大危险源区域每小时巡查要求，明确巡查内容、标准，重点关注密闭管段胀压情况，提高巡查质量，确保设施设备完好、运行正常。二是加强自控室管理，严格监控收发油系统的各项参数。

紧盯特殊环境，管控重要风险。夏季的多雨和高温天气易使油品产生大量水分，为微生物提供生长条件，给油品储存环节的油品质量控制工作带来困难。为进一步加强油品质量管理，保障油品质量安全，油库对储存罐、回收油罐、过滤器等关键设施开展微生物检测，采取增加现场排沉作业频次和数量的方式，确保油品排沉作业的有效性；针对航煤在冬季气温骤降、雨雪及冰冻天气容易出现凝结水的特点，油库加强了对油罐、过滤器沉淀槽以及机坪管网低点的水分检查排放，防止水分污染或因结冰而对设备造成损坏，影响为客户供油。

3.2.2 持续加强机坪加油作业安全

航空公司客户飞机的活动范围为机场机坪，中国航油为客户飞机提供加注服务的设备是飞机加油车，其活动范围包括航空加油站、机坪等区域，在为飞机提供保障服务过程中，必须高度防范加油车与飞机发生刮碰事故，一旦发生刮碰，不仅会给人民群众出行带来不便，而且会增加客户飞机维修检查等费用投入。因此，中国航油将不断加强机坪安全常态化工作，切实提升机坪安全运行服务品质。

持续细化措施保障安全。一是优化加油车进出机位路线，以手册形式规范加油车进出机位的“规定动作”不走样，确保入位时加油车“直进直出”；二是量化“三到位四确认”操作时间，确保有效观察不流于形式；三是规定保障特殊机型的禁止行为，设立安全红线；四是明确加油员与航空器的安全距离和应采取的安全措施，保障作业人员人身安全；五是加强加油员应急培训，确保正确处理异常状况。

提高供油保障作业全时段覆盖性，加强夜间、节假日等非常规时间段的监察力度，在中国航油安全生产监控系统、加油车360°车载摄像头、机坪监控系统的基础上，建立航空加油站现场监管室，为机坪加油作业现场创造一个“监控大脑”。充分运用信息化手段实现全过程纠察、“监控摄像倒查”等监控措施，形成“监察—记录—分析—完善—监察”闭环管理。

持续优化人员排班与配备，合理调配各岗位人员，不断优化排班模式，严防疲劳作业。枢纽干线机场要严格实行调度双岗制，确保调度工作正常，同时又能发挥辅助观察作用。

加强与客户的机组、机务的沟通协调，明确加油期间不得打开襟翼的要求，加油员作业过程中注意观察襟翼状态，并列入进出机位前检查确认的规定程序。严禁载客加油，遇有极特殊情况必须载客加油时，要履行必要的告知和审批手续。

3.2.3 持续加强教育培训与考核

高度重视培训、考核的重要性，在结合实际持续细化完善加油作业指导书的基础上，每年应就飞机加油作业指导书、“机坪作业十条基本原则”等内容至少对加油员轮训2次，培训之后要通过理论和实操考核检验培训情况，必会内容99分视为不及格，确保人人过关，强化肌肉记忆，提升作业规范性水平和机坪作业服务水平，并及时完善培训一人一档，确保培训的效果和质量。

3.3 坚持航班加注及时性

“十三五”时期，我国民航航班正常率由2015年的67%上升到2020年的88.5%，这一数据充分体现了我国航班服务质量明显改善与提升。然而，受极端恶劣天气、交通管制、突发事件等因素影响，航班延误现象不可能完全避免，在实际运营过程中，航班延误会对乘客正常出行产生最为直接的影响，而且，其也是影响航空公司经济收入和品牌形象的主要因素之一。有数据显示，由航班延误造成的经济损失中航空公司的占比最大，是最直接的损失承担者。每一次航班延误或者取消，机场、航空公司需要安排大量资源安抚乘客情绪，航空公司还将直面退票费、飞机租赁费、票务代理佣金费、停靠费、起降费、机场代理费等经济损失。据有关方面统计，每延误一分钟，航空公司成本就要增加1000多元。

民航局将因航空公司自身原因造成的航班延误分为两类，其中，第一类是延误时间在4小时以上、8小时以下的，第二类是延误时间超过8小时的。针对上述两类延误，航空公司都应对旅客进行经济补偿，但一般不进行现场补偿，以免因现场处理补偿事件而造成新的延误，航空公司通过登记、信函等方式最终兑现补偿。补偿形式包括现金补偿、购票折扣、返还里程等，具体补偿标准和补偿方案由各航空公司自行制定。

作为机场航油保障单位，为航空公司提供及时、专业的航油加注服务是中国航油始终坚持的服务信条之一。确保航空公司客户不因油料加注原因造成航班延误有利于提升中国航油品牌形象与客户信任度，也有利于维护客户经济效益和旅客出行获得感。中国航油将致力于坚持提高航班加注保障服务及时性，确保航班正点率，避免油料原因造成航班延误。

3.3.1 进一步细化防范管控措施

目前，我国运输机场飞机加油保障时间一般为30~45分钟，超长航程飞机加油时间则更长，可达到90分钟以上，更有极端的跨洋大型货运包机，加油时间4小时之久。面对突然出现的航班高峰、备降、专机等事件，中国航油一线航空加油员需要统筹全场航班加油任务与特殊临时航班保障，确保不影响每一个航班正点飞行，具体措施有：

（1）在航班密集时段加派人员和车辆，针对高峰时段航班密集的特点，合理排班，预留机动加油员和机动车辆，确保有足够的能力应对突发情况。

（2）进一步梳理调度派工规定，细化派工时间，派工时间按以下原则制定：出港航班以飞机计划起飞时间为基准向前倒推，应留出关舱门上客时间、加油作业时间、加油车到达机位行驶时间。过站航班应在飞机落地之前进行派工，过站时间超过2小时可以参照出港航班派工。

（3）加强调度人员责任心和业务能力培训，同时关注新上岗的调度员，防范出现遗漏航班，防止因调度原因造成航班延误。

（4）加强加油车辆和机坪保障设备设施的日常维护保养，对发现问题的加油车辆和设备设施及时进行维修，严禁设备带故障运行。提升维修人员的应急处置能力，确保应急处置快速、有效。

（5）加油员入位作业前与调度人员核对信息，并确保入位准确，防止出现进错机位、加错飞机的情况。

（6）当加油车为最后驶离航班的保障车辆时，应判断是否有航班延误的风险，并密切关注航班信息，及时查看航班状态。

3.3.2 充分运用智慧航油系统

当前智慧航油前端生产系统同各大主干机场ACDM系统对接，可实时获取机场航班飞行动态，为调度员及飞行员航班加油计划安排提供助力。同时智慧航油将不断扩大同航空公司系统直连对接，及时获取航班预加油量，便于现场提前加油保障，避免高峰时段加油工作过度集中，充分降低航班延误风险。下一步，中国航油将继续扩大系统对接覆盖范围，实现实时更新全国支线、通航机场航班动态。同时，将扩展智慧航油前端生产系统功能，将油车行驶路径规划应用同调度排班相结合，做到场内机坪行驶路线最优化，减少到达机位的行驶时间，为加油保障留出足够的作业时间。

3.3.3 进一步提高加油精准性

影响飞机加油及时性的一个因素是加油的精准性，加油员需要按照机组确认加油量进行加油，并且实际加油量必须控制在机组允许浮动范围内。如果实际加油量向上浮动(即在允许范围内出现多加油的现象)，不仅不利于加油员控制作业时间，也不利于航空公司客户控制油品能耗。下一步，中国航油将加大科技创新投入，提升加油车自控化水平，将智慧航油系统的预加油量与加油车自控停泵自控装置连接，精准控制航空公司客户提供的预加油量，确保维护客户利益，提高航班保障效率。

3.3.4 加大应急演练力度

中国航油大区公司应针对地区保障任务复杂的特点，建立健全针对极端恶劣天气、突发事件的应急保障服务系统，一旦发生特殊情况，从管理部门到一线航空加油站应及时启动航班延误应急预案，做好航班保障服务工作。每年要积极进行应急预案演练，对加油车辆、设备及油品质量进行细致检查和及时处置，情况好转后要妥善、及时安排延误航班补油、加油，全面提高综合保障服务能力，实现“零事故、零伤害、零污染”的安全服务目标。

3.4 积极响应客户诉求

中国航油所构建的“以客户为中心”的服务体系要求时刻倾听客户诉求，对客户合理诉求和个性化的需求给予积极响应并及时采取有效措施。长期以来，航空公司客户致力于降低自身运营成本，提高公司利润。通常航空公司每次航班的运营成本主要有以下几大类：飞机购买或租赁成本，用油成本，机组人力成本，机场使用成本，飞机维修维护成本，空中管制成本，地面服务成本，销售成本等。目前，航空公司最大的成本是用油成本，通常占到整体运营成本的30%~40%，其他成本各自占比为5%~10%。航空公司为了压缩用油成本，不断优化航班用油分析模型，以精准控油来避免出现“油耗油”现象发生，实现用油成本费用支出精准管控。作为客户用油的服务商，中国航油同客户保持着紧密联系和充分信赖，非常理解客户降低运营成本的需要。面对客户表达用油成本高的诉求，从各方面入手，切实服从国家战略大局，响应民航局降本增效举措，服务航空公司客户。

3.4.1 服务大局主动作为

在特殊困难时期，中国航油作为航油“国家队”，服从国家大局需要，与航空公司客户同舟同济、共克时艰。面对业务量直线下降、油价断崖式下跌及民航局降本减费政策的多重影响，中国航油承受着前所未有的挑战和压力。初心不渝，使命在肩，中国航油认真落实国家重大决策和部署，努力克服不利影响，在全国200多个机场为民航航班提供全时域、不间断的优质加油服务，全力以赴确保“空中生命线”的安全通畅运行。特别是在国际国内航班量锐减、加油量急剧下降的情况下，克服航油储备库存高、资金占用量大等实际困难，依然向中国民航航空公司客户提供了巨大额度延期结算油款政策，并承担自身相应财务成本。同时，在全国范围内对执行特殊保障任务的通航客户，中国航油采取了众多举措给予帮助。

中国航油克服自身经营困难，把服务国家大局和民航发展需要放在第一位，充分彰显了与民航运输客户命运与共、协同发展的先进理念。这种顾全大局的先进服务理念在未来企业发展中将不断得到传承，面对紧急突发事件和国家战略需要，坚持央企社会责任，坚持服务保质，坚持以民航整体发展为已任。

3.4.2 贯彻政策渡难关

目前，我国现行的航空煤油销售价格分为国际航线价格与国内航线价格。国际航线价格采用的是市场定价方式，由中国航油与航空公司根据供应关系、国际油价、其他成本等因素决定。国内航线的航煤销售价格较国际航线复杂许多，具体计算方式为：航空煤油零售价=航空煤油综合采购成本+进销差价=现行国产航空煤油出厂价格（A）+{［上季度一般贸易航空煤油进口量×（上季度一般贸易进口航空煤油实际采购价格−上季度国产航空煤油平均出场价格）］÷上季度内地航班航空煤油实际销售量}（B）+（基准价+浮动）（C）。

其中 A=［新加坡市场航空煤油离岸价］×汇率×吨桶比×［+关税（%）］×［+增值税（%）］+港口费（元人民币每吨）+海上运保费（美元）+贴水，国产航空煤油出厂价格每月调整一次；贴水由上游炼化企业与中国航油根据市场供求、运费、交易数量、国际油价走势等因素协商确定。

B 由上个季度的数据计算得出，为固定值。

C 是进销差价，基准价=（供油公司的吨油费用+吨油利润）×（1+增值税率）×（1+城建、教育费附加率）；浮动指在8%以内浮动，民航局主要依据中国航油的供油成本、销售量等变化情况，在充分征求航空公司、中国航油等相关单位意见的基础上定期调整 C。

不难看出，中国航油的航油销售价格市场化程度已同国际接轨，市场化程度越来越高，其中国际航线航空煤油销售价格已完全市场化，国内航线的航空煤油销售价格已基本市场化，从计算因子中可以看出主要受布伦特原油价格走势影响。但无论原油走势是高还是低，中国航油的航空煤油销售利润空间即进销差价是完全固定的，且每个供油点成本各不相同，进销差价也不同。这也是导致中国航油在全国70%以上支线机场亏损的主要原因，因为进销差价无法覆盖支线机场供油保障服务成本支出。

2020年，突发新冠肺炎疫情，国内、国际航线以及航空煤油加油量均大幅下降，为中国民航所有企业都带来了巨大的挑战。为贯彻落实党中央、国务院的决策部署，民航局按照“保安全运行、保应急运输、保风险可控、保精细施策”的工作要求，促进民航业稳定发展。在积极推进降费减负内容中明确“境内航空公司境内航班航空煤油进销差价基准价降低8%，自2020年1月23日起实施”。2021年7月6日，民航局对航空煤油销售价格政策进行通知，继续要求延续境内航空公司内航班航空煤油进销差价基准价降低8%的支持政策。2022年4月11日，民航局再次调整航空煤油进销差价，在落实已出台政策措施基础上，大幅下调境内航空公司境内航班航空煤油进销差价基准价。

相关降价政策发布以来，中国航油一边顶住生产经营困难和企业亏损压力，努力把疫情造成的损失降到最低，一边落实民航局航空煤油进销差价最新政策，全面降低航空煤油销售价格，实实在在为民航业和航空公司客户降费减负，共渡难关。在后续政策发布之前，中国航油将继续执行航油价格政策，确保在降低进销差价期间，以更好的服务标准为客户加好油，加上油，把中国航油的真情服务深深烙印到每一个客户心中。

3.4.3 创新引领增值服务

航空公司几乎都设立了航空油料管理部，通常属于运控环节的一部分，油料管理部的岗位职责之一是审核中国航油为飞机加油后开具的纸质飞机加油单，这项审核工作需要航空公司投入大量人员花费大量时间逐张逐项审核。如何为航空公司降低该项人力成本也是中国航油长期思考的问题。得益于科技发展与中国航油科技创新投入，2018年以来，中国航油潜心研发出的智慧航油系统成功打通了从加油一线到航油总部再到航空公司的业务链条，实现了将纸质加油单转化为电子加油单的创新性绿色低碳模式。每次为航空公司客户加油的电子数据(包括加油量，加油时间，温度，密度，航班号等关键数据)实时传递到航空公司客户运控系统内，使客户可以从人工审核交验转变为系统自动审核交验。近年来，中国航油与东方航空、南方航空、海南航空、厦门航空、华夏航空、春秋航空、汉莎航空等众多航空公司的系统成功对接，得到了航空公司客户的一致好评。此举进一步为航空公司降低了人工成本、增加油单审核效率提供了有效助力，也为客户优化人力资源配置起到关键作用。

下一步，中国航油将不断加大科技创新投入，扩展智慧航油系统功能，打造以数据为基础的数据服务模块，对历史航班、航线、加油量等基础数据进行深加工，形成航班、航线用油分析报告。通过分析报告的增值服务，使客户对自身航线用油一目了然，协助客户优化油耗模型，达到更加精确的用油管控。同时，中国航油的用油历史曲线也有助于客户预测未来用油量，为客户用油成本预测分析提供坚实的数据支撑。

3.5 强化客户精准服务

中国航油与所服务的航空公司客户的关系建立在供油服务协议等法律性合同文件上，但长期以来，中国航油为油品需求方未按期履约、长时间拖欠油款等问题所困扰，背负着应收账款风险与庞大的财务资金池损失。在切实加强航空公司客户服务水平工作中，必须直面应收账款回收，加快资金流动，降低生产经营银行贷款压力等问题。因此，中国航油必须建立有效的客户信用评价程序和信用分析、信用监控机制，以更好保护好双方以合同履约条款为基础的合法地位，切实维护好客户关系管理，有效应对可能发生的销售风险。

针对此类风险，中国航油将定期开展客户信用评价维护，根据信用结果精准制定销售策略，通过建立客户信用评价程序和信用分析、信用监控机制，维护信用评价指标(付款情况、销售量)并设置权重，管理信用等级并设置对应标准，从加油销售结算信息流中提取指标实际情况，对客户进行综合评价，确定客户等级。在后续细分客户服务定位与市场时，参考该客户的信用评价等级，量身定制，在各项市场销售措施中进行区分。强化客户信用评价管理，不仅能有效控制客户信用风险，切实降低因信用问题投入大量人力、财力，还有助于双方提前干预，提前沟通，使服务体系更加牢靠。

客户走访方面，中国航油始终坚持“积极主动走出去、延伸服务树形象”的策略。未来将继续由公司高层带队，每年定期拜访客户，与业务部门、财务部门面对面沟通，主动维护客户关系，就双方未来的合作方向，优化业务模式等问题向航空公司征询意见，积极推进中国航油科技创新成果，加快推动双方创新、融合、共享、协同的数字转型高质量发展。

同时，中国航油将开展更多现场保障工作意见交流活动，现场走访或主动前往客户运行管理部，就现场保障、附加服务等共同关注问题展开深入沟通，提高保障服务的效率，不断减少因航油管理问题而导致航班延误的情况。另外，中国航油客服团队也将长期致力于汇集多方信息，及时响应客户提出的需求及问题，并在最短时间内提出解决方案，提前避免可能出现的客户有效投诉的各种情况。

第4章　形成行业合力　全力提升民航整体效率

党的十九大首次明确提出，“建设现代化经济体系是我国发展的战略目标，也是转变经济发展方式、优化经济结构、转换经济增长动力的迫切要求；要加快建设实体经济、科技创新、现代金融、人力资源协同发展的现代产业体系”。“战略目标”“迫切要求”和“四个协同”分别体现了建设现代化经济体系的重要性、紧迫性、必要性和方法路径。我国拥有世界上最齐全最完整的现代化产业体系，而航空产业体系是其重要支柱和重要标志，航空运输业又是航空产业体系的重要基础和重要引擎。建设航空产业体系和航空生态圈是民航发展由高速增长时期进入高质量发展新时代的必然要求，是实现民航强国战略的必然途径。因此，要适应我国经济高质量发展需要，必须发挥民航作为国家重要战略产业作用，推进民航产业化进程，建设现代化航空产业体系，加快构建具有中国特色的航空生态圈。

航空产业是一个庞大的产业链群，涉及航空器制造、金融、租赁、物流、维修、航材、油料、信息等多个业务领域，产业生态圈是由多个子系统协同构成的大生态系统，整个系统内部各子系统之间或各个功能之间发挥着“1+1>2”的作用。航空产业生态圈作为一个大型生态系统，产业链条长且门类多，对区域经济和国民经济的影响日趋明显。

“上下同欲者胜”。行业与企业目标一致、相辅相成、荣辱与共，行业内的企业之间围绕共同目标合作共赢。航司、航材、航信、航食、航油等企业同处民航圈内，围绕共同目标服务民航建设，开展合作，建立合作平台，合作共赢，共建高质量“民航+”生态圈，共同为民航强国建设贡献力量。

4.1　国家及行业政策支持

4.1.1　国家战略和政策驱动民航发展

国家政策。国务院于2012年出台《关于促进民航业发展的若干意见》，将民航业摆在重要位置，将促进民航业的发展作为一项重要的国家战略，极大促进了我国民航事业的发展。国家层面对交通强国战略的重视程度持续加深，创新发展的步伐加快。2019年，中共中央、国务院印发了《交通强国建设纲要》，指出要打造具有全球竞争力的国际海港枢纽、航空枢纽和邮政快递核心枢纽。2021年，中共中央、国务院印发了《国家综合立体交通网规划纲要》，指出民航机场合计400个左右，基本建成以世界级机场群、国际航空(货运)枢纽为核心，区域枢纽为骨干，非枢纽机场和通用机场为重要补充的国家综合机场体系，为民航发展绘制了壮丽蓝图。

区域战略。“京津冀一体化”“长三角一体化”“粤港澳大湾区”将打造区域世界级机场群，形成世界级机场群体系；“一带一路”倡议拓展建立民航全面合作的平台和机制，提升航空基础设施水平；海南自贸港通过实施更开放的航空运输政策，扩大海南第五航权、试点开放第七航权，打开更广阔的民航市场空间。区域战略为民航高质量发展新格局提供了基础，民航作为区域经济发展和产业升级的驱动力，也对区域战略的发展落地起到了重要支持作用。

货运航空。航空货运发展始于20世纪，随着外贸、电商等行业的快速发展，航空货运供应链应运而生。21世纪，航空货运行业已处于专业化发展时期，为了让中国航空货运行业走上更为规范、快速的发展道路，国家发布了一系列政策法规，为航空货运行业发展营造良好的政策环境。2013年，交通运输部发布了《交通运输推进物流业健康发展的指导意见》，这是我国首次在大交通的体制框架内，对整个交通运输推进物流业发展做出的统筹安排和总体部署。2020年，国家发改委、民航局联合印发《关于促进航空货运设施发展的意见》，就完善提升综合性机场货运设施能力和服务品质、稳妥有序推进专业性货运枢纽机场建设、全面提升航空货运设施使用效能等提出多项举措。2021年，国家发改委发布《国家物流枢纽网络建设实施方案(2021—2025年)》指出，到2025年布局建设150个左右国家物流枢纽，其中空港型枢纽23个。国家政策对物流、货运的大力支持，以及对国际航空货运能力的一系列新举措和部署，为民航货运提供了广阔发展空间。

通航发展。通用航空是我国航空业的重要分支，自2010年颁布低空管理政策以来，我国通用航空迎来发展期，并于“十三五”期间上升为重要的国家发展战略。“十三五”期间，我国通用航空运营环境逐步优化，基础设施建设与产业步入发展快车道，通用航空的快速发展离不开国家层面的政策支持和发展目标。2016年，国务院发布《关于促进通用航空业发展的指导意见》，提出稳步扩大低空空域开放，简化通用航空飞行审批备案。2020年湖南获批成为全国首个全域低空开放试点省份，预计其他省份也将陆续开放全域低空试点。随着低空空域的改革推进和逐步放开，通航发展瓶颈将被打破。此外，军民融合战略也将有助于通航产业整体发展。

4.1.2 民航生态圈形成协同效应

从民航历史溯源，民航企业本就是一家，在民航政企分离改革之前，地方管理局、民航院校、航空公司、机场集团、飞机维修、场务服务保障单位如中航信、中航油、中航材、中航食等，都同属中国民航总局，天然创造了行业内企业之间合作共进、和谐共享、开放协作的基础和氛围，企业之间既有深厚的历史渊源，又有良好的合作环境，形成了相互信任、相互支持、互利共赢的良好关系。

在产业政策方面，民航局为支持行业形成合力制定并发布了一系列保障政策和推动措施。民航局发布的《新时代民航强国建设行动纲要》提出了打造“民航+”生态圈概念，有利于培育新业态，激发新动能，如“民航+临空产业创新城镇化”模式、“民航+互联网+贸易创新国际贸易”模式等。民航局牵头组建民航科教创新攻关联盟，成立智慧民航领导小组，推进民航科技创新示范区和民航科教产业园区建设，与科技部签订《关于建立民用航空科技创新协同工作机制的合作协议》，抓好民航重点实验室、工程技术研究中心、“四型”科研院所和“五大”基地等认定评审工作，形成了产学研用深度融合、多领域开放发展的新时代民航科教创新工作格局。

4.2 联通共享平台建设

4.2.1 科技创新平台

科技创新是促进经济社会发展的重要手段，也是驱动企业高质量发展的不竭动力，开放合作是产业发展的必由之路。科技创新平台是国家创新体系建设的重要组成部分，科技创新平台在推进科技成果产业化和推动经济发展等方面都发挥着重要作用，也是企业实现技术创新的重要前提。科技创新平台建设包括重点实验室、工程技术中心、研究基地等，是促进企业发展的创新环境，也是集聚创新资源、吸引创新人才的平台，能够在一定范围内发挥创新示范作用和新技术带动功能。中国航油将致力于培育和组建一批高水平行业创新平台，包括行业重点实验室、工程实验室、工程研究中心及产业技术创新中心、产业技术创新战略联盟。集中力量，整合资源，对制约行业持续健康发展的关键技术问题展开攻关，为行业转型升级、结构调整和创新发展提供支撑。

1. 建立民航智慧能源工程技术中心

中国航油依托工业强基专项项目成果，成功申报了民航智慧能源工程技术研究中心，研究中心由中国航油牵头，联合中国民航科学技术研究院、中国民航大学、中科院空天信息创新研究院、之江实验室共同组建，创建了民航科技创新平台。

2. 航空油料标准体系研究中心

进一步完善航空油料领域综合标准体系，全面提升航空油料领域的标准化能力，推动建立航空油料标准体系研究中心，旨在研究航空油料领域的全局性、战略性和综合性的标准化问题，研制综合性基础标准，提供权威标准信息服务，为航油产业标准化决策提供科学依据。

3. 航油特种车辆研究机构

推动组建了航油特种车辆研究机构，实时跟踪、掌握国内外航油特种车辆领域的前沿科技和热点，在新能源底盘加油车、大容量加油车、加油车载关键装备国产化等方向上提出前瞻性的战略规划和部署，开展专项研究。下设新能源加油车方向(重点实验室)、大容量加油车方向(重点实验室)、加油车载装备方向(重点实验室)。

(1) 新能源加油车方向(重点实验室)

针对新能源技术在特种车辆应用领域空白的现状，在新能源车辆底盘“油改电”技术领域开展研究，重点突破新型电池的技术难关，满足航空油料领域对新能源加油车的需求，提升新能源加油车的稳定性、安全性、可靠性。

(2) 大容量加油车方向(重点实验室)

以轻型化、大容量、智能化、可靠性强为目标，开展大容量罐式飞机加油车相关技术研究，着力研究加油车底盘和车载油罐等技术领域，实现大容量加油车国产化替代。

(3) 加油车载装备方向(重点实验室)

针对加油车载进口设备价格昂贵、进货周期长、维修不及时的现状，开展加油车载关键设备国产化研发，解决国产设备稳定性差、可靠性低、密封性差等问题，重点突破密封、膜片、腔体设计工艺等技术难关。

4. 航油工程技术研究机构

推动组建了航油工程技术研究机构，实时跟踪、掌握国内外航油工程技术领域的前沿科技和热点，在防腐材料、阴极保护、管线监测等方向上提出前瞻性的战略规划和部署，开展专项研究。下设防腐材料方向(重点实验室)、阴极保护与杂散电流方向(重点实验室)、管线监测方向(重点实验室)。

(1) 防腐材料方向(重点实验室)

针对现行导静电涂料与其防腐和防锈效果差异悬殊，加快罐体和管道的锈蚀速度这一问题，在防腐新材料领域开展研究，重点突破新型导静电防腐涂料的技术难关。

(2) 阴极保护与杂散电流方向(重点实验室)

针对地铁(轻轨)等杂散电流影响管线阴极保护并造成管线腐蚀的问题，在阴极保护与杂散电流技术领域开展研究，提升管道安全运行水平。

(3) 管线监测方向(重点实验室)

针对传统巡线方式存在的风险管控效果差、效率低、成本高、破坏行为取证难等问题，在管线监测领域开展研究，着力推进风险识别、物联网、智能安防等先进技术在管线监测领域的应用。

5. 航油信息技术研究中心(中国航油信息技术和网络安全研发中心)

建立航油信息技术研究中心，以开放合作持续提升信息化建设和科技创新水平，以“打基础、补短板、上台阶”作为信息化发展的总基调，全面提升数字化运营水平，建成大数据中心。下设信息技术方向(重点实验室)、网络安全研究方向(重点实验室)。

6. 航油油品应用研发中心

成立航油油品应用研发中心，以长远需求和解决问题为导向，打造国家级和国际级重点实验室，开展生物燃料、新能源、净化技术、添加剂等领域研发，积极推动国内、国际技术认证，参与并主导行业、国内和国际标准制定。下设航空油料综合鉴定方向(重点研究室)、航空油料质量管理方向(重点研究室)、航空油料添加剂方向(重点研究室)和航空油料净化技术方向(重点研究室)。

4.2.2 产学研合作平台

近年来，民航强国战略稳步推进，民航业快速发展，行业规模不断扩大，对人才培养提出了更高的要求，面对新时期民航强国战略对人才培养的新需求，中国航油与民航单位及院校等在科学研究、技术服务、业务交流、人才培养等方面建立了全方位、多层次、紧密型的战略合作伙伴关系，共同推动民航科学技术发展，培养民航发展所需人才，探索构建校企间高效务实的合作新模式，实现互赢互利和共同发展。

中国航油充分借助外部创新资源，广泛开展与企业、大学、科研机构的合作研发，加强产学研结合，建立合作的长效机制，推动产业技术创新战略联盟的发展。加强国际科技合作，与国外企业开展联合研发，引进先进技术消化吸收再创新，为引领行业创新发展提供强大支撑。开展学术交流论坛活动推动互学互鉴，为人才培养搭建良好的交流平台。

1. 与高校、机构建立人才互送培养机制

中国航油将“人才强企”作为企业战略推动执行，始终高度重视人才培养和锻炼，一直以来与高校、民航院所建立了深远广泛的战略合作关系。中国航油与民航院校建立了校企合作航油专业班模式，院校为企业有针对性地定向培育专业技能型人才，这种模式能充分发挥校企在产教领域的资源优势，实现校企精准对接、精准育人，民航院校为中国的航油事业培养输送了一大批优质、专业的人才，同时，中国航油也为人才干事创业提供了机遇、平台和资源保障。

中国航油一直以来与中国民航大学在教学上、技术支持上保持密切联系，民航大学在中国航油“劳模工作室”的建设和运作工作中给与了大力帮助，双方建立了广泛良好的合作关系，签订了合作框架协议，中国航油将加强与民航大学在科技创新基地的建设，和进一步在高技能人才培养、创新成果转化、科技立项、专利申请事宜等方面展开深入合作交流，形成聚集效应，促进创新成果的转化。2019 年中国航油举办了首届科技大会，会上，中国航油与众多高校建立了战略合作关系，与中国石油大学(北京)、中国化工大学、中国民用航空飞行学院签署了框架合作协议，将就共建联合培养基地、建设实践基地、开展科研合作项目等展开广泛深入合作。

中国航油重视继续教育和持续教育，坚持为员工提供并创造继续教育机会和平台，制定一系列激励政策和鼓励措施，营造终身教育和终身学习的良好风气和氛围。中国航油与中国民航大学机场学院校企合作共建“油气储运”专业成教班，畅通继续教育渠道；中国航油与广州民航职业技术学院校企合作开展特色项目，开办航油专业班；鼓励并支持员工参加国家、行业举办的继续教育和培训班，建立了继续教育考核、跟踪评价机制；开展技能竞赛活动、专题培训，持续不断提高员工业务技能和水平。

2. 推动产业技术创新战略联盟发展

完善以企业为主体、市场为主导、产学研用相结合的行业创新体系。中国航油充分借助外部创新资源，广泛开展与企业、大学、研究机构的合作研发，加强产学研结合，建立合作的长效机制，推动产业技术创新战略联盟的发展。加强国际科技合作，与国外企业开展联合研发，引进先进技术消化吸收再创新，为引领行业创新发展提供强大支撑。

3. 加强科技创新交流与合作

中国航油坚持以市场为导向、企业为主体、政策为引导，鼓励支持航油企业加强科技交流与合作。制定航油科技创新国际化战略，在技术交流合作、知识产权保护等方面为企业搭建高水平交流平台。鼓励航油企业深化产学研、上中下游、军民融合发展等方面的协同创新与紧密合作，形成开放式的科研合作格局，发挥好外部优势科技资源的作用。坚持"请进来"与"走出去"相结合的方式，鼓励科研机构、航油企业引进海外顶尖人才与团队参与航油领域科技研发工作，支持行业企业科技人才到海外科研机构、知名企业交流学习，提升科研创新能力。积极参与国际航油标准规则制定，提升对国际航油领域的政策影响力和技术话语权。

4.2.3 数据共享平台

大数据共享的意义正在得到广泛关注，2015 年国务院发布《促进大数据发展行动纲要》等一系列重要政策和举措，将大数据共享平台建设推向了前台。民航业具有海量数据特征，建立数据共享平台具有广泛的基础支撑作用和重要的现实意义，中国航油以打造一流世界企业为目标，将行企间的战略协议转化为资源合作平台，推动建设企业内部的数据应用平台。中国航油以科技为引领，以网络为载体，广泛汇聚航油生产业务、经营管理、对外服务等全流程数据资源，建立统一数据应用平台，实现公司内部数据共享、共用，并深度挖潜数据价值，为决策提供支持。未来将以航油数据平台为基础，不断加强与航空公司、机场、银行、应急部门等业内及社会单位的数据对接，逐步构建面向社会、面向行业、面向客户的高度智慧化、集约化数字共享服务平台，共建资源信息共享生态模式，加速航空产业资源聚合效力。

大数据共享平台将深度融合大数据、物联网、人工智能等技术，开展多源异构数据采集及融合技术研究，基于智能 AI 的资源调度及管理技术研究，可为炼化企业制定生产与检维修计划；为航油公司制定资源配置计划；为铁路、公路、船舶制定运输调度计划；为各大航空公司在最优加油点、加油量及驾驶员最优驾驶行为选择等方面提供强大数据支撑，以及最优化解决方案。

4.3 行业核心技术共同攻关

4.3.1 智慧航油项目

中国航油全力打造智慧航油平台，不断加强与机场、航空公司、银行、机场服务单位的联系与合作，共同构建民航智慧生态圈。智慧航油系统是融合加注作业、销售结算和客户服务于一体的，贯穿航煤供应链上下游的，创造性地对航油全要素、全流程、全场景进行数字化处理、智能化响应和智慧化支撑的新应用形态。实现了与空管、南方航空、东方航空、厦门航空、圆通航空、酷虎航空、汉莎航空等十余家航空公司，与工、农、中、建、交、平安六家银行系统对接。智慧航油项目的建设带动了民航等产业链“智慧、智能”升级，行业内外主体的高度参与和协作，合力推动了产业链及创新链智慧航油生态圈建设。

4.3.2 新能源项目

中国航油着眼于绿色低碳可持续发展，着力减少行业碳排放，以产、学、研深度融合为基础，持续加强与上游炼化单位、与高校科研院所、与行业外部单位合作，合力助力民航绿色可持续发展。

1. 生物燃料应用合作

中国航油致力于研究生物航煤、可替代燃料等可持续航空煤油替代燃料，与中石油、中石化就生物燃料的研究、炼制、实验、加注、试飞开展了深入合作，圆满完成了我国自主研发生物航空煤油的适航飞行、商业飞行和跨洋飞行，标志着我国生物航煤研究取得重大突破，未来，中国航油将继续探索研发可持续航空替代燃料新路径，不断提高其适用性、安全性、经济性。

中国航油拟与高校联合开展生物航煤制备及适航性能研究。拟通过联合研发拓展生物质炼制生物航空油料的技术路线，并进行适航性能测试研究，填补国内外技术空白；积极推动符合性能生物航空油料的适航审定工作，力争获取 ASTM 国际适航批准书；开展生物航空油料炼制技术经济性分析，探索通过高附加值副产品提高利润的方案，为产业化应用奠定基础。

中国航油与科研院所签订战略合作协议，围绕我国自主研发的木质纤维素航油技术，共同开展探索研究，进一步支持千吨级木质纤维素航油项目及航油标准的制定工作，支持航油性能检验实验，为进一步适航试飞奠定基础。该技术首创了综合利用生物质纤维素和半纤维素制备平台分子，形成航油前驱体，再精制航油的途径，具有反应步骤短、效率高和全组分综合利用的优势。

2. 探索氢能、电力飞机应用场景

氢能源、电力系统是飞机向低碳甚至无碳排放发展的另一路径和趋势，民航领域已有相应示范项目。氢能的应用逐渐广泛，据悉，空客公司公布了 3 款零排放商用概念机，此类机型由改进的燃气涡轮发动机以氢为能源提供动力，欧盟氢能与燃料电池联合行动计划(FCH)发布的《氢动力航空：到 2050 年氢技术、经济和气候影响》报告指出，到 2050 年氢动力飞机将占所有飞机的 40%，航空业的氢需求将增至 4000 万吨/年。

电动飞机的研究也在积极探索和试验。2010 年 7 月 8 日，瑞士“阳光动力”号太阳能飞机试飞成功，是世界上第一架昼夜连飞的太阳能飞机。2010 年 9 月 2 日，欧洲航宇集团公司(EADS 公司)全电飞机 Cri-Cri 在巴黎 Le Bourget 机场正式进行首飞。2010 年 7 月 28 日中国首架商用纯电动 E430 电动飞机，在美国威斯康辛州奥什科什市机场“飞来者大会”试飞成功，标志着世界第一架商用纯电动飞机正式诞生。

中国航油将及时跟踪前沿技术进展，提前布局做好氢能技术发展规划，积极探索电动飞机(太阳能飞机、蓄电池电动飞机、燃料电池飞机、混合动力飞机)供应场景和保障模式，探索传统燃油系统供油模式与电动飞机保障模式的转变。

4.3.3 软科学研究

中国航油将与科研院所在民航与通航发展规划、航空降碳发展研究、民航标准化体系建设、民航信息化建设规划与技术服务方面开展合作，健全航油领域标准化体系，加快航油领域信息化、智慧化建设，推动企业与外部单位在替代燃料及适航审定标准、碳排放计费标准体系、航油高端装备国产化、油品品质管控等领域的协同创新。

中国航油将与高校、科研院所、机场单位共同开展航空领域降碳发展研究，打造新工艺生物航煤研究与综合鉴定平台，形成新型航空替代燃料、替代燃料适航标准，建立碳排放计费标准体系，为我国民航产业面临的来自西方的碳计费压力和高油价威胁提供有效解决方案，为节能减排降碳发展注入新动力。

中国航油开展航空燃油用聚结分离材料及其装置研究，以“机理研究—结构设计—工程化制备—装置研制”为主线，推动“航空油料过滤分离”核心技术攻关，自主研发航煤过滤分离高端装备关键材料，构建结构设计与工程化制备技术体系，打造自主可控的国产化聚结分离产品，赋能航空保障体系基础设施建造。

4.3.4 高端设备项目

高端装配国产化替代是当前国家和产业发展背景下的大趋势，旨在自主掌控核心关键技术，提升自主创新能力、摆脱外部制约。航油领域大部分生产设施设备已实现国产化替代，国产设备造价合理、工况稳定、运行良好、检维修便利，但仍有部分关键设施设备依赖进口，未完全实现国产替代。中国航油将加强与制造业跨行业联合，与材料、设备等企业建立战略合作关系，共同开展航油高端装备研究和关键技术突破，实现重点关键设备国产化替代。

航油高端装备国产化及关键技术攻关将涉及航油加注与净化等高端装备研发、新能源加油车辆研发、机坪管网风险防控技术、高强度高效能材料应用等，广泛采用新一代信息技术、新材料、新工艺，集中突破一批核心基础零部件、关键基础材料的制约，不断提高先进基础工艺和产业技术基础。预期形成一批拥有核心自主知识产权的国产化航油领域装备，填补国内技术空白，摆脱国外技术依赖，提升民航产业自主创新能力，推进关键设备安全可控和国产化替代，稳步提升保障国家航油供应安全能力，有效助推民航事业快速发展。

中国航油已于“十三五”期间建设我国首个航空油料过滤设备综合性能评定平台，平台可开展预过滤器等多种航空油料储运技术与设备的研发与性能评价工作，以及新型航空油料、新型添加剂和新型智能化油品质量监控技术的研发工作，对创新油品质量管控技术手段，提升油品质量管控的科学性、合理性、先进性具有重要作用，是提高国内航空油料过滤分离器整体技术水平的关键。下一步中国航油将在平台的基础上，开展新一代航油过滤分离器研发，研发完全符合国际技术标准的航空燃油过滤分离器综合性能试验台及新一代高能效航空燃油金属过滤分离器，摆脱国外技术依赖，使其能够完全替代进口产品，提升航油供应安全水平。

4.3.5 军民融合

军民融合是国家战略，中国航油积极响应落实国家政策号召，积极参与构建军民融合体制机制，全面推动军民融合深度发展取得实效，建立了军民机场航空油料互供联保机制，与驻地部队建立军民融合渠道，实现站地协同，探索在民用机场建立保障空军需求的军民合用油料保障设施。在航空油料领域军民合作基础良好，中国航油在保障过程中圆满完成部队应急供油保障，部队在民航机场保障出现急难险情时支援完成民航供油保障(2014 年 7 月，连日暴雨导致贵阳龙洞堡机场谷立油库塌方，龙洞堡机场连同附近 7 个支线机场航油供应告急，近 300 架次航班面临停航、数万旅客出行受阻。空军接到中国航油请求后，立即启动应急预案，在未影响空军战训油料供应的前提下，紧急支援航油数万吨，解了燃眉之急、避免了巨大的经济损失)。

在未来深化合作方面，中国航油与航天科技集团签署战略合作协议，双方不断深化战略合作，这对于推动航天、民航领域军民融合发展和产业优化升级，促进国民经济和社会发展具有重要的意义。航天科技集团作为我国航天战线的领军企业，在载人航天、探月工程、卫星导航、运载火箭等国家科技重大专项工程和重大航天工程方面取得了令人瞩目的成就，为国家做出了重大贡献。中国航油作为亚洲最大的航油供应和服务保障企业，在实现管道阀门、滤芯等关键航油设施设备的国产化和进口替代方面具有广阔的合作空间，双方立足各自优势，深化在科技信息、安全管理、高端装备制造等方面的务实合作，有利于双方加快科技力量的提升和科技成果的转化，促进产融结合、军民融合，全面开创合作发展的新局面。

4.3.6 通航发展

中国航油高度重视通用航空业务的发展，为“做实”通用航空事业，于 2018 年 6 月成立了中国航油集团通用航空发展有限公司，将通用航空事业作为集团五大核心业务之一，立足实现通用航空“能飞、易飞、快飞”，坚持建设支撑通用航空业发展的航油保障服务体系，以多元、差异化服务提升服务品质，增加服务供给，稳步推进通用航空事业发展。

第二届进博会期间，中国航油与美国贝塔航空油料系统有限公司签订了采购合同，与 FAUDI 航空设备公司、恒逸实业国际有限公司签订了采购协议。中国航油与部分省市政府和企业签订通航事业战略合作协议，深入推进通航战略布局，将建立通用航空智能化航油销售平台，参与提供通航发展瓶颈的系统解决方案；将密切与地方政府合作，加强通用机场及固定基地运营商等配套设施建设；将努力布局以通用航空供油为核心的多元协同发展产业。此举标志着中国航油与各方加强高层次战略合作、携手加快通航事业发展步入了新的快车道，将为带动地方经济腾飞、支持国家经济社会发展再添新动力。下一步，中国航油将坚持共商、共建、共享原则，不断拓宽合作范围和合作领域，实现国内外商业航空和通用航空领域的跨越式发展。

参 考 文 献

[1] 刘贵富．产业链的基本内涵研究[J]．工业技术经济，2007，166(08)：92-96.

[2] 胡志菊，罗经德．价值链、产业链和供应链的概念和关系探究[J]．铁路采购与物流，2021，16(10)：58-61.

[3] 工业转型升级“十二五”规划，国务院，2011.

[4] 国务院关于促进民航业发展的若干意见，国务院，2012.

[5] 促进民航业发展重点工作分工方案，国务院，2013.

[6] 民用航空工业中长期发展规划(2013—2020年)，工业和信息化部，2013.

[7] 中国制造2025，国务院，2015.

[8] “十三五”国家战略性新兴产业发展规划，国务院，2016.

[9] 关于扩大战略性新兴产业投资培育壮大新增长点增长极的指导意见，国家发展改革委，2020.

[10] 专业技术人才知识更新工程实施方案，人力资源社会保障部，2021.

[11] 民用航空企业机场联合重组改制管理规定，中国民用航空总局，2005.

[12] 新时代民航强国建设行动纲要，中国民用航空总局，2018.

[13] 关于促进机场新技术应用的指导意见，中国民用航空总局，2019.

[14] 中国民航四型机场建设行动纲要(2020—2035)，中国民用航空总局，2020.

[15] 国务院办公厅关于深入开展消费扶贫助力打赢脱贫攻坚战的指导意见，国务院，2018.

[16] 关于促进航空货运设施发展的意见，国家发展和改革委员会，2020.

[17] 2021年国务院政府工作报告，国务院，2021.

[18] 交通运输部关于服务构建新发展格局的指导意见，交通运输部，2021.

[19] 国务院关于加快建立健全绿色低碳循环发展经济体系的指导意见，国务院，2021.

[20] 国家综合立体交通网规划纲要，中共中央、国务院，2021.

[21] 关于加快推动制造服务业高质量发展的意见，国家发展改革委等，2021.

[22] 关于取消港口建设费和调整民航发展基金有关政策的公告，财政部，2021.

[23] 加快培育新型消费实施方案，国家发展改革委等，2021.

[24] 通用航空飞行管制条例，国务院、中央军事委员会，2003.

[25] 关于深化我国低空空域管理改革的意见，国务院、中央军事委员会，2010.

[26] 关于促进通用航空业发展的指导意见，国务院，2016.

[27] 通用航空“十三五”发展规划，中国民用航空局，2017.

[28] 关于通用航空分类管理的指导意见，中国民用航空局，2018.

[29] 关于促进通用机场有序发展的意见，国家发展改革委、中国民用航空局，2018.

[30] 关于推进通用航空法规体系重构工作的通知，中国民用航空局，2019.

[31] 王姣娥，景悦，杨浩然．高速铁路对国内民航旅客运输的替代效应测度[J]．自然资源学报，2019，34(09)：1933-1944.

[32] 建设民航强国的战略构想，中国民用航空局，2010.

[33] 杨晓冬．宜宾市不同交通运输形式碳排放特征及演进动态分析[D]．成都：西南交通大学，2012.

[34] 能源概览26航空燃油，360个人图书馆，2012.

[35] 曲连贺，朱岳麟，熊常健．航空燃料发展综述[J]．长沙航空职业技术学院学报，2009，6(02)：37-41.

[36] 杜亚倩，张聊东．我国通用航空发展现状及对策研究[J]．科技创新与应用，2020(24)：139-141.

[37] 欧洲企业携手推动航空生物燃料发展，国家能源局，2013.
[38] 高志民．解密智慧航油生态图[N]．人民政协报，2021.
[39] 李少林，王宝昌，贺江．美国炼油行业现状及发展趋势[J]．国际石油经济，2013，21(03)：77-83+110.
[40] 孟宪玲．美国炼厂规模和布局研究[J]．当代石油石化，2022(11)：18-21.
[41] 王会良．刘竣川．美国成品油销售市场发展特点与启示[J]．国际石油经济，2009，17(11)：63-67+92.
[42] 韩春艳．中美通用航空发展对比及对我国的启示[J]．科技经济导刊，2019.
[43] 陈蓓蓓，曾小舟，阎雷．国际通用航空发展比较及我国通用航空发展策略[J]．南京航空航天大学学报(社会科学版)，2012，14(02)：37-41.
[44] 李海峰，栗德祥．美国通航发展对我国通航机场规划的启示[J]．沈阳航空航天大学学报，2012，29(01)：91-92+96.
[45] 柴亮．欧洲最早的产油国——罗马尼亚[J]．中国石化，2007(02)：51-54.
[46] 王铃．欧洲炼油行业面临的挑战和技术发展趋势——近 5 年 ERTC 年会报告分析[J]．当代石油石化，2020，28(09)：15-22.
[47] 赵忠德，焦中良，田瑛，等．国外成品油管道发展现状、发展趋势及启示[J]．石油规划设计，2016，27(04)：7-9+52.
[48] 冯是公．中国流体装卸输油臂东南亚市场开拓策略研究[D]．南京：南京理工大学硕士论文，2011.
[49] 朱和．改革开放成就中国炼化工业沧桑巨变——中国炼化工业改革开放 40 年回顾[J]．国际石油经济，2018，26(11)：1-9+24.
[50] 费华伟，高振宇．中国炼油工业“十三五”回顾及“十四五”展望[J]．国际石油经济，2021，29(05)：39-46.
[51] 臧铁军，臧天红．我国油气管道运输的发展概况[J]．油气储运，1997(07)：1-3+61-3.
[52] 国内投资民用航空业规定，中国民用航空局，2018.
[53] 马宁．航空煤油商品知识及检验监管[J]．中国海关，2021(04)：32-33.
[54] 李娜，陶志平．国内外喷气燃料规格的发展及现状[J]．标准科学，2014(02)：80-83.
[55] 民用机场运行安全管理规定(CCAR-140-R1)，中国民用航空局，2018.
[56] 商务部关于“十二五”期间石油流通行业发展的指导意见，商务部，2011.
[57] 国家发展改革委关于进一步完善成品油价格形成机制的通知，国家发展改革委，2013.
[58] 国家发展改革委关于油品质量升级价格政策有关意见的通知，国家发展改革委，2013.
[59] 国务院办公厅关于印发能源发展战略行动计划(2014—2020 年)的通知，国务院办公厅，2014.
[60] 关于原油加工企业申请非国营贸易进口资格有关工作的通知，商务部，2015.
[61] 国家发展改革委关于进口原油使用管理有关问题的通知，国家发展改革委，2015.
[62] 关于推进价格机制改革的若干意见，中共中央、国务院，2015.
[63] 国家发展改革委关于进一步完善成品油价格形成机制有关问题的通知，国家发展改革委，2016.
[64] 能源发展“十三五”规划，能源局，2016.
[65] 石油发展“十三五”规划，国家发展改革委，2016.
[66] 关于第二批清理规范 192 项国务院部门行政审批中介服务事项的决定，国务院，2016.
[67] 关于深化石油天然气体制改革的若干意见，中共中央、国务院，2017.
[68] 关于在自由贸易试验区暂时调整有关行政法规、国务院文件和经国务院批准的部门规章规定的决定，国务院，2017.

[69] 关于在全国推开“证照分离”改革的通知，国务院，2018.
[70] 关于加快发展流通促进商业消费的意见，国务院办公厅，2019.
[71] 关于印发 6 个新设自由贸易试验区总体方案的通知，国务院，2019.
[72] 关于营造更好发展环境支持民营企业改革发展的意见，中共中央、国务院，2019.
[73] 关于支持中国(浙江)自由贸易试验区油气全产业链开放发展若干措施的批复，国务院，2020.
[74] 关于取消和下放一批行政许可事项的决定，国务院，2020.
[75] 关于促进石油成品油流通高质量发展的意见，商务部，2020.
[76] 石油成品油流通行业管理工作指引，商务部，2020.
[77] 关于推进海南自由贸易港自由化便利化若干措施的通知，商务部等，2021.
[78] 关于“十四五”时期深化价格机制改革行动方案的通知，国家发展改革委，2021.
[79] 关于印发〈深化“证照分离”改革进一步激发市场主体发展活力工作实施方案〉的通知，商务部，2021.
[80] 国务院关于实施成品油价格和税费改革的通知，国务院，2008.
[81] 发展改革委关于印发〈石油价格管理办法(试行)〉的通知，国家发展改革委，2009.
[82] 国家发展改革委关于进一步完善成品油价格形成机制的通知，国家发展改革委，2013.
[83] 国家发展改革委关于进一步完善成品油价格形成机制有关问题的通知，国家发展改革委，2016.
[84] 国务院、中央军委关于民航管理体制若干问题的决定，国务院、中央军委，1980.
[85] 关于军民合用机场使用管理的若干暂行规定，国务院、中央军委，1985.
[86] 民用机场管理条例，国务院，2009.
[87] 国务院关于促进民航业发展的若干意见，国务院，2012.
[88] 促进民航业发展重点工作分工方案，国务院办公厅，2013.
[89] 中华人民共和国民用航空法，人大会，2021.
[90] 成品油消费税监管重拳出击．中国石油企业，2021.
[91] 航煤消费税政策下市场影响及近年供需变化解读．隆众资讯，2021.
[92] 浅析战争、灾害、地缘政治等突发事件对航空的影响[R]．行业研究报告．航空运输Ⅲ.
[93] 浩君．石油效应：全球石油危机的背后[M]．北京：企业管理出版社，2005.
[94] 龚荒，庄绪春，邹俊佩．企业战略管理[M]．徐州：中国矿业大学出版社，2011.
[95] 丁建臣，柴艳茹．金融监管案例教程[M]．北京：中国金融出版社，2012.
[96] 綦琦．民航业标准规划前瞻：中国民航发展大趋势[M]．北京：国防工业出版社，2016.
[97] 董淑霞，苗俊霞，李南．民航发展简史 M]．北京：首都经济贸易大学出版社，2017.
[98] 田景惠．中国成品油市场与营销[M]．北京：中国财政经济出版社，2005.
[99] 王少飞．上海财经大学商学案例集[M]．上海：上海财经大学出版社，2014.
[100] 邱连中，李桂进．非典”阴云笼罩下的航空公司——影响、对策与教训[J]．中国民用航空，2003(05)：23-27.
[101] 袁小可．“油荒”考验两大石油巨头社会责任[N]．上海证券报，2006-01-17(A03).
[102] 贾兆帅．国有企业金融衍生品交易问题研究——以中国航油(新加坡)为例[D]．保定：河北金融学院，2017.
[103] 范英，姬强．2013 年国际原油市场走势分析与价格预测[J]．中国科学院院刊，2013，28(01)：79-84.
[104] 姬强，张海颖，刘明磊，等．2014 年国际原油市场走势分析与价格预测[J]．中国科学院院刊，2014，29(01)：8-12.
[105] 谢志强．从衍生交易风险案例中探索风险管理措施[D]．成都：西南财经大学，2006.

[106] 刘志博．成品油市场开放对中航油发展的影响及对策[D]．兰州：兰州大学，2008.
[107] 崔晶．首都机场航油进出口现状及其市场开放对航空客户的影响[D]．北京：对外经济贸易大学，2016.
[108] 国家发展改革委全国民用运输机场布局规划，国家发展改革委、中国民用航空局，2017.
[109] 2019 年民航行业发展统计公报，2020 年民航行业发展统计公报，中国民用航空局，2019，2020.
[110] 苏志欣．关于我国枢纽机场建设的思考[J]．中国工程咨询，2020(07)：31-34.
[111] 白杨．朱明．我国支线机场发展环境及关键要素分析[J]．中外企业家，2012(23)：55-57.
[112] 陈婉莹．滕思名．基于鱼骨分析法的支线机场布局规划和功能定位对策研究[J]．科技创新与生产力，2020(12)：51-54.
[113] 冯广东．邓海超．从互联互通视角看我国三大世界级机场群建设发展策略[J]．民航管理，2021(01)：39-43.
[114] 长江经济带发展规划纲要，中共中央、国务院，2016.
[115] 推进京津冀民航协同发展实施意见，国家发展改革委、中国民用航空局，2017.
[116] 海南自由贸易港建设总体方案，中共中央、国务院，2020.
[117] 关于加快成渝世界级机场群建设的指导意见，中国民用航空局，2022.
[118] 国务院关于印发“十三五”国家信息化规划的通知，中国政府网，2016.
[119] 陈峥．浅谈能源建设央企数字化转型[J]．中国电力企业管理，2021(34)：85-86.
[120] 韩兆柱，赵洁．数字政府研究的历程、现状和趋势[J]．学习论坛，2022(01)：67-76.
[121] 王怀忠，淮安．推进数字经济应用场景发展[J]．中国信息界，2022(01)：60-62.
[122] 党安荣，王飞飞，曲葳，等．城市信息模型(CIM)赋能新型智慧城市发展综述[J]．中国名城，2022，36(01)：40-45.
[123] 中国航油：党建引领加“油”未来[J]．中国环境监察，2022(Z1)：82-85.
[124] 杜婷．智慧民航，离我们还有多远[J]．大飞机，2019(07)：60-63.
[125] 陈嘉玮．中国三大石油企业绿色国际竞争力研究[D]．贵阳：贵州财经大学，2022(11)：1-72.
[126] 吴丹，李雅南．中国航油与东航、南航签订战略合作框架协议[N]．中国民航报，2017.
[127] 黄俊华．深化航空物流及相关产业合作[N]．湖北日报，2020.
[128] 孟进，温雪娇．中国航油发布 2019 中国航煤消费指数和通航发展纲要，中国民航网，2019.
[129] 周强．中国航油：“一带一路”建设引领开放强企，人民网，2018.
[130] 中国航油发布 2019 中国航煤消费指数和通航发展纲要，中国民航网，2019.
[131] 中国航油构建党建工作“12345”的新高度，党建网，2019.
[132] 航天技术推进智慧航空数字化水平升级[J]．军民两用技术与产品，2021(10)：38.
[133] 俞健敏．机场航油设施投资及经营管理模式研究上海空港(第 17 辑)[C]．上海：上海世纪出版股份有限公司科学技术出版社，2013.
[134] 罗鸣．中国航油河南多措并举管控油品打造高质量标杆，中国民航网，2020.
[135] 邢韵．试论航班延误及其法律责任[J]．东方企业文化，2010(18)：3.